MATHÉMATIQUES

Exercices corrigés
posés à l'oral des concours de

Centrale/Supélec
Mines/Ponts

PC/PC*
PSI/PSI*

Les épreuves corrigées des grandes écoles scientifiques

MATHÉMATIQUES

Exercices corrigés posés à l'oral des concours de

Centrale/Supélec
Mines/Ponts

Jean FRANCHINI
Professeur agrégé de mathématiques
en classes préparatoires scientifiques

Jean-Claude JACQUENS
Professeur agrégé de mathématiques
en classes préparatoires scientifiques

Laurent TRUCHOT
Professeur agrégé de mathématiques
au lycée Pasteur (Neuilly-sur-Seine)

PC/PC*
PSI/PSI*

ellipses

ISBN 9782340-029989

32, rue Bargue 75740 Paris cedex 15

www.editions-ellipses.fr

Avant-propos

Ce livre rassemble près de 300 exercices proposés aux concours Mines/Ponts et Centrale/Supélec. Il est écrit à l'intention des étudiants des classes préparatoires de seconde année de PSI, PC, PSI* et PC* et aux candidats des concours du CAPES et de l'agrégation.

Tout candidat doit savoir que l'on ne va pas « passer un oral » comme un contrôle médical. L'opération se travaille et le lecteur assidu de cet ouvrage comprendra qu'il est en train de construire un savoir, et surtout un savoir-faire, face à des situations classiques, voire récurrentes. Nous nous permettons d'insister sur l'importance des oraux des concours qui font une grosse part du classement et sont l'aboutissement ultime de tant d'années d'investissement. Ce sont sur les derniers mètres qu'ont lieu le plus d'accidents de la route. Il ne faut pas se relâcher et travailler la spécificité des épreuves orales, tout en capitalisant aussi pour les écrits (ne pas faire comme beaucoup, ne travailler les oraux qu'une fois l'admissibilité connue).

Cet ouvrage ne se conçoit pas comme un recueil de « ruses » et sa lecture ne doit pas s'envisager comme celle d'un roman. Les énoncés ne sont classés ni par ordre de difficulté ou de longueur des solutions ni par leur « intérêt mathématique ». Il se veut un outil de travail en vue de la préparation aux oraux des concours.

Les exercices de Centrale en Python ont été rédigés pour qu'un candidat qui n'est pas un spécialiste en informatique puisse s'en sortir. Nous ne sommes pas allés chercher ni les bibliothèques les plus sophistiquées, ni les programmes les plus courts en ligne de code ou en temps d'exécution. L'épreuve est sensée être d'abord une épreuve de mathématiques... Nous attirons l'attention des candidats sur le fait que ceux qui ne traitent pas les questions dans lesquelles il est demandé un programme en Python, par négligence voire par mépris (?) voient leur note tendre asymptotiquement vers...

Les exercices sont tant de difficultés que de niveaux variés. Nous les avons conservés tels qu'ils ont été posés et n'avons cherché ni à les simplifier, ni à les généraliser.

Les amateurs de probabilité, statistique ou d'intelligence artificielle repèreront vite la fréquence de certaines questions et concluront à la nécessité d'une connaissance approfondie du cours.

En conclusion : À vos stylos !

N.B. nous n'avons pas écrit : À la photocopieuse !

Les auteurs

Table des matières

Mines-Ponts

Algèbre 1
Analyse 49
Probabilités 116

Centrale

Maths 1 135
Maths avec Python 193

Index des notations

$\mathbb{N}$: ensemble des entiers naturels.

$\mathbb{N}^*$: ensemble des entiers naturels non nuls.

$\mathbb{Z}$: ensemble des entiers rationnels.

$\mathbb{Q}$: ensemble des nombres rationnels.

$\mathbb{K}$: l'un des ensembles $\mathbb{R}$ ou $\mathbb{C}$ des nombres réels ou complexes.

max : maximum.

min : minimum.

sup : borne supérieure.

inf : borne inférieure.

i.e. : c'est-à-dire.

$\mathbb{K}[X]$: algèbre des polynômes à coefficients dans $\mathbb{K}$.

$\mathbb{K}_n[X]$: espace vectoriel des polynômes de degré inférieur ou égal à n.

(u_n) : suite de terme général u_n.

$\sum u_n$: série de terme général u_n.

$\mathcal{C}(E,F)$: ensemble des applications continues de E dans F.

$\mathcal{B}(I,\mathbb{K})$: ensemble des applications bornées sur I à valeurs dans $\mathbb{K}$.

$\mathcal{C}^k(I,E)$: ensemble des applications de classe C^k sur I à valeurs dans E.

$\mathcal{C}^\infty(I,E)$: ensemble des applications de classe C^∞ sur I à valeurs dans E.

$\mathcal{L}^1(I,\mathbb{K})$: ensemble des fonctions de $CM(I,\mathbb{K})$ intégrables sur I.

$\mathcal{L}(E,F)$: espace vectoriel des applications linéaires de E dans F.

$\mathfrak{M}_{n,p}(\mathbb{K})$: espace vectoriel des matrices (n,p) à coefficients dans $\mathbb{K}$.

$\mathfrak{M}_n(\mathbb{K})$: algèbre des matrices carrées (n,n).

$O(E)$: groupe orthogonal de E.

$O(n)$: groupe des matrices orthogonales de $\mathfrak{M}_n(\mathbb{R})$.

$SO(n)$: groupe spécial orthogonal.

$\mathcal{D}_n(\mathbb{K})$: ensemble des matrices diagonales de $\mathfrak{M}_n(\mathbb{K})$.

$S_n(\mathbb{R})$: ensemble des matrices symétriques de $\mathfrak{M}_n(\mathbb{R})$.

$AS_n(\mathbb{R})$: ensemble des matrices antisymétriques de $\mathfrak{M}_n(\mathbb{R})$.

$\mathcal{T}_n(\mathbb{K})$: ensemble des matrices triangulaires supérieures de $\mathfrak{M}_n(\mathbb{K})$.

$\mathrm{GL}(E)$: groupe linéaire de E.

$\mathrm{GL}_n(\mathbb{K})$: groupe multiplicatif des matrices inversibles de $\mathfrak{M}_n(\mathbb{K})$.

$E[x]$: partie entière du réel x.

${}^tA$ ou A^T : matrice transposée de la matrice A.

$\text{Diag}(\lambda_1, \ldots, \lambda_n)$: matrice diagonale dont les éléments diagonaux sont les λ_i.

$\delta_{i,j}$: symbole de Krönecker. $\delta_{i,j} = 1$ si $i = j$ et 0 sinon.

$(M_{i,j}) = (E^{i,j})$: base canonique de $\mathfrak{M}_{n,p}(\mathbb{K})$.

Ker : noyau.

Im : image.

det : déterminant.

rg : rang.

tr : trace.

Sp : spectre.

$\text{Vect}(A)$: sous-espace vectoriel engendré par A.

Card : cardinal.

$[\![.,.]\!], [\![.,.[\![,]\!].,.]\!],]\!].,.[\![$: intervalles dans $\mathbb{Z}$.

Mines-Ponts

Algèbre

Compléments de cours

1. Si $P(X)$ est un polynôme scindé à racines simples et à coefficients complexes, soit $P(X) = \alpha \prod_{k=1}^{n} (X - z_k)$, alors $\dfrac{1}{P(X)} = \sum_{k=1}^{n} \dfrac{1}{P'(z_k)(X - z_k)}$.

En effet $\dfrac{z - z_k}{P(z)} = \dfrac{z - z_k}{P(z) - P(z_k)} \underset{z \to z_k}{\sim} \dfrac{1}{P'(z_k)}$ car z_k est une racine simple et, donc, $P'(z_k) \neq 0$.

2. Si A et B sont des éléments de $M_n(\mathbb{K})$ alors $\det(xA + B) \in \mathbb{R}_n[x]$ et le coefficient de x^n est $\det(A)$ d'après les propriétés de det.

3. Si f est une application n-linéaire sur $\mathbb{R}^p$ à valeurs dans $\mathbb{R}$ et si $u_1, u_2, \dots, u_n$ sont des applications dérivables de $\mathbb{R}$ dans $\mathbb{R}^p$ alors $f(u_1, \dots, u_n)$ est dérivable et, en la notant φ, on a :

$$\begin{aligned}\varphi' = & f(u_1', u_2, \dots, u_n) + f(u_1, u_2', u_3, \dots, u_n) + \cdots \\ & + f(u_1, \dots, u_{n-2}, u_{n-1}', u_n) + f(u_1, \dots, u_{n-1}, u_n').\end{aligned}$$

4. Si u est un endomorphisme nilpotent d'un espace vectoriel de dimension n alors son indice p de nilpotence, défini par $p = \min \{k \in \mathbb{N}^\star \mid u^k = 0_{\mathcal{L}(E)}\}$, vérifie $p \leqslant n$.
En PSI cela découle du théorème de Cayley-Hamilton car, nécessairement, $\chi_u(X) = X^n$ et $\chi_u(u) = u^n = 0_{\mathcal{L}(E)}$.
En PC on peut raisonner par l'absurde. Si $p > n$ alors u^n n'est pas nul et, classiquement, si $x \notin \operatorname{Ker}(u^n)$, alors la famille $(x, u(x), u^2(x), \dots, u^n(x))$ est libre de cardinal $n + 1$ dans E de dimension n, ce qui est absurde.

5. Matrices réelles semblables sur $\mathbb{C}$

Si $(A, B) \in (\mathfrak{M}_n(\mathbb{R}))^2$ et s'il existe P dans $\mathrm{GL}_n(\mathbb{C})$ telle que $A = PBP^{-1}$ alors il existe Q dans $\mathrm{GL}_n(\mathbb{R})$ telle que $A = QBQ^{-1}$.
En effet si $P = P_1 + iP_2$ où $(P_1, P_2) \in (\mathfrak{M}_n(\mathbb{R}))^2$ alors $F : x \mapsto \det(P_1 + xP_2)$ est polynomiale réelle non nulle en i et, donc, il existe au moins un réel λ tel que $F(\lambda) \neq 0$; on choisit un tel λ et on pose $Q = P_1 + \lambda P_2$
$AP = PB \iff (AP_1, AP_2) = (P_1 B, P_2 B)$ en séparant parties réelles et parties imaginaires d'où, en combinant, $AQ = QB$.
Comme $\det(Q) = F(\lambda) \neq 0$ la matrice Q est élément de $\mathrm{GL}_n(\mathbb{R})$ et on a :

$$A = QBQ^{-1}.$$

6. Matrices équivalentes

Pour les exercices concernant le rang d'une matrice on pourra utiliser :
si $A \in \mathfrak{M}_{n,p}(\mathbb{K})$ et si r est un entier naturel, $r \leqslant \min(n,p)$ alors
$\mathrm{rg}(A) = r \iff \exists (P,Q) \in \mathrm{GL}_n(\mathbb{K}) \times \mathrm{GL}_p(\mathbb{K})$ tel que, par blocs,

$$PAQ = \begin{pmatrix} I_r & 0_{r,p-r} \\ 0_{n-r,r} & 0_{n-r,p-r} \end{pmatrix}.$$

La réciproque découle de l'égalité $\mathrm{rg}(PAQ) = \mathrm{rg}(A)$ car P et Q sont inversibles.
Pour le sens direct il suffit de signaler qu'un pivot à la fois sur les lignes et les colonnes de A permet de transformer A en $\begin{pmatrix} I_r & 0_{r,p-r} \\ 0_{n-r,r} & 0_{n-r,p-r} \end{pmatrix}$.

7. Exponentielle de matrice

Si $A \in \mathfrak{M}_n(\mathbb{K})$ où $\mathbb{K}$ est l'un des corps $\mathbb{R}$ ou $\mathbb{C}$ alors la suite $\left(\sum_{k=0}^{p} \frac{A^k}{k!}\right)_{p\in\mathbb{N}}$ est toujours convergente et on note $\exp(A)$ sa limite. Une détermination explicite de $\exp(A)$ tourne toujours autour du calcul des puissances de A, ce qui est assez aisé lorsque A est diagonalisable.

Supposons donc A diagonalisable et envisageons deux cas.

Ou bien on a la décomposition $A = \sum_{\lambda\in\mathrm{Sp}(A)} \lambda P_\lambda$ à l'aide des projecteurs spectraux et alors $\forall k \in \mathbb{N}$, $A^k = \sum_{\lambda\in\mathrm{Sp}(A)} \lambda_\lambda^k$ d'où $\exp(A) = \sum_{\lambda\in\mathrm{Sp}(A)} e^\lambda P_\lambda$.
Ou bien $A = P\,\mathrm{Diag}(\lambda_1,\ldots,\lambda_n)P^{-1}$, $\forall k \in \mathbb{N}$, $A^k = P\,\mathrm{Diag}(\lambda_1^k,\ldots,\lambda_n^k)P^{-1}$ d'où $\exp(A) = P\,\mathrm{Diag}(e^{\lambda_1},\ldots,e^{\lambda_n})P^{-1}$.

8. Si $A \in \mathfrak{M}_n(\mathbb{R})$ et $\mathrm{Sp}_{\mathbb{R}}(A) = \varnothing$ alors n est un entier pair.
En effet la décomposition de χ_A en produit de facteurs irréductibles ne comporte que des trinômes à discriminant négatif, c'est donc un polynôme de degré pair et $n = \deg(\chi_A)$.

9. Centre de $\mathcal{L}(E)$ si E est de dimension finie

$$\{u \in \mathcal{L}(E) \mid \forall v \in \mathcal{L}(E),\ u \circ v = v \circ u\} = \mathrm{Vect}(Id).$$

Soit $(e_1,\ldots,e_n)$ une base de E et $v \in \mathcal{L}(E)$ dont la matrice dans $(e_1,\ldots,e_n)$ est $\mathrm{Diag}(1,\ldots,n)$.
Si $u \in \mathcal{L}(E)$ et $u \circ v = v \circ u$ alors tout sous-espace propre de v est stable par u et comme v n'admet que des sous-espaces propres de dimension 1 cela prouve que la matrice de u dans $(e_1,\ldots,e_n)$ est diagonale, soit $\mathrm{Diag}(\mu_1,\ldots,\mu_n)$.

Ceci est valable pour toute base. En reprenant la base précédente si $k \in [\![2,n]\!]$ le raisonnement précédent montre que $e_1 + e_k$ est vecteur propre de u car on peut compléter la famille libre $(e_1, e_1 + e_k)$ en une base.
Par suite $\exists \mu \in \mathbb{K}$ tel que $u(e_1+e_k) = \mu(e_1+e_k)$ d'où $(\mu_1-\mu)e_1+(\mu_k-\mu)e_k = 0$ puis $\mu_1 = \mu_k = \mu$ d'où $u \in \mathrm{Vect}(Id)$.

Réciproquement tout élément de $\mathrm{Vect}(Id)$ convient.

10. Inverse d'un polynôme de matrice

Soient $A \in \mathfrak{M}_n(\mathbb{K})$ et $P \in \mathbb{K}[X]$ tels que $P(A) \in \mathrm{GL}_n(\mathbb{K})$.
L'application $\Phi : \mathbb{K}[A] \to \mathbb{K}[A],\ B \mapsto P(A)B$ est un endomorphisme et $\Phi(B) = 0 \Rightarrow B = 0$ car $P(A)$ est inversible. Comme $\mathbb{K}[A]$ est de dimension finie l'endomorphisme injectif Φ est un automorphisme. Alors $\Phi^{-1}(I_n)$ est l'inverse de $P(A)$. Par suite $P(A)^{-1}$ est un polynôme en A.

11. Polynôme caractéristique

Si $A \in \mathfrak{M}_{p,q}(\mathbb{K})$ et $B \in \mathfrak{M}_{q,p}(\mathbb{K})$ alors $X^q\chi_{AB}(X) = X^p\chi_{BA}(X)$.
En effet $\begin{pmatrix} A & XI_p \\ I_q & 0_{q,p} \end{pmatrix} \begin{pmatrix} -B & XI_q \\ I_p & -A \end{pmatrix} = \begin{pmatrix} XI_p - AB & 0 \\ \star & XI_q \end{pmatrix} = M$
et $\begin{pmatrix} -B & XI_q \\ I_p & -A \end{pmatrix} \begin{pmatrix} A & XI_p \\ I_q & 0_{q,p} \end{pmatrix} = \begin{pmatrix} XI_q - BA & \star \\ 0 & XI_p \end{pmatrix} = N$ et , par propriété du déterminant $\det(M) = \det(N)$. Cela s'écrit, à cause des structures triangulaires par blocs, $X^q\chi_{AB}(X) = X^p\chi_{BA}(X)$.

Exercice 1.

Soient $n \in \mathbb{N}$ avec $n \geqslant 3$ et U_n l'ensemble des racines n-ièmes de l'unité.

a) *Combien de triangles distincts peut-on former avec les éléments de U_n ?*

b) *Combien de triangles rectangles distincts peut-on former avec les éléments de U_n ?*

●●●●●●

a) Un triangle est déterminé par ses trois sommets et U_n est de cardinal n, il y a donc $\binom{n}{3}$ triangles à sommets dans U_n, soit $\dfrac{n(n-1)(n-2)}{6}$ triangles.

b) Pour qu'un triangle à sommets dans $\mathbb{U}$ soit rectangle il faut et il suffit qu'un de ses côtés soit diamètre de $\mathbb{U}$, cela impose la parité de n, soit $n = 2m$. On choisit un sommet dans $\left\{e^{\frac{ik\pi}{m}} \mid 0 \leqslant k \leqslant m-1\right\}$ et, aussitôt, son opposé. Il y a ainsi m choix. Reste à choisir le dernier sommet dans un ensemble de cardinal $2m-2$. Il y a donc $m(2m-2)$ ou encore $\dfrac{n(n-2)}{2}$ triangles rectangles lorsque n est pair égal à $2m$.

Exercice 2.

a) *Montrer, pour tout entier $n \in \mathbb{N}^\star$, l'existence et l'unicité d'un polynôme P_n tel que $P_n\left(X + \dfrac{1}{X}\right) = X^n + \dfrac{1}{X^n}\cdot$*

b) *Décomposer en éléments simples la fraction rationnelle $\dfrac{1}{P_n}\cdot$*

●●●●●●

a) Tout d'abord $\varphi : x \mapsto x + \dfrac{1}{x}$ est surjective de $\mathbb{C}$ sur lui-même car, si $y \in \mathbb{C}$, alors $x + \dfrac{1}{x} = y \iff x^2 - yx + 1 = 0$ ($x = 0$ n'est pas solution de la dernière équation). Cette équation est polynomiale de degré 2 et admet au moins une solution dans $\mathbb{C}$.

Commençons par l'unicité. Si P_n et Q_n sont solutions alors $P_n \circ \varphi - Q_n \circ \varphi = 0$ sur $\mathbb{C}$ et, comme φ est surjective cela prouve que $P_n = Q_n$.

Procédons par récurrence pour l'existence et posons $Y = X + \dfrac{1}{X}\cdot$

$P_1(Y) = Y$ et $P_2(Y) = Y^2 - 2$ conviennent.

Supposons, pour un entier n fixé, $n \geqslant 2$, établie l'existence de (P_{n-1}, P_n).

$\left(X^n + \dfrac{1}{X^n}\right)\left(X + \dfrac{1}{X}\right) = X^{n+1} + \dfrac{1}{X^{n+1}} + X^{n-1} + \dfrac{1}{X^{n-1}}$ et, donc, $P_{n+1}(Y) = YP_n(Y) - P_{n-1}(Y)$ convient. Cela établit l'existence de $(P_n)_{n\geqslant 1}$.

Remarque : une récurrence immédiate montre que, pour tout $n \in \mathbb{N}^\star$, le polynôme P_n est de degré n et de coefficient dominant 1.

b) On utilise encore la surjectivité de φ pour déterminer les zéros de P_n.
$P_n\big(\varphi(x)\big) = 0 \iff x^{2n} = -1 \iff x \in \{e^{i\theta_k} \mid k \in [\![0, 2n-1]\!]\}$ où l'on a posé $\theta_k = \dfrac{1+2k}{2n}\pi$.
De plus $e^{i\theta k} + e^{-i\theta_k} = 2i\sin(\theta_k)$ et $k \mapsto \theta_k$ est strictement croissante de $[\![0, n-1]\!]$ dans $]0, \pi[$, par suite $\{2i\sin(\theta_k) \mid k \in [\![0, n-1]\!]\}$ est un ensemble de cardinal n constitué de zéros de P_n.
On en déduit $P_n(Y) = \prod\limits_{k=0}^{n-1}(Y - y_k)$ où $y_k = 2i\sin(\theta_k)$.

Comme P_n est scindé à racines simples il vient $\dfrac{1}{P_n(Y)} = \sum\limits_{k=0}^{n-1} \dfrac{1}{P_n'(y_k)(Y-y_k)}$.

Exercice 3.
Donner un exemple de polynôme $P \in \mathbb{R}[X]$ non constant tel que, pour tout $r \in \mathbb{R}$, $P + r$ ne soit pas scindé à racines simples sur $\mathbb{R}$.

●●●●●●

Si $P = X^3$ et $r \in \mathbb{R}$ on distingue deux cas.
Si $r = 0$ alors 0 est racine triple de P.
Si $r \neq 0$ soit α un nombre réel tel que $\alpha^3 = -r$.
Alors $P + r = X^3 - \alpha^3 = (X-\alpha)(X-\alpha j)(X-\alpha\bar{j})$ et, comme $\alpha \neq 0$, le nombre complexe αj n'est pas réel.

Exercice 4.
Soit $P \in \mathbb{C}[X]$ non nul et vérifiant $(E) : P(X^2) = P(X)P(X+1)$.

a) *Montrer que P est unitaire.*

b) *Montrer que l'ensemble des racines de P est stable par $z \mapsto z^2$.*

c) *Montrer que, si λ est une racine non nulle de P, alors $|\lambda| = 1$.*

d) *Montrer que $\{z \in \mathbb{C} \mid |z| = |z-1| = 1\}$ est constitué de deux points à expliciter.*

e) *Trouver tous les polynômes complexes vérifiant (E).*

●●●●●●

a) Si P est de degré n et de coefficient dominant α alors les coefficients de X^{2n} de $P(X^2)$ et de $P(X)P(X+1)$ sont α et α^2. Comme $\alpha \neq 0$ cela impose $\alpha = 1$.

b) Si $P(z) = 0$ alors $P(z^2) = P(z)P(z+1) = 0$.

c) Si $P(\lambda) = 0$ alors $\forall n \in \mathbb{N}$, $P\big(\lambda^{(2^n)}\big) = 0$ et donc $\{\lambda^{(2^n)} \mid n \in \mathbb{N}\}$ est fini, *a fortiori* $\{|\lambda|^{2^n} \mid n \in \mathbb{N}\}$ est fini.
Or si $|\lambda| \notin \{0, 1\}$ alors $n \mapsto |\lambda|^{2^n}$ est strictement monotone sur $\mathbb{N}$, ce qui est exclu. Donc $P(\lambda) = 0 \Rightarrow |\lambda| \in \{0, 1\}$.

d) L'ensemble est l'intersection des cercles de rayon 1 centrés en 0 et 1. Si z est élément de cet ensemble alors le triangle de sommets $0, z$ et 1 est équilatéral donc $z \in \{-j, -\bar{\jmath}\}$. Réciproquement les deux points de cet ensemble sont solutions.

e) Si $P(z) = 0$ et $z \notin \{0, 1\}$ alors $P\big((z-1)^2\big) = P(z-1)P(z) = 0$ et, donc, $(z-1)^2$ est zéro non nul de P d'où $|z-1| = 1$. D'autre part $|z| = 1$ et donc $z \in \{-j, -\bar{\jmath}\}$.
Comme ni $(-j)^2$ ni son conjugué ne sont éléments de $\{0, 1, -j, -\bar{\jmath}\}$ il y a contradiction. En définitive $P(z) = 0 \Rightarrow z \in \{0, 1\}$.
Enfin si $P = X^a(X-1)^b$ où $(a, b) \in \mathbb{N}^2$ alors $P(X^2) = X^{2a}(X-1)^b(X+1)^b$ et $P(X)P(X+1) = X^a(X-1)^b(X+1)^a X^b$ d'où, nécessairement, $a = b$.

En définitive l'ensemble des solutions de (E) est $\{0\} \cup \{X^a(X-1)^a \mid a \in \mathbb{N}\}$.

Exercice 5.
Soient $N \in \mathbb{N}^\star$, $P, Q \in \mathbb{R}[X]$ *tels que* $(1 + iX)^n = P + iQ$ et $(a, b) \in (\mathbb{R}^\star)^2$. *Montrer que* $aP + bQ$ *est scindé sur* $\mathbb{R}$.

●●●●●●

Déjà $2P = (1 + iX)^n + (1 - iX)^n$ et $2Q = -i(1 + iX)^n + i(1 - iX)^n$.
Soit z un zéro de $aP + bQ$, alors $(a - ib)(1 + iz)^n + (a + ib)(1 - iz)^n = 0$.
$z = -i$ est impossible car $a - ib \neq 0$.
On obtient donc $\left(\dfrac{1 + iz}{1 - iz}\right)n = -\dfrac{a + ib}{a - ib} = e^{i\theta}$ pour un réel θ approprié car $a + ib$ et $a - ib$ ont même module.
Par suite il existe $k \in \mathbb{N}$ tel que $\dfrac{1 + iz}{1 - iz} = e^{i\theta_k}$ où l'on a posé $\theta_k = \dfrac{\theta + 2k\pi}{n}$.
Alors $iz(1 + e^{i\theta_k}) = e^{i\theta_k} - 1$ puis $iz = \dfrac{e^{i\theta_k} - 1}{e^{i\theta_k} + 1} = i\tan\left(\dfrac{\theta_k}{2}\right)$ et donc $z \in \mathbb{R}$.
Cela prouve que $aP + bQ$ est scindé sur $\mathbb{R}$.

Exercice 6.
Soit $P \in \mathbb{R}[X]$ *un polynôme de degré* n *et* $(a_0, \ldots, a_n)$ *un* $(n+1)$*-uplet de réels tous distincts. Montrer que* $\big(P(X + a_0), P(X + a_1), \ldots, P(X + a_n)\big)$ *est une base de* $\mathbb{R}_n[X]$.

●●●●●●

Remarquons que, par raison de degrés, la famille $\big(P, P', \ldots, P^{(n)}\big)$ est une base de $\mathbb{R}_n[X]$; notons la $\mathcal{B}$.

Si $0 \leqslant j \leqslant n$ la formule de Taylor montre que $P(X + a_j) = \displaystyle\sum_{i=0}^{n} \frac{a_j^i}{i!} P^{(i)}(X)$ et, donc, la matrice de $\big(P(X + a_0), P(X + a_1), \ldots, P(X + a_n)\big)$ dans la base

$\mathcal{B}$ est $\left(\dfrac{a_j^i}{i!}\right)_{0\leqslant i,j\leqslant n}$ dont le déterminant est $\dfrac{\text{Vdm}(a_0,\dots,a_n)}{0!1!2!\cdots n!}$ où Vdm désigne le déterminant de Vandermonde.
Comme les a_j sont supposés deux à deux distincts ce déterminant est non nul, cela établit le résultat.

Exercice 7.
Soient $x_1 < x_2 < \cdots < x_n$ des réels.

a) *Soit $\varphi : x \mapsto |x - x_1| + \cdots + |x - x_n|$. Montrer que φ est continue sur $\mathbb{R}$ et qu'elle possède un minimum.*

b) *On pose, pour $k \in [\![1,n]\!]$, $f_k : x \mapsto |x - x_k|$. Montrer que la famille $(f_1,\dots,f_n)$ est libre.*

●●●●●●

a) Comme les translations sont continues et que la valeur absolue l'est aussi, par composition et somme φ et continue.
De plus si $x \to \pm\infty$ alors $\varphi(x) \to +\infty$. Soit alors $A > 0$ tel que, en dehors de $[-A, A]$ on a $\varphi(x) \geqslant \varphi(0) + 1$.
φ est continue sur le segment $[-A, A]$ et y admet donc un minimum qui est inférieur à $\varphi(0)$, c'est donc un minimum global.

b) Supposons que $(f_1,\dots,f_n)$ soit liée. Il existe des réels $\lambda_1,\dots,\lambda_n$ non tous nuls tels que $\sum\limits_{k=1}^{n} \lambda_k f_k$ est nulle.
Soit $i \in [\![1,n]\!]$ tel que $\lambda_i \neq 0$, la fonction f_i est égale à $-\sum\limits_{k\in[\![1,n]\!]\setminus\{i\}} \dfrac{\lambda_k}{\lambda_i} f_i$ et est donc dérivable en x_i : c'est absurde.

Exercice 8.
Soient $A, B \in \mathfrak{M}_3(\mathbb{R})$ telles que $\det(A)$, $\det(B)$, $\det(A - B)$ et $\det(A + B)$ sont nuls. Montrer que $\forall (x,y) \in \mathbb{R}^2$, $\det(xA + yB) = 0$.

●●●●●●

$\det(A + yB) \in \mathbb{R}_3[y]$ et le coefficient de y^3 est nul car égal à $\det(B)$. Donc $\det(A + yB) \in \mathbb{R}_2[y]$ et est nul en $0, 1$ et -1, donc c'est le polynôme nul. De même $\forall y \in \mathbb{R}$, $\det(-A + yB) = 0$.
Fixons y dans $\mathbb{R}$. De la même façon $\det(xA + yB) \in \mathbb{R}_2[x]$ car le coefficient de x^3 est $\det(A)$ et ce polynôme est nul en $0, 1$ et -1, donc nul.

Exercice 9.

On définit, pour $n \geqslant 2$ et $x \in \mathbb{R}$: $D_n(x) = \begin{vmatrix} x & 1 & & & (0) \\ x^2/2! & x & 1 & & \\ \vdots & \ddots & \ddots & \ddots & \\ \vdots & & & x & 1 \\ x^n/n! & \cdots & \cdots & x^2/2! & x \end{vmatrix}$.

Montrer que D_n *est dérivable et calculer* D'_n*. En déduire la valeur de* D_n*.*

●●●●●●

Tout d'abord D_n est dérivable car polynomiale.
Notons, si $k \in [\![1, n]\!]$, $C_k(x)$ la k-ième colonne de la matrice associée, C_k est une application dérivable et, par n-linéarité du déterminant il vient, avec une notation allégée :

$$\begin{aligned} D'_n =& [C'_1, C_2, \dots, C_n] + [C_1, C'_2, C_3, \dots, C_n] + \cdots \\ & + [C_1, \dots, C_{n-2}, C'_{n-1} C_n] + [C_1, \dots, C_{n-1}, C'_n] \\ =& [C_1, \dots, C_{n-1}, C'_n] \end{aligned}$$

car, si $k \leqslant n-1$, $C'_k = C_{k+1}$ et parce que le déterminant est alterné.
En développant selon la dernière colonne qui n'est autre que $(0 \cdots 0\, 1)^T$ on en déduit $D'_n = D_{n-1}$ en posant $D_1 = x$.
Comme $\forall n \in \mathbb{N}^\star$, $D_n(0) = 0$, par intégrations successives, $D_n(x) = \dfrac{x^n}{n!}$.

Exercice 10.
Soit $A \in \mathfrak{M}_3(\mathbb{R})$ *une matrice non nulle telle que* $A^2 = 0$.
Déterminer la dimension de $C_A = \{M \in \mathfrak{M}_3(\mathbb{R}) \mid AM = MA\}$.

●●●●●●

Soit u un endomorphisme non nul de $\mathbb{R}^3$ de carré nul.
$u \circ u = 0 \Rightarrow \operatorname{Im}(u) \subset \operatorname{Ker}(u)$ et donc, d'après le théorème de rang, on a $\operatorname{rg}(u) \leqslant 3) - \operatorname{rg}(u)$ d'où $1 \leqslant \operatorname{rg}(u) \leqslant 3/2$ et, enfin, $\operatorname{rg}(u) = 1$ et donc, aussi, $\dim\big(\operatorname{Ker}(u)\big) = 2$.
On note e_3 un vecteur directeur d'un supplémentaire de $\operatorname{Ker}(u)$ dans $\mathbb{R}^3$. Comme u réalise un isomorphisme de $\mathbb{R}e_3$ sur $\operatorname{Im}(u)$, le vecteur $u(e_3)$ engendre $\operatorname{Im}(u)$; on le note e_1 et on le complète en (e_1, e_2) base de $\operatorname{Ker}(u)$. Alors (e_1, e_2, e_3) est une base de $\mathbb{R}^3$ et la matrice de u dans cette base est $\begin{pmatrix} 0 & 0 & 1 \\ 0 & 0 & 0 \\ 0 & 0 & 0 \end{pmatrix}$ par construction ; notons la N.
Soit v un endomorphisme de $\mathbb{R}^3$. Si u et v commutent alors $\operatorname{Ker}(u)$ et $\operatorname{Im}(u)$ sont stables par v et la matrice de v dans la même base est nécessairement de la forme $\begin{pmatrix} a & b & c \\ 0 & d & e \\ 0 & 0 & f \end{pmatrix}$; notons la V.

Alors $NV = VN \iff a = e$, ce qui montre que C_N est de dimension 5.
Comme A et N sont semblables, si l'on écrit $A = PNP^{-1}$ où $P \in \mathrm{GL}_3(\mathbb{R})$ alors $\begin{pmatrix} C_N & \to & C_A \\ V & \mapsto & PVP^{-1} \end{pmatrix}$ est un isomorphisme, donc $\dim(C_A) = 5$.

Exercice 11. *(Exclusivement PSI)*
Soit $M \in \mathfrak{M}_3(\mathbb{C})$ une matrice nilpotente et $p \in \mathbb{N}$ son indice de nilpotence.

a) *Montrer que $p \leqslant 3$.*

b) *On suppose que $p = 3$. Montrer que M est semblable à* $\begin{pmatrix} 0 & 1 & 0 \\ 0 & 0 & 1 \\ 0 & 0 & 0 \end{pmatrix}$.

c) *On suppose que $p = 2$. Montrer que M est semblable à* $\begin{pmatrix} 0 & 0 & 1 \\ 0 & 0 & 0 \\ 0 & 0 & 0 \end{pmatrix}$.

d) *Soit $A \in \mathfrak{M}_3(\mathbb{C})$.*
Montrer que A est semblable à $-A$ si, et seulement si, $\det(A) = \mathrm{tr}(A) = 0$.

●●●●●●

a) Comme X^p est annulateur de M on a $0 \in \mathrm{Sp}(M)$ et $\mathrm{Sp}(M) \subset \{0\}$ d'où $\mathrm{Sp}(M) = \{0\}$ et, d'après le théorème de d'Alembert, $\chi_M(X) = X^3$.
Alors le théorème de Cayley-Hamilton montre que $M^3 = 0$ d'où $p \leqslant 3$.

b) Soit u un endomorphisme de $\mathbb{C}^3$ dont M est matrice et soit $e \in \mathbb{C}^3 \setminus \mathrm{Ker}(u^2)$.
Si $(\alpha, \beta, \gamma) \in \mathbb{C}^3$ et $\alpha e + \beta u(e) + \gamma u^2(e) = 0$ alors, en appliquant u^2, il vient $\alpha u^2(e) = 0$ d'où $\alpha = 0$ et donc $\beta u(e) + \gamma u^2(e) = 0$. En appliquant u, de même, $\beta u^2(e) = 0$ d'où $\beta = 0$ puis $\gamma = 0$.
Par suite $\big(u^2(e), u(e), e\big)$ est une base de $\mathbb{C}^3$ et la matrice de u dans cette base est $\begin{pmatrix} 0 & 1 & 0 \\ 0 & 0 & 1 \\ 0 & 0 & 0 \end{pmatrix}$ par construction et car $u^3(e) = 0$. Cela établit la question.

c) A été traitée dans l'exercice précédent.

d) A et $-A$ ont des déterminants opposés et des traces opposées et donc, si elles sont semblables, nécessairement $\det(A) = \mathrm{tr}(A) = 0$.

Réciproquement supposons $\det(A) = \mathrm{tr}(A) = 0$.
Rappelons que $\chi_A(X) = X^3 - \mathrm{tr}(A)X^2 + \alpha X - \det(A)$ où $\alpha \in \mathbb{C}$. Le théorème de Cayley-Hamilton et les hypothèses montrent que $A^3 + \alpha A = 0$.
i) Si $A = 0$ la question est réglée.
ii) Sinon et si $\alpha = 0$ les deux questions précédentes appliquées à A et $-A$ montrent que ces deux matrices sont semblables car elles ont le même indice de nilpotence 2 ou 3.
iii) Enfin si A n'est pas nulle et $\alpha \neq 0$ alors le polynôme $X^3 + \alpha X$ est scindé à racines simples et, en notant β une racine carrée de $-\alpha$, A est diagonalisable

et semblable à $\mathrm{Diag}(0, \beta, -\beta)$ et c'est la seule possibilité car déterminant et trace doivent être nuls. Alors $-A$ est aussi semblable à cette matrice diagonale et, donc, A et $-A$ sont semblables.

Exercice 12.

a) *Soient $A, B \in \mathfrak{M}_n(\mathbb{C})$ deux matrices nilpotentes et $t \in \mathbb{C}$.*

i) *Si A et B commutent, $A + tB$ est-elle nilpotente ?*

ii) *Que dire si A et B ne commutent pas ?*

b) *Soient $A, B \in \mathfrak{M}_n(\mathbb{C})$ quelconques. On suppose qu'il existe $t_1, \ldots, t_{n+1} \in \mathbb{C}$ deux à deux distincts tels que $A + t_i B$ soit nilpotente pour tout $i \in [\![1, n+1]\!]$.*

i) *Montrer qu'il existe des matrices C_k telles que $(A + tB)^n = \sum\limits_{k=0}^{n} C_k t^k$.*

ii) *Les matrices A et B sont-elles nilpotentes ?*

●●●●●●

a) Rappelons que $A^n = B^n = 0$.

i) D'après le binôme de Newton, comme A et B commutent on a

$$(A+tB)^{2n-1} = \sum_{k=0}^{n-1} \binom{2n-1}{k} A^k (tB)^{2n-k-1} + \sum_{k=n}^{2n-1} \binom{2n-1}{k} A^k (tB)^{2n-k-1},$$

le long de la première somme $2n - k - 1 \geqslant 2n - (n-1) - 1 \geqslant n$ et, le long de la deuxième, $k \geqslant n$ d'où$(A + tB)^{2n-1} = 0$.

ii) Si $A = \begin{pmatrix} 0 & 1 \\ 0 & 0 \end{pmatrix}$ et $B = \begin{pmatrix} 0 & 0 \\ 1 & 0 \end{pmatrix}$ alors $A^2 = B^2 = 0$ et $\det(A + B) = -1$ et, donc, $A + B$ n'est pas nilpotente. On ne peut en général rien conclure.

b) i) Tout simplement $(A+tB)^n = \underbrace{(A + tB)(A + tB) \cdots (A + tB)}_{n \text{ fois}} = \sum\limits_{k=0}^{n} C_k t^k$

où les C_k sont des éléments de $\mathfrak{M}_n(\mathbb{C})$ avec $C_0 = A^n$ et $C_n = B^n$.

ii) $\forall k \in [\![1, n+1]\!]$, si $(i, j) \in [\![1, n]\!]^2$ le coefficient i, j de la matrice $(A + tB)^n$ est polynomial en t de degré au plus n et possède $n + 1$ zéros, c'est donc le polynôme nul. Son coefficient constant est $(A^n)_{i,j}$, celui de degré n est $(B^n)_{i,j}$ et ces coefficients sont nuls. Cela montre que A^n et B^n sont nulles.

Exercice 13.

Soient E un $\mathbb{K}$-espace vectoriel de dimension n, $u \in \mathcal{L}(E)$ nilpotent de rang $n - 1$. Déterminer le rang de u^k pour $k \in \mathbb{N}^\star$.

●●●●●●

On a, par hypothèse, $\dim \left[\mathrm{Ker}(u)\right] = 1$ et la chaîne d'inclusions

$$\{0\} = \mathrm{Ker}(u^0) \subset \mathrm{Ker}(u) \subset \cdots \subset \mathrm{Ker}(u^{n-1}) \subset \mathrm{Ker}(u^n) = E$$

puis $\forall k \geqslant n$, $\mathrm{Ker}(u^k) = E$.

Si $k \in [\![0,n]\!]$ alors $u_k : \begin{pmatrix} \text{Ker}(u^{k+1}) & \to & \text{Ker}(u^k) \\ x & \mapsto & u(x) \end{pmatrix}$ définit une application linéaire dont le noyau est $\text{Ker}(u^{k+1}) \cap \text{Ker}(u)$, soit $\text{Ker}(u)$.

Le théorème de rang fournit $\dim\left[\text{Ker}(u^k)\right] \geqslant \text{rg}(u_k) = \dim\left[\text{Ker}(u^{k+1})\right] - 1$ d'où $\dim\left[\text{Ker}(u^{k+1})\right] - \dim\left[\text{Ker}(u^k)\right] \in \{0,1\}$.

On en déduit déjà $\forall k \in [\![0,n]\!]$, $\dim\left[\text{Ker}(u^k)\right] \leqslant k$.

S'il existe k dans $[\![0,n-1]\!]$ pour lequel $\dim\left[\text{Ker}(u^{k+1})\right] = \dim\left[\text{Ker}(u^k)\right.$ alors $\text{Ker}(u^k) = \text{Ker}(u^{k+1})$ et, pour $p \in \mathbb{N}$,

$$x \in \text{Ker}(u^{k+p}) \iff u^p(x) \subset \text{Ker}(u^k) \iff u^p(x) \in \text{Ker}(u^{k+1})$$
$$\iff x \in \text{Ker}(u^{k+p+1})$$

et donc $\text{Ker}(u^k) = \text{Ker}(u^{k+1}) = \text{Ker}(u^{k+2}) = \text{Ker}(u^n)$ et, par suite, $\dim\left[\text{Ker}(u^n)\right] \leqslant k$, ce qui est impossible.

Donc $\forall k \in [\![0,n-1]\!]$, $\dim\left[\text{Ker}(u^{k+1})\right] - \dim\left[\text{Ker}(u^k)\right] = 1$.

En définitive $\forall k \in [\![0,n]\!]$, $\dim\left[\text{Ker}(u^k)\right] = k$ et $k \geqslant n \Rightarrow \dim\left[\text{Ker}(u^k)\right] = n$.

Exercice 14.

Soient E un $\mathbb{K}$-espace vectoriel de dimension n, $u \in \mathcal{L}(E)$ tel que $u^n = 0$ et $u^{n-1} \neq 0$. Déterminer le rang de u.

●●●●●●

Il s'agit de la réciproque de l'exercice précédent et c'est très classique.

Soit x un élément de E en dehors de $\text{Ker}(u^{n-1})$ et supposons que la famille $\left(u^k(x)\right)_{0 \leqslant k \leqslant n-1}$ est liée. Il existe une famille $(\lambda_0, \dots, \lambda_{n-1})$ de réels non tous nuls telle que $\sum\limits_{k=0}^{n-1} \lambda_k u^k(x) = 0$. On note p minimal tel que $\lambda_p \neq 0$ d'où $\sum\limits_{k=p}^{n-1} \lambda_k u^k(x) = 0$, on applique u^{n-p-1} et on a $\lambda_p u^{n-1}(x) = 0$: absurde.

Donc $\left(u^k(x)\right)_{0 \leqslant k \leqslant n-1}$ est une base de E et la matrice de u dans cette base est $\begin{pmatrix} 0 & \cdots & \cdots & 0 \\ 1 & \ddots & & \vdots \\ & \ddots & \ddots & \vdots \\ (0) & & 1 & 0 \end{pmatrix}$ de rang $n-1$.

Exercice 15.

Soient $n \in \mathbb{N}^\star$, E un espace vectoriel de dimension $3n$, $f \in \mathcal{L}(E)$ tel que $\text{rg}(f) = 2n$ et $f^3 = 0$. Montrer qu'il existe une base de E dans laquelle f a pour matrice $\begin{pmatrix} 0 & 0 & 0 \\ I_n & 0 & 0 \\ 0 & I_n & 0 \end{pmatrix}$.

●●●●●●

$g : \begin{pmatrix} \mathrm{Ker}(f^2) & \to & \mathrm{Ker}(f) \\ x & \mapsto & f(x) \end{pmatrix}$ définit une application linéaire dont le noyau est $\mathrm{Ker}(f^2) \cap \mathrm{Ker}(f)$, soit $\mathrm{Ker}(f)$ de dimension n d'après le théorème de rang.
L'application de ce même théorème à g fournit
$n = \dim\left[\mathrm{Ker}(f)\right] \geqslant \mathrm{rg}(g) = \dim\left[\mathrm{Ker}(f^2)\right] - n$ d'où $\dim\left[\mathrm{Ker}(f^2)\right] \leqslant 2n$.
De même la considération de $\begin{pmatrix} \mathrm{Ker}(f^3) & \to & \mathrm{Ker}(f^2) \\ x & \mapsto & f(x) \end{pmatrix}$ fournit
$\dim\left[\mathrm{Ker}(f^2)\right] \geqslant \dim\left[\mathrm{Ker}(f^3)\right] - n = 2n$ d'où $\dim\left[\mathrm{Ker}(f^2)\right] = 2n$.

Soit alors $(e_1, \ldots, e_n)$ une base d'un sous-espace vectoriel V supplémentaire de $\mathrm{Ker}(f^2)$, alors $\big(f^2(e_1), \ldots, f^2(e_n)\big)$ est une libre car base de $\mathrm{Im}(f^2)$.

Si $\sum\limits_{k=1}^{n} \alpha_k e_k + \sum\limits_{k=1}^{n} \beta_k f(e_k) + \sum\limits_{k=1}^{n} \gamma_k f^2(e_k) = 0$ en appliquant f^2 on a

$\sum\limits_{k=1}^{n} \alpha_k f^2(e_k) = 0$ d'où $\alpha_1 = \cdots = \alpha_n = 0$.

En appliquant alors f on a $\sum\limits_{k=1}^{n} \beta_k f^2(e_k) = 0$ d'où $\beta_1 = \cdots = \beta_n = 0$ puis, toujours par liberté de $\big(f^2(e_1), \ldots, f^2(e_n)\big)$, $\gamma_1 = \cdots = \gamma_n = 0$.

Cela montre que $\big(e_1, \ldots, e_n, f(e_1), \ldots, f(e_n), f^2(e_1), \ldots, f^2(e_n)\big)$ est une base de E et, dans cette base, f a la matrice souhaitée.

Exercice 16.
Soient E et F deux espaces vectoriels (non nécessairement de dimension finie).
a) *Soient $u \in \mathcal{L}(E, F)$ et $v \in \mathcal{L}(F, E)$ telles que $u \circ v \circ u = u$ et $v \circ u \circ v = v$. Montrer que $E = \mathrm{Ker}(u) \oplus \mathrm{Im}(v)$.*

b) *Soit $u \in \mathcal{L}(E, F)$. Montrer que $\mathrm{Ker}(u)$ possède un supplémentaire dans E et $\mathrm{Im}(u)$ possède un supplémentaire dans F si, et seulement s'il existe $v \in \mathcal{L}(F, E)$ tel que u et v vérifient les hypothèses de la question précédente.*

●●●●●●

a) $u \circ (I_E - v \circ u) = 0_{\mathcal{L}(E,F)}$ par hypothèse et donc $\mathrm{Im}(I_E - v \circ u) \subset \mathrm{Ker}(u)$.
Si $x \in E$ alors $x = \left[x - (v \circ u)(x)\right] + (v \circ u)(x) \in \mathrm{Ker}(u) + \mathrm{Im}(v)$ d'après ce qui précède.
Si $y \in \mathrm{Ker}(u) \cap \mathrm{Im}(v)$ soit $x \in E$ tel que $y = v(x)$.
Alors $0 = (v \circ u)(y) = (v \circ u \circ v)(x) = v(x) = y$ et donc $\mathrm{Ker}(u) + \mathrm{Im}(v)$ est directe.
Remarquons qu'en échangeant u et v cela montre aussi $F = \mathrm{Ker}(v) \oplus \mathrm{Im}(u)$.

b) Ce qui précède montre que la condition est suffisante.

Supposons donc que l'on a $E = E' \oplus \mathrm{Ker}(u)$ et $F = \mathrm{Im}(u) \oplus F'$.
u réalise un isomorphisme de E' sur $\mathrm{Im}(u)$ que l'on note w.
On définit l'élément v de $\mathcal{L}(F, E)$ par :

$$\forall y \in \mathrm{Im}(u),\ v(y) = w^{-1}(y) \text{ et } \forall z \in F',\ v(z) = 0.$$

Si $x \in E'$ alors $(u \circ v \circ u)(x) = u\Big(v\big(w(x)\big)\Big) = u\Big(w^{-1}\big(w(x)\big)\Big) = u(x)$,
si $x \in \mathrm{Ker}(u)$ alors $(u \circ v \circ u)(x) = 0 = u(x)$ donc $u \circ v \circ u = u$.
Si $y \in \mathrm{Im}(u)$ alors $(v \circ u \circ v)(y) = v\Big(u\big(w^{-1}(y)\big)\Big) = v\Big(w\big(w^{-1}(y)\big)\Big) = v(y)$,
si $y \in F'$ alors $(v \circ u \circ v)(y) = v(y)$, donc $v \circ u \circ v = v$.

Exercice 17. *(Exclusivement PSI)*
On note S_n le groupe des permutations de $[\![1,n]\!]$. Soit $\sigma \in S_n$.
a) *Rappeler le cardinal de S_n. Montrer que $\varphi_\sigma : S_n \to S_n$, $\tau \mapsto \tau \circ \sigma$ est bijective.*
b) *Soit $(e_1, \dots, e_n)$ une base de $\mathbb{R}^n$. On note f_σ l'application linéaire telle que $\forall i \in [\![1,n]\!]$, $f_\varphi(e_i) = e_{\sigma(i)}$. Montrer que $p_n = \dfrac{1}{n!} \sum\limits_{\sigma \in S_n} f_\sigma$ est un projecteur et donner ses caractéristiques.*

●●●●●●

a) S_n est de cardinal $n!$ et $\varphi_{\sigma^{-1}} \circ \varphi_\sigma = I_{S_n}$ ce qui suffit à assurer que φ_σ est bijective car S_n est fini.
b) Si $\tau \in S_n$ alors $n!\,p_n \circ f_\tau = \sum\limits_{\sigma \in S_n} f_\sigma \circ f_\tau = \sum\limits_{\sigma \in S_n} f_{\varphi_\tau(\sigma)} = \sum\limits_{\sigma' \in S_n} f_{\sigma'}$ d'après la question précédente. Donc $p_n \circ f_\tau = p_n$.
Alors $n!\,p_n^2 = p_n \circ \sum\limits_{\tau \in S_n} f_\tau = \sum\limits_{\tau \in S_n} p_n \circ f_\tau = \sum\limits_{\tau \in S_n} p_n = n!\,p_n$ d'où $p_n^2 = p_n$ et p_n est un projecteur.
Si $(i,j) \in [\![1,n]\!]^2$ alors $\big\{\sigma \in S_n \mid \sigma(i) = j\big\}$ est un ensemble de cardinal $(n-1)!$ car en bijection avec l'ensemble des bijections de $[\![1,n]\!] \setminus \{i\}$ sur $[\![1,n]\!] \setminus \{j\}$.
Donc, si $1 \leqslant i \leqslant n$, $p_n(e_i) = \dfrac{(n-1)!}{n!} \sum\limits_{j=1}^{n} e_j = \dfrac{1}{n} \sum\limits_{j=1}^{n} e_j$ d'où $\mathrm{Im}(p_n) \subset \mathbb{R}u$ où $u = \sum\limits_{j=1}^{n} e_j$ et aussi $p_n(u) = u$.
Cela montre que p_n est un projecteur de rang 1, d'image $\mathbb{R}u$.
Si $2 \leqslant i \leqslant n$ on a aussi $p_n(e_1 - e_i) = 0$ d'où, par raison de dimension, $\mathrm{Ker}(p_n) = \mathrm{Vect}(e_1 - e_i)_{2 \leqslant i \leqslant n}$.

Exercice 18.
Soit $A = \big(a_{i,j}\big) \in \mathfrak{M}_n(\mathbb{R})$. Pour tout $i \in [\![1,n]\!]$, on note $L_i = \sum\limits_{\substack{k=1 \\ k \neq i}}^{n} |a_{i,k}|$.
a) *On suppose que $\forall i \in [\![1,n]\!]$, $|a_{i,i}| > L_i$. Montrer que A est inversible.*
b) *On suppose que $\forall i,j \in [\![1,n]\!]$ tels que $i \neq j$, $|a_{i,i}a_{j,j}| > L_i L_j$. Montrer que A est inversible.*

●●●●●●

a) Soit $X \in \text{Ker}(A)$. On choisit $i \in [\![1,n]\!]$ tel que $|x_i| = \max_{1 \leqslant k \leqslant n} |x_k|$ et on examine la i-ème ligne de l'égalité $AX = 0$.
On a $a_{i,i}x_i = -\sum_{k \in [\![1,n]\!] \setminus \{i\}} a_{i,k}x_k$ d'où, par inégalité triangulaire
$|a_{i,i}|\,|x_i| \leqslant \sum_{k \in [\![1,n]\!] \setminus \{i\}} |a_{i,k}|\,|x_k| \leqslant L_i|x_i|$ d'où $\big[|a_{i,i}| - L_i\big]|x_i| \leqslant 0$ et donc, d'après l'hypothèse, $x_i = 0$ *i.e.* $X = 0$. cela montre l'inversibilité de A.

b) On procède de même en considérant un élément X de $\text{Ker}(A)$ et, cette fois, i et j deux éléments distincts de $[\![1,n]\!]$ tels que $\forall k \in [\![1,n]\!] \setminus \{i,j\}$ on a $|x_k| \leqslant \min(|x_i|, |x_j|)$.
On examine les lignes i et j de l'égalité $AX = 0$ qui, avec l'inégalité triangulaire, fournissent de même
$|a_{i,i}|\,|x_i| \leqslant \sum_{k \in [\![1,n]\!] \setminus \{i\}} |a_{i,k}|\,|x_k| \leqslant L_i|x_j|$ et aussi
$|a_{j,j}|\,|x_j| \leqslant \sum_{k \in [\![1,n]\!] \setminus \{j\}} |a_{j,k}|\,|x_k| \leqslant L_j|x_i|$.
On en déduit $|a_{i,i}a_{j,j}|\,|x_ix_j| \leqslant L_iL_j|x_ix_j|$ et donc, de même, $x_ix_j = 0$.
Si, par exemple, $x_j = 0$ alors $\forall k \in [\![1,n]\!] \setminus \{i\}$, $x_k = 0$ par définition de (i,j) et l'égalité $a_{i,i}x_i = -\sum_{k \in [\![1,n]\!] \setminus \{i\}} a_{i,k}x_k$ fournit $a_{i,i}x_i = 0$ d'où $x_i = 0$ car, par hypothèse, $|a_{i,i}| > 0$.
Cela montre $AX = 0 \Rightarrow X = 0$ ou encore l'inversibilité de A.

Exercice 19.
Soit E un $\mathbb{R}$-espace vectoriel de dimension finie n et $u \in \mathcal{L}(E)$ tel qu $u^2 = -id$.

a) *Montrer que n est pair.*

b) *Montrer que u ne laisse stable aucun hyperplan.*

●●●●●●

a) On a $\det(u^2) = \det^2(u) = (-1)^n \geqslant 0$ d'où la parité de n.

b) S'il existe un hyperplan stable par u alors l'endomorphisme v induit par u sur cet hyperplan vérifie $v^2 = -id$ et donc $n - 1$ est pair : c'est absurde.

Exercice 20.
Soit $E = \mathbb{R}_n[X]$ et $\Delta : P \mapsto P(X+1) - P(X)$.

a) *Montre que Δ est un endomorphisme de E. Déterminer une base de $\text{Im}(\Delta)$ et de $\text{Ker}(\Delta)$.*

b) *Montrer qu'il existe une base de E dans laquelle la matrice de Δ ne comporte que des 0 et des 1.*

c) *Soit $d \in \mathbb{N}$.*
Montrer qu'il existe $Q_d \in \mathbb{R}[X]$ tel que, pour tout $m \in \mathbb{N}$, $\sum_{k=0}^{m} k^d = Q_d(m)$.

d) *Déterminer un équivalent de* $Q_d(m)$ *lorsque* $m \to \infty$.

●●●●●●

a) Δ est linéaire, si $P \in E, \deg\big(\Delta(P)\big) \leqslant \max\Big[\deg\big(P(X+1)\big), \deg\big(P(X)\big)\Big]$ soit $\deg\big(\Delta(P)\big) \leqslant n$ d'où $\Delta(E) \subset E$ et $\Delta \in \mathcal{L}(E)$.

Si $P \in \operatorname{Ker}(\Delta)$ alors $x \mapsto P(x)$ est 1-périodique et donc tout entier est zéro du polynôme $P(X) - P(0)$. Comme $\mathbb{Z}$ est infini on en déduit que P est constant. Réciproquement $\Delta(X^0) = 0$ donc (X^0) est une base de $\operatorname{Ker}(\Delta)$.

Comme, si $P \neq 0$, $P(X+1)$ et $P(X)$ ont même degré et même coefficient dominant il vient $\deg\big(\Delta(P)\big) < \deg(P)$ et ainsi $\operatorname{Im}(\Delta) \subset \mathbb{R}_{n-1}[X]$. Comme $\operatorname{Ker}(\Delta)$ est de dimension 1 le théorème de rang montre :
$\dim\big[\operatorname{Im}(\Delta)\big] = (n+1) - 1 = \dim\big[\mathbb{R}_{n-1}[X]\big]$, donc $\operatorname{Im}(\Delta) = \mathbb{R}_{n-1}[X]$ de base $(X^0, X, \dots, X^{n-1})$.

b) On pose $L_0 = 1$ et, si $k \in [\![1, n]\!]$, $L_k = \dfrac{X(X-1)\cdots(X-k+1)}{k!}$.
Par raison de degrés $(L_0, \dots, L_n)$ est une base de E.

$\Delta(L_0) = 0$ et, si $1 \leqslant k \leqslant n$, on a

$$\begin{aligned}\Delta(L_k) &= \frac{(X+1)X\cdots(X-k+2)}{k!} - \frac{X(X-1)\cdots(X-k+1)}{k!}\\ &= \frac{X(X-1)\cdots(X-k+2)}{k!}\big[(X+1) - (X-k+1)\big] = L_{k-1}.\end{aligned}$$

La matrice de Δ dans $(L_0, \dots, L_n)$ est $\begin{pmatrix} 0 & 1 & & (0) \\ \vdots & \ddots & \ddots & \\ \vdots & & \ddots & 1 \\ 0 & \cdots & \cdots & 0 \end{pmatrix}$.

c) On choisit $n = d+1$ et alors $X^d \in \operatorname{Im}(\Delta)$, décomposons précisément $X^d = \sum\limits_{k=0}^{d} \alpha_k L_k$ et remarquons que, en examinant le coefficient dominant, $\alpha_d = d!$ (anticipation de la question suivante).

Alors $X^d = \sum\limits_{k=0}^{d} \alpha_k \Delta(L_{k+1}) = \Delta\left(\sum\limits_{k=0}^{d} \alpha_k L_{k+1}\right)$.

Posons $P_d = \sum\limits_{k=0}^{d} \alpha_k L_{k+1}$ alors $P_d(0) = 0$ et $X^d = \Delta(P_d)$.

$\sum\limits_{k=0}^{m} k^d = \sum\limits_{k=0}^{m} \Delta(P_d)(k) = \sum\limits_{k=0}^{m} \big[P_d(k+1) - P_d(k)\big] = P_d(m+1) - P_d(0)$ soit $\sum\limits_{k=0}^{m} k^d = P_d(m+1)$. Reste à poser $Q_d(X) = P_d(X+1)$.

d) $Q_d(m) \underset{m\to\infty}{\sim} P_d(m) \underset{m\to\infty}{\sim} \alpha_d L_{d+1}(m) \underset{m\to\infty}{\sim} \dfrac{d!}{(d+1)!} m^{d+1} = \dfrac{m^{d+1}}{d+1}$.

Exercice 21.

Montrer que la matrice $\begin{pmatrix} 1 & \cdots & \cdots & 1 \\ 0 & \ddots & & \vdots \\ \vdots & \ddots & \ddots & \vdots \\ 0 & \cdots & \cdots & 1 \end{pmatrix}$ *est semblable à sa transposée.*

●●●●●●

On ne change rien au problème en retranchant I_n à la matrice.

Notons u un endomorphisme de $\mathbb{R}^n$ dont la matrice est $\begin{pmatrix} 0 & & (1) \\ \vdots & \ldots & \\ 0 & \cdots & 0 \end{pmatrix}$ dans la base $(e_1, \ldots, e_n)$ de $\mathbb{R}^n$; notons A cette matrice.
On a $u(e_n) = e_{n-1} + x_1$ avec $x_1 \in \text{Vect}(e_1, \ldots, e_{n-2})$.
Puis $u^2(e_n) = u(e_{n-1}) + u(x_1) = e_{n-2} + x_2$ où $x_2 \in \text{Vect}(e_1, \ldots, e_{n-3})$.
De même si $k \leqslant n-2$ on a $u^k(e_n) = e_{n-k} + x_k$ où $x_k \in \text{Vect}(e_1, \ldots, e_{n-k-1})$ et enfin $u^{n-1}(e_n) = e_1 \neq 0$ alors que u^n est nul.
On choisit x en dehors de $\text{Ker}(u^{n-1})$ et on suppose $\big(u^{n-1}(x), \ldots, u(x), x\big)$ liée.
Soit $\lambda_0, \ldots, \lambda_{n-1}$ des réels non tous nuls tels que $\sum\limits_{k=0}^{n-1} \lambda_k u^k(x) = 0$. On choisit p minimal tel que $\lambda_p \neq 0$ et on applique u^{n-p-1} pour obtenir $\lambda_p u^{n-1}(x) = 0$, ce qui est absurde.
Par suite $\big(u^{n-1}(x), \ldots, u(x), x\big)$ est une base de $\mathbb{R}^n$ et la matrice de u dans cette base est $\begin{pmatrix} 0 & 1 & & (0) \\ \vdots & \ddots & \ddots & \\ \vdots & & \ddots & 1 \\ 0 & \cdots & \cdots & 0 \end{pmatrix}$, matrice semblable à A.
De même ${}^{t}\!A$ est semblable à cette matrice et, donc, à A.

Exercice 22.

Soient $A = \begin{pmatrix} 1 & 2 & 3 \\ 3 & 1 & 2 \\ 2 & 3 & 1 \end{pmatrix}$ et $B = \begin{pmatrix} 1 & 3 & 2 \\ 2 & 1 & 3 \\ 3 & 2 & 1 \end{pmatrix}$.
Ces deux matrices sont-elles semblables sur $\mathbb{C}$ *? sur* $\mathbb{R}$ *?*

●●●●●●

Le complément de cours relatif aux matrices réelles semblables sur $\mathbb{C}$ prouve que répondre à la première question suffit.
Une calculatrice montre que $\chi_A = X^3 - 3X^2 - 15X - 18 = \chi_B$,
puis $\chi'_A = 3(X^2 - 2X - 5) = 3(X - 1 - \sqrt{6})(X - 1 + \sqrt{6})$.
Enfin χ_A est strictement croissante et strictement négative sur $]-\infty, 1-\sqrt{6}]$, strictement décroissante et strictement négative sur $[1-\sqrt{6}, 1+\sqrt{6}]$ et strictement croissante en changeant de signe sur $[1+\sqrt{6}, +\infty[$.

Cela prouve que χ_A et χ_B ont un zéro simple dans $\mathbb{R}$ et sont scindés à racines simples sur $\mathbb{C}$. Par suite A et B sont semblables sur $\mathbb{C}$ à la même matrice diagonale et donc semblables à la fois sur $\mathbb{C}$ et sur $\mathbb{R}$.

Exercice 23.
Soit $A \in \mathfrak{M}_n(\mathbb{R})$. Déterminer les $X \in \mathfrak{M}_n(\mathbb{R})$ vérifiant $X + {}^tX = \operatorname{tr}(X)A$.

●●●●●●

Tout d'abord si $X + {}^tX = \operatorname{tr}(X)A$ l'application tr montre que l'on doit avoir $2\operatorname{tr}(X) = \operatorname{tr}(X)\operatorname{tr}(A)$. On distingue alors deux cas.
Premier cas : $\operatorname{tr}(A) \neq 2$ ou A non symétrique.
Pour que X soit solution il faut $\operatorname{tr}(X) = 0$ et l'ensemble des solutions est constitué des matrices antisymétriques.

Deuxième cas : $\operatorname{tr}(A) = 2$ et $A = {}^tA$.
Tout élément X de $\mathfrak{M}_n(\mathbb{R})$ s'écrit de façon unique $X = S + T$ où $S = {}^tS$ et $T = -{}^tT$, de plus $2S = X + {}^tX$.
L'équation s'écrit donc $2S = \lambda A$ où $\lambda = \operatorname{tr}(X)$.
Si $X = \mu A + T$ où $\mu \in \mathbb{R}$ et T est une matrice antisymétrique, alors on a $X + {}^tX = 2\mu A$ et $2\operatorname{tr}(X) = 2\mu$ d'où $X + {}^tX = \operatorname{tr}(X)A$.
L'ensemble des matrices solutions, dans ce cas, est l'ensemble des matrices dont la partie symétrique est colinéaire à A.

Exercice 24.
Soit G une partie de $\mathfrak{M}_n(\mathbb{C})$. On dit que $(G, \times)$ est un groupe s'il existe $E \in G$ tel que, pour tout $M \in G$, $EM = ME = M$ et si, pour tout $M \in G$, il existe $N \in G$ tel que $MN = NM = E$. Si G est un groupe, montrer que tous les éléments de G ont même rang.

●●●●●●

$\forall M \in G,\ M = EM \Rightarrow \operatorname{rg}(M) \leqslant \operatorname{rg}(E)$.
Si $M \in G$ et si $MN = E$ alors $\operatorname{rg}(E) \leqslant \operatorname{rg}(M)$ donc tous les éléments de G ont même rang, à savoir le rang de E.

Complément : nécessairement E est un projecteur car $E^2 = E$ et, si $M \in G$, si $N \in G$ et $MN = E$ alors $\operatorname{Im}(E) \subset \operatorname{Im}(M)$ d'où, par égalité des dimensions, $\operatorname{Im}(M) = \operatorname{Im}(E)$. De même $NM = E$ montre que $\operatorname{Ker}(M) = \operatorname{Ker}(E)$.
Si l'on écrit $E = P\operatorname{Diag}(I_r, 0_{n-r})P^{-1}$ où $P \in \mathrm{GL}_n(\mathbb{C})$ alors $\forall M \in G$, on a $P^{-1}MP = \operatorname{Diag}(A, 0_{n-r})$ et A est inversible.
En fait $G = \{P^{-1}\operatorname{Diag}(A, 0_{n-r})P \mid A \in G'\}$ où G' est un sous-groupe de $\mathrm{GL}_r(\mathbb{C})$.

Exercice 25.

Soit E un $\mathbb{K}$-espace vectoriel de dimension finie $n \geqslant 1$.

a) *Soit $p \in \mathcal{L}(E)$. Montrer que si p est un projecteur, $\mathrm{tr}(p) = \mathrm{rg}(p)$. La réciproque est-elle vraie ?*

b) *Soit $u \in \mathcal{L}(E)$ tel que $u^m = id$. Montrer que $p = \dfrac{1}{m}\displaystyle\sum_{k=0}^{m-1} u^k$ est un projecteur.*

c) *Montrer que $\sum_{k=0} \mathrm{tr}(u^k) = m \dim\big[\mathrm{Ker}(u - id)\big]$.*

●●●●●●

a) En diagonalisant p l'égalité entre sa trace et son rang est immédiate.

La matrice $\begin{pmatrix} 1 & 1 \\ 0 & 1 \end{pmatrix}$ est de trace 2 et de rang 2 mais distincte de son carrée, la réciproque est donc fausse.

b) $u \circ \sum_{k=0}^{m-1} u^k = \sum_{k=1}^{m-1} u^k + u^m = \sum_{k=0}^{m-1} u^k$ d'où $u \circ p = p$.

De même $\forall h \in \mathbb{N}$, $u^h \circ p = p$, alors $mp^2 = \sum_{h=0}^{m-1} u^h \circ p = \sum_{h=0}^{m-1} p = mp$ d'où $p^2 = p$.

c) Par linéarité de tr on a $\sum_{k=0}^{m-1} \mathrm{tr}(u^k) = m\,\mathrm{tr}(p) = \mathrm{rg}(p) = \dim\big[\mathrm{Ker}(p - id)\big]$.

Si $u(x) = x$ alors $\forall k \in \mathbb{N}$, $u - k(x) = x$ d'où $p(x) = x$.

Si $p(x) = x$ alors $u(x) = (u \circ p)(x) = p(x) = x$, d'où $\mathrm{Ker}(p - id) = \mathrm{Ker}(u - Id)$.

On en déduit le résultat.

Exercice 26.

Résoudre l'équation $A^2 + (-1)^n \det(A) I_n = 0$ dans $\mathfrak{M}_n(\mathbb{R})$.

●●●●●●

Commençons par chercher les solutions pour lesquelles $\det(A) = 0$, l'équation s'écrit alors $A^2 = 0$ ou $\mathrm{Im}(A) \subset \mathrm{Ker}(A)$.

Si r est le rang de A le théorème de rang donne $r \leqslant n - r$ comme condition nécessaire, *i.e.* $r \leqslant n/2$.

Supposons $A^2 = 0$ et soit u un endomorphisme de $\mathbb{R}^n$ dont A est matrice.

Écrivons $\mathbb{R}^n = \mathrm{Ker}(u) \oplus V$ et soit $(e_{n-r+1}, \ldots, e_n)$ une base de V.

Alors, comme u réalise un isomorphisme de V sur $\mathrm{Im}(u)$, la famille image par u de la famille précédente est une base de $\mathrm{Im}(u)$; on la note $(e_1, \ldots, e_r)$ et on la complète en $(e_1, \ldots, e_{n-r})$ base de $\mathrm{Ker}(u)$. Ainsi $(e_1, \ldots, e_n)$ est une base de $\mathbb{R}^n$ dans laquelle la matrice de u est, par blocs, $\begin{pmatrix} 0 & I_r \\ 0_{n-r} & 0 \end{pmatrix}$; notée N.

En résumé A est semblable à N où $r \leqslant n/2$.

Réciproquement si $r \leqslant n/2$, comme N^2 est nul, si A est semblable à N alors $A^2 = 0$.

Désormais on cherche A telle que, de plus, $\det(A) \neq 0$.
Si A est solution alors, en considérant l'application déterminant, l'égalité $A^2 = (-1)^{n+1}\det(A)I_n$ fournit $\det^2(A) = (-1)^{n(n+1)}\det^n(A)$ soit $\det^{n-2}(A) = 1$ car $n(n+1)$ est un entier pair et $\det(A) \neq 0$.

• Si n est impair nécessairement $\det(A) = 1$ et l'équation s'écrit $A^2 = I_n$ *i.e.* A est une matrice de symétrie semblable par blocs à $\mathrm{Diag}(I_p, -I_{n-p})$ et donc p est impair afin d'avoir $\det(A) = 1$. Réciproquement une telle matrice est solution.

• Si $n = 2$ alors $\chi_A(A) = 0 = A^2 - \mathrm{tr}(A)A + \det(A)I_2 = -\mathrm{tr}(A)A$ d'où $\mathrm{tr}(A) = 0$ car $A \neq 0$ *i.e.* A est de la forme $\begin{pmatrix} a & b \\ c & -a \end{pmatrix}$. Réciproquement une telle matrice est solution.
• Si n est pair et $n \geqslant 4$ alors on a deux cas
◁ si $\det(A) = -1$ l'équation s'écrit $A^2 = I_n$ *i.e.* A est semblable par blocs à $\mathrm{Diag}(I_p, -I_{n-p})$ avec p impair. Réciproquement une telle matrice est solution.
◁ si $\det(A) = 1$ l'équation s'écrit $A^2 = -I_n$ et donc les valeurs propres dans $\mathbb{C}$ de A sont i et $-i$ avec même ordre de multiplicité car son polynôme caractéristique est élément de $\mathbb{R}_n[X]$. Il en va de même pour $\begin{pmatrix} 0 & I_{n/2} \\ -I_{n/2} & 0 \end{pmatrix}$ qui est donc semblable à A d'après le complément de cours relatif aux matrices réelles semblables sur $\mathbb{C}$.
Réciproquement toute matrice semblable à $\begin{pmatrix} 0 & I_{n/2} \\ -I_{n/2} & 0 \end{pmatrix}$ est solution.

Exercice 27.
Trouver les matrices $A \in \mathfrak{M}_2(\mathbb{C})$ telles que $\{B \in \mathfrak{M}_2(\mathbb{C}) \mid B^2 = A\}$ soit fini et non vide. Que dire du cardinal de cet ensemble ?

●●●●●●

On va discuter selon le cardinal et la nature de $\mathrm{Sp}(A)$.
Si $\mathrm{Sp}(A) = \{\lambda, \mu\}$ et est de cardinal 2 alors il existe P dans $\mathrm{GL}_2(\mathbb{C})$ telle que $PAP^{-1} = \mathrm{Diag}(\lambda, \mu)$.
$B^2 = A \Rightarrow AB = A^3 = BA$ et donc $E_\lambda(A)$ et $E_\mu(A)$ sont stables par B donc PBP^{-1} est diagonale, soit $\mathrm{Diag}(\alpha, \beta)$ avec $B^2 = A \iff (\alpha^2, \beta^2) = (\lambda, \mu)$.
L'équation $B^2 = A$ admet donc 3 ou 4 solutions selon que 0 est valeur propre ou non de A.

Si $A = 0$ alors toute matrice B de la forme $\begin{pmatrix} 0 & \alpha \\ 0 & 0 \end{pmatrix}$ vérifie $B^2 = A$, il y a donc une infinité de solutions.

S'il existe λ dans $\mathbb{C}^\star$ tel que $A = \lambda I_2$ et si $\mu^2 = \lambda$ alors, pour toute matrice de symétrie S on a $(\mu S)^2 = A$, il y a une infinité de solutions.

Sinon il existe λ dans $\mathbb{C}$ et P dans $\mathrm{GL}_2(C)$ tels que $PAP^{-1} = \begin{pmatrix} \lambda & 1 \\ 0 & \lambda \end{pmatrix}$.
$B^2 = A \Rightarrow AB = BA \Rightarrow E_\lambda(A)$ est stable par $B \Rightarrow PBP^{-1} = \begin{pmatrix} \mu & \alpha \\ 0 & \mu \end{pmatrix}$ car B ne peut pas être diagonalisable et $\mu^2 = \lambda$, $2\alpha\mu = 1$ d'où deux solutions si $\lambda \neq 0$ et aucune si $\lambda = 0$.

Résumons :

• si A a deux valeurs propres toutes deux non nulles alors A admet 4 racines carrées ;

• si A a deux valeurs propres dont 0 alors A admet 3 racines carrées ;

• si $\mathrm{Sp}(A)$ est réduit à un élément non nul alors A admet 2 racines carrées ;
dans tous les autres cas l'ensemble des racines carrées de A est vide ou infini.

Exercice 28.

Soient $n \geqslant 3$ et $A = (a_{i,j})_{1\leqslant i,j\leqslant n}$ où $a_{i,1} = 1$ pour $1 \leqslant i \leqslant n-1$, $a_{i,n} = 1$ pour $2 \leqslant i \leqslant n$, les autres coefficients étant nuls.

a) *Montrer que l'image et le noyau de A sont supplémentaires.*

b) *Montrer que A est semblable à une matrice de la forme $\begin{pmatrix} 0 & 0 \\ 0 & B \end{pmatrix}$, où l'on précisera B.*

c) *Déterminer les $X \in \mathfrak{M}_n(\mathbb{R})$ telles que $X^2 = A$.*

●●●●●●

a) On note $(C_1, \dots, C_n)$ le n-uplet des colonnes de A et $(E_1, \dots, E_n)$ la base canonique de $\mathfrak{M}_{n,1}(\mathbb{R})$ que l'on identifie à $\mathbb{R}^n$.
Clairement (C_1, C_n) est libre alors que $C_2 = \cdots = C_{n-1} = 0$ donc A est de rang 2, $\mathrm{Ker}(A) = \mathrm{Vect}(E_2, \dots, E_{n-1})$ et $\mathrm{Im}(A) = \mathrm{Vect}(C_1, C_n)$,
soit $\mathrm{Im}(A) = \mathrm{Vect}(C_1, C_n - C_1) = \mathrm{Vect}\left(\sum_{k=1}^{n-1} E_k, E_n - E_1\right)$.

On pose $U = \sum_{k=1}^{n-1} E_k$ et $V = E_n - E_1$.

$$[U, E_2, E_3, \dots, E_{n-1}, V] = \begin{vmatrix} 1 & & (0) & -1 \\ \vdots & \ddots & & 0 \\ 1 & & 1 & \vdots \\ 1 & (0) & & 0 \\ 0 & & & 1 \end{vmatrix} = \begin{vmatrix} \begin{pmatrix} 1 & & (0) \\ & \ddots & \\ (\star) & & 1 \end{pmatrix} & (\star) \\ 0 & 1 \end{vmatrix}$$

par blocs et ce déterminant est égal à 1 donc $\mathrm{Im}(A)$ et $\mathrm{Ker}(A)$ sont supplémentaires dans $\mathbb{R}^n$.

b) $\mathrm{Im}(A)$ et $\mathrm{Ker}(A)$ sont stables par A, $AU = AE_1 + \sum_{k=2}^{n-1} AE_k = U$ et aussi

$$AV = AE_n - AE_1 = \sum_{k=2}^{n} E_k - \sum_{k=1}^{n-1} E_k = V.$$

Donc dans la base $(E_2, E_3, \ldots, E_{n-1}, U, V)$ de $\mathbb{R}^n$ l'endomorphisme canoniquement associé à A a pour matrice $\begin{pmatrix} 0 & 0 \\ 0 & I_2 \end{pmatrix}$ par blocs ; on note A' cette matrice.

c) Si P est la matrice de passage de $(E_1, \ldots, E_n)$ à la base précédente alors $A = PA'P^{-1}$.
Si $X^2 = A$ alors $XA = X^3 = AX$ donc $\operatorname{Ker}(A)$ et $\operatorname{Im}(A)$ sont stables par X et, en posant $X' = P^{-1}XP$, cela signifie que X' est de la forme $\begin{pmatrix} X_1' & 0 \\ 0 & X_2' \end{pmatrix}$ où $(X_1', X_2') \in \mathfrak{M}_{n-2}(\mathbb{R}) \times \mathfrak{M}_2(\mathbb{R})$.
Avec ces notations $X^2 = A \iff {X_1'}^2 = 0$ et ${X_2'}^2 = I_2$.
En définitive $X^2 = A \iff X = P\begin{pmatrix} X_1' & 0 \\ 0 & X_2' \end{pmatrix}P^{-1}$ où ${X_1'}^2 = 0$ et ${X_2'}^2 = I_2$ et il y a une infinité de solutions.

Exercice 29.
Soient $X = {}^t(x_1 \cdots x_n)$ et $M = \big(x_i x_j\big)_{1 \leqslant i,j \leqslant n} \in \mathfrak{M}_n(\mathbb{R})$*? Donner les éléments propres de* M.

●●●●●●

On élimine le cas où X est nul car, alors, $M = 0$.
Si $y \in \mathbb{R}^n$ on note Y sa matrice colonne dans la base canonique de $\mathbb{R}^n$. Ainsi $x = (x_1, \ldots, x_n)$.
${}^tM = {}^t(X\,{}^tX) = M$ donc M est orthogonalement diagonalisable.
$\forall Y \in \mathfrak{M}_{n,1}(\mathbb{R}),\ MY = (X\,{}^tX)Y = X({}^tXY) = (x|y)X \in \mathbb{R}X$ et, de même, $MX = \|x\|^2 X$, par suite M est une matrice de rang 1.
$\|x\|^2$ en est valeur propre et le sous-espace propre associé est $\mathbb{R}X$, 0 est valeur propre d'ordre $n-1$ et le sous-espace propre associé est $X^\perp$.
On peut aussi le confirmer en remarquant que $MY = 0 \iff (x|y) = 0$.

Exercice 30.
Soient $A = (j)_{1 \leqslant i,j \leqslant n}$, $B = (i-1)_{1 \leqslant i,j \leqslant n}$ et $C = A + nB$. *Déterminer le rang de* C. *La matrice* C *est-elle diagonalisable ?*

●●●●●●

Posons $U = {}^t(1 \cdots 1)$, $V = {}^t(1\,2 \cdots n)$ et $W = {}^t(0\,1 \cdots n-1)$.
On a $A = U\,{}^tV$ et $B = W\,{}^tU$ et donc, si $X \in \mathfrak{M}_{n,1}(\mathbb{R})$, il vient
$CX = U({}^tVX) + W({}^tUX) = (V|X)U + (U|X)W \in \operatorname{Vect}(U, W)$
d'où $\operatorname{rg}(C) \leqslant 2$ et $\operatorname{Im}(C) \subset \operatorname{Vect}(U, W)$.
Si $X = {}^t(2\ -1\,0 \cdots 0)$ alors $X \in V^\perp$ et $CX = U$.
De même si $X = {}^t(-1\,1\,0 \cdots 0)$ alors $X \in U^\perp$ et $CX = nW$,

par suite $\mathrm{Im}(C) = \mathrm{Vect}(U, W)$ et $\mathrm{rg}(C) = 2$.
Comme (U, V) est libre, $\mathrm{Vect}(U, V)^{\perp}$ est un sous-espace vectoriel de dimension $n-2$ de $\mathrm{Ker}(C)$ donc c'est $\mathrm{Ker}(C)$.
De $W = V - U$ on déduit que $\mathrm{Ker}(C) = \mathrm{Vect}(U, W)^{\perp} = \mathrm{Im}(C)^{\perp}$.
Enfin $\mathrm{Im}(C)$ est un plan stable par C donc C est diagonalisable si, et seulement si, elle induit un endomorphisme $\widetilde{C}$ diagonalisable de $\mathrm{Im}(C)$.

$$CU = \frac{n(n+1)}{2} U + n^3 W,$$

$$CW = \left(\sum_{i=1}^{n} i(i-1)\right) U + n\frac{(n-1)n}{2} W$$

$$= \left(\frac{n(n+1)(2n+1)}{6} - \frac{n(n+1)}{2}\right) U + \frac{n^2(n-1)}{2} W$$

la matrice de $\dfrac{\widetilde{C}}{n}$ dans la base (U, W) est donc $\begin{pmatrix} \dfrac{n+1}{2} & \dfrac{n^2-1}{3} \\ n^2 & \dfrac{n(n-1)}{2} \end{pmatrix}$.

On peut aussi dire que c'est $\dfrac{1}{n}\begin{pmatrix} (U|V) & (V|W) \\ n\|U\|^2 & n(U|W) \end{pmatrix}$.

À ce stade l'examinateur devrait proposer de passer à autre chose.

Exercice 31.

Soit $A \in \mathfrak{M}_n(\mathbb{R})$. *On note* $E_A = \{M \in \mathfrak{M}_n(\mathbb{R}) \mid AMA = 0\}$.

a) *On suppose que* A *est diagonalisable de rang* r. *Déterminer* $\dim(E_A)$.

b) *On suppose à présent que* A *est quelconque. Déterminer* $\dim(E_A)$.

●●●●●●

a) On écrit $A = PDP^{-1}$ où $P \in \mathrm{GL}_n(\mathbb{R})$ et $D = \mathrm{Diag}(\lambda_1, \ldots, \lambda_n)$ avec $\lambda_1 \cdots \lambda_r \neq 0 = \lambda_{r+1} = \cdots = \lambda_n$ car A est de rang r.
Alors $AMA = 0 \iff P^{-1}AMAP = 0 \iff DM'D = 0$ où l'on a posé $M' = P^{-1}MP$ et, donc, $\forall (i,j) \in [\![1, n]\!]^2$, $(DM'D)_{i,j} = \lambda_i \lambda_j m'_{i,j}$.
Alors $AMA = 0 \iff \forall (i,j) \in [\![1, r]\!]^2$, $m'_{i,j} = 0$.
Comme $M \mapsto P^{-1}MP$ est un automorphisme de $\mathfrak{M}_n(\mathbb{R})$ la dimension de E_A est celle de $\{M' \in \mathfrak{M}_n(\mathbb{R}) \mid \forall (i,j) \in [\![1, r]\!]^2,\ m'_{i,j} = 0\}$, soit $n^2 - r^2$.

b) On utilise ici l'équivalence des matrices (complément de cours) afin de raisonner comme dans la question précédente en notant r le rang de A.
On peut écrire $A = PDQ$ où $(P, Q) \in \big(\mathrm{GL}_n(\mathbb{R})\big)^2$, $D = \mathrm{Diag}(\lambda_1, \ldots, \lambda_n)$ et $\lambda_1 = \cdots = \lambda_r = 1$, $\lambda_{r+1} = \cdots = \lambda_n = 0$.
$AMA = 0 \iff P^{-1}AMAQ^{-1} = 0 \iff DM'D = 0$ où $M' = QMP$.
On a $AMA = 0 \iff \forall (i,j) \in [\![1, r]\!]^2$, $m'_{i,j} = 0$ et, comme $M \mapsto QMP$ est aussi un automorphisme de $\mathfrak{M}_n(\mathbb{R})$, la dimension de E_A est toujours $n^2 - r^2$.

Exercice 32.
Soient $M \in \mathfrak{M}_2(\mathbb{R})$ et $n \in \mathbb{N}$ tels que $M^n = \begin{pmatrix} 0 & 1 \\ -1 & 0 \end{pmatrix}$.

a) *Montrer que M n'est pas diagonalisable.*

b) *Pour $k \in \mathbb{N}$ on note* $\theta_k = \dfrac{2k+1}{2n}\pi$ et $R_k = \begin{pmatrix} \cos(\theta_k) & -\sin(\theta_k) \\ \sin(\theta_k) & \cos(\theta_k) \end{pmatrix}$.
Montrer qu'il existe P dans $\mathrm{GL}_2(\mathbb{C})$ et k dans $\mathbb{N}$ tels que $P^{-1}MP = R_k$.

c) *Montrer qu'il existe Q dans $\mathrm{GL}_2(\mathbb{R})$ et k dans $\mathbb{N}$ tels que $Q^{-1}MQ = R_k$.*

••••••

a) Si l'on pose $A = \begin{pmatrix} 0 & 1 \\ -1 & 0 \end{pmatrix}$ alors $A^2 = -I_2$, ce qui montre que $\mathrm{Sp}_{\mathbb{R}}(A) = \varnothing$ car toute valeur propre λ de A doit vérifier $\lambda^2 = -1$. Si M était diagonalisable alors M^n le serait aussi. Donc M n'est pas diagonalisable.

b) Comme $M^{2n} = -I_2$, si $\lambda \in \mathrm{Sp}_{\mathbb{C}}(M)$ alors $\lambda^{2n} = -1$, d'où l'existence d'un entier naturel k tel que $\lambda = e^{i\theta_k}$. Comme χ_M est un trinôme à coefficients réels, le théorème de d'Alembert assure l'existence d'un entier naturel k tel que $\chi_M(X) = (X - e^{i\theta_k})(X - e^{-i\theta_k}) = \chi_{R_k}(X)$; on choisit un tel k.

$e^{i\theta_k} = e^{-i\theta_k} \iff 2\theta_k \equiv 0\ [2\pi]$ ce qui est impossible car $2k+1$ est impair. Les matrices M et R_k sont donc diagonalisables avec la même réduite diagonales, elles sont donc semblables sur $\mathbb{C}$.

c) Consulter le complément de cours relatif aux matrices réelles semblables sur $\mathbb{C}$.

Exercice 33.
Soient $A \in \mathfrak{M}_n(\mathbb{R})$ une matrice diagonalisable et $B = A^3 + A + I_n$. Montrer que A est un polynôme en B. Qu'en est-il si $A \in \mathfrak{M}_n(\mathbb{C})$?

••••••

$\varphi : x \mapsto x^3 + x + 1$ est polynomiale de dérivée $x \mapsto 3x^2 + 1$. Elle réalise donc une bijection strictement croissante de $\mathbb{R}$ sur lui-même.
Notons $\lambda_1, \ldots, \lambda_k$ les valeurs propres deux à deux distinctes de A d'ordres de multiplicité respectifs $\omega_1, \ldots, \omega_k$.
Soit $Q \in \mathrm{GL}_n(\mathbb{R})$ telle que $A = Q\,\mathrm{Diag}(\lambda_1 I_{\omega_1}, \ldots, \lambda_k I_{\omega_k})Q^{-1}$,
on a alors $B = Q\,\mathrm{Diag}(\varphi(\lambda_1)I_{\omega_1}, \ldots, \varphi(\lambda_k)I_{\omega_k})Q^{-1}$.
Comme les réels $\varphi(\lambda_1), \ldots, \varphi(\lambda_k)$ sont deux à deux distincts, l'interpolation de Lagrange assure l'existence et l'unicité de P dans $\mathbb{R}_{n-1}[X]$ pour lequel

$$\forall i \in [\![1, k]\!],\ \lambda_i = P\big(\varphi(\lambda_i)\big).$$

On a $\mathrm{Diag}(\lambda_1 I_{\omega_1}, \ldots, \lambda_k I_{\omega_k}) = P\big(\mathrm{Diag}(\varphi(\lambda_1)I_{\omega_1}, \ldots, \varphi(\lambda_k)I_{\omega_k})\big)$ et, donc, $A = P(B)$.

Pour ce qui est de valeurs propres complexes l'injectivité du prolongement de φ à $\mathbb{C}$ est en défaut. En effet l'étude de φ montre qu'elle a un zéro réel et qu'il est simple ; notons le λ et soit μ un zéro de φ dans $\mathbb{C}$, distinct de λ.
Si λ et μ sont valeurs propres de A alors $\varphi(\lambda) = \varphi(\mu) = 0$ et aucun polynôme P ne vérifie à la fois $P(0) = \lambda$ et $P(0) = \mu$ car $\lambda \neq \mu$, donc $A \notin \mathbb{C}[B]$.

Exercice 34. *(Exclusivement PSI)*
Soient E un $\mathbb{C}$-espace vectoriel de dimension finie et u un endomorphisme de E. Montrer que u n'est pas diagonalisable si, et seulement s'il existe un plan P de E stable par u tel qu'une matrice de l'endomorphisme induit sur P est de la forme $\begin{pmatrix} \lambda & 1 \\ 0 & \lambda \end{pmatrix}$.

●●●●●●

Si u est diagonalisable et s'il existe plan P de E stable par u tel qu'une matrice de l'endomorphisme induit sur P est de la forme $\begin{pmatrix} \lambda & 1 \\ 0 & \lambda \end{pmatrix}$ alors tout polynôme annulateur de u est aussi annulateur de cette matrice A qui est, par conséquent, diagonalisable.
Or λ est valeur propre double de A et $\dim\big(E_\lambda(A)\big) = 1 < 2$, il y a contradiction. Donc l'existence d'un tel plan est suffisant pour que u soit non diagonalisable.

Supposons réciproquement u non diagonalisable. Il existe une valeur propre λ de u telle que $\dim\big(E_\lambda(u)\big) < h$ où h désigne l'ordre de multiplicité de λ.
Si l'on pose $v = u - \lambda I$ alors $\chi_v(X) = X^h Q(X)$ où $Q(0) \neq 0$.
$\mathrm{Ker}(v^h)$ est stable par v et, par choix de λ, $\mathrm{Ker}(v) \subsetneq \mathrm{Ker}(v^h)$.
Comme on a la chaîne d'inclusions $\mathrm{Ker}(v) \subset \mathrm{Ker}(v^2) \subset \cdots \subset \mathrm{Ker}(v^h)$ il existe $p \geqslant 1$ tel que $\mathrm{Ker}(v^p) \subsetneq \mathrm{Ker}(v^{p+1})$.
Soit alors $x \in \mathrm{Ker}(v^{p+1}) \setminus \mathrm{Ker}(v^p)$ et supposons $\alpha v^{p-1}(x) + \beta v^p(x) = 0$. En appliquant v on a $\alpha v^p(x) = 0$, d'où $\alpha = 0$ par choix de x, puis $\beta v^p(x) = 0$ et donc $\beta = 0$. La famille $\big(v^p(x), v^{p-1}(x)\big)$ est base d'un plan stable par v et la matrice de l'endomorphisme induit dans cette base est $\begin{pmatrix} 0 & 1 \\ 0 & 0 \end{pmatrix}$, ce plan est également stable par u et l'endomorphisme induit a pour matrice la matrice souhaitée.

Exercice 35.
a) *Soit E un espace vectoriel de dimension n, u* et *v des endomorphismes de E. On suppose que u a n valeurs propres distinctes. Que peut-on dire de v si $u \circ v = v \circ u$?*

b) *Soit $E = \mathcal{C}^\infty(\mathbb{R}, \mathbb{R})$* et *$E_1$ le sous-espace vectoriel de E engendré par les fonctions cosinus et sinus.*

i) *Soit* $d_1 \in \mathcal{L}(E_1)$ *l'endomorphisme qui à une fonction* $y \in E_1$ *associe sa dérivée. Montrer qu'il existe* $f \in \mathcal{L}(E_1)$ *tel que* $f \circ f = d_1$.

ii) *Soit* $d_2 \in \mathcal{L}(E_1)$ *l'endomorphisme qui échange les fonctions cosinus et sinus. Quelle est la nature géométrique de* d_2 *? Peut-on trouver* $g \in \mathcal{L}(E_1)$ *tel que* $g \circ g = d_2$ *?*

●●●●●●

a) Si $\lambda \in \mathrm{Sp}(u)$ alors $E_\lambda(u)$ est une droite vectorielle stable par u, donc tout vecteur propre de u est également vecteur propre de v.
Comme u est diagonalisable toute base de diagonalisation de u est également une base de diagonalisation de v.

b) i) Dans la base $(\cos, \sin)$ de E_1 la matrice de d_1 est $\begin{pmatrix} 0 & -1 \\ 1 & 0 \end{pmatrix}$.

C'est la matrice d'une rotation d'angle $\pi/2$ et, donc, si f a pour matrice $\dfrac{1}{\sqrt{2}}\begin{pmatrix} 1 & -1 \\ 1 & 1 \end{pmatrix}$ dans la même base, on a $f^2 = d_1$.

ii) Par définition $d_2^2 = Id_{E_1}$ et d_2 n'est pas une homothétie. Il s'agit donc d'une réflexion, elle a 1 et -1 pour valeurs propres simples. C'est la réflexion par rapport à $\mathrm{Vect}(\cos + \sin)$ de direction $\mathrm{Vect}(\cos - \sin)$.

S'il existait g on aurait $\det^2(g) = \det(g^2) = -1$, ce qui est impossible pour le carré d'un nombre réel.

Exercice 36. *(Exclusivement PSI)*
Soit f un endomorphisme d'un $\mathbb{C}$-espace vectoriel de dimension finie. On suppose que f^2 est diagonalisable. Montrer que f est diagonalisable si, et seulement si, $\mathrm{Ker}(f) = \mathrm{Ker}(f^2)$.

●●●●●●

Si f est diagonalisable et si $\mathrm{Diag}(\lambda_1, \ldots, \lambda_n)$ en est matrice alors l'endomorphisme f^2 admet pour matrice $\mathrm{Diag}(\lambda_1^2, \ldots, \lambda_n^2)$
Alors $\dim\big(\mathrm{Ker}(f)\big) = \dim\big(\mathrm{Ker}(f^2)\big) = \mathrm{Card}\Big(\big\{i \in [\![1, n]\!] \mid \lambda_i = 0\big\}\Big)$. Comme $\mathrm{Ker}(f) \subset \mathrm{Ker}(f^2)$ il y a nécessairement égalité.

Supposons réciproquement $\mathrm{Ker}(f) = \mathrm{Ker}(f^2)$ et notons $\lambda_1, \ldots, \lambda_k$ les valeurs propres deux à deux distinctes de f^2. Pour tout $i \in [\![1, k]\!]$ notons μ_i une racine carrée dans $\mathbb{C}$ de λ_i.

Comme f^2 est diagonalisable l'endomorphisme $\prod_{i=1}^{k} (f^2 - \lambda_i Id)$ est nul. (On peut utiliser cette notation car tous les endomorphismes qui interviennent commutent deux à deux). Cela s'écrit aussi $\prod_{i=1}^{k} (f - \mu_i Id) \circ \prod_{i=1}^{k} (f + \mu_i Id) = 0$.
On distingue alors deux cas :

si $0 \notin \text{Sp}(f)$ alors $\prod_{i=1}^{k}(X-\mu_i)\prod_{i=1}^{k}(X+\mu_i)$ est scindé à racines simples et annulateur de f, donc f est diagonalisable ;
sinon, par exemple $\lambda_1 = 0$.
Si $x \in E_{\lambda_1}(f^2)$ alors $f(x) = 0$ par hypothèse et, si $i \in [\![2,k]\!]$ et $x \in E_{\lambda_i}(f^2)$, alors $\big[(f-\mu_i Id)\circ(f+\mu_i Id)\big](x) = 0$.
Comme $E = \bigoplus_{i=1}^{k} E_{\lambda_i}(f^2)$ cela montre que $X\prod_{i=2}^{k}(X-\mu_i)\prod_{i=2}^{k}(X+\mu_i)$ est annulateur de f et, comme c'est un polynôme scindé à racines simples , cela montre que f est diagonalisable .

Exercice 37.

a) *Soit $D \in \mathfrak{M}_n(\mathbb{C})$. Déterminer l'inverse de* $\begin{pmatrix} I_n & D \\ 0 & I_n \end{pmatrix} \in \mathfrak{M}_{2n}\mathbb{C})$.

b) *Soient A* et *B deux matrices diagonalisables de $\mathfrak{M}_n(\mathbb{C})$ telles que* $\text{Sp}(A) \cap \text{Sp}(B) = \varnothing$.

i) *Montrer que pour toute matrice $C \in \mathfrak{M}_n(\mathbb{C})$, il existe $D \in \mathfrak{M}_n(\mathbb{C})$ telle que $AD - DB = C$.*

ii) *Soit* $N = \begin{pmatrix} A & C \\ 0 & B \end{pmatrix}$ et $M = \begin{pmatrix} A & 0 \\ 0 & B \end{pmatrix}$.
Montrer que M et *N sont semblables. Sont-elles diagonalisables ?*

●●●●●●

a) $\begin{pmatrix} I_n & D \\ 0 & I_n \end{pmatrix}\begin{pmatrix} I_n & -D \\ 0 & I_n \end{pmatrix} = I_{2n}$. Cela montre l'inversibilité de $\begin{pmatrix} I_n & D \\ 0 & I_n \end{pmatrix}$ ainsi que $\begin{pmatrix} I_n & D \\ 0 & I_n \end{pmatrix}^{-1} = \begin{pmatrix} I_n & -D \\ 0 & I_n \end{pmatrix}$.

b) i) Soit $\Phi : \mathfrak{M}_n(\mathbb{C}) \to \mathfrak{M}_n(\mathbb{C}),\ D \mapsto AD-DB$, il s'agit d'un endomorphisme de $\mathfrak{M}_n(\mathbb{C})$.
Si $D \in \text{Ker}(\Phi)$ alors $AD = DB$ d'où, par récurrence, $\forall k \in \mathbb{N},\ A^k D = DB^k$ puis, par linéarité, $\forall P \in \mathbb{C}[X],\ P(A)D = DP(B)$.
Soit $P = \prod_{\lambda \in \text{Sp}(A)}(X-\lambda)$, alors, comme A est diagonalisable, on a $0 = P(A)D = DP(B)$ et $P(B) = \prod_{\lambda \in \text{Sp}(A)}(B-\lambda I_n) \in \text{GL}_n(\mathbb{C})$ car aucune valeur propre de A n'est valeur propre de B. Par suite $D = 0$ et Φ est un automorphisme de $\mathfrak{M}_n(\mathbb{C})$.
Ainsi $D = \Phi^{-1}(C)$ vérifie $AD - DB = C$.

ii) Utilisons la question précédente.
$N = \begin{pmatrix} A & AD-DB \\ 0 & B \end{pmatrix} = \begin{pmatrix} I_n & -D \\ 0 & I_n \end{pmatrix}\begin{pmatrix} A & 0 \\ 0 & B \end{pmatrix}\begin{pmatrix} I_n & D \\ 0 & I_n \end{pmatrix}$ et, d'après la première question, cela montre que M et N sont semblables.

Version PSI : $\prod_{\lambda \in \mathrm{Sp}(A)} (X - \lambda) \times \prod_{\mu \in \mathrm{Sp}(B)} (X - \mu)$ annule M et est scindé à racines simples car $\mathrm{Sp}(A) \cap \mathrm{Sp}(B) = \varnothing$, donc M est diagonalisable. Par similitude N l'est aussi.

Version PC : si P et Q sont des éléments de $\mathrm{GL}_n(\mathbb{C})$ tels que $P^{-1}AP$ et $Q^{-1}BQ$ sont diagonales alors, en posant $R = \mathrm{Diag}(P, Q)$, on a $R \in \mathrm{GL}_{2n}(\mathbb{C})$, $R^{-1} = \mathrm{Diag}(P^{-1}, Q^{-1})$ et $R^{-1}MR = \mathrm{Diag}(P^{-1}AP, Q^{-1}BQ)$ qui est diagonale. Ainsi M est diagonalisable et N aussi.

Exercice 38. *(Exclusivement PSI)*
Soit E un $\mathbb{R}$-espace vectoriel de dimension $n \geqslant 2$. Soit $u \in \mathcal{L}(E)$ tel que $\mathrm{Sp}(u) = \varnothing$.

a) *Montrer qu'il existe $P \in \mathbb{R}[X]$ de degré 2 tel que $\mathrm{Ker}\,(P(u)) \neq \{0\}$.*

b) *Montrer qu'il existe un sous-espace vectoriel de E de dimension 2 stable par u. En déduire que tout endomorphisme de E possède un sous-espace stable de dimension 1 ou 2.*

●●●●●●

a) χ_u est produit de trinômes à coefficients réels et tous de discriminant strictement négatif car $\mathrm{Sp}(u) = \varnothing$, ainsi E est de dimension paire. Écrivons ainsi $\chi_u(X) = T_1(X) \dots T_p(X)$ où $\dim(E) = 2p$ et chaque T_i est un trinôme normalisé à discriminant strictement négatif. L'un au moins des $T_i(u)$ est non inversible car, sinon, $\chi_u(u)$ serait inversible alors que c'est l'endomorphisme nul d'après le théorème de Cayley-Hamilton. Par exemple $T_1(u) \notin \mathrm{GL}(E)$ et donc $\mathrm{Ker}\,(T_1(u)) \neq \{0\}$.

b) Reprenons ce qui précède et précisons $T_1(X) = X^2 - aX + b$. Soit $x \in \mathrm{Ker}\,(T_1(u)) \setminus \{0\}$.
La famille $(x, u(x))$ est libre car, comme $\mathrm{Sp}(u) = \varnothing$, u n'a aucun vecteur propre. Elle engendre donc un plan vectoriel noté P.
$u^2(x) = au(x) - bx$ car $(u^2 - au + bId)(x) = 0$, donc P est stable par u.

Si $v \in \mathcal{L}(E)$ alors ou bien $\mathrm{Sp}(v) \neq \varnothing$ et alors tout vecteur propre de v engendre une droite vectorielle stable par v, ou bien $\mathrm{Sp}(v) = \varnothing$ et on a prouvé l'existence d'un plan vectoriel stable par v.

Exercice 39. *(Exclusivement PSI)*
Soient $A, B \in \mathfrak{M}_n(\mathbb{C})$ deux matrices qui commutent et $M = \begin{pmatrix} A & B \\ 0 & A \end{pmatrix}$, $M \in \mathfrak{M}_{2n}(\mathbb{C})$.

a) *Soit $P \in \mathbb{C}[X]$. Exprimer $P(M)$ en fonction de $P(A)$, $P'(A)$ et B.*

b) *Montrer que M est diagonalisable si, et seulement si, A l'est et B est nulle.*

●●●●●●

a) Montrons par récurrence que $\forall k \in \mathbb{N}^\star,\ M^k = \begin{pmatrix} A^k & kA^{k-1}B \\ 0 & A^k \end{pmatrix}$.
L'égalité est établie au rang 1 et si on la suppose à un rang $k \geqslant 1$ alors $M^{k+1} = \begin{pmatrix} A^k & kA^{k-1}B \\ 0 & A^k \end{pmatrix}\begin{pmatrix} A & B \\ 0 & A \end{pmatrix} = \begin{pmatrix} A^{k+1} & (k+1)A^kB \\ 0 & A^{k+1} \end{pmatrix}$ car A et B commutent.
Si $P(X) = a_0 + \sum_{k=1}^{p} a_k X^k$ alors le calcul précédent montre que

$$P(M) = \begin{pmatrix} a_0A^0 & 0 \\ 0 & a_0A^0 \end{pmatrix} + \begin{pmatrix} \sum_{k=1}^{p} a_kA^k & \sum_{k=1}^{p} ka_kA^{k-1}B \\ 0 & \sum_{k=1}^{p} a_kA^k \end{pmatrix},$$

soit $P(M) = \begin{pmatrix} P(A) & P'(A)B \\ 0 & P(A) \end{pmatrix}$.

b) Supposons M diagonalisable et considérons un polynôme P scindé à racines simples annulateur de M.
Le calcul précédent montre que $P(A) = P'(A)B = 0$ et donc $\mathrm{Sp}(A)$ est un sous-ensemble de l'ensemble des zéros de P. Comme aucun zéro de P n'est zéro de P', on peut écrire $P'(X) = \alpha \prod_{i=1}^{p}(X - \mu_i)$ où $\forall i \in [\![1,p]\!],\ \mu_i \notin \mathrm{Sp}(A)$.

Alors $P'(A) = \alpha \prod_{i=1}^{p}(A - \mu_i I_n)$ inversible comme produit de α et de matrices inversibles. Par suite $B = 0$.

Réciproquement si A est diagonalisable et B nulle alors tout annulateur de A est aussi annulateur de M, et donc M est diagonalisable.

Exercice 40.
Soient $a, b \in \mathbb{R}$. Calculer l'exponentielle de $A = \begin{pmatrix} a & -b \\ b & a \end{pmatrix}$.
Commenter le résultat.

●●●●●●

$\chi_A(X) = X^2 - \mathrm{tr}(A)X + \det(A) = X^2 - 2aX + (a^2+b^2) = (X-a-ib(X-a+ib)$ et, clairement, A est diagonalisable quitte à distinguer le cas $b = 0$ (immédiat) et $b \neq 0$. Posons $\lambda = a + ib$ et utilisons les projecteurs spectraux P_λ et $P_{\overline{\lambda}}$, ce dernier est aussi $I_2 - P_\lambda$ matrice conjuguée de P_λ, d'où $A = \lambda P_\lambda + \overline{\lambda}(I_2 - P_\lambda)$ puis $2ibP_\lambda = A - \overline{\lambda} I_2$ soit $2ibP_\lambda = \begin{pmatrix} ib & -b \\ b & ib \end{pmatrix}$ et enfin $P_\lambda = \dfrac{1}{2}\begin{pmatrix} 1 & i \\ -i & 1 \end{pmatrix}$.
Le complément de cours relatif à l'exponentielle de matrice fournit
$\exp(A) = \dfrac{e^{a+ib}}{2}\begin{pmatrix} 1 & i \\ -i & 1 \end{pmatrix} + \dfrac{e^{a-ib}}{2}\begin{pmatrix} 1 & -i \\ i & 1 \end{pmatrix} = e^a \begin{pmatrix} \cos(b) & -\sin(b) \\ \sin(b) & \cos(b) \end{pmatrix}$.
Commentaire : $\exp(A)$ est la matrice de similitude de rapport e^a et d'angle b.

Exercice 41.

Soient E un $\mathbb{R}$-espace vectoriel de dimension finie, φ une forme linéaire non nulle sur E et $f \in \mathcal{L}(E)$.

a) *Montrer que* $\mathrm{Ker}(\varphi)$ *est stable par f si, et seulement si, il existe $\lambda \in \mathbb{R}$ tel que $\varphi \circ f = \lambda\varphi$.*

b) *On rapporte E à une base e ; on note L la matrice de φ dans le couple de bases e,* (1) et *A la matrice de f dans e. Montrer que* $\mathrm{Ker}(\varphi)$ *est stable par f si, et seulement si, il existe $\lambda \in \mathbb{R}$ tel que ${}^t\!A\,{}^t\!L = \lambda\,{}^t\!L$.*

c) *Trouver les sous-espaces vectoriels de $\mathbb{R}^3$ stables par l'endomorphisme canoniquement associé à* $A = \begin{pmatrix} 1 & 1 & 0 \\ 0 & 1 & 0 \\ 0 & 0 & 2 \end{pmatrix}$.

●●●●●●

a) Si $\varphi \circ f = \lambda\varphi$ et si $x \in \mathrm{Ker}(\varphi)$ alors $\varphi\big(f(x)\big) = \lambda\varphi(x) = 0$ donc $\mathrm{Ker}(\varphi)$ est stable par f.
Réciproquement si l'hyperplan $\mathrm{Ker}(\varphi)$ est stable par f on choisit y dans E tel que $E = \mathrm{Ker}(\varphi) \oplus \mathbb{R}y$ et on pose $\lambda = \dfrac{(\varphi \circ f)(y)}{\varphi(y)}$.
Si $x \in \mathbb{E}$ on le décompose en $x = z + \alpha y$ où $(z, \alpha) \in \mathrm{Ker}(\varphi) \times \mathbb{R}$.
Alors $(\varphi \circ f)(x) = \varphi\big(f(z)\big) + \alpha(\varphi \circ f)(y) = \alpha\lambda\varphi(y)$ car $f(z) \in \mathrm{Ker}(\varphi)$.
$\varphi(x) = \varphi(z) + \alpha\varphi(y) = \alpha\varphi(y)$ et donc $\varphi \circ f = \lambda\varphi$.

b) $\varphi \circ f = \lambda\varphi \iff LA = \lambda L \iff {}^t\!A\,{}^t\!L = \lambda\,{}^t\!L$ d'où l'équivalence demandée d'après la question précédente.

c) On classe les sous-espaces vectoriels stables par A d'après leur dimension en commençant par les cas évidents $\{0\}$ et $\mathbb{R}^3$.

Pour ce qui est des sous-espaces vectoriels de dimension 1 ce sont les sous-espaces vectoriels engendrés par un vecteur propre de A.
$\chi_A(X) = (X-1)^2(X-2)$, $E_2(A) = \mathbb{R}\begin{pmatrix} 0 \\ 0 \\ 1 \end{pmatrix}$ et $E_1(A) = \mathbb{R}\begin{pmatrix} 1 \\ 0 \\ 0 \end{pmatrix}$, ce sont les seuls sous-espaces vectoriels de dimension 1 stables par A.

Examinons alors le cas des plans. Un tel plan est le noyau d'une forme linéaire non nulle et, si on reprend les notations précédentes, le noyau de φ est stable par l'endomorphisme f canoniquement associé à A si, et seulement si, L est un vecteur propre de ${}^t\!A$.

Or $\chi_{{}^t\!A} = \chi_A$ avec $E_1({}^t\!A) = \mathbb{R}\begin{pmatrix} 0 \\ 1 \\ 0 \end{pmatrix}$ et $E_2({}^t\!A) = E_2(A)$, les deux seuls plans stables sont donc le plan d'équation $y = 0$ et celui d'équation $z = 0$.

Exercice 42.

Soient E un espace vectoriel de dimension finie, f et g dans $\mathcal{L}(E)$ tels que $f^2 = g^2 = id$ et $f \circ g + g \circ f = 0$.

a) *Montrer que E est de dimension paire. On note $\dim(E) = 2p$.*

b) *Montrer qu'il existe une base de E dans laquelle les matrices de f et g sont respectivement $\begin{pmatrix} I_p & 0 \\ 0 & -I_p \end{pmatrix}$ et $\begin{pmatrix} 0 & I_p \\ I_p & 0 \end{pmatrix}$.*

●●●●●●

a) Si on pose $n = \dim(E)$ alors
$\det(f)\det(g) = \det(f \circ g) = \det(-g \circ f) = (-1)^n \det(f)\det(g)$.
Comme f et g sont inversibles $\det(f)\det(g) \neq 0$ et, donc, n est pair.

b) $f^2 = id \Rightarrow \mathrm{Sp}(f) \subset \{-1, 1\}$ et f est diagonalisable.
Si $\lambda \in \mathrm{Sp}(f)$ et $x \in E_\lambda(f)$ alors $f\big(g(x)\big) = -g\big(f(x)\big) = -\lambda g(x)$ et donc $g\big(E_\lambda(f)\big) \subset E_{-\lambda}(f)$.
De même $g\big(E_{-\lambda}(f)\big) \subset E_\lambda(f)$ d'où $E_{-\lambda}(f) = g^2\big(E_{-\lambda}(f)\big) \subset g_\lambda\big(E_\lambda(f)\big)$ ce qui montre que g réalise un isomorphisme de $E_\lambda(f)$ sur $E_{-\lambda}(f)$ qui sont donc deux sous-espaces vectoriels supplémentaires dans E et de même dimension, nécessairement égale à p.
Soit alors $(e_1, \dots, e_p)$ une base de $E_1(f)$, ce qui précède montre que la famille $\big(g(e_1), \dots, g(e_p)\big)$ est une base de $E_{-1}(f)$, que $\big(e_1, \dots, e_p, g(e_1), \dots, g(e_p)\big)$ est une base de E dans laquelle les matrices de f et g sont les matrices souhaitées.

Exercice 43.

Soit $A = \begin{pmatrix} -5 & 6 \\ 3 & -2 \end{pmatrix}$.

a) *Montrer que A est diagonalisable ; préciser ses valeurs propres.*

b) *Déterminer les B telles que $B^2 = A$.*

●●●●●●

a) $\chi_A = X^2 - \mathrm{tr}(A)X + \det(A) = X^2 + 7X - 8 = (X-1)(X+8)$ donc A est diagonalisable sur $\mathbb{R}$ et $\mathrm{Sp}(A) = \{-8, 1\}$.

b) Si $P \in \mathrm{GL}_2(\mathbb{R})$ et $A = P\,\mathrm{Diag}(-8,1)P^{-1}$ pour tout élément B de $\mathfrak{M}_2(\mathbb{C})$ on pose $C = P^{-1}BP$.
$B^2 = A^2 \Rightarrow C^2 = \mathrm{Diag}(-8,1) \Rightarrow C$ et $\mathrm{Diag}(-8,1)$ commutent et donc C est diagonale, soit $\mathrm{Diag}(\lambda, \mu)$.
Alors $C^2 = \mathrm{Diag}(-8,1) \iff (\lambda^2, \mu^2) = (-8, 1)$.
L'équation $B^2 = A$ n'admet aucune solution dans $\mathfrak{M}_2(\mathbb{R})$ et en admet quatre dans $\mathfrak{M}_2(\mathbb{C})$, à savoir $P\,\mathrm{Diag}(2\varepsilon_1 i\sqrt{2}, \varepsilon_2)P^{-1}$ où $(\varepsilon_1, \varepsilon_2) \in \{-1, 1\}^2$.

Exercice 44.

Soit $A = \begin{pmatrix} 2 & 0 & 1 \\ 1 & 1 & 0 \\ -1 & 1 & 3 \end{pmatrix}$. *Réduire la matrice A.*

●●●●●●

$\chi_A(X) = \begin{vmatrix} X-2 & 0 & -1 \\ -1 & X-1 & 0 \\ 1 & -1 & X-3 \end{vmatrix} = X^3 - 6X^2 + 12X - 8 = (X-2)^3$ et

$A - 2I_3 = \begin{pmatrix} 0 & 0 & 1 \\ 1 & -1 & 0 \\ -1 & 1 & 1 \end{pmatrix}$ de rang 2.

Un vecteur propre de A est U où ${}^tU = (1\,1\,0)$.

Si l'on résout $(A - 2I_3)X = U$ une solution est $V = {}^t(1\,0\,1)$ et, enfin, si on résout $(A - 2I_3)X = V$ une solution est $W = {}^t(0\,1\,0)$.

Avec $P = \begin{pmatrix} 1 & 1 & 0 \\ 1 & 0 & 1 \\ 0 & 1 & 0 \end{pmatrix}$ dont les colonnes sont U, V et W on a une matrice inversible car de déterminant -1 et $P^{-1}AP = \begin{pmatrix} 2 & 1 & 0 \\ 0 & 2 & 1 \\ 0 & 0 & 2 \end{pmatrix}$.

Exercice 45.

Soit $M \in \mathfrak{M}_2(\mathbb{C})$ *symétrique. Donner une condition nécessaire et suffisante pour que* M *ne soit pas diagonalisable.*

●●●●●●

Posons $M = \begin{pmatrix} a & b \\ b & c \end{pmatrix}$.

$\chi_M = X^2 - \mathrm{tr}(M)X + \det(M) = X^2 - (a+c)X + ac - b^2$ trinôme de discriminant $(a+c)^2 - 4ac + 4b^2$, soit encore $(c-a)^2 + (2b)^2$.

Une condition nécessaire est $(c-a)^2 + (2b)^2 = 0$ soit $c = a + 2\varepsilon ib$ où $\varepsilon \in \{-1, 1\}$.

Si cette condition est satisfaite M a une valeur propre double et il suffit qu'elle ne soit pas colinéaire à I_2 *i.e.* $b \neq 0$.

Exercice 46.

Soit $A = \begin{pmatrix} 1 & -i & -1 & i \\ -i & -1 & i & 1 \\ -1 & i & 1 & -i \\ i & 1 & -i & -1 \end{pmatrix}$.

a) *La matrice A est-elle diagonalisable ?*

b) *Donner la dimension du commutant de A.*

●●●●●●

a) Les colonnes C_i de A vérifient $C_1 \neq 0$, $C_2 = -iC_1$, $C_3 = -C_1$ et $C_4 = iC_1$ donc A est de rang 1. Sa trace est nulle donc 0 en est valeur propre quadruple et elle ne peut pas être diagonalisable car, sinon, elle serait nulle.

b) A est semblable à la matrice, par blocs, $\begin{pmatrix} 0_3 & C \\ 0 & 0 \end{pmatrix}$ où $C = {}^t(1\,0\,0)$; on note A' cette matrice réduite et on écrit $A = PA'P^{-1}$ où $P \in \mathrm{GL}_4(\mathbb{C})$.
Si $B \in \mathfrak{M}_4(\mathbb{C})$ on pose $B' = P^{-1}BP$ et alors $AB = BA \iff A'B' = B'A'$.
Si $A'B' = B'A'$ alors le noyau de A' doit être stable par B', et donc B' est de la forme $\begin{pmatrix} B_1' & C' \\ 0 & \lambda \end{pmatrix}$ où $B_1' \in \mathfrak{M}_3(\mathbb{C})$ et $\lambda \in \mathbb{C}$.

Alors $A'B' = B'A' \iff B_1'C = \lambda C$ *i.e.* $B_1' = \begin{pmatrix} \lambda & & \\ 0 & & (\star) \\ 0 & & \end{pmatrix}$, ce qui montre que le commutant de A est de dimension 9 car il est isomorphe à celui de A'.

Exercice 47.
Soient $E = \mathbb{R}_n[X]$ et $f : P \in E \mapsto nXP(X) - (X^2-1)P'(X)$.

a) *Montrer que f est un endomorphisme de E.*

b) *Déterminer les valeurs propres et les vecteurs propres de f.*

●●●●●●

a) Tout d'abord la linéarité de f vient de celle des applications $P \mapsto XP(X)$ et $P \mapsto (X^2-1)P'(X)$.
Si $P \in E$ et $\deg(P) < n$, $\deg\big(XP(X)\big) \leqslant n$ et $\deg\big((X^2-1)P'(X)\big) \leqslant n$ d'où $f(P) \in E$. Si $\deg(P) = n$ et si son coefficient dominant est a_n alors $\deg\big(f(P)\big) \leqslant n+1$ et le coefficient de X^{n+1} de $f(P)$ est $na_n - na_n$ soit 0 donc $f(E) \subset E$ et $f \in \mathcal{L}(E)$.

b) Une méthode consiste à résoudre l'équation différentielle homogène d'ordre 1, $(x^2-1)y'(x) = (nx - \lambda)y(x)$ puis de se limiter aux solutions polynomiales mais il est plus rapide de considérer, pour $k \in [\![0,n]\!]$, $P_k = (X-1)^k(X+1)^k$.
Chaque P_k est élément de E et, si $1 \leqslant k \leqslant n$,

$$\begin{aligned} f(P_k) =& nX(X-1)^k(X+1)^{n-k} \\ & -(X^2-1)\big[k(X-1)^{k-1}(X+1)^{n-k} + (n-k)(X-1)^k(X+1)^{n-k-1}\big] \\ =& (X-1)^k(X+1)^{n-k}\big[nX - k(X+1) - (n-k)(X-1)\big] \\ =& (n-2k)P_k \end{aligned}$$

et, de même, $f(P_0) = nP_0$ et $f(P_n) = -nP_n$.

Comme $\{n - 2k \mid k \in [\![0,n]\!]\}$ est de cardinal $\dim(E)$ cela montre qu'il s'agit du spectre de f et que $(P_k)_{0 \leqslant k \leqslant n}$ est une base de E constituée de vecteurs propres de f.

Exercice 48.

Soient $(\alpha, \beta) \in \mathbb{R}^2$ et $\Phi : M \in \mathfrak{M}_n(\mathbb{R}) \mapsto \alpha M + \beta\,{}^t M$.

a) *Montrer que* Φ *est diagonalisable.*

b) *Déterminer ses valeurs propres et ses vecteurs propres.*

c) *Calculer* $\det(\Phi)$ et $\mathrm{tr}(\Phi)$.

●●●●●●

On élimine le cas immédiat où $\beta = 0$ car alors $\Phi = \alpha Id$.

a) et b) Si ${}^t M = M$, $\Phi(M) = (\alpha+\beta)M$ et, si ${}^t M = -M$, $\Phi(M) = (\alpha-\beta)M$. Comme $S_n(\mathbb{R})$ et $AS_n(\mathbb{R})$ sont supplémentaires dans $\mathfrak{M}_n(\mathbb{R})$ cela montre que Φ est diagonalisable, que $\alpha + \beta$ et $\alpha - \beta$ sont ses valeurs propres et que les sous-espaces propres respectivement associés sont $S_n(\mathbb{R})$ et $AS_n(\mathbb{R})$.

c) On rappelle que $\dim\big(S_n(\mathbb{R})\big) = \dfrac{n(n+1)}{2}$ et $\dim\big(AS_n(\mathbb{R})\big) = \dfrac{n(n-1)}{2}$.

Cela montre que $\det(\Phi) = (\alpha+\beta)^{\frac{n(n+1)}{2}}(\alpha-\beta)^{\frac{n(n-1)}{2}}$ et

$\mathrm{tr}(\Phi) = (\alpha + b)\dfrac{n(n+1)}{2} + (\alpha - \beta)\dfrac{n(n-1)}{2} = \alpha n^2 + \beta n.$

Exercice 49.

Soit n un entier $\geqslant 2$. Déterminer les $A \in \mathfrak{M}_n(\mathbb{C})$ telles que, pour toute matrice P de $\mathrm{GL}_n(\mathbb{C})$, *$PA$ est diagonalisable.*

●●●●●●

On suppose A solution et alors, en considérant $P = I_n$, la matrice A est diagonalisable. Il suffit donc de traiter le cas des matrices diagonales. On suppose donc $A = \mathrm{Diag}(\lambda_1, \ldots, \lambda_n)$.

Si $0 \notin \mathrm{Sp}(A)$ avec $B = \begin{pmatrix} \dfrac{1}{\lambda_1} & \dfrac{1}{\lambda_2} \\ 0 & \dfrac{1}{\lambda_2} \end{pmatrix}$ et, par blocs, $P = \mathrm{Diag}(B, I_{n-2})$ on a $PA = \mathrm{Diag}(C, D)$ où $C = \begin{pmatrix} 1 & 1 \\ 0 & 1 \end{pmatrix}$ et $D = \mathrm{Diag}(\lambda_3, \ldots, \lambda_n)$. Cette matrice n'est pas diagonalisable car C ne l'est pas.

Si 0 n'est pas la seule valeur propre ,p pour fixer les idées $\lambda_1 = 0$ et $\lambda_2 \neq 0$, on pose ici $B = \begin{pmatrix} 0 & 1 \\ 1 & 0 \end{pmatrix}$, $P = \mathrm{Diag}(B, I_{n-2})$ et on a $PA = \mathrm{Diag}(C, D)$ où $C = \begin{pmatrix} 0 & \lambda_2 \\ 0 & 0 \end{pmatrix}$ et $D = \mathrm{Diag}(\lambda_3, \ldots, \lambda_n)$.

Cette matricc n'est pas diagonalisable pour la même raison.

Si 0 est la seule valeur propre alors $A = 0$ et $\forall P \in \mathrm{GL}_n(\mathbb{C})$, PA est diagonalisable.

Exercice 50.
Soient $A, B \in \mathfrak{M}_n(\mathbb{C})$ avec B nilpotente et $AB = 0$. Montrer que $A + B$ et *A ont même polynôme caractéristique.*

●●●●●●

Avec ces hypothèses montrons pas récurrence sur n l'existence d'un élément P de $\mathrm{GL}_n(\mathbb{C})$ tel que PAP^{-1} et PBP^{-1} sont triangulaires supérieures.

Le cas $n = 1$ est immédiat. Supposons la propriété établie jusqu'à un rang $n \geqslant 1$ et soient A et B dans $\mathfrak{M}_{n+1}(\mathbb{C})$ telles que B est nilpotente et $AB = 0$. On distingue deux cas.
Si A est inversible alors $B = 0$ et comme A est trigonalisable le résultat est établi.
Sinon comme $\mathrm{Im}(B) \subset \mathrm{Ker}(A)$ l'endomorphisme canoniquement associé à B induit un endomorphisme de $\mathrm{Ker}(A)$ et cet endomorphisme est trigonalisable d'où l'existence de Q dans $\mathrm{GL}_{n+1}(\mathbb{C})$ tel que, par blocs, on a
$QAQ^{-1} = \begin{pmatrix} 0 & \star \\ 0 & A_1 \end{pmatrix}$ et $QBQ^{-1} = \begin{pmatrix} T & \star \\ 0 & B_1 \end{pmatrix}$ où, si A est de rang r, A_1 et B_1 sont éléments de $\mathfrak{M}_r(\mathbb{C})$ et T est triangulaire supérieure.
De plus $AB = 0 \Rightarrow A_1B_1 = 0$ et B_1 est nilpotente (tout comme T).

Comme $r \leqslant n$ l'hypothèse de récurrence appliquée à (A_1, B_1) assure l'existence de R dans $\mathrm{GL}_r(\mathbb{C})$ telle que les matrices RA_1R^{-1} et RB_1R^{-1} sont triangulaires supérieures. Posons $P = \mathrm{Diag}(I_{n+1-r}, R)Q$, cette matrice est inversible et on a $PAP^{-1} = \begin{pmatrix} 0 & \star \\ 0 & RA_1R^{-1} \end{pmatrix}$ et $PBP^{-1} = \begin{pmatrix} T & \star \\ 0 & RB_1R^{-1} \end{pmatrix}$ qui sont triangulaires supérieures.
La propriété est donc héréditaire et le théorème de récurrence prouve que la propriété est établie pour tout $n \geqslant 1$.

Au rang n on a $PAP^{-1} = \begin{pmatrix} \lambda_1 & & (\star) \\ & \ddots & \\ (0) & & \lambda_n \end{pmatrix}$ et PBP^{-1} est triangulaire supérieure et nilpotente donc sa diagonale est constituée de 0.
$A + B$ est semblable à une matrice triangulaire supérieure dont la diagonale est $(\lambda_1, \ldots, \lambda_n)$ d'où $\chi_A = \prod_{i=1}^{n} (X - \lambda_i) = \chi_{A+B}$.

Exercice 51. *(Exclusivement PSI)*
Soient A et *B dans $\mathfrak{M}_n(\mathbb{C})$. On suppose qu'il existe $P \in \mathfrak{M}_n(\mathbb{C})$ non nulle telle que $AP = PB$. Montrer que A* et *B ont une valeur propre commune.*

●●●●●●

Montrons par récurrence $\forall k \in \mathbb{N},\ A^kP = PB^k$. C'est immédiat si $k \in \{0, 1\}$.
Supposons $A^kP = PB^k$ pour un entier $k \geqslant 1$,
alors $A^{k+1}P = A(A^kP) = A(PB^k) = (AP)B^k = PB^{k+1}$ d'où le résultat.

Par linéarité pour tout $Q \in \mathbb{C}[X]$ on a $Q(A)P = PQ(B)$.

Pour $Q = \chi_A$ on en déduit $PQ(B) = 0$ et, comme P est supposée non nulle, $\det\big[Q(B)\big] = 0$.

Écrivons $Q = \prod_{\lambda \in \mathrm{Sp}(A)} (X - \lambda)^{\omega(\lambda)}$ où, si $\lambda \in \mathrm{Sp}(A)$, $\omega(\lambda)$ est l'ordre de multiplicité de λ. Comme $\prod_{\lambda \in \mathrm{Sp}(A)} \det^{\omega(\lambda)}(B - \lambda I_n) = 0$ on en déduit qu'il existe une valeur propre λ de A telle que $\det(B - \lambda I_n) = 0$ *i.e.* que A et B ont une valeur propre commune.

Remarque : c'est plutôt $\mathrm{Sp}(A) \cap \mathrm{Sp}(B) \neq \varnothing \Rightarrow \exists P \in \mathfrak{M}_n(\mathbb{C}) \setminus \{0\}$ telle que $AP = PB$ qui est « classique ».

En effet si $\lambda \in \mathrm{Sp}(A) \cap \mathrm{Sp}(B)$ alors $\lambda \in \mathrm{Sp}(A) \cap \mathrm{Sp}({}^tB)$. On choisit X et Y vecteurs propres respectivement de A et ${}^tB$ et on pose $P = X\,{}^tY$ qui est un élément de $\mathfrak{M}_n(\mathbb{C})$ de rang 1, donc non nul.

On a $AP = (AX)\,{}^tY = \lambda X\,{}^tY = \lambda P$ et $PB = X\,{}^t({}^tBY) = X(\lambda\,{}^tB)$ d'où $AP = \lambda P = PB$.

Exercice 52.

Soit $A \in \mathfrak{M}_n(\mathbb{R})$ telle que $A^3 + A^2 + A = 0$. Montrer que A est de rang pair.

●●●●●●

Version PSI : le polynôme $X(X - j)(X - \bar{j})$ est annulateur de A scindé à racines simples sur $\mathbb{C}$ donc A est diagonalisable et ses valeurs propres sont 0 d'ordre ω_0, j d'ordre ω_1 et $\bar{j}$ de même ordre ω_1 car $\chi_A \in \mathbb{R}[X]$.

Alors $\mathrm{rg}(A) = 2\omega_1$ qui est un entier pair.

Version PC : montrons par analyse/synthèse $\mathbb{R}^n = \mathrm{Ker}(A) \oplus \mathrm{Ker}(A^2 + A + I_n)$ (et cela devrait faire partie de l'énoncé).

Si $X = Y + Z$ où $(Y, Z) \in \mathrm{Ker}(A) \times \mathrm{Ker}(A^2 + A + I_n)$ on a
$(A^2 + A + I_n)X = (A^2 + A + I_n)Y + (A^2 + A + I_n)Z = Y$
d'où $Y = (A^2 + A + I_n)X$ et $Z = X - Y$.

Si $X \in \mathbb{R}^n$ et si l'on pose $Y = (A^2 + A + I_n)X$ et $Z = X - Y$ alors
$AY = (A^3 + A^2 + A)X = 0$ d'où $Y \in \mathrm{Ker}(A)$
et $(A^2 + A + I_n)Z = (A^2 + A + I_n)X - (A^2 + A + I_n)Y = Y - Y = 0$ *i.e.* $Z \in \mathrm{Ker}(A^2 + A + I_n)$.

A induit un automorphisme de $\mathrm{Ker}(A^2 + A + I_n)$ de spectre réel vide car si λ en est valeur propre et X vecteur propre associé on a
$(A^2 + A + I_n)X = (\lambda^2 + \lambda + 1)X = 0$ et $\lambda^2 + \lambda + 1 = 0$ n'a pas de racine réelle.
Donc $\mathrm{Ker}(A^2 + A + I_n)$ est de dimension paire et c'est le rang de A car $\mathrm{Ker}(A^2 + A + I_n)$ est un supplémentaire de $\mathrm{Ker}(A)$.

Exercice 53.

Soit $\psi : M \in \mathfrak{M}_n(\mathbb{C}) \mapsto \mathrm{tr}(M)I_n + M$.

a) *Montrer que* ψ *est un endomorphisme de* $\mathfrak{M}_n(\mathbb{C})$.

b) *Trouver* $\mathrm{Ker}(\psi)$ et $\mathrm{Im}(\psi)$.

c) *Trouver un polynôme annulateur de* ψ.

d) *L'application* ψ *est-elle bijective ? Si oui, trouver* ψ^{-1}.

e) *Trouver les valeurs propres de* ψ.

●●●●●●

a) $\psi(\mathfrak{M}_n(\mathbb{C})) \subset \mathfrak{M}_n(\mathbb{C})$ et, par linéarité de la trace ψ est linéaire, donc $\psi \in \mathcal{L}(\mathfrak{M}_n(\mathbb{C}))$.

b) $M \in \mathrm{Ker}(\psi) \Rightarrow M \in \mathrm{Vect}(I_n)$ or $\psi(I_n) = (n+1)I_n \neq 0$ donc ψ est un automorphisme de $\mathfrak{M}_n(\mathbb{C})$ *i.e.* $\mathrm{Ker}(\psi) = \{0\}$ et $\mathrm{Im}(\psi) = \mathfrak{M}_n(\mathbb{C})$.

c) Si $M \in \mathfrak{M}_n(\mathbb{C})$ on a $\mathrm{tr}\left(\psi(M)\right) = (n+1)\,\mathrm{tr}(M)$
d'où $\psi^2(M) = (n+1)\,\mathrm{tr}(M)I_n + \psi(M) = (n+2)\,\mathrm{tr}(M)I_n + M$
puis $\psi^2(M) - (n+2)\psi(M) + (n+1)M = 0$, ce qui montre que le polynôme $X^2 - (n+2)X + n + 1$ est annulateur de ψ.

d) On a déjà vu que ψ est bijective.
On vient de plus de montrer que $\psi \circ \left[\psi - (n+1)Id\right] + (n+1)Id = 0$ d'où $\psi \circ \left[Id - \dfrac{\psi}{n+1}\right] = Id$ *i.e.* $\psi^{-1} = Id - \dfrac{\psi}{n+1}\cdot$

e) On va faire un peu mieux que donner les valeurs propres.
On a déjà vu que I_n est vecteur propre associé à la valeur propre n.
Si $\lambda \in \mathrm{Sp}(\psi)$ et si M est un vecteur propre associé alors $(\lambda - 1)M = \mathrm{tr}(M)I_n$.
Pour que M ne soit pas colinéaire à I_n il faut et il suffit que $\mathrm{tr}(M) = 0$ et alors $\lambda = 1$.

n est valeur propre simple et le sous-espace propre associé est $\mathbb{R}I_n$,
1 est valeur propre d'ordre $n^2 - 1$ et l'ensemble des matrices de trace nulle est le sous-espace propre associé. Bien sûr ψ est diagonalisable.

Exercice 54.

Soient A, B, C *dans* $\mathfrak{M}_n(\mathbb{C})$ *telles que* $AC = CA$, $BC = CB$, $AB - BA = C$. *Montrer que* A, B, C *ont un vecteur propre commun.*

●●●●●●

Soit λ une valeur propre de C. Comme C commute avec A et B les endomorphismes canoniquement associés à A et B induisent des endomorphismes, notés a et b, de $E_\lambda(C)$. On a $a \circ b - b \circ a = \lambda Id$ et, à l'aide de la trace, $\lambda \dim\left[E_\lambda(C)\right] = \mathrm{tr}(a \circ b - b \circ a) = \mathrm{tr}(a \circ b) - \mathrm{tr}(b \circ a) = 0$ d'où $\lambda = 0$, ce qui montre que a et b commutent. Soit alors μ une valeur propre de a.

$E_\mu(a)$ est stable par b et l'endomorphisme induit par b admet au moins un vecteur propre. Notons X un tel vecteur propre et soit ν la valeur propre associée. On a $AX = \lambda X$, $BX = \nu X$ et $CX = 0$ donc X est un vecteur propre commun à A, B et C.

Exercice 55.

a) *Soit* $M \in \mathfrak{M}_n(\mathbb{R})$. *Montrer que* $\mathrm{Ker}(M) = \mathrm{Ker}({}^tMM)$.

b) *Soient* $A \in M_r(\mathbb{R})$, $B \in \mathfrak{M}_{r,n-r}(\mathbb{R})$, $C \in \mathfrak{M}_{n-r,r}(\mathbb{R})$ et $D \in \mathfrak{M}_{n-r}(\mathbb{R})$. *On pose* $M = \begin{pmatrix} A & B \\ C & D \end{pmatrix} \in \mathfrak{M}_n(\mathbb{R})$. *On suppose A inversible. Montrer que* $\mathrm{rg}(M) \geqslant r$, *et établir l'équivalence :* $\mathrm{rg}(M) = r$ *si et seulement si* $D = CA^{-1}B$.

c) *Soit* $\mathcal{V}$ *un sous-espace vectoriel de* $\mathfrak{M}_n(\mathbb{R})$ *formé de matrices de rang* $\leqslant r$, *et contenant la matrice* $\begin{pmatrix} I_r & 0 \\ 0 & 0 \end{pmatrix}$. *Montrer que* $\dim(\mathcal{V}) \leqslant nr$.

d) *S'affranchir de l'hypothèse* $\begin{pmatrix} I_r & 0 \\ 0 & 0 \end{pmatrix} \in \mathcal{V}$.

●●●●●●

a) Soit $X \in \mathfrak{M}_{n,1}(\mathbb{R})$. $MX = 0 \Rightarrow {}^tMMX = 0$.
${}^tMMX = 0 \Rightarrow {}^tX{}^tMMX = 0$ *i.e.* $\|MX\|^2 = 0$ d'où $MX = 0$.

b) La matrice $\begin{pmatrix} I_r & 0 \\ -CA^{-1} & I_{n-r} \end{pmatrix}$ est inversible et, par blocs,
$\begin{pmatrix} I_r & 0 \\ -CA^{-1} & I_{n-r} \end{pmatrix}\begin{pmatrix} A & B \\ C & D \end{pmatrix} = \begin{pmatrix} A & B \\ 0 & D - CA^{-1}B \end{pmatrix}$ qui a donc même rang que $\begin{pmatrix} A & B \\ C & D \end{pmatrix}$.

Or le rang de cette dernière matrice, à cause de la structure triangulaire et de l'inversibilité de A, est $r + \mathrm{rg}(D - CA^{-1}B)$. Cela établit le résultat.

c) Si $\begin{pmatrix} A & B \\ C & D \end{pmatrix} \in \mathcal{V}$ et $-\lambda \notin \mathrm{Sp}(A)$ alors $\begin{pmatrix} A + \lambda I_r & B \\ C & D \end{pmatrix} \in \mathcal{V}$ d'où, d'après la question précédente, $D = C(A + \lambda I_r)^{-1}B$.

$\mathrm{Sp}(A)$ étant fini, pour λ assez grand, $(A + \lambda I_r)^{-1} = \dfrac{1}{\lambda}\Big(\dfrac{A}{\lambda} + I_r\Big)^{-1} \xrightarrow[\lambda \to +\infty]{} 0$ par continuité de $X \mapsto X^{-1}$ sur $\mathrm{GL}_r(\mathbb{R})$. Comme $X \mapsto CXB$ est linéaire sur $\mathfrak{M}_r(\mathbb{R})$ elle est continue et il s'ensuit que $C(A + \lambda I_r)^{-1}B \xrightarrow[|\lambda| \to +\infty]{} 0$.
On commence par en déduire que D est nulle et aussi, toujours pour λ assez grand, que $C\Big(\dfrac{A}{\lambda} + I_r\Big)^{-1}B = 0$ d'où $CB = 0$ par les mêmes continuités.

L'application $\mathcal{V} \to \mathfrak{M}_r(\mathbb{R}) \times \mathfrak{M}_{n-r,r}(\mathbb{R})$, $\begin{pmatrix} A & B \\ C & 0 \end{pmatrix} \mapsto (A, C - {}^tB)$ est linéaire et injective car si $C = {}^tB$ l'égalité $CB = 0$ impose ${}^tBB = 0$

puis $\|B\|^2 = \mathrm{tr}({}^tBB) = 0$ d'où $B = 0$ et $C = 0$.
Par conséquent $\dim(\mathcal{V}) \leqslant \dim\big(\mathfrak{M}_r(\mathbb{R}) \times \mathfrak{M}_{n-r,r}(\mathbb{R})\big) = r^2 + (n-r)r = nr$.

d) Soit $\mathcal{V}$ un sous-espace vectoriel de $\mathfrak{M}_n(\mathbb{R})$ formé de matrices de rang $\leqslant r$ et soit M de rang maximal s dans $\mathcal{V}$. Si $M = 0$ alors $\mathcal{V} = \{0\}$.

Sinon soient P et Q dans $\mathrm{GL}_n(\mathbb{R})$ telles que $\begin{pmatrix} I_s & 0 \\ 0 & 0 \end{pmatrix} = PMQ$.

Alors $\Phi : \mathcal{V} \to \mathfrak{M}_n(\mathbb{R}),\ X \mapsto PXQ$ induit un isomorphisme de $\mathcal{V}$ sur $\mathcal{W}$ sous--espace vectoriel de $\mathfrak{M}_n(\mathbb{R})$ formé de matrices de rang au plus s et contenant $\begin{pmatrix} I_s & 0 \\ 0 & 0 \end{pmatrix}$. La question précédente montre que $\dim(\mathcal{V}) = \dim(\mathcal{W}) \leqslant ns \leqslant nr$.

Exercice 56.

Soient E un espace euclidien, p, q deux projecteurs orthogonaux de E, et $u = p + q$.

a) *Caractériser un projecteur orthogonal et donner un exemple de problème faisant intervenir ces projecteurs orthogonaux.*

b) *Prouver que le polynôme caractéristique de u est scindé dans $\mathbb{R}[X]$.*

c) *Prouver que les valeurs propres de u appartiennent à l'intervalle $[0, 2]$.*

d) *Déterminer* $\mathrm{Ker}(u)$ et $\mathrm{Ker}(u - 2Id_E)$.

●●●●●●

a) Un projecteur orthogonal est un projecteur dont noyau et image sont orthogonaux, c'est aussi un projecteur symétrique, ou encore un projecteur lipschitzien de rapport 1.
Essentiellement la distance d'un vecteur à un sous-espace vectoriel utilise la projection orthogonale de ce vecteur sur le sous-espace vectoriel en question.

b) u est la somme de deux endomorphismes symétriques donc lui-même symétrique. Le résultat découle alors du cours.

c) Justifions alors le rapport de Lipschitz annoncé : $p(x)$ et $x - p(x)$ sont orthogonaux car p est un projecteur orthogonal, donc, d'après le théorème de Pythagore, $\|x\|^2 = \|p(x)\|^2 + \|x - p(x)\|^2 \geqslant \|p(x)\|^2$.
Si $\|x\| = 1$ on en déduit $\big(x|p(x)\big) = \big(p(x) + [x - p(x)]\,|p(x)\big) = \|p(x)\|^2 \in [0,1]$ et, de même, $\big(x|q(x)\big) \in [0, 1]$.
Soit alors λ une valeur propre de u et x un vecteur propre unitaire associé.
On a $\lambda = \lambda\|x\|^2 = \big(x|u(x)\big) = \big(x|p(x)\big) + \big(x|q(x)\big) \in [0, 2]$.

d) On reprend la question précédente et il suffit de se limiter aux vecteurs unitaires.

Si x est un élément unitaire de $\mathrm{Ker}(u)$ alors

$0 = \big(x|u(x)\big) \geqslant \big(x|p(x)\big) = \|p(x)\|^2 \geqslant 0$ d'après la question précédente.

Donc $x \in \mathrm{Ker}(p)$ et, de même, $x \in \mathrm{Ker}(q)$.

Cela prouve $\operatorname{Ker}(u) \subset \operatorname{Ker}(p) \cap \operatorname{Ker}(q)$. L'inclusion réciproque est immédiate, en définitive $\operatorname{Ker}(u) = \operatorname{Ker}(p) \cap \operatorname{Ker}(q)$.

Enfin $2Id_E - u = (Id_E - p) + (I_E - q)$, somme des projecteurs orthogonaux $Id_E - p$ et $Id_E - q$, donc $\operatorname{Ker}(u - 2Id_E) = \operatorname{Ker}(Id_E - p) \cap \operatorname{Ker}(Id_E - q)$, soit $\operatorname{Ker}(u - 2Id_E) = \operatorname{Im}(p) \cap \operatorname{Im}(q)$.

Exercice 57.

Soient F et G deux sous-espaces vectoriels d'un espace euclidien E.
Montrer que F et G sont supplémentaires orthogonaux si, et seulement si, $\forall x \in E,\ \|x\|^2 = d^2(x, F) + d^2(x, G)$.

●●●●●●

On note p, respectivement q, le projecteur orthogonal sur F, respectivement G. Alors $\forall x \in E,\ d^2(x, F) = \|x - p(x)\|^2$ et $d^2(x, G) = \|x - q(x)\|^2$.

Si F et G sont supplémentaires orthogonaux alors $p + q = I_E$.

Soit $x \in E$, $d^2(x, F) = \|q(x)\|^2$ et, de même, $d^2(x, G) = \|p(x)\|^2$. Le théorème de Pythagore, comme $p(x)$ et $q(x)$ sont orthogonaux, montre que

$$\|x\|^2 = \|p(x)\|^2 + \|q(x)\|^2 = d^2(x, G) + d^2(x, F).$$

Réciproquement supposons $\forall x \in E,\ \|x\|^2 = d^2(x, F) + d^2(x, G)$.
Si $x \in F^\perp$, $\|x\|^2 = d^2(x, F) + d^2(x, G) = \|x\|^2 + d^2(x, G)$ d'où $d^2(x, G) = 0$ *i.e.* $x \in G$. Cela montre que $F^\perp \subset G$ et, de même, $G^\perp \subset F$.

Si $x \in F$, $\|x\|^2 = d^2(x, F) + d^2(x, G) = \|x - q(x)\|^2$.
Or $\|x - q(x)\|^2 = \big(x - q(x)|x\big) + \big(x - q(x)|q(x)\big) = \big(x - q(x)|x\big)$ car $x - q(x)$ et $q(x)$ sont orthogonaux. Par suite $\|x - q(x)\|^2 = \|x\|^2 - \big(q(x)|x\big)$ et on en déduit que x et $q(x)$ sont orthogonaux *i.e.* $q(x) = 0$ d'où $x \in G^\perp$. Cela montre que $F \subset G^\perp$ et donc $F = G^\perp$.

Exercice 58.

Soit $E = \mathbb{R}_n[X]$ muni du produit scalaire $\big(P|Q\big) \displaystyle\int_0^1 P(t)Q(t)\,dt$. Soit $A \in E$, $A \neq 0$. Soit f_A l'application de E dans E définie par : $f_A(P)$ est le reste de la division euclidienne de P par A.

a) *Montrer que f_A est un endomorphisme de E.*

b) *Trouver une condition nécessaire et suffisante pour que f_A soit un projecteur orthogonal.*

●●●●●●

On note p le degré du polynôme A.

a) Si $(P_1, P_2, \lambda_1, \lambda_2) \in E^2 \times \mathbb{R}^2$ on écrit les égalités de division euclidienne $P_i = AQ_i + f_A(P_i)$ pour $i \in \{1, 2\}$.

En combinant il vient $\lambda_1 P_1 + \lambda_2 P_2 = A(\lambda_1 Q_1 + \lambda_2 Q_2) + \lambda_1 f_A(P_1) + \lambda_2 f_A(P_2)$ et $\deg\left[\lambda_1 f_A(P_1) + \lambda_2 f_A(P_2)\right] < p$ donc, par unicité du reste de la division euclidienne, $f_A(\lambda_1 P_1 + \lambda_2 P_2) = \lambda_1 f_A(P_1) + \lambda_2 f_A(P_2)$ et $f_A \in \mathcal{L}(E)$.

b) Par définition du reste d'une division euclidienne on a $f_A^2 = f_A$ *i.e.* f_A est toujours un projecteur.
De plus $\mathrm{Ker}(f_A) = \{AP \mid P \in \mathbb{R}_{n-p}[X]\}$ et $\mathrm{Im}(f_A) = \mathbb{R}_{p-1}[X]$ (où on pose $\mathbb{R}_{-1}[X] = \{0\}$ si par malheur $p = 0$).
f_A est un projecteur orthogonal si, et seulement si, $\mathrm{Im}(f_A)$ et $\mathrm{Ker}(f_A)$ sont orthogonaux (ils sont déjà supplémentaires car f_A est un projecteur).

Notons $(\mathcal{P})$ la propriété : f_A est un projecteur orthogonal.
$(\mathcal{P}) \iff \forall (P,Q) \in \mathbb{R}_{n-p}[X] \times \mathbb{R}_{p-1}[X],\ (AP|Q) = 0$
soit encore $(\mathcal{P}) \iff \forall (P,Q) \in \mathbb{R}_{n-p}[X] \times \mathbb{R}_{p-1}[X],\ (A|PQ) = 0$ au vu de la définition du produit scalaire. Or quand (P,Q) décrit $\mathbb{R}_{n-p}[X] \times \mathbb{R}_{p-1}[X]$, le polynôme PQ décrit $\mathbb{R}_{n-1}[X]$,
donc $(\mathcal{P}) \iff A \in \mathbb{R}_{n-1}[X]^{\perp}$, il s'agit d'un sous-espace vectoriel de E de dimension 1 car $\mathbb{R}_{n-1}[X]$ est un hyperplan.

Exercice 59.
Déterminer l'ensemble $\mathcal{A} = \{A \in \mathfrak{M}_n(\mathbb{R}) \mid \forall X \in \mathfrak{M}_{n,1}(\mathbb{R}),\ {}^tXAX = 0\}$.

●●●●●●

Remarque : si $X \in \mathfrak{M}_{n,1}(\mathbb{R})$ alors, avec le produit scalaire canonique sur $\mathfrak{M}_{n,1}(\mathbb{R})$, $2\,{}^tXAX = 2(X|AX) = 2({}^tAX|X) = 2(X|{}^tAX) = (X|(A + {}^tA)X)$.

Si $A + {}^tA = 0$ cette remarque prouve que $A \in \mathcal{A}$.
Réciproquement si $A \in \mathcal{A}$ alors $A + {}^tA$ est symétrique.
Si λ en est valeur propre et si X est un vecteur propre unitaire associé alors $0 = (X|(A + {}^tA)X) = (X|\lambda X) = \lambda$.
Le théorème spectral prouve que $A + {}^tA = 0$.
$\mathcal{A}$ est donc l'ensemble des matrices antisymétriques.

Exercice 60.
Trouver toutes les matrices réelles nilpotentes antisymétriques.

●●●●●●

Supposons A antisymétrique et nilpotente.
${}^t(A^2) = ({}^tA)^2 = (-A)^2 = A^2$ donc $A \in S_n(\mathbb{R})$. De plus ici $A^n = 0$ d'où $(A^2)^n = 0$ et, par suite, $\mathrm{Sp}(A^2) = \{0\}$.
Le théorème spectral montre $A^2 = 0$ or $-A^2 = {}^tAA$ et $\|A\|^2 = \mathrm{tr}({}^tAA)$ pour la structure euclidienne canonique de $\mathfrak{M}_n(\mathbb{R})$. Donc $\|A\|^2 = 0$ et $A = 0$.
Réciproquement la matrice nulle est antisymétrique et nilpotente.

Exercice 61. *(Plutôt PSI)*
Soit $A \in \mathfrak{M}_2(\mathbb{R})$ *telle que* ${}^tA = A^2$.

a) *Diagonaliser* ${}^tA$ *(chercher un polynôme annulateur de* ${}^tAA$*).*

b) *Montrer que* A *est orthogonalement semblable à l'une des matrices :*

$$0,\ I_2,\ \begin{pmatrix} 1 & 0 \\ 0 & 0 \end{pmatrix},\ -\frac{1}{2}\begin{pmatrix} 1 & \sqrt{3} \\ -\sqrt{3} & 1 \end{pmatrix}.$$

●●●●●●

a) Déjà A et ${}^tA$ commutent, donc $({}^tAA)^2 = {}^t(A^2)A^2 = {}^t({}^tA){}^tA = {}^tAA$.
${}^tAA \in S_2(\mathbb{R})$, c'est la matrice d'un projecteur orthogonal, elle est donc orthogonalement semblable à 0, $\begin{pmatrix} 1 & 0 \\ 0 & 0 \end{pmatrix}$ ou à I_2.

b) On reprend les trois cas précédents.
Si ${}^tAA = 0$, comme $\|A\|^2 = \mathrm{tr}({}^tAA)$, il vient $A = 0$.
Rappelons, pour traiter les autres cas, que $A^2 = \mathrm{tr}(A)A - \det(A)I_2$.
Si ${}^tAA$ est un projecteur de rang 1 alors $\det(A) = 0$ d'où ${}^tA = A^2 = \mathrm{tr}(A)A$ d'où, à l'aide de la trace $\mathrm{tr}({}^tA) = \mathrm{tr}(A) = \mathrm{tr}^2(A)$ d'où $\mathrm{tr}(A) \in \{0, 1\}$.
Si $\mathrm{tr}(A) = 0$ alors ${}^tA = A^2 = 0$, c'est exclu, donc $\mathrm{tr}(A) = 1$ et ${}^tA = A^2 = A$ donc $A \in S_2(\mathbb{R})$ et c'est la matrice d'un projecteur de rang 1, elle est semblable à $\begin{pmatrix} 1 & 0 \\ 0 & 0 \end{pmatrix}$.

Enfin si ${}^tAA = I_2$ on a $\det(A) = \det({}^tA) = \det^2(A)$ d'où $\det(A) = 1$ car A doit être inversible.
Par suite ${}^tA = A^2 = \mathrm{tr}(A)A - I_2$ puis, avec la trace, $\mathrm{tr}(A) = \mathrm{tr}^2(A) - 2$ d'où $\mathrm{tr}(A) \in \{-1, 2\}$.
Premier cas, $\mathrm{tr}(A) = 2$, alors $\chi_A(X) = X^2 - 2X + 1 = (X-1)^2$ d'où $\mathrm{Sp}(A) = \{1\}$ mais $A^3 = {}^tAA = I_2$ d'où $(A - I_2)(A^2 + A + I_2) = 0$ et, comme 1 n'est pas racine de $X^2 + X + 1$, la matrice $A^2 + A + I_2$ est inversible, soit $A = I_2$.
Dernier cas, $\mathrm{tr}(A) = -1$, alors $\chi_A(X) = X^2 + X + 1$ et $\mathrm{Sp}_{\mathbb{C}}(A) = \{j, \bar{j}\}$.
La matrice $-\frac{1}{2}\begin{pmatrix} 1 & \sqrt{3} \\ -\sqrt{3} & 1 \end{pmatrix}$ a le même polynôme caractéristique car c'est la matrice de la rotation d'angle $2\pi/3$; notons R cette matrice.
Les matrices A et R sont toutes deux semblables via $\mathrm{GL}_2(\mathbb{C})$ à $\mathrm{Diag}(j, \bar{j})$, elles sont semblables sur $\mathbb{C}$ et un complément de cours prouve qu'elles sont semblables via $\mathrm{GL}_2(\mathbb{R})$.
Si $A = PRP^{-1}$ et $P \in \mathrm{GL}_2(\mathbb{C})$ alors ${}^tA = A^2 = {}^tP^{-1}R^2\,{}^tP = PR^2P^{-1}$ car ${}^tR = R^2$ donc, en posant $Q = {}^tPP$, on a $QR^2 = R^2Q$. Or $Q \in S_2(\mathbb{R})$ et tout sous-espace propre de Q doit être stable par R^2, laquelle ne laisse aucune droite stable. Donc Q a un seul sous-espace propre et c'est l'espace total, donc ${}^tPP = \lambda I_2$ avec $\lambda > 0$ car $\|P\|^2 = \mathrm{tr}(Q) = 2\lambda$.

La matrice $\dfrac{P}{\sqrt{\lambda}}$ est orthogonale et, en la notant O, on a $A = OR{}^tO$.

Exercice 62.
Soit $A \in S_n(\mathbb{R})$. On dit que A est définie positive si $\mathrm{Sp}(A) \subset \mathbb{R}_+^\star$.

a) *Montrer que A est définie positive si, et seulement si, pour tout $X \in \mathbb{R}^n \backslash \{0\}$, ${}^tXAX > 0$.*

b) *On suppose que A est définie positive. Montrer que A^{-1} l'est aussi et que tout vecteur $X \in \mathbb{R}^n$ vérifie : $\|X\|^4 \leqslant ({}^tXAX)({}^tXA^{-1}X)$.*

●●●●●●

On identifie ici $\mathbb{R}^n$ et $\mathfrak{M}_{n,1}(\mathbb{R})$.

a) Si $\mathrm{Sp}(A) \subset \mathbb{R}_+^\star$ et si $(E_1, \dots, E_n)$ est une base orthonormale de diagonalisation de A associée au n-uplet $(\lambda_1, \dots, \lambda_n)$ de valeurs propres, si $X \in \mathbb{R}^n$, $X \neq 0$, $X = \sum\limits_{i=1}^n x_i E_i$, alors ${}^tXAX = \sum\limits_{1 \leqslant i,j \leqslant n} \lambda_j x_i x_j (E_i|E_j) = \sum\limits_{i=1}^n \lambda_i x_i^2 > 0$ car au moins l'un des x_i est non nul.
Réciproquement si pour tout X non nul de $\mathbb{R}^n$ on a ${}^tXAX > 0$, si λ est une valeur propre de A et X un vecteur propre unitaire associé,
alors $\lambda = \lambda\|X\|^2 = {}^tXAX > 0$ et donc A est définie positive.

b) A^{-1} est symétrique car A l'est et $\mathrm{Sp}(A^{-1} = \{\lambda^{-1} \mid \lambda \in \mathrm{Sp}(A)\} \subset \mathbb{R}_+^\star$, donc A^{-1} est définie positive.
On reprend les notations $(E_1, \dots, E_n), (\lambda_1, \dots, \lambda_n)$ de la question précédente ainsi que $X = \sum\limits_{i=1}^n x_i E_i$.

$$({}^tXAX)({}^tXA^{-1}X) = \left(\sum_{i=1}^n \lambda_i x_i^2\right)\left(\sum_{j=1}^n \lambda_j^{-1} x_j^2\right) = \sum_{i=1}^n x_i^4 + \sum_{\substack{1 \leqslant i,j \leqslant n \\ i \neq j}} \lambda_i \lambda_j^{-1} x_i^2 x_j^2$$
$$\geqslant \sum_{i=1}^n x_i^4 = \|X\|^4.$$

Exercice 63.
Soient $E = \mathbb{R}_3[X]$ et $H = \{P \in E \mid P(1) = 0\}$.
Pour $A = \sum\limits_{i=0}^3 a_i X^i$ et $B = \sum\limits_{i=0}^3 b_i X^i$ *on pose* $(A|B) = \sum\limits_{i=0}^3 a_i b_i$. *Calculer la projection orthogonale de X sur H. En déduire la distance de X à H.*

●●●●●●

H admet pour base $(1 - X, (1 - X)^2, (1 - X)^3)$ pour base, soit encore $(1 - X, 1 - 2X + X^2, 1 - 3X + 3X^2 - X^3)$.
Soit P la projection orthogonale cherchée, $P = \sum\limits_{i=0}^3 a_i X^i$.

$P(X) - X \perp 1 - X \iff a_0 + 1 - a_1 = 0$ par définition du produit scalaire, d'où $a_1 = a_0 + 1$ et donc $P(X) - X = a_0 + a_0 X + a_2 X^2 + a_3 X^3$.
$0 = \big(P(X) - X | 1 - 2X + X^2\big) \iff a_0 - 2a_0 + a_2 = 0 \iff a_2 = a_0$,
$0 = \big(P(X) - X | 1 - 3X + 3X^2 - X^3\big) \iff a_0 - 3a_0 + 3a_0 - a_3 = 0 \iff a_3 = a_0$
d'où $P(X) = X + a_0(1 + X + X^2 + X^3)$.
Enfin $P \in H \iff 1 + 4a_0 = 0$ d'où $P = X - \dfrac{1 + X + X^2 + X^3}{4}\cdot$

$d^2(X, H) = \|P(X) - X\|^2 = a_0^2 \|\sum\limits_{i=0}^{3} X^i\|^2 = 4a_0^2 = \dfrac{1}{4}$ d'où $d(X, H) = \dfrac{1}{2}\cdot$

Exercice 64.

Calculer $\displaystyle\inf_{(a,b)\in\mathbb{R}^2} \int_0^1 t^2\big[\ln(t) - at - b\big]^2 dt.$

●●●●●●

On pose $e_0 : t \mapsto 1$, $e_1 : t \mapsto t$, $E = \text{Vect}(e_0, e_1, \ln)$ et $F = \text{Vect}(e_0, e_1)$.
$\forall f \in E$, $t \mapsto t^2 f^2(t)$ admet un prolongement continu à $[0, 1]$ et est donc intégrable sur $]0, 1]$.
Alors $(f, g) \mapsto \displaystyle\int_0^2 t^2 f(t) g(t)\, dt$ défini un produit scalaire sur E et le nombre cherché est $d^2\big(\ln, F\big)$.
On considère la projection orthogonale $ae_1 + be_0$ de $\ln$ sur F qui vérifie $\big(\ln - ae_1 - be_0 | e_0\big) = \big(\ln - ae_1 - be_0 | e_1\big) = 0$,
soit $\displaystyle\int_0^1 t^2\big[\ln(t) - at - b\big]\, dt = \int_0^1 t^3\big[\ln(t) - at - b\big]\, dt = 0.$
Si $k \in \mathbb{N}^\star$ $t \mapsto t^k \ln(t)$ est intégrable sur $]0, 1]$ pour les mêmes raisons que précédemment et, avec $u = t \mapsto \dfrac{t^{k+1}}{k+1}$ et $v = \ln$ on a $(uv)(t) \xrightarrow[t \to 0^+]{} 0$ et $(uv)(1) = 0$ donc, en intégrant par parties

$$\int_0^1 t^k \ln(t)\, dt = -\frac{1}{k+1}\int_0^1 t^k\, dt = -\frac{1}{(k+1)^2}\cdot$$

La projection orthogonale $ae_1 + be_0$ de $\ln$ sur F est donc définie par les équations $\dfrac{1}{4} + \dfrac{a}{4} + \dfrac{b}{3} = \dfrac{1}{16} + \dfrac{a}{5} + \dfrac{b}{4} = 0$ d'où $a = \dfrac{5}{3}$ et $b = -\dfrac{19}{12}\cdot$
Alors $\|\ln - ae_1 - b_0\|^2 = \big(\ln - ae_1 - be_0 | \ln\big)$ car $\big(\ln - ae_1 - be_0 | ae_1 + be_0\big) = 0$.
D'où $d^2(\ln, F) = \displaystyle\int_0^1 t^2\big[\ln^2(t) - at\ln(t) - b\ln(t)\big] dt$ et, toujours pour les mêmes raisons d'intégrabilité et toujours en intégrant par parties,

$$d^2(\ln, F) = \frac{2}{27} + \frac{5}{2 \times 16} - \frac{19}{12 \times 9} = \frac{1}{432}\cdot$$

Exercice 65.
Soit $E = \mathfrak{M}_n(\mathbb{R})$. On pose, pour $A, B \in E$, $\big(A|B\big) = \mathrm{tr}({}^t\!AB)$.

a) *Montrer que $\big(\cdot|\cdot\big)$ est un produit scalaire. On note $\|\cdot\|$ la norme associée.*

b) *Déterminer les $P \in \mathrm{GL}_n(\mathbb{R})$ telles que, pour tout A dans E, on a*

$$\|A\| = \|P^{-1}AP\|.$$

●●●●●●

a) Si $(A, B) \in E^2$ alors $\big(A|B\big) = \sum\limits_{1\leqslant i,j\leqslant n} a_{i,j}b_{i,j}$. Cela prouve que $\big(\cdot|\cdot\big)$ est le produit scalaire canonique sur E identifié à $\mathbb{R}^{(n^2)}$.

b) On cherche les matrices P inversibles telles que $A \mapsto P^{-1}AP$ soit une isométrie de E muni de $\big(\cdot|\cdot\big)$, notons $(\star)$ cette condition.
$(\star) \iff \forall (A, B) \in E^2$, $\mathrm{tr}\,\big({}^t(P^{-1}AP)(P^{-1}BP\big) = \mathrm{tr}({}^t\!AB)$,
$(\star) \iff \forall (A, B) \in E^2$, $\mathrm{tr}\,\big[{}^t\!P({}^t\!A{}^t\!P^{-1}P^{-1}BP\big] = \mathrm{tr}({}^t\!AB)$,
$(\star) \iff \forall (A, B) \in E^2$, $\mathrm{tr}({}^t\!A{}^t\!P^{-1}P^{-1}BP{}^t\!P) = \mathrm{tr}({}^t\!AB)$, car, pour tout $(X, Y) \in E^2$, $\mathrm{tr}(XY) = \mathrm{tr}(YX)$,
$(\star) \iff \forall (A, B) \in E^2$, $\big(A|{}^t\!P^{-1}P^{-1}BP{}^t\!P - B\big) = 0$
d'où $(\star) \iff \forall B \in E$, ${}^t\!P^{-1}P^{-1}BP{}^t\!P - B \in E^{\perp} = \{0\}$,
$(\star) \iff \forall B \in E$, $BQ = QB$ où $Q = P{}^t\!P$ et donc, d'après un complément de cours $(\star) \iff Q \in \mathrm{Vect}(I_n)$.
Or $\mathrm{tr}(Q) = \|P\|^2$ donc $(\star) \iff \exists \lambda \in \mathbb{R}_+^\star$ tel que $P{}^t\!P = I_n$ et, en définitive, P est solution si, et seulement s'il existe λ dans $\mathbb{R}_+^\star$ tel que $\dfrac{P}{\sqrt{\lambda}} \in O(n)$.

Exercice 66.
Soient $\big(E, \big(\cdot|\cdot\big)\big)$ un espace euclidien et $f : E \to E$. On suppose que, pour tous x et y dans E, $\big(f(x)|f(y)\big) = \big(x|y\big)$. Montrer que f est linéaire.

●●●●●●

Soient $(x, y) \in E^2$ et $\lambda \in \mathbb{R}$. On développe :

$$\begin{aligned}
\delta =& \|f(\lambda x + y) - \lambda f(x) - f(y)\|^2\\
=& \big(f(\lambda x + y) - \lambda f(x) - f(y)|f(\lambda x + y) - \lambda f(x) - f(y)\big)\\
=& \|fg(\lambda x + y)\|^2 + \lambda^2\|f(x)\|^2 + \|f(y)\|^2 - 2\lambda\big(f(\lambda x + y)|f(x)\big)\\
&+ 2\lambda\big(f(x)|f(y)\big) - 2\big(f(\lambda x + y)|f(y)\big)\\
=& \|\lambda x + y\|^2 + \lambda^2\|x\|^2 + \|y\|^2 - 2\lambda\big(\lambda x + y|x\big) + 2\lambda\big(x|y\big) - 2\big(\lambda x + y|y\big)\\
=& \|\lambda x + y - \lambda x - y\|^2 = 0
\end{aligned}$$

ce qui montre que f est linéaire.

Exercice 67.

Soit $\big(E, (\cdot|\cdot)\big)$ un espace euclidien. Déterminer les $f \in \mathcal{L}(E)$ tels que, pour tout sous-espace vectoriel V de E, on a $f(V^\perp) = f(V)^\perp$.

●●●●●●

Supposons que f convient.
Tout d'abord $f(E) = f(\{0\}^\perp) = \{f(0)\}^\perp = E$ donc $f \in \mathrm{GL}(E)$.
Soit $(e_1, \ldots, e_n)$ une base orthonormale et, pour tout $k \in [\![1, n]\!]$, $\varepsilon_k = f(e_k)$. La famille $(\varepsilon_1, \ldots, \varepsilon_n)$ est une base de E.

Si $k \in [\![1, n]\!]$, on pose $V_k = \mathrm{Vect}(\{e_1, \ldots, e_n\} \setminus \{e_k\})$, alors $V_k^\perp = \mathrm{Vect}(e_k)$ et $f(V_k) = \mathrm{Vect}(\{\varepsilon_1, \ldots, \varepsilon_n\} \setminus \{\varepsilon_k\})$ donc $f(\varepsilon_k) \in \mathrm{Vect}(\{\varepsilon_1, \ldots, \varepsilon_n\} \setminus \{\varepsilon_k\})$ ce qui montre que $(\varepsilon_1, \ldots, \varepsilon_n)$ est une famille orthogonale.

Si $(i, j) \in [\![1, n]\!]^2$ et $i \neq j$ alors $e_i + e_j \in \mathrm{Vect}(e_i - e_j)^\perp$
donc $\varepsilon_i + \varepsilon_j \in \mathrm{Vect}(\varepsilon_i - \varepsilon_j)^\perp$ *i.e.* $\big(\varepsilon_i + \varepsilon_j | \varepsilon_i - \varepsilon_j\big) = 0$ d'où $\|\varepsilon_i\| = \|\varepsilon_j\|$ et $i \mapsto \|\varepsilon_i\|$ est une constante $\alpha > 0$. La famille $\dfrac{1}{\alpha}(\varepsilon_1, \ldots, \varepsilon_n)$ est une base orthonormale donc $\dfrac{f}{\alpha}$ est un endomorphisme orthogonal.

Réciproquement supposons $f = \alpha u$ où $\alpha \in \mathbb{R}_+^\star$ et $u \in O(E)$ et soit V un sous--espace vectoriel de E.
Soit $(y, z) \in f(V^\perp) \times f(V)$, $y = f(x)$ et $z = f(t)$ où $(x, t) \in V^\perp \times V$. On a $\big(y|z\big) = \alpha^2\big(u(x)|u(t)\big) = \alpha^2\big(x|t\big) = 0$ donc $f(V^\perp) \subset f(V)^\perp$.
Soit $y \in f(V)^\perp$, $y = f(x)$ où $x \in E$.
Si $v \in V$ on a $\alpha^2\big(x|v\big) = \alpha^2\big(u(x)|u(v)\big) = \big(f(x)|f(v)\big) = 0$ d'où $x \in V^\perp$ et $y \in f(V^\perp)$.
En conclusion $f(V^\perp) = f(V)^\perp$.
L'ensemble des solutions est $\big\{\alpha u \mid (\alpha, u) \in \mathbb{R}_+^\star \times O(E)\big\}$.

Exercice 68.

Soient E un espace euclidien et $e = (e_1, \ldots, e_n)$ une base de E. On définit, pour $x \in E$: $F(x) = \sum\limits_{i=1}^{n} \big(x|e_i\big)e_i$.

a) *Montrer que F est un endomorphisme.*

b) *L'endomorphisme F est-il injectif ? Surjectif ?*

c) *Montrer que F est symétrique.*

d) *À quelle condition F est-il un projecteur ?*

●●●●●●

a) $\forall i \in [\![1, n]\!]$, $x \mapsto \big(x|e_i\big)e_i \in \mathcal{L}(E)$ donc $F \in \mathcal{L}(E)$.

b) $F(x) = 0 \Rightarrow \forall i \in [\![1, n]\!]$, $\big(x|e_i\big) = 0$ car $(e_1, \ldots, e_n)$ est libre.
Donc $F(x) = 0 \Rightarrow x \in \mathrm{Vect}(e_1, \ldots, e_n)^\perp = \{0\}$ car $(e_1, \ldots, e_n)$ est génératrice.

Par conséquent F est injective et donc surjective.

c) Si $(x,x')\in E^2$, $\big(F(x)|x'\big) = \big(\sum_{i=1}^{n}(x|e_i)e_i|x'\big) = \sum_{i=1}^{n}(x|e_i)(e_i|x')$ d'où $\big(F(x)|x'\big) = \sum_{i=1}^{n}(x|e_i)\big(x'(|e_i\big) = \big(x|F(x')\big)$ et donc F est symétrique.

d) F est un projecteur si, et seulement si, $F = Id$ or

$f = Id \iff \forall i\in[\![1,n]\!],\ F(e_i) = e_i \iff \forall i\in[\![1,n]\!],\ \sum_{k=1}^{n}(x|e_k)e_k = e_i$ et, comme $(e_1,\dots,e_n)$ est libre, $F = Id \iff \forall (i,k)\in[\![1,n]\!]^2 (e_i|e_k) = \delta_{i,k}$.

Une condition nécessaire et suffisante est donc : $(e_1,\dots,e_n)$ est une base orthonormale.

Exercice 69.

Trouver les $B\in\mathfrak{M}_3(\mathbb{R})$ *telles que* $B^2 = \begin{pmatrix} 11 & -5 & 5\\ -5 & -3 & 3\\ 5 & 3 & -3\end{pmatrix}$.

●●●●●●

Si $A = \begin{pmatrix} 11 & -5 & 5\\ -5 & -3 & 3\\ 5 & 3 & -3\end{pmatrix}$ la matrice A est symétrique et on a $\chi_A = X^3 - 5X^2 - 116X = X(X^2 - 5X - 116)$. Le trinôme a pour racines $\dfrac{5-\sqrt{489}}{2}$ et $\dfrac{5+\sqrt{489}}{2}$ notées λ et μ.

Cela prouve l'existence de $O\in O_3(\mathbb{R})$ telle que $PA\,^tP = \mathrm{Diag}(0,\lambda,\mu) = D$.

Si $B\in\mathfrak{M}_3(\mathbb{R})$ on pose $C = {}^tPBP$ et on suppose $B^2 = A$. Alors $C^2 = D$ et donc $CD = C^3 = DC$. Cela prouve que les sous-espaces propres de D sont stables par C qui est donc diagonale, soit $C = \mathrm{Diag}(\alpha,\beta,\gamma)$ et, nécessairement, $\beta^2 = \dfrac{5-\sqrt{489}}{2} < 0$: c'est impossible.

L'équation $B^2 = A$ n'a donc aucune solution.

Exercice 70.

Soit $\big(E,(\cdot|\cdot)\big)$ *un espace euclidien.*

a) *Soit* $p\in\mathcal{L}(E)$ *un projecteur. Montrer que* p *est un projecteur orthogonal si, et seulement si, pour tout* $x\in E$, $\|p(x)\| \leqslant \|x\|$.

b) *Soient* p et q *deux projecteurs orthogonaux de* E. *Montrer que* $p\circ q$ *est un projecteur de* E *si, et seulement si,* $p\circ q = q\circ p$.

c) *Soient* p et q *deux projecteurs orthogonaux. Montrer que le spectre de* $p\circ q$ *est inclus dans* $[0,1]$.

●●●●●●

a) Si p est un projecteur orthogonal et si $x \in E$ alors $x - p(x)$ et $p(x)$ sont orthogonaux donc, d'après le théorème de Pythagore, on a
$\|x\|^2 = \|x - p(x)\|^2 + \|p(x)\|^2 \geqslant \|p(x)\|^2$, par conséquent $\|p(x)\| \leqslant \|x\|$.
Réciproquement si p est un projecteur tel que $\forall x \in E,\ \|p(x)\| \leqslant \|x\|$, soient $(x, y) \in \mathrm{Ker}(p) \times \mathrm{Im}(p)$ et $t \in \mathbb{R}$.
$\|p(tx + y)\|^2 \leqslant \|tx + y\|^2$ s'écrit $\|y\|^2 \leqslant t^2\|x\|^2 + 2t(x|y) + \|y\|^2$.
La fonction polynomiale $t \mapsto t^2\|x\|^2 + 2t(x|y)$ est de degré au plus 2, s'annule en 0 et est à valeurs dans $\mathbb{R}_+$, elle doit être nulle *i.e.* $(x|y) = 0$. On a montré $\mathrm{Ker}(p) \subset \mathrm{Im}(p)^\perp$ et, par raison de dimensions, $\mathrm{Ker}(p) = \mathrm{Im}(p)^\perp$. Cela prouve que p est un projecteur orthogonal.

b) Si $p \circ q = q \circ p$ alors immédiatement $(p \circ q)^2 = p^2 \circ q^2 = p \circ q$ et donc $p \circ q$ est un projecteur.
Si $p \circ q$ est un projecteur comme, d'après la question précédente p et q sont 1-lipschitziennes, par composition $p \circ q$ est 1-lipschitzienne et, toujours d'après la question, précédente, $p \circ q$ est un projecteur orthogonal.
Soit alors e une base orthonormale, P et Q les matrices de p et q dans e.
Ces matrices sont symétriques et la matrice PQ de $p \circ q$ dans e doit l'être.
Donc $PQ = {}^t(PQ) = {}^tQ\,{}^tP = QP$ d'où $p \circ q = q \circ p$.

c) Si λ est une valeur propre non nulle de $p \circ q$ et si x est un vecteur propre associé alors $(p \circ q)(x) = \lambda x \Rightarrow x \in \mathrm{Im}(p)$.
On a $\lambda = \big(x | p \circ q)(x)\big) = \big(p(x)|q(x)\big)$ car p est symétrique,
puis $\lambda = \big(x|q(x)\big)$ car $x \in \mathrm{Im}(p)$
et enfin $\lambda = \big(\big[x - q(x)\big] + q(x)|q(x)\big) = \|q(x)\|^2 \in [0, 1]$ car q est un projecteur orthogonal et $\|x\| = 1$.

Par conséquent $\mathrm{Sp}(p \circ q) \subset [0, 1]$.

Exercice 71.
Soit $H = \left(\dfrac{1}{i + j - 1}\right)_{1 \leqslant i,j \leqslant n}$. *Pour* $X \in \mathfrak{M}_{n,1}(\mathbb{R})$, *on pose* $q(X) = {}^tXHX$.

a) *Montrer que H est diagonalisable.*

b) *Montrer que les valeurs propres de H sont strictement positives et que H est inversible.*

c) *Montrer que, pour tout $X \in \mathfrak{M}_{n,1}(\mathbb{R})$, $a_n\|X\|^2 \leqslant q(X) \leqslant b_n\|X\|^2$ où a_n est la plus petite valeur propre de H et b_n la plus grande.*

●●●●●●

a) H est une matrice symétrique réelle donc diagonalisable.

b) $\forall (i, j) \in [\![1, n]\!]^2,\ h_{i,j} = \dfrac{1}{i + j - 1} = \displaystyle\int_0^1 t^{i-1}t^{j-1}\, dt$ et donc,
si $X = {}^t(x_0\, x_1 \cdots x_{n-1})$, on a $q(X) = \displaystyle\sum_{1 \leqslant i,j \leqslant n} x_{i-1}x_{j-1}h_{i,j}$

d'où $q(X) = \displaystyle\int_0^1 \sum_{0 \leqslant k,\ell \leqslant n-1} x_k t^k y_\ell t^\ell \, dt$ en changeant d'indices,

soit $q(X) = \displaystyle\int_0^1 \left(\sum_{k=0}^{n-1} x_k t^k\right)^2 dt.$

Si $\lambda \in \mathrm{Sp}(H)$ et si X est un vecteur propre unitaire associé alors $q(X) = \lambda {}^t XX = \lambda\|X\|^2 = \lambda$ et la fonction polynomiale $t \mapsto \left(\sum\limits_{k=0}^{n-1} x_k t^k\right)^2$ est polynomiale continue positive non nulle sur $[0,1]$ de cardinal infini, donc $\lambda = q(X) = \displaystyle\int_0^1 \left(\sum_{k=0}^{n-1} x_k t^k\right)^2 dt > 0.$

Cela prouve que $\mathrm{Sp}(H) \subset \mathbb{R}_+^\star$ et, donc, que $H \in \mathrm{GL}_n(\mathbb{R})$ car $0 \notin \mathrm{Sp}(H)$.

c) Soient $(X_1, \ldots, X_n)$ est une base orthonormale de valeurs propres de H associée dans cet ordre aux valeurs propres $\lambda_1, \ldots, \lambda_n$ où l'on a ordonné avec $a_n = \lambda_1 \leqslant \lambda_2 \leqslant \cdots \leqslant \lambda_n = b_n$ et soit $X \in \mathfrak{M}_{n,1}(\mathbb{R})$.

On décompose X dans $(X_1, \ldots, X_n)$, $X = \sum\limits_{i=1}^{n} x_i X_i$.

On a $q(X) = \sum\limits_{1 \leqslant i,j \leqslant n} \lambda_i x_i x_j {}^t X_i X_j = \sum\limits_{i=1}^{n} \lambda_i x_i^2$,

d'où $\lambda_1 \sum\limits_{i=1}^{n} x_i^2 \leqslant q(X) \leqslant \lambda_n \sum\limits_{i=1}^{n} x_i^2$ ou encore $a_n\|X\|^2 \leqslant q(X) \leqslant b_n\|X\|^2$.

Analyse

Compléments de cours

1. Norme ligne

a) Définition

Si $A \in \mathfrak{M}_n(\mathbb{C})$, $X \in \mathfrak{M}_{n,1}(\mathbb{C})$ et $\|X\|_\infty \leqslant 1$ alors pour tout $i \in [\![1,n]\!]$ on a $|(AX)_i| = \left|\sum\limits_{k=1}^{n} a_{i,k}x_k\right| \leqslant \sum\limits_{k=1}^{n} |az_{i,k}|$ par inégalité triangulaire,

donc $\|AX\|_\infty \leqslant \max\limits_{1\leqslant i\leqslant n}\left(\sum\limits_{k=1}^{n} |a_{i,k}]\right)$. On pose $|||A||| = \max\limits_{1\leqslant i\leqslant n}\left(\sum\limits_{k=1}^{n} |a_{i,k}]\right)$.

Si $|||A||| = \sum\limits_{k=1}^{n} |a_{i_0,k}|$ on considère l'élément X de $\mathfrak{M}_{n,1}(\mathbb{C})$ tel que $\forall k \in [\![1,n]\!]$,

$$x_k = \begin{cases} 1 & \text{si } a_{i_0,k} = 0 \\ \dfrac{\overline{a_{i_0,k}}}{|a_{i_0,k}|} & \text{sinon} \end{cases} \quad \text{ainsi } \|X\| = 1 \text{ et } (AX)_{i_0} = \sum_{k=1}^{n} |a_{i_0,k}| = |||A|||$$

ce qui montre que $\left\{\|AX\|_\infty \mid X \in \mathfrak{M}_{n,1}(\mathbb{C}) \text{ et } \|X\|_\infty \leqslant 1\right\}$ admet $|||A|||$ pour maximum.

b) $|||\cdot|||$ est une norme sur $\mathfrak{M}_n(\mathbb{C})$

En effet $|||\ |||$ est à valeurs dans $\mathbb{R}_+$,
par définition si $A \in \mathfrak{M}_n(\mathbb{C})$ et $|||A||| = 0$ alors tous les coefficients de A sont nuls donc $A = 0$,
toujours par définition $\forall(\lambda, A) \in \mathbb{C} \times \mathfrak{M}_n(\mathbb{C})$, $|||\lambda A||| = |\lambda| \times |||A|||$,
enfin si $(A,B) \in (\mathfrak{M}_n(\mathbb{C}))^2$, $\forall i \in [\![1,n]\!]$, $\sum\limits_{k=1}^{n} |a_{i,k} + b_{i,k}| \leqslant \sum\limits_{i=1}^{k} |a_{i,k}| + \sum\limits_{k=1}^{n} |b_{i,k}|$
par inégalité triangulaire, d'où $\sum\limits_{k=1}^{n} |a_{i,k} + b_{i,k}| \leqslant |||A||| + |||B|||$
et donc $|||A + B||| \leqslant |||A||| + |||B|||$.

c) Rapport de Lipschitz

$\forall X \in \mathfrak{M}_{n,1}(\mathbb{C})$, $\|AX\|_\infty \leqslant |||A||| \times \|X\|$.

C'est immédiat si $X = 0$ et, sinon, en posant $Z = \dfrac{X}{\|X\|_\infty}$,
on a $\|Z\|_\infty = 1$, $\|AX\|_\infty = \|X\|_\infty \times \|AZ\|_\infty \leqslant |||A||| \times \|X\|_\infty$.

d) Multiplicativité

Si $(A,B) \in (\mathfrak{M}_n(\mathbb{C}))^2$, $X \in \mathfrak{M}_{n,1}(C)$ et $\|X\|_\infty \leqslant 1$
on a $\|ABX\|_\infty \leqslant |||A||| \times \|BX\|_\infty \leqslant |||A||| \times |||B|||$
d'où $|||AB||| \leqslant |||A||| \times |||B|||$.
Par conséquent $\forall k \in \mathbb{N}$, $|||A^k||| \leqslant |||A|||^k$ et, si $A \in \mathrm{GL}_n(\mathbb{C})$,
$1 = |||I_n||| = |||AA^{-1}||| \leqslant |||A||| \times |||A^{-1}|||$ d'où $|||A|||^{-1} \leqslant |||A^{-1}|||$.

2. Fonction Gamma

a) Définition et premières propriétés

On note $f : (x,t) \mapsto t^{x-1}e^{-t}$ et $f_x : t \mapsto f(x,t)$.
Pour tout $x \in \mathbb{R}$ la fonction f_x est continue positive sur $\mathbb{R}_+^\star$.
$f_x(t) \underset{t\to 0}{\sim} t^{1-x}$ et $f_x(t) \underset{t\to+\infty}{=} o(t^{-2})$ donc $f_x \in \mathcal{L}^1(\mathbb{R}_+^\star, \mathbb{R}) \iff x > 0$.

On appelle Γ la fonction positive définie sur $\mathbb{R}_+^\star$ par $\Gamma(x) = \displaystyle\int_0^{+\infty} t^{x-1}e^{-t}dt$.
En intégrant par parties on a $\Gamma(x+1) = (x+1)\Gamma(x)$ si $x > 0$ et, comme $\Gamma(1) = 1$, on a $\Gamma(n+1) = n!$ pour tout $n \in \mathbb{N}$.

b) Classe

Γ est de classe $\mathcal{C}^\infty$ avec $\Gamma^{(k)} : x \mapsto \displaystyle\int_0^{+\infty} t^{x-1}\ln^k(t)e^{-t}dt$.
On fait remarquer pour commencer que f est de classe $\mathcal{C}^\infty$ sur $(\mathbb{R}_+^\star)^2$ et que pour tout $k \in \mathbb{N}$, $\dfrac{\partial^k f}{\partial x^k}(x,t) = t^{x-1}\ln^k(t)e^{-t}$.
Si $k \in \mathbb{N}^\star$ et $0 < a \leqslant x \leqslant b < +\infty$, $\left|\dfrac{\partial^k f}{\partial x^k}(x,t)\right| \leqslant \left[t^{a-1} + t^{b-1}\right]|\ln(t)|^k e^{-t}$ noté $\varphi(t)$ et $\varphi \in \mathcal{L}^1(\mathbb{R}_+^\star)$ car $\varphi(t) \underset{t\to+\infty}{=} o(t^{-2})$ et $\varphi(t) \underset{t\to 0}{=} o(t^{\frac{a}{2}-1})$.
Donc Γ est de classe $\mathcal{C}^k$ sur $\mathbb{R}_+^\star$ avec l'expression souhaitée de Γ' et, si Γ est de classe $\mathcal{C}^k$ sur $\mathbb{R}_+^\star$ avec l'expression souhaitée de $\Gamma^{(k)}$ alors Φ est de classe $\mathcal{C}^{k+1}$ avec l'expression souhaitée de $\Gamma^{(k+1)}$.

c) Courbe

Comme $\Gamma'' > 0$ la fonction Γ est convexe et, comme $\Gamma(1) = \Gamma(2) = 1$, le théorème de Rolle montre que Γ' s'annule une fois et une seule et que c'est dans $]1,2[$. Toujours par convexité $\Gamma(x) \xrightarrow[x\to+\infty]{} +\infty$ et $x \underset{x\to+\infty}{=} o\big(\Gamma(x)\big)$.

La relation fonctionnelle et la continuité en 1 montrent que $\Gamma(x) \underset{x\to 0}{\sim} \dfrac{1}{x}$.

x	0		1		c		2		$+\infty$
Γ'	‖		$-$		0		$+$		
Γ	‖ $+\infty$	$\searrow$	1	$\searrow$		$\nearrow$	1	$\nearrow$	$+\infty$

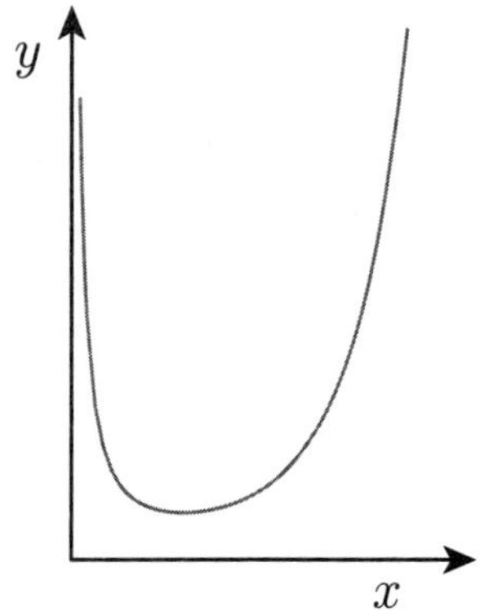

3. Intégrale de Gauss $\displaystyle\int_{\mathbb{R}} e^{-t^2}\,dt = \sqrt{\pi} = \Gamma\Big(\frac{1}{2}\Big)$

Soient $f : x \mapsto \displaystyle\int_0^x e^{-t^2} dt$ et $g : x \mapsto \displaystyle\int_0^{\frac{\pi}{4}} e^{-\frac{x^2}{\cos^2(\theta)}}\,d\theta$.

$\varphi : (x,\theta) \mapsto e^{-\frac{x^2}{\cos^2(\theta)}}$ est de classe $\mathcal{C}^1$ sur $\mathbb{R}\times\Big[0\,,\dfrac{\pi}{4}\Big]$ avec $|\varphi| \leqslant 1$ et $\left|\dfrac{\partial\varphi}{\partial x}\right| \leqslant A$ sur $[-A,A]\times\Big[0\,,\dfrac{\pi}{4}\Big]\cdot$ Cela montre que f^2+g est de classe $\mathcal{C}^1$ sur $\mathbb{R}$ avec, pour tout $x\in\mathbb{R}$, $(f^2+g)'(x) = 2e^{-x}\displaystyle\int_0^x e^{-t^2}dt - 2x\int_0^{\frac{\pi}{4}} e^{-\frac{x2}{\cos^2(\theta)}}\frac{d\theta}{\cos^2(\theta)}$ et, avec le changement de variable $u=\tan(\theta)$ dans la deuxième intégrale, $(f^2+g)'(x) = 2e^{-x^2}\left[\displaystyle\int_0^x e^{-t^2}dt - \int_0^1 xe^{-x^2u^2}du\right]$ soit $(f^2+g)'(x)=0$.

Par suite f^2+g est constante égale à $(f^2+g)(0)$ soit $\dfrac{\pi}{4}\cdot$

D'autre part $0 \leqslant g(x) \leqslant \dfrac{\pi e^{-x^2}}{4}$ d'où $g(x) \xrightarrow[x\to+\infty]{} 0$, ce qui montre que $\displaystyle\int_0^{+\infty} e^{-t^2}dt$ converge et vaut $\dfrac{\sqrt{\pi}}{2}$ par positivité. La valeur de l'intégrale de Gauss en découle.

$\Gamma\Big(\dfrac{1}{2}\Big) = \displaystyle\int_0^{+\infty}\frac{e^{-t}}{\sqrt{t}}\,dt = 2\int_0^{+\infty} e^{-u^2}\,du = \sqrt{\pi}$ par le changement de variable $u=\sqrt{t}$ qui est une bijection de classe $\mathcal{C}^1$ de $\mathbb{R}_+^\star$ sur lui-même.

4. Un théorème de Cesàro

Si une suite complexe $(u_n)_n$ converge vers ℓ alors la suite de terme général $\dfrac{u_0+\cdots+u_n}{n+1}$ converge aussi vers ℓ.

On commence par poser $\widetilde{u}_n = u_n-\ell$ et $\widetilde{v}_n = \dfrac{\widetilde{u}_0+\cdots+\widetilde{u}_n}{n+1}\cdot$ Comme $\widetilde{v}_n = v_n-\ell$ il suffit de montrer que $\widetilde{v}$ converge vers 0.

Soit $\varepsilon>0$ et n_0 tel que pour tout $n\geqslant n_0$, $|\widetilde{u}_n|<\varepsilon$.

Si $n\geqslant n_0$ on a $|\widetilde{v}_n| \leqslant \dfrac{C}{n+1} + \displaystyle\sum_{k=n_0}^{n}\frac{\varepsilon}{n+1} \leqslant \frac{C}{n+1}+\varepsilon = \alpha_n$. Comme α converge vers ε il existe $n_1\geqslant n_0$ tel que pour tout $n\geqslant n_1$ on a $\alpha_n<2\varepsilon$. Alors si $n\geqslant n_1$ on a $|\widetilde{v}_n|<2\varepsilon$ d'où le résultat.

5. Une condition suffisante de convergence

Si $(u_n)_n$ est une suite réelle qui converge en décroissant vers 0 et si $\theta\notin 2\pi\mathbb{Z}$ alors $\sum u_n e^{in\theta}$ converge.

Posons $S_n = \displaystyle\sum_{k=0}^{n} e^{ik\theta}$ pour tout $n\in\mathbb{N}$, alors $S_n = \dfrac{1-e^{i(n+1)\theta}}{1-e^{i\theta}}$ d'où $|S_n| \leqslant \frac{2}{|e^{-i\theta/2}-e^{i\theta/2}|} = \frac{1}{|\sin(\theta/2)|}$, ce qui prouve que $(S_n)_n$ est bornée.

$\Sigma_n = \sum\limits_{k=1}^{n} u_k e^{ik\theta} = \sum\limits_{k=1}^{n} u_k(S_k - S_{k-1}) = \sum\limits_{k=1}^{n} u_k S_k - \sum\limits_{k=0}^{n-1} u_{k+1} S_k$

d'où $\Sigma_n = u_n S_n + \sum\limits_{k=1}^{n-1} (u_k - u_{k+1}) S_k - u_1$ car $S_0 = 1$.

Or $(u_n S_n)_n$ converge vers 0 car $(S_n)_n$ est bornée et $(u_n)_n$ converge vers 0, $(u_k - u_{k+1})S_k = O(u_k - u_{k+1})$ et $\sum(u_k - u_{k+1})$ est une série à termes positifs convergente par hypothèse et d'après le lien suite/série,

donc $\Sigma_n \xrightarrow[n\to\infty]{} \sum\limits_{k=1}^{\infty} (u_k - u_{k+1}) S_k - u_1$.

6. Une (autre ou presque) condition suffisante de convergence

Si f est une fonction de classe $\mathcal{C}^1$ décroissante sur $\mathbb{R}_+$ et de limite nulle en $+\infty$, si g est continue sur $\mathbb{R}_+$ et possède une primitive bornée, alors $\displaystyle\int_0^{+\infty} f(t)g(t)\,dt$ converge.

On note G la primitive de g nulle en 0, c'est une fonction bornée de classe $\mathcal{C}^1$.

Si $x \geqslant 0$ en intégrant par parties $\displaystyle\int_0^x f(t)g(t)\,dt = f(x)G(x) - \int_0^x f'(t)G(t)\,dt$.

D'une part $f(x)G(x) \underset{x\to+\infty}{=} O(f(x)) \xrightarrow[x\to+\infty]{} 0$ par hypothèse,

d'autre part $f'G = O(f')$ et $f' \in \mathcal{L}^1(\mathbb{R}_+, \mathbb{R})$ car $f' \leqslant 0$ et car f admet une limite en $+\infty$.

Donc $\displaystyle\int_0^x f(t)g(t)\,dt \xrightarrow[x\to+\infty]{} -\int_0^{+\infty} f'(t)G(t)\,dt$.

En particulier si $\alpha \in \mathbb{R}^\star$ et $\beta \in \mathbb{R}_+^\star$ alors $\displaystyle\int_1^{+\infty} \frac{e^{i\alpha t}}{t^\beta}\,dt$ converge et donc $\displaystyle\int_1^{+\infty} \frac{\sin(\alpha t)}{t^\beta}\,dt$ et $\displaystyle\int_1^{+\infty} \frac{\cos(\alpha t)}{t^\beta}\,dt$ convergent.

Exercice 1.

a) *Soit E un espace vectoriel de dimension finie et F un sous-espace vectoriel de E. Montrer que F est fermé.*

b) *Soit $A \in \mathfrak{M}_n(\mathbb{C})$. On note* $\exp_p(A) = \sum_{k=0}^{p} \frac{A^k}{k!}\cdot$ *Montrer que la suite* $\left(\exp_p(A)\right)_{p\in\mathbb{N}}$ *converge. On note* $\exp(A)$ *sa limite.*

c) *Montrer que* $\exp(A)$ *est un polynôme en A.*

d) *Existe-t-il un polynôme $P \in \mathbb{C}[X]$ tel que $\forall A \in \mathfrak{M}_n(\mathbb{C})$,* $\exp(A) = P(A)$ *?*

●●●●●●

a) On munit E d'une norme notée $\|\ \|$. Soit p un projecteur de direction F. p est continu car endomorphisme de E de dimension finie donc, par composition, $f : x \mapsto \|p(x)\|$ est continue de E dans $\mathbb{R}$ et $F = \{x \in E \mid f(x) = 0\}$, donc F est fermé.

b) On utilise ici la norme ligne définie dans les compléments de cours.

$\forall k \in \mathbb{N}$, $|||A||^k \leqslant |||A|||^k$ et la série $\sum \frac{|||A|||^k}{k!}$ converge.

Pour tout $k \in \mathbb{N}$, pour tout $(i,j) \in [\![1,n]\!]^2$ le coefficient i,j de $\frac{A^k}{k!}$ est le terme général d'une série absolument convergente car son module est majoré par $\frac{|||A|||^k}{k!}$.

Donc pour tout $(i,j) \in [\![1,n]\!]^2$, la suite des coefficients i,j de $\exp_p(A)$ converge. Cela prouve que $\left(\exp_p(A)\right)_p$ converge.

c) $\forall p \in \mathbb{N}$, $\exp_p(A) \in \mathbb{C}[A]$ sous-espace vectoriel de $\mathfrak{M}_n(\mathbb{C})$ lui-même espace vectoriel de dimension finie. Comme on a montré que $\mathbb{C}[A]$ est fermé on en déduit que $\exp(A) \in \mathbb{C}[A]$.

d) Supposons qu'un tel polynôme P existe. Si $x \in \mathbb{R}$ alors de façon immédiate $\exp(xI_n) = e^x I_n$ d'où $P(x) = e^x$.
C'est impossible car $\forall P \in \mathbb{C}[X]$, $P(x) \underset{x\to+\infty}{=} o(e^x)$.

Exercice 2.

a) *Soient $A, B \in \mathrm{GL}_n(\mathbb{R})$. Existe-t-il toujours une fonction $\varphi : [0,1] \to \mathrm{GL}_n(\mathbb{R})$ continue telle que $\varphi(0) = A$ et $\varphi(0) = B$?*

b) *Même question en remplaçant $\mathbb{R}$ par $\mathbb{C}$.*
Indication : on pourra considérer la fonction $\psi : z \mapsto A + z(B - A)$.

●●●●●●

a) Si une telle fonction φ existait alors, par continuité du déterminant, la fonction continue $\det \circ \varphi$ serait de signe constant sur $[0,1]$ car sans annulation. Par suite $\det(A)$ et $\det(B)$ doivent être de même signe d'après le théorème des valeurs intermédiaires.
Ce n'est pas le cas si, par exemple, $A = I_n$ et $B = \mathrm{Diag}(1,\dots,1,-1)$.
b) Soit $P : z \mapsto \det\big[A + z(B-A)\big]$. Cette fonction est polynomiale de degré au plus n et elle est non nulle car $P(0) = \det(A) \neq 0$.
On note N l'ensemble de ses zéros, $N \subset \mathbb{C} \setminus \{0,1\}$.
Soit f une application continue sur $[0,1]$ à valeurs dans $\mathbb{C}\setminus N$ telle que $f(0) = 0$ et $f(1) = 1$ (il s'agit d'un chemin continu reliant 0 à 1 sans rencontrer N).
Alors, par composition $\psi \circ f$ est continue sur $[0,1]$, à valeurs dans $\mathrm{GL}_n(\mathbb{C})$ et $\big(\psi(0), \psi(1)\big) = (A, B)$.

Exercice 3.
a) *Soit* $P = X^n + a_{n-1}X^{n-1} + \cdots + a_0 \in \mathbb{C}[X]$ et $A = |a_{n-1}| + \cdots + |a_0|$.
Soit z *une racine de* P. *Montrer que* $|z| \leqslant \max(1, A)$.
b) *Montrer que l'adhérence dans* $\mathfrak{M}_n(\mathbb{C})$ *de l'ensemble des matrices diagonalisables est* $\mathfrak{M}_n(\mathbb{C})$.

●●●●●●

a) Il suffit de montrer que, si $|z| > 1$, alors $|z| \leqslant A$.
Si $|z| > 1$ comme $z^n = -\sum\limits_{k=0}^{n-1} a_k z^k$, par inégalité triangulaire il vient

$|z|^n \leqslant \sum\limits_{k=0}^{n-1} |a_k|\,|z|^k \leqslant A|z|^{n-1}$ d'où $|z| \leqslant A$.

b) Soient A dans $\mathfrak{M}_n(\mathbb{C})$ puis $P \in \mathrm{GL}_n(\mathbb{C})$ telle que PAP^{-1} est triangulaire supérieure ; notons la T et notons $(\lambda_1, \dots, \lambda_n)$ la diagonale de cette matrice.
Si $p \in \mathbb{N}^\star$ on pose $T_p = T + \mathrm{Diag}\left(\frac{1}{p}, \frac{2}{p}, \dots, \frac{n}{p}\right)$.
Si $1 \leqslant i < j \leqslant n$ alors l'égalité $\lambda_i + \frac{i}{p} = \lambda_j + \frac{j}{p}$ n' a lieu que pour au plus une valeur de p et il y a $\binom{n}{2}$ tels couples (i,j).
Donc à partir d'un certain rang p_0 le cardinal de $\left\{\lambda_i + \frac{i}{p} \;\middle|\; i \in [\![1,n]\!]\right\}$ est n et la matrice T_p est diagonalisable. Alors $(T_p)_{p \geqslant p_0}$ est une suite de matrices diagonalisables qui converge vers T.
Enfin $X \mapsto P^{-1}XP$ est linéaire et donc continue sur $\mathfrak{M}_n(\mathbb{C})$, donc la suite de matrices diagonalisables $(P^{-1}T_pP)_{p \geqslant p_0}$ converge vers A.

Exercice 4.

Soit $A \in \mathfrak{M}_3(\mathbb{R})$ telle que $A^2 = 0$ et $A \neq 0$. Existe-t-il une norme N telle que, pour toute matrice B semblable à A, $N(B) = N(A)$?

●●●●●●

$A^2 = 0 \Rightarrow \mathrm{Im}(A) \subset \mathrm{Ker}(A)$ d'où, d'après le théorème de rang, $\mathrm{rg}(A) \leqslant 3 - \mathrm{rg}(A)$ et donc, comme $A \neq 0$, $\mathrm{rg}(A) = 1$.
Si E_1 est un vecteur directeur de $\mathrm{Im}(A)$ et E_3 un antécédent de E_1 par l'endomorphisme canoniquement associé à A alors E_3 engendre un supplémentaire de $\mathrm{Ker}(A)$. Soit enfin E_2 tel que (E_1, E_2) est une base de $\mathrm{Ker}(A)$.
Alors (E_1, E_2, E_3) est une base de $\mathfrak{M}_{3,1}(\mathbb{R})$, $AE_1 = AE_2 = 0$ et $AE_3 = E_1$.

Cela montre que A est semblable à B si $B = \begin{pmatrix} 0 & 0 & 1 \\ 0 & 0 & 0 \\ 0 & 0 & 0 \end{pmatrix}$.

Comme $(2B)^2 = 0$ et $2B \neq 0$ cela montre aussi que A, B et $2B$ sont semblables.

Si une norme N solution existait on aurait $N(2B) = N(B)$.
Or $N(2B) = 2N(B)$ d'où $N(B) = 0$ alors que $B \neq 0$. C'est absurde.

Exercice 5.

Calculer un équivalent de $b_n = \sum\limits_{k=1}^{n} (-1)^k \sqrt{k}$.

●●●●●●

$$b_{2n} = \sum_{k=1}^{2n} (-1)^k \sqrt{k} = \sum_{k=0}^{n-1} \left[\sqrt{2k+2} - \sqrt{2k+1}\right]$$

or $\sqrt{2k+2} - \sqrt{2k+1} = \dfrac{(2k+2) - (2k+1)}{\sqrt{2k+1} + \sqrt{2k+2}} = \dfrac{1}{\sqrt{2k+1} + \sqrt{2k+2}}$.

La fonction $f : t \mapsto \dfrac{1}{\sqrt{2t+1} + \sqrt{2t+2}}$ est continue et décroissante sur $\mathbb{R}_+$

donc, si $k \in \mathbb{N}^\star$, $\displaystyle\int_k^{k+1} f \leqslant f(k) \leqslant \int_{k-1}^{k} f$ d'où $\displaystyle\int_1^{n+1} f \leqslant \sum_{k=1}^{n-1} f(k) \leqslant \int_0^n f$.

Or $\displaystyle\int_0^n f = \int_0^n \left[\sqrt{2t+2} - \sqrt{2t+1}\right] dt = \frac{1}{3}\left[(2t+2)^{3/2} - (2t+1)^{3/2}\right]_0^n$ d'où

$$\int_0^n f \underset{n\to\infty}{\sim} \frac{1}{3}(2n)^{3/2}\left[\left(1 + \frac{1}{2n+1}\right)^{3/2} - 1\right] \underset{n\to\infty}{\sim} \frac{1}{3}(2n)^{3/2}\frac{3}{4n} = \sqrt{\frac{n}{2}}.$$

De même $\displaystyle\int_1^{n+1} f \underset{n\to\infty}{\sim} \sqrt{\frac{n}{2}}$ et $b_{2n} = \sqrt{2} - 1 + \sum\limits_{k=1}^{n} f(k)$ donc $b_{2n} \underset{n\to\infty}{\sim} \sqrt{\dfrac{n}{2}}$.

$b_{2n+1} = b_{2n} - \sqrt{2n+1} \underset{n\to\infty}{\sim} -\sqrt{\dfrac{n}{2}}$ donc $b_n \underset{n\to\infty}{\sim} \dfrac{(-1)^n}{2}\sqrt{n}$.

Exercice 6.

Soit (a_n) *une suite telle que* $a_0 = 1$ *et pour tout* $n \geqslant 1$, $a_n = 1 - \sum_{k=0}^{n-1} \frac{a_k}{(n-k)!}$.

a) *Montrer que, pour tout* $n \in \mathbb{N}$, $a_n \in [0,1]$.

b) *Calculer la limite de la suite* (a_n).

●●●●●●

a) et b) La définition de $(a_n)_n$ s'écrit en fait $\forall n \in \mathbb{N}$, $\sum_{k=0}^{n} \frac{a_k}{(n-k)!} = 1$.

Supposons que le rayon de convergence R de $\sum a_k x^k$ soit strictement positif et notons S la somme de cette série.

Si $|x| < 1$ alors, par produit de Cauchy, $S(x)e^x = \frac{1}{1-x}$ d'où $(1-x)S(x) = e^{-x}$ soit encore $\sum_{k=0}^{\infty} a_k x^k - \sum_{k=0}^{\infty} a_k x^{k+1} = \sum_{k=0}^{\infty} \frac{(-1)^k}{k!} x^k$.

Par unicité des coefficients d'une série entière on a $a_0 = 1$ et, pour tout $k \in \mathbb{N}^\star$, $a_k - a_{k-1} = \frac{(-1)^k}{k!}$.

Si $n \in \mathbb{N}$, $a_0 + \sum_{k=1}^{n} (a_k - a_{k-1}) = a_n = 1 + \sum_{k=1}^{n} \frac{(-1)^k}{k!} = \sum_{k=0}^{n} \frac{(-1)^k}{k!}$.

Comme $\sum \frac{(-1)^k}{k!}$ est une série alternée convergente qui vérifie la décroissance $\forall k \in \mathbb{N}$, $\left|\frac{(-1)^{k+1}}{(k+1)!}\right| \leqslant \left|\frac{-1)^k}{k!}\right|$ on a $\forall n \in \mathbb{N}$, $\frac{(-1)^0}{0!} + \frac{(-1)^1}{1!} \leqslant a_n \leqslant \frac{(-1)^0}{0!}$ *i.e.* $a_n \in [0,1]$ et la suite $(a_n)_n$ converge vers $\sum_{k=0}^{\infty} \frac{(-1)^k}{k!}$ *i.e.* $\lim_{n\to\infty} a_n = e^{-1}$.

Exercice 7.

Déterminer un équivalent de $u_n = \sum_{k=1}^{2n-1} \frac{1}{2k+1}$.

●●●●●●

$f : t \mapsto \frac{1}{2t+1}$ est continue, positive et décroissante sur $\mathbb{R}_+$.

$\forall k \in \mathbb{N}^\star$, $\int_k^{k+1} \frac{dt}{2t+1} \leqslant \frac{1}{2k+1} \leqslant \int_{k-1}^{k} \frac{dt}{2t+1}$ d'où, en sommant,

$$\frac{1}{2}\ln\left(\frac{4n+1}{3}\right) = \int_1^{2n} \frac{dt}{2t+1} \leqslant u_n \leqslant \int_0^{2n-1} \frac{dt}{2t+1} = \frac{1}{2}\ln(4n-1).$$

On en déduit, par encadrement, $u_n \underset{n\to\infty}{\sim} \frac{1}{2}\ln(4n) \underset{n\to\infty}{\sim} \frac{1}{2}\ln(n)$.

Exercice 8.
Soit (u_n) *la suite définie par* $u_0 = 1$ *et, pour* $n \in \mathbb{N}$,
$u_{n+1} = 2u_n + 2\sqrt{u_n(1+u_n)}$. *On pose, pour* $n \in \mathbb{N}$, $v_n = \displaystyle\int_{u_n}^{+\infty} \frac{dt}{t\sqrt{1+t}}$.

a) *Étudier* (u_n).

b) *Montrer l'existence de* v_n *pour* $n \in \mathbb{N}$.

c) *Calculer* v_0.

●●●●●●

a) Une récurrence immédiate fournit $\forall n \in \mathbb{N},\ u_n > 0$ puis $\forall n \in \mathbb{N},\ u_n \geqslant 2^n$ d'où $u_n \xrightarrow[n\to\infty]{} +\infty$.

Alors $\dfrac{u_{n+1}}{u_n} = 2 + 2\sqrt{1 + \dfrac{1}{u_n}} \xrightarrow[n\to\infty]{} 4$.
D'où, si $0 \leqslant q < 4$, alors $q^n \underset{n\to\infty}{=} o(u_n)$ et, si $q > 4$, alors $u_n \underset{n\to\infty}{=} o(q^n)$.

b) Soit $n \in \mathbb{N}$. $f : t \mapsto \dfrac{1}{t\sqrt{1+t}}$ est continue sur $[u_n, +\infty[$ et $f(t) \underset{t\to+\infty}{\sim} \dfrac{1}{t^{3/2}}$ donc f est intégrable sur $[u_n, +\infty[$.

c) Le changement de variable $u = \sqrt{1+t}$ est une bijection de classe $\mathcal{C}^1$ de $[1, +\infty[$ sur $\left[\sqrt{2}, +\infty\right[$ avec $t = u^2 - 1$ et $du = \dfrac{dt}{2\sqrt{1+t}}$ d'où

$$v_0 = 2\int_{\sqrt{2}}^{+\infty} \frac{du}{u^2-1} = \left[\ln\left(\frac{u-1}{u+1}\right)\right]_{\sqrt{2}}^{+\infty} = \ln\left(\frac{\sqrt{2}+1}{\sqrt{2}-1}\right) = 2\ln\left(1+\sqrt{2}\right).$$

Exercice 9.
Soient $u_0 \in]0,1[$ *et, pour* $n \in \mathbb{N}$, $u_{n+1} = u_n - u_n^2$. *Trouver un équivalent de* u_n *quand* n *tend vers* $+\infty$.

●●●●●●

La fonction polynomiale $f : x \mapsto x - x^2$ a son maximum en $1/2$ et il vaut $1/4$. De plus $f(0) = f(1) = 0$ d'où $f(]0,1[) =]0, 1/2] \subset]0,1[$. La suite $(u_n)_n$ prend donc ses valeurs dans $]0,1[$ et, comme elle est clairement décroissante, elle converge vers un élément ℓ de $[0,1]$ qui vérifie $f(\ell) = \ell$ d'où $\ell = 0$.

Pour ce qui suit une indication devrait être donnée au candidat.

$$\frac{1}{u_{n+1}} - \frac{1}{u_n} = \frac{1}{u_n - u_n^2} - \frac{1}{u_n} = \frac{1}{u_n}\left[\frac{1}{1-u_n} - 1\right] \underset{n\to\infty}{\sim} \frac{1}{u_n} \times u_n \text{ car } u_n \xrightarrow[n\to\infty]{} 0.$$

Le théorème de Cesàro montre alors que $\displaystyle\frac{1}{n}\sum_{k=0}^{n-1} \frac{1}{u_{k+1}} - \frac{1}{u_k} \xrightarrow[n\to\infty]{} 1$

i.e. $\dfrac{1}{nu_n} - \dfrac{1}{nu_0} \xrightarrow[n\to\infty]{} 1$ ou encore $nu_n \xrightarrow[n\to\infty]{} 1$ et, donc, $u_n \underset{n\to\infty}{\sim} \dfrac{1}{n}$.

Exercice 10.

Soit $f : x \in \mathbb{R} \mapsto \dfrac{1}{\mathrm{ch}(x)}\cdot$ *Soit* $(u_n)_{n\geqslant 0}$ *la suite définie par* $u_0 = 0$ *et, pour* $n \in \mathbb{N}$, $u_{n+1} = \dfrac{1}{\mathrm{ch}(u_n)}$

a) *Trouver* $C \in]0,1[$ *tel que, pour tout* $(x,y)\in\mathbb{R}^2$, $\big|f(x) - f(y)\big| \leqslant C|x-y|$.

b) *Montrer qu'il existe un unique* $\ell \in \mathbb{R}$ *tel que* $f(\ell) = \ell$.

c) *Montrer que* (u_n) *converge vers* ℓ *et que, pour tout* n, $u_n \neq \ell$.

On pose, pour $n\in\mathbb{N}$, $v_n = \dfrac{u_n - \ell}{\big(f'(\ell)\big)^n}\cdot$

d) *Montrer que la série de terme général* $\ln\left(\dfrac{v_{n+1}}{v_n}\right)$ *converge. En déduire un équivalent de* $u_n - \ell$.

●●●●●●

a) f est de classe $\mathcal{C}^\infty$ sur $\mathbb{R}$, paire et $\forall x\in\mathbb{R}$, $f'(x) = -\dfrac{\mathrm{sh}(x)}{\mathrm{ch}^2(x)} = -\dfrac{\mathrm{th}(x)}{\mathrm{ch}(x)}\cdot$

La fonction th est 1-lipschitzienne car $|\,\mathrm{th}'\,| \leqslant 1$ et $\forall x\in\mathbb{R}$, $\mathrm{ch}(x) \leqslant \dfrac{e^x}{2}\cdot$

Si $x \geqslant 0$, $\big|f'(x)\big| \leqslant 2xe^{-x} = \varphi(x)$ où φ est de classe $\mathcal{C}^1$ sur $\mathbb{R}_+$ avec $\forall x\in\mathbb{R}_+$, $\varphi'(x) = 2(1-x)e^{-x}$. La fonction φ' atteint son maximum en 1 et il vaut $2e^{-1}$.

$C = 2e^{-1}$ convient d'après l'inégalité des accroissements finis.

b) $\psi : x \mapsto f(x) - x$ est continue sur $\mathbb{R}_+$, $\psi(0) = 1$ et $\psi(x) \xrightarrow[x\to+\infty]{} -\infty$.

Le théorème des valeurs intermédiaires prouve l'existence de ℓ dans $\mathbb{R}_+$ tel que $f(\ell) = \ell$.

Si ℓ' est un réel tel que $f(\ell') = \ell'$ alors la question précédente fournit l'inégalité $|\ell - \ell'| \leqslant C|\ell - \ell'|$ et, comme $C < 1$, on en déduit $\ell = \ell'$.

c) Comme $\forall n\in\mathbb{N}$, $u_{n+1} - \ell = f(u_n) - f(\ell)$ une récurrence immédiate donne : $\forall n \in\mathbb{N}$, $|u_n - \ell| \leqslant C^n[u_0 - \ell|$ donc $(u_n)_n$ converge vers ℓ.

Une récurrence tout aussi immédiate montre que $\forall n\in\mathbb{N}$, $u_n \geqslant 0$.

S'il existe $n\in\mathbb{N}$ tel que $u_{n+1} = \ell$ alors, par stricte décroissance de f sur $\mathbb{R}_+$ on a nécessairement $u_n = \ell$ et donc $u_0 = \ell$, ce qui est impossible.

Donc $(u_n)_n$ ne prend jamais la valeur ℓ.

d) On commence par signaler que $f'(\ell) < 0$ et donc $(v_n)_n$ est définie.

Comme $u_n \xrightarrow[n\to\infty]{} \ell$ un développement limité fournit, lorsque $n\to\infty$,

$u_{n+1} - \ell = f'(\ell)(u_n - \ell) + O\big((u_n-\ell)^2\big)$ donc $\dfrac{v_{n+1}}{v_n} = 1 + O(u_n - \ell) = 1 + O(C^n)$.

Par suite $\ln\left(\dfrac{v_{n+1}}{v_n}\right) \underset{n\to\infty}{=} O(C^n)$ et donc $\sum \ln\left(\dfrac{v_{n+1}}{v_n}\right)$ est absolument convergente et, par suite, convergente.

Si l'on pose $S = \sum_{n=0}^{\infty} \ln\left(\frac{v_{n+1}}{v_n}\right)$ alors $\sum_{k=0}^{n-1} \ln\left(\frac{v_{k+1}}{k_n}\right) \underset{n\to\infty}{=} S + o(1)$ *i.e.* $\ln\left(\frac{v_n}{v_0}\right) \underset{n\to\infty}{=} S + o(1)$ puis $v_n \underset{n\to\infty}{=} v_0 e^{S+o(1)} \underset{n\to\infty}{\sim} v_0 e^S$ et enfin

$$u_n - \ell \underset{n\to\infty}{\sim} v_0 e^S \big(f'(\ell)\big)^n.$$

Exercice 11.

Donner la nature de la série de terme général $u_n = \arccos\left(\frac{\sqrt{3}}{2} + \frac{(-1)^n}{n^\alpha}\right) - \frac{\pi}{6}$.

●●●●●●

L'énoncé suppose clairement $\alpha > 0$ pour que $(u_n)_n$ converge vers 0.

arccos est de classe $\mathcal{C}^2$ au voisinage de $\frac{\sqrt{3}}{2}$ avec

$\arccos'\left(\frac{\sqrt{3}}{2}\right) = -\left(1 - \frac{3}{4}\right)^{-1/2} = -2$ et $\arccos''\left(\frac{\sqrt{3}}{2}\right) \neq 0$ d'où

$\arccos(x) - \frac{\pi}{6} + 2\left(x - \frac{\sqrt{3}}{2}\right) \underset{x\to\frac{\sqrt{3}}{2}}{\sim} \frac{1}{2}\arccos''\left(\frac{\sqrt{3}}{2}\right)\left(x - \frac{\sqrt{3}}{2}\right)^2$ d'après la formule de Taylor-Young.

Si $x = \frac{\sqrt{3}}{2} + \frac{(-1)^n}{n^\alpha}$ cela donne $u_n + 2\frac{(-1)^n}{n^\alpha} \underset{n\to\infty}{\sim} \frac{\lambda}{n^{2\alpha}}$ où λ est un réel non nul et comme, d'une part $\sum \frac{(-1)^n}{n^\alpha}$ converge et, d'autre part $\sum \frac{1}{n^{2\alpha}}$ est une série à termes positifs, on a l'équivalence entre les convergences de $\sum u_n$ et de $\sum \frac{1}{n^{2\alpha}}$.

En définitive $\sum u_n$ converge si, et seulement si, $\alpha > \frac{1}{2}$.

Exercice 12.

Existence et calcul de $S = \sum_{n=0}^{\infty} \frac{1}{(4n+2)2^n}$.

●●●●●●

Le rayon de convergence de la série entière $\sum \frac{t^{2n}}{2^{n+1}}$ est $\sqrt{2}$ donc la série $\sum \int_0^1 \frac{t^{2n}}{2^{n+1}}\,dt$ converge et $\sum_{n=0}^{\infty} \int_0^1 \frac{t^{2n}}{2^{n+1}}\,dt = \int_0^1 \frac{1}{2}\sum_{n=0}^{\infty} \frac{t^{2n}}{2^n}\,dt$ soit encore $\sum_{n=0}^{\infty} \frac{1}{(2n+1)2^n} = \int_0^1 \frac{1}{2}\frac{dt}{1 - \frac{t^2}{2}}$ *i.e.* $S = \int_0^1 \frac{dt}{2 - t^2}$ et enfin

$$S = \frac{1}{2\sqrt{2}}\left[\ln\left(\frac{\sqrt{2}+t}{\sqrt{2}-t}\right)\right]_0^1 = \frac{1}{2\sqrt{2}}\ln\left(\frac{\sqrt{2}+1}{\sqrt{2}-1}\right) = \frac{1}{\sqrt{2}}\ln\left(1+\sqrt{2}\right).$$

Exercice 13.

Nature de la série de terme général $u_n = \dfrac{(-1)^n}{\sum\limits_{k=1}^{n} \frac{1}{\sqrt{k}} + (-1)^n}$ *?*

●●●●●●

$f : t \mapsto \dfrac{1}{\sqrt{t}}$ est positive continue et décroissante sur $\mathbb{R}_+^\star$ et intégrable sur $]0,1]$ par conséquent la série de terme général $\displaystyle\int_{k-1}^{k} \frac{dt}{\sqrt{t}} - \frac{1}{\sqrt{k}}$ converge ; on note S sa somme. De plus si $n \in \mathbb{N}$, $\displaystyle\int_0^n \frac{dt}{\sqrt{t}} = 2\sqrt{n}$ d'où $\displaystyle\sum_{k=1}^{n} \frac{1}{\sqrt{k}} \underset{n\to\infty}{=} 2\sqrt{n} - S + o(1)$.

Par suite $u_n = \dfrac{(-1)^n}{2\sqrt{n} - S + (-1)^n + o(1)} = \dfrac{-(1)^n}{2\sqrt{n}} \times \dfrac{1}{1 - \frac{S-(-1)^n}{2\sqrt{n}} + o(1/\sqrt{n})}$

$u_n = \dfrac{(-1)^n}{2\sqrt{n}} \times \left[1 + \dfrac{S-(-1)^n}{2\sqrt{n}} + o(1/\sqrt{n})\right] = \dfrac{(-1)^n}{2\sqrt{n}} + \dfrac{(-1)^n S}{4n} - \dfrac{1}{4n} + o\Big(\dfrac{1}{n}\Big)$.

On a alors $u_n - \dfrac{(-1)^n}{2\sqrt{n}} - \dfrac{(-1)^n S}{4n} \underset{n\to\infty}{\sim} -\dfrac{1}{4n}$ terme général d'une série à termes négatifs divergente.

Comme, d'après le théorème des séries alternées, $\sum \dfrac{(-1)^n}{2\sqrt{n}}$ et $\sum \dfrac{(-1)^n S}{4n}$ convergent, on en déduit que $\sum u_n$ diverge.

Exercice 14.

Montrer qu'il existe une constante $C \neq 0$ *telle que :* $\displaystyle\prod_{k=2}^{n} \Big(1 + \frac{(-1)^k}{\sqrt{k}}\Big) \underset{n\to\infty}{\sim} \frac{C}{\sqrt{n}}$.

●●●●●●

Posons, pour tout $n \geqslant 2$, $p_n = \displaystyle\prod_{k=2}^{n} \Big(1 + \frac{(-1)^k}{\sqrt{k}}\Big)$, alors $p_n > 0$ et on a $\ln(p_n) = \sum\limits_{k=2}^{n} u_k$ où $\forall k \geqslant 2$, $u_k = \ln\Big(1 + \dfrac{(-1)^k}{\sqrt{k}}\Big)$.

$u_k \underset{k\to\infty}{=} \dfrac{(-1)^k}{\sqrt{k}} - \dfrac{1}{2k} + O(k^{-3/2})$, les séries $\sum \dfrac{(-1)^k}{\sqrt{k}}$ et $\sum O(k^{-3/2})$ convergent alors que $\displaystyle\sum_{k=2}^{n} \frac{1}{k} \underset{n\to\infty}{=} \ln(n) + \alpha + o(1)$ où α est un nombre réel.

Donc il existe $S \in \mathbb{R}$ tel que $\displaystyle\sum_{k=2}^{n} u_k \underset{n\to\infty}{=} S - \frac{\ln(n)}{2} + o(1)$ d'où $p_n \underset{n\to\infty}{=} \dfrac{e^S e^{o(1)}}{\sqrt{n}}$, soit $p_n \underset{n\to\infty}{\sim} \dfrac{e^S}{\sqrt{n}}$ car $e^{o(1)} \xrightarrow[n\to\infty]{} 1$ et $C = e^S$ convient.

Exercice 15.

Soit f une fonction de classe $\mathcal{C}^1$ de $\mathbb{R}_+^\star$ dans $\mathbb{C}$.

a) *Montrer que* $\forall n \in \mathbb{N}^\star,\ \displaystyle\int_n^{n+1} f(t)\,dt = f(n) + \int_n^{n+1} (n+1-t)f'(t)\,dt.$

b) *On suppose que f' est intégrable sur $[1,+\infty[$. Montrer que la série $\sum f(n)$ converge si, et seulement si, la suite* $\left(\displaystyle\int_1^n f(t)\,dt\right)_{n\in\mathbb{N}^\star}$ *converge.*

c) *Application : trouver la nature de la série* $\displaystyle\sum \frac{\cos\left(\sqrt{n}\right)}{n^\alpha}$ *lorsque* $\alpha > \dfrac{1}{2}\cdot$

●●●●●●

a) En intégrant par parties on a :

$\displaystyle\int_n^{n+1} f(t)\,dt = \Big[(t-n-1)f(t)\Big]_n^{n+1} + \int_n^{n+1} (n+1-t)f'(t)\,dt$ d'où l'égalité demandée.

b) $\forall n \in \mathbb{N},\ u_n = \left|\displaystyle\int_n^{n+1} (n+1-t)f'(t)\,dt\right| \leqslant \int_n^{n+1} [|n+1-t| \times |f'(t)|\,dt$ d'où

$u_n \leqslant \displaystyle\int_n^{n+1} |f'(t)|\,dt$ car, si $n \leqslant t \leqslant n+1$, alors $0 \leqslant n+1-t \leqslant 1$.

Comme f' est intégrable sur $[1,+\infty[$ la série $\displaystyle\sum \int_n^{n+1} |f'(t)|\,dt$ converge et, par domination, $\sum u_n$ est absolument convergente et donc convergente.

La question précédente montre alors que $\sum f(n)$ converge si, et seulement si, $\displaystyle\sum \int_n^{n+1} f(t)\,dt$ converge *i.e.* si, et seulement si, la suite $\left(\displaystyle\int_1^n f(t)\,dt\right)_{n\in\mathbb{N}^\star}$ converge.

c) $f : t \mapsto t^{-\alpha}\cos\left(\sqrt{t}\right)$ est de classe $\mathcal{C}^1$ sur $\mathbb{R}_+^\star$ et, si $t > 0$, on a

$f'(t) = -\alpha t^{-\alpha-1}\cos\left(\sqrt{t}\right) - \dfrac{t^{-\alpha-1/2}}{2}\sin\left(\sqrt{t}\right)$

d'où $|f'(t)| \leqslant \dfrac{\alpha}{t^{\alpha+1}} + \dfrac{1}{2t^{\alpha+1/2}}$ et, comme $\alpha > \dfrac{1}{2}$, cela montre que f' est intégrable sur $[1,+\infty[$.

Le changement de variable $u = \sqrt{t}$ est une bijection de classe $\mathcal{C}^1$ de $[1,n]$ sur $\left[1,\sqrt{n}\right]$ et $dt = 2u\,du$ d'où $I_n = \displaystyle\int_1^n f(t)\,dt = 2\int_1^{\sqrt{n}} u^{1-2\alpha}\cos(u)\,du.$

Par parties et $I_n = \Big[u^{1-2\alpha}\sin(u)\Big]_1^{\sqrt{n}} + (2\alpha-1)\displaystyle\int_1^{\sqrt{n}} u^{-2\alpha}\sin(u)\,du$ soit

$I_n = \dfrac{\sin\left(\sqrt{n}\right)}{n^{\alpha-1/2}} - \sin(1) + (2\alpha-1)\displaystyle\int_1^{\sqrt{n}} u^{-2\alpha}\sin(u)\,du$ or, comme $2\alpha > 1$, $\displaystyle\int_1^{+\infty} u^{-2\alpha}\sin(u)\,du$ est absolument convergente et donc convergente.

Cela prouve que $(I_n)_n$ converge vers $(2\alpha-1)\displaystyle\int_1^{+\infty} u^{-2\alpha}\sin(u)\,du - \sin(1)$ et,

d'après la question précédente, que $\displaystyle\sum \frac{\cos\left(\sqrt{n}\right)}{n^\alpha}$ converge.

Exercice 16.
Soient $(a,b)\in\mathbb{R}^2$ et, pour $n\in\mathbb{N}^\star$, $u_n = \left(\sqrt{n^2+an+2}-\sqrt{n^2+bn+1}\right)^n$. Déterminer la nature, suivant (a,b), de la série de terme général u_n.

●●●●●●

Lorsque $n\to\infty$

$$u_n^{1/n} = n\left(\sqrt{1+\frac{a}{n}+O\Big(\frac{1}{n}\Big)}-\sqrt{1+\frac{b}{n}+O\Big(\frac{1}{n^2}\Big)}\right)$$
$$= n\left[\frac{a-b}{2n}+O\Big(\frac{1}{n^2}\Big)\right] = \frac{a-b}{2}+O\Big(\frac{1}{n}\Big).$$

Pour que u_n tende vers 0 il faut que $\ln(u_n)$ tende vers $-\infty$
or $\ln(u_n) \underset{n\to\infty}{=} n\ln\left(\dfrac{a-b}{2}+O\Big(\dfrac{1}{n}\Big)\right)$, donc il faut $a-b<2$.

Si $a-b<2$ alors $\ln(n^2u_n) \underset{n\to\infty}{=} 2\ln(n)+n\ln\left(\dfrac{a-b}{2}+O\Big(\dfrac{1}{n}\Big)\right)$ d'où $\ln(n^2u_n) \underset{n\to\infty}{\sim} n\ln\left(\dfrac{a-b}{2}\right) \underset{n\to\infty}{\longrightarrow} -\infty$. Par comparaison à $\sum \dfrac{1}{n^2}$ la série $\sum u_n$ est absolument convergente, donc convergente.
En résume $\sum u_n$ converge si, et seulement si, $a-b<2$.

Exercice 17.
Déterminer la nature de la série de terme général
$$u_n = \cos\Big(n^2\pi\big[\ln(n-1)-\ln(n)\big]\Big).$$

●●●●●●

$\ln(n-1)-\ln(n) = \ln\left(1-\dfrac{1}{n}\right) \underset{n\to\infty}{=} -\dfrac{1}{n}-\dfrac{1}{2n^2}-\dfrac{1}{3n^3}+O\Big(\dfrac{1}{n^4}\Big)$
d'où $n^2\pi\big[\ln(n-1)-\ln(n)\big] \underset{n\to\infty}{=} -n\pi-\dfrac{\pi}{2}-\dfrac{\pi}{3n}+O\Big(\dfrac{1}{n^2}\Big)$
puis $u_n = (-1)^{n+1}\sin\left(\dfrac{\pi}{3n}\right)+O\Big(\dfrac{1}{n^2}\Big) \underset{n\to\infty}{=} (-1)^{n+1}\dfrac{\pi}{3n}+O\Big(\dfrac{1}{n^2}\Big)$, somme de deux termes généraux de séries convergentes. Donc $\sum u_n$ converge.

Exercice 18.
Trouver la nature de la série de terme général $u_n = \dfrac{(-1)^n}{n^{3/4}+\sin(n)}$.

●●●●●●

$$u_n \underset{n\to\infty}{=} \frac{(-1)^n}{n^{3/4}}\left[1+O\Big(\frac{1}{n^{3/4}}\Big)\right]^{-1} \underset{n\to\infty}{=} \frac{(-1)^n}{n^{3/4}}\left[1+O\Big(\frac{1}{n^{3/4}}\Big)\right]$$

soit $u_n \underset{n\to\infty}{=} \dfrac{(-1)^n}{n^{3/4}} + O\Big(\dfrac{1}{n^{3/2}}\Big)$, somme de deux termes généraux de séries convergentes. Donc $\sum u_n$ converge.

Exercice 19.

Nature de la série $\displaystyle\sum \frac{\sin(n)}{n^{3/4}}\left(1+\sum\frac{\sin(n)}{n^{3/4}}\right)^{-1}$ *?*

●●●●●●

Notons u_n le terme général de la série proposée.

Comme $\Big(1+\dfrac{\sin(n)}{n^{3/4}}\Big)^{-1} \underset{n\to\infty}{=} 1+O\Big(\dfrac{1}{n^{3/4}}\Big)$ on a $u_n \underset{n\to\infty}{=} \dfrac{\sin(n)}{n^{3/4}} + O\Big(\dfrac{1}{n^{3/2}}\Big)$.

Le complément de cours relatif à la convergence de $\sum u_n e^{in\theta}$ avec ici $\theta = 1$ montre que $\displaystyle\sum \frac{\sin(n)}{n^{3/4}}$ converge et donc, par somme, $\sum u_n$ converge.

Exercice 20.

Soit $(a,b)\in\mathbb{R}^2$. *Nature de* $\displaystyle\sum \sin\Big(\frac{1}{n}\Big) + a\tan\Big(\frac{1}{n}\Big) + b\ln\Big(\frac{n+1}{n-1}\Big)$ *?*

●●●●●●

En notant u_n le terme général de la série,

comme $\ln\Big(\dfrac{n+1}{n-1}\Big) = \ln\Big(1+\dfrac{1}{n}\Big) - \ln\Big(1-\dfrac{1}{n}\Big)$,

il vient $u_n \underset{n\to\infty}{=} \dfrac{a+2b+1}{n} + O\Big(\dfrac{1}{n^2}\Big)$ et, comme $\sum O\Big(\dfrac{1}{n^2}\Big)$ converge, $\sum u_n$ converge si, et seulement si, $\displaystyle\sum \frac{a+2b+1}{n}$ converge *i.e.* si, et seulement si, $a+2b+1=0$.

Exercice 21.

Selon $\alpha\in\mathbb{R}$, *étudier la nature de la série de terme général*

$$u_n = \frac{1}{(-1)^n n^\alpha + \ln(n)}.$$

●●●●●●

Si $\alpha \leqslant 0$ alors $u_n \underset{n\to\infty}{\sim} \dfrac{1}{\ln(n)}$ et donc, par comparaison à $\sum \dfrac{1}{n}$, la série $\sum u_n$ diverge. Supposons désormais $\alpha > 0$.

$$u_n = \frac{(-1)^n}{n^\alpha}\left[1+(-1)^n\frac{\ln(n)}{n^\alpha}\right]^{1} = \frac{(-1)^n}{n^\alpha}\left[1-\frac{(-1)^n\ln(n)}{n^\alpha}+O\Big(\frac{\ln(n)}{n^\alpha}\Big)\right]$$

lorsque $n\to\infty$. Cela montre que $u_n - \dfrac{(-1)^n}{n^\alpha} \underset{n\to\infty}{\sim} -\dfrac{\ln(n)}{n^\alpha}$.

$\sum \dfrac{(-1)^n}{n^\alpha}$ converge et $\dfrac{\ln(n)}{n^\alpha} \geqslant 0$ donc la série $\sum u_n$ converge si, et seulement si, $\sum \dfrac{\ln(n)}{n^\alpha}$ converge.

Si $\alpha \leqslant 1$ alors $\dfrac{1}{n} \underset{n\to\infty}{=} o\Big(\dfrac{\ln(n)}{n^\alpha}\Big)$ et donc $\sum u_n$ diverge.

Si $\alpha > 1$ alors, en choisissant β dans $]\alpha, 1[$, on a $\dfrac{\ln(n)}{n^\alpha} \underset{n\to\infty}{=} o\Big(\dfrac{1}{n^\beta}\Big)$ et donc $\sum u_n$ converge.

En résumé $\sum u_n$ converge si, et seulement si, $\alpha > 1$.

Exercice 22.
Nature de la série de terme général $u_n = \dfrac{n^\alpha}{a(1+a)\cdots(1+a^n)}$ avec $\alpha \in \mathbb{R}$ et $a > 0$ *?*

●●●●●●

$\forall n \in \mathbb{N}^\star$, $a \mapsto u_n$ est décroissante et positive. Donc si $\sum u_n$ converge pour une valeur de a elle converge pour toutes les valeurs plus grandes.

Supposons pour commencer $a < 1$. On a $\ln\left(\prod\limits_{k=1}^{n}(1+a^k)\right) = \sum\limits_{k=1}^{n}\ln(1+a^k)$ or $\ln(1+a_k) \underset{k\to\infty}{\sim} a^k$ et $\sum a^k$ est une série géométrique convergente donc la suite de terme général $\sum\limits_{k=1}^{n}\ln(1+a^k)$ converge ; on note S sa limite.

On a $u_n \underset{n\to\infty}{\sim} \dfrac{e^{-S}}{an^{-\alpha}}$ et donc $\sum u_n$ converge si, et seulement si, $\alpha < -1$.

Si $a = 1$ alors $u_n = n^\alpha 2^{-n} \underset{n\to\infty}{=} o\big((3/2)^{-n}\big)$ donc $\sum u_n$ converge.

La remarque préliminaire montre que, si $a > 1$, alors $\sum u_n$ converge.

Exercice 23.
Soit $\alpha \in \mathbb{R}$. *Étudier la convergence de la série de terme général*

$$U_n = \sum_{p=1}^{n} \frac{1}{p^\alpha + (n-p)^\alpha}.$$

●●●●●●

$f : x \mapsto \dfrac{1}{x^\alpha + (1-x)^\alpha}$ est, soit continue sur $[0,1]$ si $\alpha \geqslant 0$, soit prolongeable par continuité à $[0,1]$ si $\alpha < 0$. Elle est de plus positive et non nulle. Si l'on pose $I = \displaystyle\int_0^1 f(x)\,dx$ alors $I > 0$.

$U_n = \dfrac{1}{n^\alpha}\sum_{p=1}^{n}\dfrac{1}{\left(\frac{p}{n}\right)^\alpha + \left(1-\frac{p}{n}\right)^\alpha}$ d'où $n^{\alpha-1}U_n \underset{n\to\infty}{\longrightarrow} I$. Cela montre que $U_n \underset{n\to\infty}{\sim} \dfrac{I}{n^{\alpha-1}}$ et donc $\sum U_n$ converge si, et seulement si, $\alpha > 2$.

Exercice 24.

Nature, suivant $\alpha > 0$, de la série de terme général $u_n = \dfrac{\sin\left(\pi\sqrt{n}\right)}{n^\alpha}$?

●●●●●●

Si $\alpha > 1$ alors , comme $u_n = O(n^{-\alpha})$, $\sum u_n$ est absolument convergente. Désormais $\alpha \leqslant 1$.

$\forall k \in \mathbb{N}$ soit $A_k = \left\{n \in \mathbb{N} \;\middle|\; \pi/4 + 2k\pi \leqslant \sqrt{n}\pi \leqslant 3\pi/4 + 2k\pi\right\}$.

$n \in A_k \iff \left(\dfrac{1}{4} + 2k\pi\right)^2 \leqslant n \leqslant \left(\dfrac{3}{4} + 2k\right)^2$.

Si $0 \leqslant a \leqslant b$, $\mathrm{Card}\left([a,b] \cap \mathbb{N}\right) \geqslant E[b-a]$

donc $\mathrm{Card}(A_k) \geqslant 2k$ car $\left(\dfrac{3}{4} + 2k\right)^2 - \left(\dfrac{1}{4} + 2k\right)^2 = \dfrac{1}{2} \times \left(4k + \dfrac{1}{2}\right)$.

Alors $\displaystyle\sum_{n\in A_k} u_n \geqslant \frac{1}{\sqrt{2}}\sum_{n\in A_k}\frac{1}{\left(\frac{3\pi}{4} + 2k\pi\right)^\alpha} \geqslant \frac{k\sqrt{2}}{\left(\frac{3\pi}{4} + 2k\pi\right)^\alpha} \underset{k\to\infty}{\not\longrightarrow} 0$, ce qui est incompatible avec la convergence de $\sum u_n$. Donc $\sum u_n$ diverge.

Exercice 25.

Soit $f \in \mathcal{C}^1(\mathbb{R},\mathbb{R})$ telle que $f > 0$, $f' < 0$, $f(0) = 1$. Soit $(x_n)_{n\geqslant 0}$ une suite définie par $x_0 \in \mathbb{R}_+^\star$ et, pour $n \in \mathbb{N}$, $x_{n+1} = x_n f(x_n)$.

a) *Étudier la suite (x_n).*

b) *Déterminer la nature de la série de terme général x_n.*

●●●●●●

a) Comme $f > 0$, $\forall n \in \mathbb{N}$, $x_n > 0$. De plus f est strictement décroissante et $f(0) < 1$ donc $\forall n \in \mathbb{N}$, $f(x_n) > 1$ d'où $x_{n+1} < x_n$ ce qui montre la convergence de $(x_n)_n$. Si on note ℓ sa limite alors $\ell \geqslant 0$ et, par continuité de $x \mapsto xf(x)$, on a $\ell = \ell f(\ell)$ d'où $\ell = 0$ car $\ell > 0 \Rightarrow f(\ell) < 1$.

b) $\ln\left(\dfrac{x_{n+1}}{x_n}\right) = \ln\left(f(x_n)\right) \underset{n\to\infty}{\sim} f(x_n)$ car $f(x_n) \underset{n\to\infty}{\longrightarrow} 1$.

Donc $\ln\left(\dfrac{x_{n+1}}{x_n}\right) \underset{n\to\infty}{\sim} f(x_n) - f(0) \underset{n\to\infty}{\sim} x_n f'(0)$ car $f'(0) \neq 0$.

Si $\sum x_n$ converge alors $\sum \ln\left(\dfrac{x_{n+1}}{x_n}\right)$ converge *i.e.* $\left(\ln(x_n)\right)_n$ converge par le lien suite/série. Dans ce cas $x_n \underset{n\to\infty}{\not\longrightarrow} 0$, il y a contradiction. $\sum x_n$ diverge.

Exercice 26.

Soit $(u_n)_{n\geqslant 1}$ une suite réelle décroissante de limite nulle. On suppose que la suite de terme général $s_n = \sum\limits_{k=1}^{n} u_k - nu_n$ est bornée. Montrer que $\sum u_n$ converge.

●●●●●●

$s_{n+1} - s_n = (n+1)(u_n - u_{n+1}) \geqslant 0$ et donc $(s_n)_n$ converge.

$s_{n+p} - s_n = \sum\limits_{k=n}^{n+p-1} (k+1)(u_k - u_{k+1}) \geqslant n \sum\limits_{k=n}^{n+p-1} (u_k - u_{k+1}) = n(u_n - u_{n+p})$ et donc, quand $p \to +\infty$, $s_\infty - s_n \geqslant nu_n \geqslant 0$, ce qui montre que $nu_n \xrightarrow[n\to\infty]{} 0$.

Alors $s_n = \sum\limits_{k=0}^{n} u_k - nu_n$ montre que $\sum\limits_{k=0}^{n} u_k \xrightarrow[n\to\infty]{} s_\infty$.

Exercice 27.

Soit u la suite définie par $u_0 = 1$ et, pour $n \in \mathbb{N}$, $u_{n+1} = u_n + u_n^2$.

a) *Étudier la convergence de $(u_n)_{n\geqslant 0}$.*

b) *Montrer que $u_{n+1} \underset{n\to\infty}{\sim} u_n^2$.*

c) *Montrer que la suite $\left(\dfrac{\ln(u_n)}{2^n}\right)_{n\geqslant 1}$ converge vers un réel λ.*

d) *En déduire la nature de la série de terme général $1/u_n$.*

●●●●●●

a) $(u_n)_n$ est croissante. Si elle converge alors, en notant ℓ sa limite, on a $\ell = \ell + \ell^2$ *i.e.* $\ell = 0$. Mais alors $\ell \geqslant u_0$ ou encore $0 > 1$, ce qui est absurde. Donc $u_n \xrightarrow[n\to\infty]{} +\infty$.

b) Ce qui précède montre que $u_n \underset{n\to\infty}{=} o(u_n^2)$ d'où $u_{n+1} \underset{n\to\infty}{\sim} u_n^2$.

c) On pose, pour tout $n \in \mathbb{N}$, $x_n = 2^{-n} \ln(u_n)$.

$$x_{n+1} - x_n = 2^{-n-1} \ln\left(\frac{u_{n+1}}{u_n^2}\right) \underset{n\to\infty}{\sim} 2^{-n-1}\left(\frac{u_{n+1}}{u_n^2} - 1\right) = \frac{2^{-n-1}}{u_n} \underset{n\to\infty}{=} o(2^{-n})$$

donc $\sum(x_{n+1} - x_n)$ converge et, par le lien suite/série, $(x_n)_n$ converge.

d) On a $x_0 = 1$ et $\forall n \in \mathbb{N}$, $x_{n+1} - x_n > 0$ donc $\lambda > 0$.

$x_n \underset{n\to\infty}{=} \lambda + o(1) \Rightarrow \dfrac{1}{u_n} \underset{n\to+\infty}{=} e^{-\lambda 2^n + o(2^n)} \underset{n\to\infty}{=} o(n^{-2})$ donc $\sum \dfrac{1}{u_n}$ converge.

Exercice 28.

Pour $n \in N^\star$, soit d_n le plus grand diviseur impair de n.

La série $\sum\limits_{n\geqslant 1} \dfrac{1}{nd_n}$ est-elle convergente ?

●●●●●●

La série proposée est à termes positifs, supposons qu'elle converge.

Pour tout $p \in \mathbb{N}^\star$ on pose $N_p = \{n \in \mathbb{N}^\star \mid 2^p \text{ divise } n \text{ et } 2^{p+1} \text{ ne divise pas } n\}$.
$$\sum_{n\in N_p} \frac{1}{nd_n} = \sum_{n\in N_p} \frac{2^p}{n^2} = 2^p\zeta(2) = x_p \text{ où } \zeta(2) = \sum_{n=1}^{\infty} \frac{1}{n^2}.$$
$(N_p)_{p\geqslant 1}$ est une partition de $\mathbb{N}^\star$ et $\sum \frac{1}{nd_n}$ converge donc $\sum x_p$ converge, ce qui est faux. Par conséquent $\sum \frac{1}{nd_n}$ diverge.

Exercice 29.

On considère la fonction $f : x \mapsto \displaystyle\int_x^{x^2} \frac{dt}{\ln(t)}$. *Montrer que* f *est prolongeable par continuité sur* $\mathbb{R}_+$, *puis montrer que ce prolongement est de classe* $\mathcal{C}^\infty$ *sur* $\mathbb{R}_+^\star$ *mais pas sur* $\mathbb{R}_+$.

●●●●●●

Étude sur $\mathbb{R}_+ \setminus \{1\}$

$g : t \mapsto \dfrac{1}{\ln(t)}$ est de classe $\mathcal{C}^\infty$ sur $\mathbb{R}_+^\star \setminus \{1\}$ prolongeable par continuité en 0 en posant $g(0) = 0$; on note encore g ce prolongement. Si l'on note G une primitive de g sur $\mathbb{R}_+ \setminus \{1\}$, alors $f : x \mapsto G(x^2) - G(x)$ est définie et de classe $\mathcal{C}^1$ sur $\mathbb{R}_+ \setminus \{1\}$ avec, $\forall x \in \mathbb{R}_+^\star \setminus \{1\}$, $f'(x) = \dfrac{2x}{\ln(x^2)} - \dfrac{1}{\ln(x)} = \dfrac{x-1}{\ln(x)}$ et
$$f''(x) = \frac{\ln(x) - 1 - \frac{1}{x}}{\ln(x)} \underset{x\to 0^+}{\sim} -\frac{1}{x\ln(x)} \xrightarrow[x\to 0^+]{} +\infty.$$
Le théorème de la limite de la dérivée appliqué à f' prouve que f n'est pas deux fois dérivable en 0.

Prolongement en 1

Si $x \in \mathbb{R}_+^\star \setminus \{1\}$ par changement de variable $t = 1+u$, $f(x) = \displaystyle\int_{x-1}^{x^2-1} \frac{du}{\ln(1+u)}$.

Soit $h : x \in \mathbb{R}_+^\star \setminus \{1\} \mapsto \displaystyle\int_{x-1}^{x^2-1} \frac{du}{u}$, alors $h(x) = \ln(x+1) \xrightarrow[x\to 1]{} \ln(2)$ et $f(x) - h(x) = \displaystyle\int_{x-1}^{x^2-1} \frac{u - \ln(1+u)}{u\ln(1+u)} du$ et $u - \ln(1+u) \underset{u\to 0}{\sim} \dfrac{u^2}{2}$ d'où $\dfrac{u - \ln(1+u)}{u\ln(1+u)} \xrightarrow[u\to 0]{} \dfrac{1}{2}$.

Cela prouve que $f(x) - h(x) \xrightarrow[x\to 1]{} 0$ *i.e.* $f(x) \xrightarrow[x\to 1]{} \ln(2)$.

On pose désormais $f(1) = \ln(2)$.

Classe $\mathcal{C}^\infty$

La classe de g prouve déjà que f est de classe $\mathcal{C}^\infty$ sur $\mathbb{R}_+^\star \setminus \{1\}$.

$\forall x \in]0,2[\setminus\{1\}$, $\varphi(x) = \dfrac{\ln(x)}{x-1} = \dfrac{\ln[1 + (x-1)]}{x-1} = \displaystyle\sum_{k=0}^{\infty} (-1)^k \frac{(x-1)^k}{k+1}$ et donc, en posant $\varphi(1) = 1$, la fonction φ est de classe $\mathcal{C}^\infty$ sur $]0,2[$ car développable en série entière de la variable $x-1$ et non nulle en 1. Par inversion cela montre que f' admet un prolongement $\mathcal{C}^\infty$ à $]0,2[$ et, par le théorème de la limite de la dérivée itéré, que f est de classe $\mathcal{C}^\infty$ sur $\mathbb{R}_+^\star$.

Exercice 30.

Étudier $f : x \mapsto \arctan\left(\sqrt{\dfrac{1-\sin(x)}{1+\sin(x)}}\right)$.

●●●●●●

f est définie sur $\mathbb{R} \setminus \left\{ -\dfrac{\pi}{2} + 2k\pi \;\middle|\; k \in \mathbb{Z}\right\}$ et 2π-périodique.

$\dfrac{1-\sin(x)}{1+\sin(x)} = \dfrac{1-\cos(\pi/2-x)}{1+\cos(\pi/2-x)} = \dfrac{2\sin^2(\pi/4-x/2)}{2\cos^2(\pi/4-x/2)}$

d'où, si f est définie en x, $f(x) = \arctan\left(\left|\tan\left(\dfrac{\pi}{4}-\dfrac{x}{2}\right)\right|\right)$.

Si $-\dfrac{\pi}{2} < x \leqslant \dfrac{\pi}{2}$ alors $0 \leqslant \dfrac{\pi}{4}-\dfrac{x}{2} < \dfrac{\pi}{2}$ d'où $\tan\left(\dfrac{\pi}{4}-\dfrac{x}{2}\right) \geqslant 0$ et $f(x) = \dfrac{\pi}{4}-\dfrac{x}{2}$.

Si $\dfrac{\pi}{2} \leqslant x < \dfrac{3\pi}{2}$ alors $-\dfrac{\pi}{2} < \dfrac{\pi}{4}-\dfrac{x}{2} \leqslant 0$ d'où $\tan\left(\dfrac{\pi}{4}-\dfrac{x}{2}\right) \leqslant 0$ et $f(x) = \dfrac{x}{2}-\dfrac{\pi}{4}$.

Exercice 31.

Soit E l'espace vectoriel des fonctions continues de $\mathbb{R}$ dans $\mathbb{R}$ ayant une limite finie en $+\infty$. On définit l'endomorphisme T de E par : $\forall f \in E$, $\forall x \in \mathbb{R}$, $T(f)(x) = f(x+1)$. Trouver les éléments propres de T.

●●●●●●

Soit λ une valeur propre de T et f un vecteur propre associé. On note $\ell = \lim\limits_{+\infty} f$ et on note que si $(x,n) \in \mathbb{R}\times\mathbb{N}$, $f(x+n) = \lambda^n f(x)$.

Pour x fixé dans $\mathbb{R}$ cela montre que $\big(\lambda^n f(x)\big)_n$ converge vers ℓ. On distingue plusieurs cas.

Si $\lambda \notin]-1,1]$, comme $(\lambda^n)_n$ diverge cela impose la nullité de f, donc $\lambda \notin]-1,1] \Rightarrow \lambda \notin \mathrm{Sp}(T)$.

Si $\lambda = 1$ alors f est constante égale à ℓ car $\big(\lambda^n f(x)\big)_n$ est constante égale à $f(x)$.

Si $0 < \lambda < 1$ avec $g : x \mapsto \lambda^{-x} f(x)$ on a $\forall x \in \mathbb{R}$, $g(x+1) = g(x)$ *i.e.* g est 1-périodique (par exemple $x \mapsto \cos(2\pi x)$).

$E_\lambda(T) = \big\{x \mapsto \lambda^x g(x) \;\big|\; g \text{ est continue et 1-périodique}\big\}$.

Si $\lambda = 0$ alors $\forall x \in \mathbb{R}$, $f(x) = 0 \times f(x-1) = 0$: exclu donc $0 \notin \mathrm{Sp}(T)$.

Si $-1 < \lambda < 0$ avec $h : x \mapsto (-\lambda)^{-x} f(x)$ on a $\forall x \in \mathbb{R}$, $h(x+1) = -h(x)$ (par exemple $x \mapsto \cos(\pi x)$).

$E_\lambda(T) = \big\{x \mapsto (-\lambda)^x h(x) \;\big|\; h \in \mathcal{C}(\mathbb{R},\mathbb{R}) \text{ et } \forall x \in \mathbb{R},\ h(x+1) = -h(x)\big\}$.

Exercice 32.
Trouver les fonctions $f : \mathbb{R}_+^\star \to \mathbb{R}$*de classe* $\mathcal{C}^1$ *telles que*
$$\forall x > 0,\ f'\Big(\frac{1}{x}\Big) = -\frac{f(x)}{2}.$$

●●●●●●

Si f est solution alors $\forall x > 0,\ f'(x) = -\frac{1}{2}f\Big(\frac{1}{x}\Big)$ et, donc, f est de classe $\mathcal{C}^2$ avec, si $x > 0$, $f''(x) = \frac{1}{2x^2}f'\Big(\frac{1}{x}\Big) = -\frac{f(x)}{4x^2}$ *i.e.* $4x^2f''(x) + f(x) = 0$.
Si $g : t \mapsto f(e^t)$ alors g est de classe $\mathcal{C}^2$ sur $\mathbb{R}$, $\forall t \in \mathbb{R},\ g'(t) = e^t f'(e^t)$ et $g''(t) = e^{2t}f''(e^t) + e^t f'(e^t)$ d'où $4g''(t) - 4g'(t) + g(t) = 0$.
Il s'agit d'une équation différentielle linaire homogène d'ordre 2 à coefficients constants, l'équation caractéristique est $(2r-1)^2 = 0$ et donc il existe $(a,b) \in \mathbb{R}^2$ tel que $\forall t \in \mathbb{R},\ g(t) = (at+b)e^{t/2}$.
Comme $x = e^t \iff t = \ln(x)$ on en déduit que f est nécessairement de la forme $f : x \mapsto \big[a\ln(x) + b\big]\sqrt{x}$.
Alors $\forall x > 0,\ f'(x) = \frac{1}{\sqrt{x}}\Big(a + \frac{a\ln(x)+b}{2}\Big)$
d'où $f'\Big(\frac{1}{x}\Big) = \frac{\sqrt{x}}{2}\big[2a + b - a\ln(x)\big]$ et donc f est solution si, et seulement si, $\forall x > 0,\ (a+b)\sqrt{x} = 0$ *i.e.* si, et seulement si, $a + b = 0$.
En résumé l'ensemble des solutions est $\mathrm{Vect}\Big(x \mapsto \big[\ln(x) - 1\big]\sqrt{x}\Big)$.

Exercice 33. *Résoudre dans* $\mathbb{R}$: $\sqrt{x - 4\sqrt{x-4}} + \sqrt{x + 5 - 6\sqrt{x-4}} = 1$.

●●●●●●

On étudie sur leur ensemble commun de définition, $[4, +\infty[$, les fonctions de classe $\mathcal{C}^1$ $\varphi : x \mapsto x - 4\sqrt{x-4}$ et $\psi : x \mapsto x + 5 - 6\sqrt{x-4}$.
$\varphi'(x) = 1 - \frac{2}{\sqrt{x-4}}$ et $\sqrt{x-4} = 2 \iff x = 8$.
$\psi'(x) = 1 - \frac{3}{\sqrt{x-4}}$ et $\sqrt{x-4} = 3 \iff x = 13$.
On a le tableau conjoint

	4		8		13		$+\infty$
φ	4	$\searrow$	0	$\nearrow$	1	$\nearrow$	$+\infty$
ψ	9	$\searrow$	1	$\searrow$	0	$\nearrow$	$+\infty$

L'équation $(\star)$ $\sqrt{\varphi(x)} + \sqrt{\psi(x)} = 1$ a un sens sur $[4, +\infty[$ et, en revanche, si x est solution alors $\varphi(x) \leqslant 1$ et $\psi(x) \leqslant 1$ d'où $8 \leqslant x \leqslant 13$. Supposons cette condition satisfaite.
$(\star) \iff \sqrt{\varphi(x)} = 1 - \sqrt{\psi(x)} \iff \varphi(x) = 1 + \psi(x) - 2\sqrt{\psi(x)}$ soit $(\star) \iff 2\sqrt{\psi(x)} = 1 + \psi(x) - \varphi(x) \iff \sqrt{\psi(x)} = 3 - \sqrt{x-4}$.
$3 \geqslant \sqrt{x-4} \iff x \leqslant 13$, ce qui est réalisé.

Donc $(\star) \iff \psi(x) = 9 + (x-4) - 6\sqrt{x-4}$ ce qui a toujours lieu.
En définitive $(\star) \iff 8 \leqslant x \leqslant 13$.

Exercice 34.
Déterminer la limite, lorsque $x \to +\infty$, *de* $g : x \mapsto x^2\left(1+\frac{1}{x}\right)^x - ex^3\ln\left(1+\frac{1}{x}\right)$.

●●●●●●

Dans tous les développements qui sont effectués x tend vers $+\infty$.

$$\left(1+\frac{1}{x}\right)^x = \exp\left((x\ln\left(1+\frac{1}{x}\right)\right) = \exp\left(x\left(\frac{1}{x} - \frac{1}{2x^2} + \frac{1}{3x^3} + o(x^{-3})\right)\right)$$
$$= e\exp\left(-\frac{1}{2x} + \frac{1}{3x^2} + o(x^{-2}\right)$$
$$= e\left(1 - \frac{1}{2x} + \frac{1}{3x^2} + \frac{1}{8x^2}\right) + o(x^{-2}).$$
$$ex^3\ln\left(1+\frac{1}{x}\right) = ex^2\left(1 - \frac{1}{2x} + \frac{1}{3x^2}\right) + o(1).$$

Donc $g(x) = \frac{e}{8} + o(1) \xrightarrow[x\to+\infty]{} \frac{e}{8}$.

Exercice 35.
Déterminer les $f \in \mathcal{C}^2(\mathbb{R},\mathbb{R})$ *telles que, pour tout* $x \in \mathbb{R}$, $f'(1-x) = f(1+x)$.

●●●●●●

$\forall x \in \mathbb{R},\ f'(1-x) = f(1+x) \Rightarrow \forall x \in \mathbb{R},\ -f''(1-x) = f'(1+x)$,
soit $-f''(1-x) = f'\big(1-(-x)\big) = f(1-x)$, ce qui montre que f est solution de $y'' + y = 0$ sur $\mathbb{R}$.
Nécessairement il existe deux réels a et b tels que $f = a\cos + b\sin$.
Si $x \in \mathbb{R}$ alors
$f'(1-x) = a\big[\cos(1)\cos(x) + \sin(1)\sin(x)\big] + b\big[\sin(1)\cos(x) - \cos(1)\sin(x)\big]$
$f(1+x) = a\big[\cos(1)\cos(x) - \sin(1)\sin(x)\big] + b\big[\sin(1)\cos(x) + \cos(1)\cos(x)\big]$
d'où $\forall x \in \mathbb{R},\ 2\sin(1)\sin(x)(a-b) = 0$ d'où $a = b$.

L'ensemble des solutions est donc $\mathrm{Vect}(\cos + \sin)$.

Exercice 36.
Calculer une primitive de $x \mapsto \sqrt{2 + \tan^2(x)}$.

●●●●●●

La fonction est définie et continue sur $\mathbb{R}$, notons $F : x \mapsto \displaystyle\int_0^x \sqrt{2+\tan^2(t)}\,dt$.

le changement de variable $t = \arctan(u)$, $dt = \dfrac{du}{1+u^2}$ fournit, si $x \in \mathbb{R}$,

$$F(x) = \int_0^{\tan(x)} \frac{\sqrt{2+u^2}}{1+u^2}\,du.$$

Or, si $u\in\mathbb{R}$, $\dfrac{\sqrt{2+u^2}}{1+u^2}=\dfrac{2+u^2}{(1+u^2)\sqrt{2+u^2}}=\dfrac{1}{\sqrt{2+u^2}}+\dfrac{1}{(1+u^2)\sqrt{2+u^2}}$ soit

$$\frac{d}{du}\left(\ln\left(u+\sqrt{2+u^2}\right)+\arctan\left(\frac{u}{\sqrt{2+u^2}}\right)\right)$$

d'où $F(x)=\ln\left(\tan(x)+\sqrt{2+\tan^2(x)}\right)+\arctan\left(\dfrac{\tan(x)}{\sqrt{2+\tan^2(x)}}\right)-\dfrac{\ln(2)}{2}\cdot$

Exercice 37.

Calculer $I=\displaystyle\int_0^{\ln(2)}\frac{\mathrm{sh}^2(x)}{\mathrm{ch}^2(x)}\,dx$.

●●●●●●

th^2 est continue sur $\mathbb{R}$ et $\forall x\in\mathbb{R}$, $\mathrm{th}(x)=\dfrac{e^x-e^{-x}}{e^x+e^{-x}}=\dfrac{e^{2x}-1}{e^{2x}+1}$

d'où $\mathrm{th}^2(x)=\dfrac{e^{4x}-2e^{2x}+1}{e^{4x}+2e^{2x}+1}=1-4\,\dfrac{e^{2x}}{(e^{2x}+1)^2}\cdot$

Le changement de variable $x=\ln(u)$, $dx=\dfrac{du}{u}$ fournit :

$$I=\int_1^2\left(1-\frac{4u^2}{(u^2+1)^2}\right)\frac{du}{u}=\int_1^2\frac{du}{u}-2\int_1^2\frac{2u\,du}{(u^2+1)^2}$$

$$=\ln(2)-2\int_1^4\frac{dv}{(v+1)^2}=\ln(2)+2\left[\frac{1}{v+1}\right]_1^4=\ln(2)-\frac{3}{5}\cdot$$

Exercice 38.

Soit f une fonction continue et positive sur $[a,b]$. Calculer la limite de la suite de terme général $u_n=\left(\dfrac{1}{b-a}\displaystyle\int_a^b f^n(t)\,dt\right)^{1/n}$.

●●●●●●

f est continue sur le segment $[a,b]$ et l'on peut donc considérer $M=\max\limits_{[a,b]}f$.

$$\forall n\in\mathbb{N}^\star,\ u_n\leqslant\left(\frac{1}{b-a}\int_a^b M^n dt\right)^{1/n}=M.$$

Soient $\varepsilon\in\,]0,M[$ puis $[c,d]$ un sous-intervalle de $[a,b]$ de longueur strictement positive sur lequel $f\geqslant M-\varepsilon$ et un tel segment existe car f est continue sur le segment $[a,b]$.

Alors, comme f est positive, pour tout $n\in\mathbb{N}^\star$, $u_n^n\geqslant\dfrac{1}{b-u}\displaystyle\int_c^d(M-\varepsilon)^n dt$, soit $u_n\geqslant\left(\dfrac{d-c}{b-a}\right)^{1/n}(M-\varepsilon)$ qui est le terme général v_n d'une suite qui converge vers $M-\varepsilon$. Soit $n_0\in\mathbb{N}^\star$ tel que $\forall n\in\mathbb{N}^\star$, $n\geqslant n_0\Rightarrow v_n\geqslant M-2\varepsilon$.

Alors $\forall n \in \mathbb{N}^\star,\ n \geqslant n_0 \Rightarrow M - 2\varepsilon \leqslant u_n \leqslant M$, ce qui montre que $(u_n)_n$ converge vers M.

Exercice 39.

Soit $x \in \mathbb{R}$. Montrer qu'il existe un unique réel a tel que $\displaystyle\int_x^a e^{t^2}\,dt = 1$; on note ce réel $a(x)$. Montrer que la fonction $f : x \mapsto a(x)$ est de classe $\mathcal{C}^1$ sur $\mathbb{R}$.

●●●●●●

$F : a \mapsto \displaystyle\int_x^a e^{t^2}\,dt$ est de classe $\mathcal{C}^1$ et strictement croissante sur $\mathbb{R}$ car $F' > 0$.
De plus, comme $\forall t \in \mathbb{R},\ e^{t^2} \geqslant 1$, $F(x) \xrightarrow[x\to-\infty]{} -\infty$ et $F(x) \xrightarrow[x\to+\infty]{} +\infty$, donc F est une bijection de classe $\mathcal{C}^1$ de $\mathbb{R}$ sur lui-même.
L'équation $F(x) = 1$ admet une unique solution dans $\mathbb{R}$; c'est $a(x)$.

De même $\Phi : x \mapsto \displaystyle\int_0^x e^{t^2}\,dt$ est une bijection de classe $\mathcal{C}^1$ de $\mathbb{R}$ sur lui-même et $\forall x \in \mathbb{R},\ \Phi\big(a(x)\big) - \Phi(x) = 1$ *i.e.* $a(x) = \Phi^{-1}\big(1 + \Phi(x)\big)$, donc a est de classe $\mathcal{C}^1$ sur $\mathbb{R}$ car, comme $\Phi' > 0$, la fonction Φ^{-1} est de classe $\mathcal{C}^1$.

Exercice 40.

Soit $f \in \mathcal{C}\big([0,\pi],\mathbb{R}\big)$ telle que $\displaystyle\int_0^\pi f(x)\cos(x)\,dx = \int_0^\pi f(x)\sin(x)\,dx = 0$. Montrer que f s'annule au moins deux fois. Donner un exemple d'une telle fonction, non nulle.

●●●●●●

Supposons pour commencer que f a un signe constant sur $]0,\pi[$ alors c'est encore le cas sur $[0,\pi]$ par continuité. Dans ce cas $f\sin$ est continue et de signe constant sur $[0,\pi]$ et, comme son intégrale le long de ce segment est nulle, elle est nulle. Par suite f est nulle sur $]0,\pi[$ et donc, par continuité sur $[0,\pi]$.

Sinon elle change au moins une fois de signe en un point α de $]0,\pi[$. Supposons que f n'a pas d'autre zéro dans $]0,\pi[$ elle est de signe constant sur $[0,\alpha]$ et du signe opposé sur $[\alpha,\pi]$. La fonction $x \mapsto f(x)\sin(x-\alpha)$ est alors continue, de signe constant sur $[0,\pi]$ et non identiquement nulle.

$$\int_0^\pi f(x)\sin(x-\alpha)\,dx = \cos(\alpha)\int_0^\pi f(x)\sin(x)\,dx - \sin(\alpha)\int_0^\pi f(x)\cos(x)\,dx$$

d'où, par hypothèse, $\displaystyle\int_0^\pi f(x)\sin(x-\alpha)\,dx = 0$. C'est absurde.

On a montré $\mathrm{Card}\Big(\big\{x \in]0,\pi[\ \big|\ f(x) = 0\big\}\Big) \geqslant 2$.

Si $f : x \mapsto \sin(3x)$ alors $\forall x \in \mathbb{R}$, $f(x)\sin(x) = \dfrac{\cos(2x) - \cos(4x)}{2}$ et $f(x)\cos(x) = \dfrac{\sin(4x) + \sin(2x)}{2}$ d'où $\displaystyle\int_0^{\pi} f\cos = \int_0^{\pi} f\sin = 0.$

Exercice 41.

Soit, pour $n \in \mathbb{N}$, $I_n = \displaystyle\int_0^1 (1-x)^n e^{-2x}\,dx.$

a) *Trouver* $P_2 \in \mathbb{R}_2[X]$ *tel que* $I_n = P_2(1/n) + o(1/n^2)$ *quand* n *tend vers* $+\infty$.

b) *Soient* $q \in \mathbb{N}$ et $Q \in \mathbb{R}_q[X]$. *Montrer qu'il existe un polynôme* $R \in \mathbb{R}_q[X]$ *tel que* $Q(1/(n+1)) = R(1/n) + o(1/n^q)$ *quand* n *tend vers* $+\infty$.

c) *En déduire que, pour tout* $k \in \mathbb{N}$, *il existe* $P_k \in \mathbb{R}_k[X]$ *tel que*

$$I_n = P_k(1/n) + o(1/n^k) \text{ quand } n \text{ tend vers } +\infty.$$

●●●●●●

a) Par parties $I_n = \dfrac{1}{n}\Big[(1-x)^{n+1}e^{-2x}\Big]_1^0 + \dfrac{2}{n}I_{n+1}$ soit $I_n = \dfrac{1}{n} + \dfrac{2}{n}I_{n+1}$ et $I_{n+1} = \dfrac{1}{n+1} + \dfrac{2}{n+1}I_{n+2}$. Or $|I_{n+2}| \leqslant \displaystyle\int_0^1 (1-x)^{n+2}\,dx = \dfrac{1}{n+3}$ d'où $I_{n+2} = o(1)$.

De plus $\dfrac{1}{n+1} = \dfrac{1}{n}\Big(1+\dfrac{1}{n}\Big)^{-1} = 1 + o\Big(\dfrac{1}{n}\Big)$.

On a donc $I_n = \dfrac{1}{n} + \dfrac{2}{n}\left[\dfrac{1}{n} + o\Big(\dfrac{1}{n}\Big)\right] + o\Big(\dfrac{1}{n^2}\Big) = \dfrac{1}{n} + \dfrac{2}{n^2} + o\Big(\dfrac{1}{n^2}\Big)$

et $P_2 = X + 2X^2$ convient.

b) En reprenant le développement de $\dfrac{1}{n+1}$ on a

$$\frac{1}{n+1} = \frac{1}{n}\Big(1 - \frac{1}{n} + \frac{1}{n^2} + \cdots + \frac{(-1)^{q-1}}{n^{q-1}}\Big) + o\Big(\frac{1}{n^q}\Big)$$

donc $\dfrac{1}{n+1} = A_q\Big(\dfrac{1}{n}\Big) + o(n^{-q})$ où $A_q \in \mathbb{R}_q[X]$.

Alors $Q\Big(\dfrac{1}{n+1}\Big) = Q \circ A_q\Big(\dfrac{1}{n}\Big) + o(n^{-q}) = R\Big(\dfrac{1}{n}\Big) + o(n^{-q})$ où R désigne le reste de la division euclidienne de $Q \circ A_q$ par X^{q+1} et $R \in \mathbb{R}_q[X]$.

c) On procède par récurrence sur k. On a déjà $P_1 = X$ et $P_2 = X + 2X^2$. Supposons établie l'existence de P_k.

$$I_n = \frac{1}{n} + \frac{2}{n}P_k\Big(\frac{1}{n+1}\Big) + o(n^{-k-1}) = \frac{1}{n} + \frac{2}{n}\left[R\Big(\frac{1}{n}\Big) + o(n^{-k})\right] + o(n^{-k-1})$$

en utilisant la question précédente, donc $P_{k+1}(X) = X + 2XR(X)$ convient au rang $k+1$.

Le théorème de récurrence prouve l'existence de $(P_k)_{k\geqslant 1}$.

Exercice 42.

Soit $(k_n)_{n\geqslant 1}$ une suite à valeurs $\geqslant 0$. Pour $n\in\mathbb{N}^\star$, on pose :

$$f_n : x \mapsto \prod_{k=1}^{n} \frac{1}{1+x/k},\ I_n = \int_0^1 f_n(x)\,dx,\ J_n = \int_0^1 \frac{dx}{1+xk_n}.$$

a) *On suppose $k_n \xrightarrow[n\to\infty]{} +\infty$. Déterminer la limite de (J_n).*

b) *Déterminer une suite (k_n) telle que $I_n \leqslant J_n$ pour tout n. En déduire la limite de (I_n).*

c) *Trouver deux suites (u_n) et (v_n) équivalentes à $\ln(n)$ en $+\infty$telles que, pour tout $x\in[0,1]$ et pour tout $n\in\mathbb{N}^\star$, $e^{-xu_n} \leqslant f_n(x) \leqslant e^{-xv_n}$.*

d) *En déduire que $I_n \underset{n\to\infty}{\sim} \dfrac{1}{\ln(n)}$.*

e) *Déterminer la nature de la série de terme général I_n.*

●●●●●●

a) Pour tout $n\in\mathbb{N}$ on pose $f_n : x \mapsto \dfrac{1}{1+xk_n}$.

Comme $k_n \xrightarrow[n\to\infty]{} +\infty$ la suite $(k_n)_n$ admet un minimum $k_{n_0} \geqslant 0$.

$(f_n)_n$ est une suite de fonctions continues sur $[0,1]$ et converge simplement sur cet intervalle vers $x \mapsto 0$ en étant dominée par k_{n_0} intégrable sur $[0,1]$ car continue. Le théorème de convergence dominée montre que $(J_n)_n$ converge vers 0.

b) $\forall x\in[0,1],\ \forall n\in\mathbb{N}^\star,\ \displaystyle\prod_{k=1}^{n}\Big(1+\frac{x}{k}\Big) \geqslant 1+\Big(1+\frac{1}{2}+\cdots+\frac{1}{n}\Big)x.$

Si l'on pose, pour tout $n\in\mathbb{N}^\star$, $k_n = \displaystyle\sum_{i=1}^{n}\frac{1}{i}$, alors $\forall n\in\mathbb{N}^\star$, $I_n \leqslant J_n$ et $k_n \xrightarrow[n\to\infty]{} +\infty$. Alors $0 \leqslant I_n \leqslant J_n$ montre que $(I_n)_n$ converge vers 0.

c) Si $x\in[0,1]$ et $n\in\mathbb{N}^\star$, ; $-\ln\big(f_n(x)\big) = \displaystyle\sum_{k=1}^{n}\ln\Big(1+\frac{x}{k}\Big)$.

Par concavité de ln on a $\ln\Big(1+\dfrac{x}{k}\Big) \leqslant \dfrac{x}{k}$.

Si $\varphi : x \mapsto \ln\Big(1+\dfrac{x}{k}\Big) - \dfrac{x}{k+1}$ alors φ est de classe $\mathcal{C}^1$ sur $[0,1]$ et $\varphi'(x) = \dfrac{1}{k+x} - \dfrac{1}{k+1} \geqslant 0$. Alors $\varphi(0) = 0$ montre que φ est positive sur $[0,1]$, d'où $\dfrac{x}{k+1} \leqslant \ln\Big(1+\dfrac{x}{k}\Big)$.

On pose, pour tout $n\in\mathbb{N}^\star$, $u_n = \displaystyle\sum_{k=1}^{n}\frac{1}{k}$ et $v_n = \displaystyle\sum_{k=2}^{n+1}\frac{1}{k}$. Le cours montre que $u_n \underset{n\to\infty}{\sim} v_n \underset{n\to\infty}{\sim} \ln(n)$ et ce qui précède montre $-xu_n \leqslant \ln\big(f_n(x)\big) \leqslant -xv_n$ *i.e.* $e^{-xu_n} \leqslant f_n(x) \leqslant e^{-xv_n}$.

d) En intégrant $\dfrac{1-e^{-xu_n}}{u_n} \leqslant I_n \leqslant \dfrac{1-e^{-xv_n}}{v_n}$ or $1-e^{-xu_n} \xrightarrow[n\to\infty]{} 1$ et il en va de même pour $1-e^{-xv_n}$ donc, par encadrement, $I_n \underset{n\to\infty}{\sim} \dfrac{1}{\ln(n)}$.

e) D'après la question précédente $nI_n \xrightarrow[n\to\infty]{} +\infty$ et, donc, $\sum I_n$ est une série à termes positifs divergente.

Exercice 43.

Soit $(a_n)_n$ une suite de réels strictement positifs, décroissant vers 0.
Pour $x>0$ on pose $N(x) = \text{Card}\left(\{n\in\mathbb{N} \mid a_n \geqslant x\}\right)$.
Montrer que la fonction N est intégrable sur $]0,+\infty[$ si, et seulement si, la série $\sum a_n$ converge, et que l'on a dans ce cas $\displaystyle\int_0^{+\infty} N(x)\,dx = \sum_{n=0}^{\infty} a_n$.

●●●●●●

On ordonne plus précisément les a_n de la façon suivante :
$a_{n_0} = a_0 = a_1 = \cdots = a_{n_1-1} > a_{n_1} = a_{n_1+1} = \cdots = a_{n_2-1} > a_{n_2}$ et, plus généralement, $\forall k\in\mathbb{N}$, $a_{n_k} = a_{n_k+1} = \cdots = a_{n_{k+1}-1} > a_{n_{k+1}}$.
On remarque que, comme $\lim\limits_{n\to\infty} a_n = 0$, alors $\lim\limits_{k\to\infty} a_{n_k} = 0$.

La fonction N est en escalier, nulle sur $[a_0,+\infty[$ et constante égale à $n_{k+1}-n_k$ sur $]a_{n_{k+1}}, a_{n_k}]$ pour tout $k\in\mathbb{N}$. Ainsi N est continue par morceaux et positive.

Comme N est positive elle est intégrable sur $\mathbb{R}_+$ si, et seulement si, la suite $\left(\displaystyle\int_{a_{n_{k+1}}}^{+\infty} N(x)\,dx\right)_k$ converge. De même comme $\sum a_n$ est à termes positifs elle converge si, et seulement si, la suite $\left(\displaystyle\sum_{i=0}^{n_{k+1}-1} a_i\right)_k$ converge.

Or $\forall k\in\mathbb{N}$, $\displaystyle\int_{a_{n_{k+1}}}^{a_{n_k}} N(x)\,dx = (n_{k+1}-n_k)a_{n_k} = \sum_{i=n_k}^{n_{k+1}-1} a_i$ et $\displaystyle\int_{a_{n_0}}^{+\infty} N(x)\,dx = 0$ d'où $\displaystyle\int_{a_{n_{k+1}}}^{+\infty} N(x)\,dx = \sum_{i=0}^{n_{k+1}-1} a_i$ et les résultats en découlent.

Exercice 44.

Soient f une fonction continue et intégrable sur $\mathbb{R}_+$ et $a,b\in\mathbb{R}$, $0<a<b$. Prouver l'existence de l'intégrale $\displaystyle\int_0^{+\infty} \frac{f(bx)-f(ax)}{x}\,dx$ et donner sa valeur.

●●●●●●

Si $0 < X < Y$ alors $\displaystyle\int_X^Y \frac{f(bx)}{x}\,dx = \int_X^Y \frac{f(bx)}{bx}d(bx) = \int_{bX}^{bY} \frac{f(u)}{u}\,du$ et, de même, $\displaystyle\int_X^Y \frac{f(ax)}{x}\,dx = \int_{aX}^{bY} \frac{f(u)}{u}\,du$ d'où, d'après la formule de Chasles,

$\displaystyle\int_X^Y \frac{f(bx)-f(ax)}{x}\,dx = \int_{aY}^{bY} \frac{f(u)}{u}\,du - \int_{aX}^{bX} \frac{f(u)}{u}\,du.$

f est intégrable sur $[1,+\infty[$ et domine g sur cet intervalle où $g : u \mapsto \dfrac{f(u)}{u}$, donc g est intégrable sur $[1,+\infty[$ et, par conséquent, $\displaystyle\int_{aY}^{bY} \frac{f(u)}{u}\,du \xrightarrow[Y\to+\infty]{} 0$.

$\displaystyle\int_{aX}^{bX} \frac{f(u)}{u}\,du - \int_{aX}^{bX} \frac{f(u)-f(0)}{u}\,du = f(0)\int_{aX}^{bX} \frac{du}{u} = f(0)\ln\left(\frac{b}{a}\right).$

Si $\varepsilon > 0$, comme f est continue en 0, sur un voisinage de 0 on a $|f(u)-f(0)| \leqslant \varepsilon$ et donc, pour X assez petit, $\displaystyle\left|\int_{aX}^{bX} \frac{f(u)-f(0)}{u}\,du\right| \leqslant \varepsilon\int_{aX}^{bX} \frac{du}{u} = \varepsilon\ln\left(\frac{b}{a}\right)$

d'où $\displaystyle\int_{aX}^{bX} \frac{f(u)-f(0)}{u}\,du \xrightarrow[X\to 0]{} 0.$

Cela prouve la convergence de $\displaystyle\int_0^{+\infty} \frac{f(bx)-f(ax)}{x}\,dx$ avec

$$\int_0^{+\infty} \frac{f(bx)-f(ax)}{x}\,dx = f(0)\ln\left(\frac{b}{a}\right).$$

Exercice 45.

Pour $x \in \mathbb{R}_+^\star$, on pose $f(x) = \displaystyle\int_x^{+\infty} \frac{e^{-t}}{t}\,dt$.

a) *Montrer que f est définie et dérivable sur $\mathbb{R}_+^\star$ puis exprimer sa dérivée.*

b) *Donner des équivalents de f au voisinage de 0 et de $+\infty$.*

●●●●●●

a) Si $g : t \mapsto \dfrac{e^{-t}}{t}$ alors g est continue sur $\mathbb{R}_+^\star$ et $g(t) \underset{t\to+\infty}{=} o(e^{-t})$, donc g est intégrable sur $[x,+\infty[$ pour tout réel strictement positif x.

Par suite f est définie sur $\mathbb{R}_+^\star$ et $\forall x > 0,\ f(x) = \displaystyle\int_1^{+\infty} g(t)\,dt - \int_1^x g(t)\,dt$.

Cela prouve que f est de classe $\mathcal{C}^1$ sur $\mathbb{R}_+^\star$ et $f' = -g$.

b) En développant l'exponentielle au voisinage de 0 on a $f'(x) \underset{x\to 0}{=} -\dfrac{1}{x}+O(1)$ donc $x \mapsto f'(x) + \dfrac{1}{x}$ est intégrable sur $]0,1]$.

Si $x > 0$, $f(x) = f(1) + \int_1^x f'(t)\,dt = f(1) + \int_1^x \Big[f'(t) + \dfrac{1}{t}\Big]dt - \int_1^x \dfrac{dt}{t}$ or
$f(1) + \int_1^x \Big[f'(t) + \dfrac{1}{t}\Big]dt$ admet une limite finie lorsque $x \to 0$ et, d'autre part,
$\int_1^x \dfrac{dt}{t} = \ln(x) \xrightarrow[x\to 0]{} -\infty$, d'où $f(x) \underset{x\to 0}{\sim} -\ln(x)$.

Si $t > 0$, $g'(t) = -g(t) - \dfrac{e^{-t}}{t^2} = f'(t) + o\big(f'(t)\big)$ lorsque $t \to +\infty$.
Soit $\varepsilon > 0$, fixons $T > 0$ tel que, si $t \geqslant T$, alors $\big|f'(t) - g'(t)\big| \leqslant \varepsilon\big|f'(t)\big|$.
Si $x \geqslant T$, comme f' et g' sont intégrables sur $[x, +\infty[$ et que les limites en $+\infty$ de f et de g sont nulles, on en déduit :
$\big|f(x) - g(x)\big| = \left|\int_{+\infty}^x \big[f'(t) - g'(t)\big]dt\right| \leqslant \varepsilon\big|f(t)\big|$ d'où $f(x) - g(x) \underset{+\infty}{=} o\big(f(x)\big)$
i.e. $f(x) \underset{x\to+\infty}{\sim} g(x)$.

Exercice 46.

Soit $f \in \mathcal{C}(\mathbb{R}_+, \mathbb{R})$. Pour $x \in \mathbb{R}_+$ on pose $F(x) = \int_0^x f(t)\,dt$ et aussi $g(x) = f(x) + F(x)$.

a) *On suppose que f admet une limite finie en $+\infty$. À quelle condition F admet-elle une limite finie en $+\infty$?*

b) *On suppose que F admet une limite finie en $+\infty$. La fonction f admet-elle une limite finie en $+\infty$?*

c) *On suppose que g admet une limite finie en $+\infty$. Montrer que f admet une limite finie en $+\infty$.*

●●●●●●

a) Une condition nécessaire et suffisante est la convergence de $\int_0^{+\infty} f(t)\,dt$, une condition nécessaire est $\lim\limits_{+\infty} f = 0$.

b) Tout le monde a vu un contre-exemple en cours. Par exemple f prenant la valeur 1 en tout entier $n \geqslant 1$, affine sur chacun des intervalles $[n - 2^{-n}, n]$ et $[n, n + 2^{-n}]$ si $n \in \mathbb{N}^\star$ et nulle ailleurs. Cette fonction est continue, positive, affine par morceaux et $\forall n \in \mathbb{N}^\star$, $\int_0^{n+2^{-n}} f(t)\,dt = \sum_{k=1}^n 2^{-k} \xrightarrow[n\to\infty]{} 1$ d'où $\int_0^{+\infty} f(t)\,dt$ existe et est égale à 1 alors que f n'a pas de limite en $+\infty$.

c) Notons ℓ la limite de g en $+\infty$, fixons $\varepsilon > 0$ puis $A > 0$ tel que $x \geqslant A \Rightarrow \big|g(x) - \ell\big| \leqslant \varepsilon$. Dans la suite on suppose $x \geqslant A$.
$g(x) - \ell = F'(x) + F(x) - \ell$ d'où, en multipliant par e^x,
$\left|\dfrac{d}{dx}\Big(\big[F(x) - \ell\big]e^x\Big)\right| \leqslant \varepsilon e^x$ puis, en intégrant,

$\big|[F(x)-\ell]e^x - [F(A)-\ell]e\big| \leqslant \varepsilon(e^x - e^A)$ d'où, par inégalité triangulaire,
$\big|F(x)-\ell\big|e^x \leqslant \big|F(A)-\ell\big|e^A + \varepsilon(e^x - e^A)$
et enfin $\big|F(x)-\ell\big| \leqslant \big|F(A)-\ell\big|e^{x-A} + \varepsilon(1-e^{A-x}) = \varphi(x)$.
$\varphi(x) \xrightarrow[x\to+\infty]{} \varepsilon$ donc il existe $B \geqslant A$ tel que $x \geqslant B \Rightarrow \varphi(x) \leqslant 2\varepsilon$,
et alors $x \geqslant B \Rightarrow \big|F(x)-\ell\big| \leqslant 2\varepsilon$.
Cela montre que $F(x) \xrightarrow[x\to+\infty]{} \ell$ et aussi $f(x) \xrightarrow[x\to+\infty]{} 0$.

Exercice 47.

Soit $f \in \mathcal{C}([0,1],\mathbb{R})$. Montrer que $\displaystyle\lim_{n\to\infty} n\int_0^1 t^n f(t)\,dt = f(1)$.

●●●●●●

On effectue le changement de variable $u = t^n$, $du = nt^{n-1}dt$,
alors $u_n = n\displaystyle\int_0^1 t^n f(t)\,dt = \int_0^1 u^{1/n} f(u^{1/n})\,du$.
Soit, pour tout $n \in \mathbb{N}^\star$, $f_n : u \mapsto u^{1/n} f(u^{1/n})$, cette fonction est continue sur $[0,1]$, la suite $(f_n)_n$ converge simplement sur $]0,1]$ vers la fonction constante égale à $f(1)$ et elle est dominée par la fonction $u \mapsto \max\limits_{[0,1]} |f|$ qui est constante et donc intégrable sur $]0,1]$.
Le théorème de convergence dominée montre que la suite $(u_n)_n$ converge vers $\displaystyle\int_0^1 f(1)\,du$, soit $f(1)$.

Exercice 48.

Déterminer les réels a et b tels que $\displaystyle\int_0^1 \frac{t^{a-1}}{1+t^b}\,dt = \sum_{n=0}^{\infty} \frac{(-1)^n}{a+nb}$.

●●●●●●

$f : t \mapsto \dfrac{t^{a-1}}{1+t^b}$ est continue sur $]0,1]$ et on distingue deux cas.
Cas $b \geqslant 0$
$f(t) \underset{t\to 0}{\sim} \dfrac{1}{t^{1-a}}$ et donc l'intégrale n'a de sens que si $a > 0$. On suppose donc désormais dans le premier cas $a > 0$.
Soit, pour tout $n \in \mathbb{N}$, $f_n : t \mapsto (-1)^n t^{a+nb-1}$, alors f_n est continue sur $]0,1]$, la série $\sum f_n$ converge simplement sur $]0,1[$ et sa somme est f, continue.
Enfin si $0 < t < 1$, comme $\sum f_n(t)$ vérifie les hypothèses du théorème spécial des séries alternées, $\forall n \in \mathbb{N}$, $\left|\sum\limits_{k=0}^{n} f_k(t)\right| \leqslant \big|f_0(t)\big| = \dfrac{1}{t^{1-a}}$ et $t \mapsto \dfrac{1}{t^{1-a}}$ est intégrable sur $]0,1]$ donc, par convergence dominée on a

$$\int_0^1 \frac{t^{a-1}}{1+t^b}\,dt = \sum_{n=0}^{\infty}\int_0^1 f_n(t)\,dt = \sum_{n=0}^{\infty}\frac{(-1)^n}{a+nb}.$$

Cas $b < 0$

On a $1+t^b \underset{t\to 0}{\sim} t^b$ d'où $f(t) \underset{t\to 0}{\sim} \dfrac{1}{t^{1-a+b}}$ et l'intégrale n'a de sens que si $a-b > 0$ *i.e.* si $a > b$. On suppose désormais $a > b$.

De même si $0 < t < 1$, $0 < t^{-b} < 1$ et $f(t) = \dfrac{t^{a-b-1}}{1+t^{-b}} = \displaystyle\sum_{n=0}^{\infty}(-1)^n t^{a-(n+1)b+1}$

et la même démarche que dans le premier cas aboutirait à l'égalité

$\displaystyle\int_0^1 \frac{t^{a-1}}{1+t^b}\,dt = \sum_{n=0}^{\infty} \frac{(-1)^n}{a-(n+1)b}$ qui ne convient pas.

Exercice 49.

On admet $\displaystyle\int_0^{+\infty} e^{-x^2}\,dx = \frac{\sqrt{\pi}}{2}$*. Existence et calcul de* $\displaystyle\int_0^{+\infty} \frac{\sqrt{x}}{1+e^x}\,dx$ *à l'aide de* $\zeta(3/2) = \displaystyle\sum_{n=1}^{\infty} \frac{1}{n^{3/2}}$*.*

●●●●●●

$f : x \mapsto \dfrac{\sqrt{x}}{1+e^x}$ est continue sur $\mathbb{R}_+$ et $f(x) \underset{x\to+\infty}{=} o(x^{-2})$, donc f est intégrable sur $\mathbb{R}_+$. Le changement de variable $u = \sqrt{x}$ qui est une bijection de classe $\mathcal{C}^1$ de $\mathbb{R}_+^\star$ sur lui-même donne $I = \displaystyle\int_0^{+\infty} \frac{\sqrt{x}}{1+e^x}\,dx = 2\int_0^{+\infty} \frac{u^2}{1+e^{u^2}}\,du$,

soit $I = 2\displaystyle\int_0^{+\infty} \frac{u^2 e^{-u^2}}{1+e^{-u^2}}\,du$.

Soit, pour tout $n \in \mathbb{N}^\star$, $f_n : u \mapsto (-1)^{n-1}u^2 e^{-nu^2}$. Chacune de ces fonctions est continue et intégrable sur $\mathbb{R}_+$ pour la même raison que f car ici $n \geqslant 1$.

$\sum f_n$ converge simplement sur $\mathbb{R}_+$ et sa somme $u \mapsto \dfrac{u^2 e^{-u^2}}{1+e^{-u^2}}$ est continue sur $\mathbb{R}_+$.

Si $U : u \mapsto u$ et $V : u \mapsto -\dfrac{e^{-nu^2}}{2n}$, alors U et V sont de classe $\mathcal{C}^1$ sur $\mathbb{R}_+$, $(UV)(0) = 0$ et $\lim\limits_{+\infty} UV = 0$ donc, par parties,

$\displaystyle\int_0^{+\infty} |f_n(u)|\,du = \frac{1}{2n}\int_0^{+\infty} e^{-nu^2}\,du = \frac{1}{2n^{3/2}}\int_0^{+\infty} e^{-v^2}\,dv = \frac{\sqrt{\pi}}{4n^{3/2}}$ par le changement de variable linéaire $v = u\sqrt{n}$.

Le théorème d'intégration terme à terme montre que

$$I = 2\sum_{n=1}^{\infty}\int_0^{+\infty} f_n(u)\,du = \frac{\sqrt{\pi}}{2}\sum_{n=1}^{\infty}\frac{(-1)^{n-1}}{n^{3/2}}.$$

$$\sum_{n=1}^{\infty}\frac{(-1)^{n-1}}{n^{3/2}} = \sum_{p=0}^{\infty}\frac{1}{(2p+1)^{3/2}} - \sum_{p=1}^{\infty}\frac{1}{(2p)^{3/2}} = \sum_{p=1}^{\infty}\frac{1}{p^{3/2}} - 2\sum_{p=1}^{\infty}\frac{1}{(2p)^{3/2}}$$

d'où $\displaystyle\sum_{n=1}^{\infty}\frac{(-1)^{n-1}}{n^{3/2}}=\Big(1-\frac{1}{\sqrt{2}}\Big)\zeta\Big(\frac{3}{2}\Big)$ puis $I=\dfrac{[\sqrt{2}-1]\sqrt{\pi}}{2\sqrt{2}}\zeta\Big(\dfrac{3}{2}\Big)\cdot$

Exercice 50.

Déterminer les natures de $\displaystyle\int_0^{+\infty}\frac{\sin(x)}{\sqrt{x}+\cos(x)}\,dx$, *de* $\displaystyle\int_0^{+\infty}\frac{dx}{1+\operatorname{ch}(x)\sin^2(x)}\cdot$

●●●●●●

$f:x\mapsto\dfrac{\sin(x)}{\sqrt{x}+\cos(x)}$ est définie et continue sur $\mathbb{R}_+$ car sur $[0,\pi/2[$ on a $\cos>0$ et, sur $[\pi/2,+\infty[$, $\sqrt{x}+\cos(x)\geqslant\pi/2+\cos(x)>0$.

Lorsque $x\to+\infty$, $\dfrac{\sin(x)}{\sqrt{x}+\cos(x)}=\dfrac{\sin(x)}{\sqrt{x}}\Big(1+\dfrac{\cos(x)}{\sqrt{x}}\Big)^{-1}$

soit $f(x)=\dfrac{\sin(x)}{\sqrt{x}}\Big(1-\dfrac{\cos(x)}{\sqrt{x}}+O(1/x)\Big)=\dfrac{\sin(x)}{\sqrt{x}}-\dfrac{\sin(2x)}{2x}+O(x^{-3/2})$.

Un complément de cours établit les convergences de $\displaystyle\int_1^{+\infty}\frac{e^{-ix}}{\sqrt{x}}\,dx$ et de $\displaystyle\int_1^{+\infty}\frac{e^{2ix}}{x}\,dx$. De plus $x\mapsto x^{-3/2}$ est intégrable sur $[1,+\infty[$.

Par suite $\displaystyle\int_0^{+\infty}f(x)\,dx$ converge par linéarité.

$g:x\mapsto\dfrac{1}{1+\operatorname{ch}(x)\sin^2(x)}$ est continue positive sur $\mathbb{R}_+$. Si $k\in\mathbb{N}$ alors

$$\int_{k\pi}^{(k+1)\pi}g(x)\,dx=\int_0^{\pi}\frac{du}{1+\operatorname{ch}(u+k\pi)\sin^2(u)}\leqslant\int_0^{\pi}\frac{du}{1+\operatorname{ch}(k\pi)\sin^2(u)}$$
$$\leqslant 2\int_0^{\pi/2}\frac{du}{1+\operatorname{ch}(k\pi)\sin^2(u)}\leqslant 2\int_0^{\pi/2}\frac{du}{1+\operatorname{ch}(k\pi)\frac{4u^2}{\pi^2}}$$

car $\sin^2$ est paire et π-périodique et car, par concavité, $\sin(u)\leqslant\dfrac{2u}{\pi}$ sur $[0,\pi/2]$.

Donc $\displaystyle\int_{k\pi}^{(k+1)\pi}g(x)\,dx\leqslant\frac{\pi}{\sqrt{\operatorname{ch}(k\pi)}}\left[\arctan\Big(\frac{2x\sqrt{\operatorname{ch}(k\pi)}}{\pi}\Big)\right]_0^{\pi/2}\leqslant\frac{\pi^2}{2\sqrt{\operatorname{ch}(k\pi)}}$

Comme $\sqrt{\operatorname{ch}(k\pi)}\underset{k\to\infty}{\sim}\dfrac{e^{k\pi/2}}{2}$, cela montre que $\displaystyle\sum\int_{k\pi}^{(k+1)\pi}g(x)\,dx$ converge et donc $\displaystyle\int_0^{+\infty}g(x)\,dx$ converge.

Exercice 51.

Soit $f:t\mapsto\dfrac{\ln(t)}{1+t^2}\cdot$ *Montrer que* f *est intégrable sur* $\mathbb{R}_+^\star$ *et calculer* $\displaystyle\int_0^{+\infty}f(t)\,dt$.

●●●●●●

f est continue sur $\mathbb{R}_+^\star$, $f(t) \underset{t\to 0}{\sim} \ln(t) \underset{t\to 0}{=} o\big(1/\sqrt{t}\big)$

et $f(t) \underset{t\to+\infty}{\sim} \dfrac{\ln(t)}{t^2} \underset{t\to+\infty}{=} o(1/t^{3/2})$ donc f est intégrable sur $\mathbb{R}_+^\star$.

Le changement de variable $u = 1/t$ est une bijection de classe $\mathcal{C}^1$ de $\mathbb{R}_+^\star$ sur lui-même avec $dt = -\dfrac{du}{u^2}$ et montre que $\displaystyle\int_0^{+\infty} \frac{\ln(t)}{1+t^2}\,dt = \int_0^{+\infty} \frac{-\ln(u)}{1+\frac{1}{u^2}}\,\frac{du}{u^2}$

soit $\displaystyle\int_0^{+\infty} \frac{\ln(t)}{1+t^2}\,dt = -\int_0^{+\infty} \frac{\ln(u)}{1+u^2}\,du$ d'où $\displaystyle\int_0^{+\infty} f(t)\,dt = 0$.

Exercice 52.

On pose, pour $x \in\,]0,\pi]$, $f(x) = \displaystyle\int_0^x \ln\big(2\sin(t/2)\big)\,dt$.

a) *Justifier la définition de f . Peut-on la prolonger par continuité en 0 ?*

b) *Calculer $I = f(\pi)$ en utilisant $J = \displaystyle\int_0^\pi \ln\big(2\cos(t/2)\big)\,dt$.*

●●●●●●

a) $g : t \mapsto \ln\big(2\sin(t/2)\big)$ est définie et continue sur $]0,\pi]$.

$f(t) \underset{t\to 0}{\sim} \ln(t) \underset{t\to 0}{=} o\big(1/\sqrt{t}\big)$ donc, si $0 < x \leqslant \pi$, $\displaystyle\int_0^x g(t)\,dt$ converge.

Comme g est intégrable sur $]0,\pi]$, $\displaystyle\lim_{x\to 0} f(x) = 0$ et f admet un prolongement par continuité en 0.

b) Le changement de variable affine $u = \pi - t$ montre que

$I = \displaystyle\int_0^\pi \ln\big(2\cos(u/2)\big)\,du$ d'où l'existence de J et l'égalité $I = J$.

De plus $I+J = \displaystyle\int_0^\pi \ln\big(2\sin(t)\big)\,dt = \int_0^{\pi/2} \ln\big(2\sin(t)\big)\,dt + \int_{\pi/2}^\pi \ln\big(2\sin(t)\big)\,dt$

et le même changement de variable affine $u = \pi - t$ montre que

$\displaystyle\int_0^{\pi/2} \ln\big(2\sin(t)\big)\,dt = \int_{\pi/2}^\pi \ln\big(2\sin(u)\big)\,du.$

Donc $I+J = 2\displaystyle\int_0^{\pi/2} \ln\big(2\sin(t)\big)\,dt = \int_0^\pi \ln\big(2\sin(v/2)\big)\,dv$ par le changement de variable linéaire $v = 2t$. On obtient ainsi $2I = I + J = I$ d'où $I = 0$.

Exercice 53.

Soit $f : [1,+\infty[\, \to \mathbb{R}$ positive, continue, décroissante et intégrable sur $[1,+\infty[$.

a) *Montrer que $xf(x) \xrightarrow[x\to+\infty]{} 0$.*

b) *Montrer que $x \mapsto x\big[f(x) - f(x+1)\big]$ est intégrable sur $[1+\infty[$.*

●●●●●●

a) Si $x > 0$, $2\int_{x/2}^{x} f(t)\,dt \geqslant 2\int_{x/2}^{x} f(x)\,dt \geqslant xf(x) \geqslant 0$ et, comme f est intégrable sur $[1,+\infty[$ cela montre que $xf(x) \xrightarrow[x\to+\infty]{} 0$.

b) $g : x \mapsto x\big[f(x) - f(x+1)\big]$ est continue et positive sur $[1,+\infty[$.

Si $X > 1$, $\displaystyle\int_1^X g(x)\,dx = \int_1^X xf(x)\,dx - \int_2^{X+1} (x-1)f(x)\,dx$

soit $\displaystyle\int_1^X g(x)\,dx = \int_1^2 xf(x)\,dx + \int_2^{X+1} f(x)\,dx - \int_X^{X+1} (x-1)f(x)\,dx.$

Or $\displaystyle\left|\int_X^{X+1} (x-1)f(x)\,dx\right| \leqslant \int_X^{X+1} Xf(X)\,dx \leqslant Xf(X) \xrightarrow[X\to+\infty]{} 0$ donc $\displaystyle\int_1^X g(x)\,dx \xrightarrow[X\to+\infty]{} \int_1^2 xf(x)\,dx + \int_2^{+\infty} f(x)\,dx$, ce qui prouve l'intégrabilité de g sur $[1,+\infty[$.

Exercice 54.

a) *Soit $f \in \mathcal{C}(\mathbb{R}_+,\mathbb{R})$, strictement positive décroissante et intégrable sur $\mathbb{R}_+$. Justifier, pour $r > 0$, l'existence de $S(r) = \sum\limits_{k=1}^{\infty} f(kr)$. Déterminer un équivalent de $S(r)$ lorsque $r \to 0^+$.*

b) *On suppose maintenant que f est de classe $\mathcal{C}^1$ sur $\mathbb{R}_+$ à valeurs complexes et que l'intégrale $\displaystyle\int_1^{+\infty} \frac{f(t)}{t}\,dt$ converge. Convergence et calcul de $\displaystyle\int_0^{+\infty} \frac{f(at) - f(bt)}{t}\,dt$ avec $a > b > 0$?*

c) *Calculer $\displaystyle\int_0^{+\infty} \frac{e^{-t} - e^{-2t}}{t}\,dt$.*

●●●●●●

a) $\forall k \in \mathbb{N}^\star$, $\displaystyle\int_k^{k+1} f(rt)\,dt \leqslant f(kr) \leqslant \int_{k-1}^{k} f(rt)\,dt$ car f décroît

or $\displaystyle\int_k^{k+1} f(rt)\,dt = \frac{1}{r}\int_{kr}^{(k+1)r} f(u)\,du$ et, comme $\displaystyle\sum \int_{kr}^{(k+1)r} f(u)\,du$ converge et comme f est positive cela montre que la série à termes positifs $\sum f(kr)$ converge et, en sommant, $\displaystyle\int_r^{+\infty} f(u)\,du \leqslant r\sum_{k=1}^{\infty} f(kr) \leqslant \int_0^{+\infty} f(u)\,du$ d'où,

par encadrement $\displaystyle r\sum_{k=1}^{\infty} f(kr) \xrightarrow[r\to0]{} \int_0^{+\infty} f(u)\,du > 0$

$$\text{d'où } \sum_{k=1}^{\infty} f(kr) \underset{r\to0}{\sim} \frac{1}{r}\int_0^{+\infty} f(u)\,du.$$

b) Si $0 < x < X$ alors $\displaystyle\int_x^X \frac{f(at)-f(bt)}{t}\,dt = \int_x^X \frac{f(at)}{t}\,dt - \int_x^X \frac{f(bt)}{t}\,dt$ soit $\displaystyle\int_x^X \frac{f(at)-f(bt)}{t}\,dt = \int_{ax}^{aX} \frac{f(u)}{u}\,du - \int_{bx}^{bX} \frac{f(v)}{v}\,dv$ à l'aide des changements de variable $u = at$ et $v = bt$.

Donc $\displaystyle\int_x^X \frac{f(at)-f(bt)}{t}\,dt = \int_{bX}^{aX} \frac{f(t)}{t}\,dt - \int_{bx}^{ax} \frac{f(t)}{t}\,dt$ par la relation de Chasles et, comme $\displaystyle\int_1^{+\infty} \frac{f(t)}{t}\,dt$ converge $\displaystyle\int_{bX}^{aX} \frac{f(t)}{t}\,dt \xrightarrow[X\to+\infty]{} 0$.

$\displaystyle\int_{bx}^{ax} \frac{f(u)}{u}\,du = \int_{bx}^{ax} \frac{f(u)-f(0)}{u}\,du + f(0)\ln\left(\frac{a}{b}\right)$.

Soient $\varepsilon > 0$ puis $\eta > 0$ tel que, sur $[0,\eta]$, $|f(u)-f(0)| \leqslant \varepsilon$. Alors si $x \leqslant \dfrac{\eta}{a}$ on a $\displaystyle\left|\int_{bx}^{ax} \frac{f(u)-f(0)}{u}\,du\right| \leqslant \int_{bx}^{ax} \varepsilon\,du = \varepsilon\ln\left(\frac{a}{b}\right)$ et, donc, $\displaystyle\int_{bx}^{ax} \frac{f(u)-f(0)}{u}\,du \xrightarrow[x\to0]{} 0$.

Cela montre à la fois la convergence de $\displaystyle\int_0^{+\infty} \frac{f(at)-f(bt)}{t}\,dt$ et l'égalité $\displaystyle\int_0^{+\infty} \frac{f(at)-f(bt)}{t}\,dt = f(0)\ln\left(\frac{b}{a}\right)$.

c) On pose $(a,b) = (2,1)$ et $f : t \mapsto e^{-t}$. La fonction f est continue sur $\mathbb{R}_+$ et $\displaystyle\int_0^{+\infty} \frac{f(t)}{t}\,dt$ converge car $\dfrac{f(t)}{t} \underset{t\to+\infty}{=} o(e^{-t})$.

La question précédente montre que $\displaystyle\int_0^{+\infty} \frac{e^{-2t}-e^{-t}}{t}\,dt$ converge et est égale à $-e^0\ln(2)$ donc $\displaystyle\int_0^{+\infty} \frac{e^{-t}-e^{-2t}}{t}\,dt$ converge et est égale à $\ln(2)$.

Exercice 55.

Soient f une fonction continue et positive sur $[0,+\infty[$ et F sa primitive s'annulant en 0.

Comparer les natures de $\displaystyle\int_0^{+\infty} \frac{f(t)}{\mathrm{ch}(t)}\,dt$ et de $\displaystyle\int_0^{+\infty} \frac{F(t)\,\mathrm{sh}(t)}{\mathrm{ch}^2(t)}\,dt$ et, le cas échéant, leurs valeurs.

••••••

Si $X > 0$ en intégrant par parties $\displaystyle\int_0^X \frac{f(t)}{\mathrm{ch}(t)}\,dt = \frac{F(X)}{\mathrm{ch}(X)} + \int_0^X \frac{F(t)\,\mathrm{sh}(t)}{\mathrm{ch}^2(t)}\,dt$.

On note que les fonctions f et F sont positives donc, si $\displaystyle\int_0^{+\infty} \frac{f(t)}{\mathrm{ch}(t)}\,dt$ converge on a $\forall X \geqslant 0$, $\displaystyle\int_0^X \frac{F(t)\,\mathrm{sh}(t)}{\mathrm{ch}^2(t)}\,dt \leqslant \int_0^{+\infty} \frac{f(t)}{\mathrm{ch}(t)}\,dt$ d'où la convergence de $\displaystyle\int_0^{+\infty} \frac{F(t)\,\mathrm{sh}(t)}{\mathrm{ch}^2(t)}\,dt$. Toujours dans ce cas $\dfrac{F(X)}{\mathrm{ch}(X)}$ a une limite finie, notée ℓ quand $X \to +\infty$ d'après l'égalité d'intégration par parties. $\dfrac{F(X)\,\mathrm{sh}(X)}{\mathrm{ch}^2(x)} = \dfrac{F(X)}{\mathrm{ch}(X)}\,\mathrm{th}(X) \xrightarrow[X\to+\infty]{} \ell$ d'où $\ell = 0$ et enfin

$$\int_0^{+\infty} \frac{f(t)}{\mathrm{ch}(t)}\,dt = \int_0^{+\infty} \frac{F(t)\,\mathrm{sh}(t)}{\mathrm{ch}^2(t)}\,dt.$$

Si $\displaystyle\int_0^{+\infty} \frac{f(t)}{\mathrm{ch}(t)}\,dt$ diverge montrons par l'absurde que $\displaystyle\int_0^{+\infty} \frac{F(t)\,\mathrm{sh}(t)}{\mathrm{ch}^2(t)}\,dt$ diverge également. Sinon l'égalité d'intégration par parties montre que $\dfrac{F(X)}{\mathrm{ch}(X)} \xrightarrow[X\to+\infty]{} +\infty$ d'où $\dfrac{F(X)\,\mathrm{sh}(X)}{\mathrm{ch}^2(x)} = \dfrac{F(X)}{\mathrm{ch}(X)}\,\mathrm{th}(X) \xrightarrow[X\to+\infty]{} +\infty$, ce qui contredit la convergence de $\displaystyle\int_0^{+\infty} \frac{F(t)\,\mathrm{sh}(t)}{\mathrm{ch}^2(t)}\,dt$.

En résumé les deux intégrales convergent ou divergent simultanément et sont égales en cas de convergence.

Exercice 56.

Justifier l'existence pour $n \geqslant 1$ et donner un équivalent de l'intégrale

$$I_n = \int_0^{+\infty} \frac{e^{-nx}\cos(x)}{\sqrt{x}}\,dx.$$

●●●●●●

$\forall n \geqslant 1$, $f_n : x \mapsto \dfrac{e^{-nx}\cos(x)}{\sqrt{x}}$ est continue sur $\mathbb{R}_+^\star$, $f_n(x) \underset{x\to 0}{\sim} \dfrac{1}{\sqrt{x}}$ et $f_n(x) \underset{x\to+\infty}{=} o(e^{-nx})$, donc f_n est intégrable sur $\mathbb{R}_+^\star$.

On a $I_n = \dfrac{1}{\sqrt{n}} \displaystyle\int_0^{+\infty} \frac{e^{-u}\cos(u/n)}{\sqrt{u}}\,du$ par le changement de variable linéaire $u = nx$.

Si on note, pour tout $n \in \mathbb{N}^\star$, $\varphi_n : u \mapsto \dfrac{e^{-u}\cos(u/n)}{\sqrt{u}}$ alors $(\varphi_n)_n$ est une suite de fonctions continues sur $\mathbb{R}_+^\star$ qui converge simplement sur cet intervalle vers la fonction continue $\varphi : u \mapsto \dfrac{e^{-u}}{\sqrt{u}}$ en étant dominée par elle. La fonction φ est intégrable ur $\mathbb{R}_+^\star$ pour les mêmes raisons que les fonctions f_n.

Le théorème de convergence dominée montre que la suite de terme général $\displaystyle\int_0^{+\infty} \varphi_n(u)\,du$ converge vers $\displaystyle\int_0^{+\infty} \varphi(u)\,du$, soit $\Gamma(1/2)$ ou encore $\sqrt{\pi}$.

Cela montre que $I_n \underset{n\to\infty}{\sim} \sqrt{\dfrac{\pi}{n}}$.

Exercice 57.

Convergence et somme de la série de terme général $(-1)^n \int_0^{\pi/2} \cos^n(x)\,dx$ *?*

●●●●●●

On pose $\forall n \in \mathbb{N},\ f_n : x \mapsto (-1)^n \cos^n(x)$ et $a_n = \int_0^{\pi/2} f_n(x)\,dx$.
$\forall n \in \mathbb{N},\ f_n$ est continue sur $[0,\pi/2]$, $\sum f_n$ converge simplement sur $]0,\pi/2]$ et $\sum\limits_{n=0}^{\infty} f_n : x \mapsto \dfrac{1}{1+\cos(x)}$ est continue sur ce même intervalle.
Si $0 < x \leqslant \pi/2$, $\sum f_n(x)$ vérifie les hypothèses du théorème spécial des séries alternées donc $\forall n \in \mathbb{N}$, $\left|\sum\limits_{k=0}^{n} f_k(x)\right| \leqslant |f_0(x)| = 1$ et $f_0 : x \mapsto 1$ est intégrable sur $]0,\pi/2]$.
Le théorème de convergence dominée appliqué aux sommes partielles de la série $\sum f_n$ montre que $\sum a_n$ converge et $\sum\limits_{n=0}^{\infty} a_n = \int_0^{\pi/2} \sum\limits_{n=0}^{\infty} f_n(x)\,dx$ soit
$\sum\limits_{n=0}^{\infty} a_n = \int_0^{\pi/2} \dfrac{dx}{1+\cos(x)} = \int_0^{\pi/2} \dfrac{dx}{2\cos^2(x/2)} = \Big[\tan(x/2)\Big]_0^{\pi/2} = 1.$

Exercice 58.

Soit, pour $n \in \mathbb{N}$, $a_n = \int_0^1 t^n\sqrt{1-t^2}\,dt$.

a) *Déterminer une relation entre* a_{n+2} et a_n.

b) *Donner un équivalent de* a_n.

c) *Nature et somme éventuelle de la série de terme général* a_n *?*

●●●●●●

a) On intègre par parties

$$\begin{aligned} a_{n+2} &= \int_0^1 t^{n+1}\left(t\sqrt{1-t^2}\right)dt \\ &= -\frac{1}{3}\Big[t^{n+1}(1-t^2)^{3/2}\Big]_0^1 + \frac{n+1}{3}\int_0^1 t^n(1-t^2)^{3/2}dt \\ &= \frac{n+1}{3}\int_0^1 (t^n - t^{n+2})\sqrt{1-t^2}\,dt = \frac{n+1}{3}(a_n - a_{n+2}) \end{aligned}$$

d'où $(n+4)a_{n+2} = (n+1)a_n$.

b) $a_0 = \int_0^1 \sqrt{1-t^2}\,dt = \int_0^{\pi/2} \cos^2(u)\,du = \int_0^{\pi/2} \dfrac{1+\cos(2u)}{2}\,du = \dfrac{\pi}{4}$ par le changement de variable $t = \sin(u)$.

$\forall n \in \mathbb{N},\ a_{2n} = \dfrac{2n-1}{2n+2}\cdot\dfrac{2n-3}{2n}\cdots\dfrac{1}{4}\cdot\dfrac{\pi}{4} = \dfrac{(2n)!}{(2n+2)(2^n n!)^2}\,\dfrac{\pi}{2}.$

$$a_1 = \int_0^1 t\sqrt{1-t^2}\,dt = -\frac{1}{3}\Big[(1-t^2)^{3/2}\Big]_0^1 = \frac{1}{3}.$$

$$\forall n\in\mathbb{N},\ a_{2n+1} = \frac{2n}{2n+3}\cdot\frac{2n-2}{2n+1}\cdots\frac{2}{5}\cdot\frac{1}{3} = \frac{(2^n n!)^2}{(2n+3)(2n+1)(2n)!}.$$

La formule de Stirling montre $\dfrac{(2n)!}{(2^n n!)^2} \underset{n\to\infty}{\sim} \dfrac{\left(\frac{2n}{e}\right)^{2n} 2\sqrt{\pi n}}{2^{2n}\left(\frac{n}{e}\right)^{2n} 2\pi n} = \dfrac{1}{\sqrt{\pi n}}$.

Donc $a_{2n} \underset{n\to\infty}{\sim} \dfrac{\pi}{4n\sqrt{\pi n}} = \dfrac{\sqrt{\pi}}{4n^{3/2}}$ et $a_{2n+1} \underset{n\to\infty}{\sim} \dfrac{\sqrt{\pi n}}{4n^2} = \dfrac{\sqrt{\pi}}{4n^{3/2}}$.

c) La convergence de $\sum a_n$ découle des équivalents fournis.
On considère, pour tout $n\in\mathbb{N}$, $f_n : t\mapsto t^n\sqrt{1-t^2}$.
Chaque f_n est continue positive sur $[0,1]$, $\sum f_n$ converge simplement sur $[0,1[$ et $\displaystyle\sum_{n=0}^{\infty} f_n : t\mapsto \frac{1}{\sqrt{1-t^2}}$ est continue sur $[0,1[$.

La série de terme général $\displaystyle\int_0^1 \big|f_n(t)\big|\,dt$ converge car c'est $\sum a_n$.
Le théorème d'intégration terme à terme montre que

$$\sum_{n=0}^{\infty} a_n = \int_0^1 \sum_{n=0}^{\infty} f_n(t)\,dt = \int_0^1 \frac{dt}{\sqrt{1-t^2}} = \frac{\pi}{2}.$$

Exercice 59.

a) *Calculer* $S = \displaystyle\sum_{n=0}^{\infty} \frac{(-1)^n}{2n+1}$.

b) *On pose, pour* $n\in\mathbb{N}$, $R_n = \displaystyle\sum_{k=n+1}^{\infty} \frac{(-1)^k}{2k+1}$. *Montrer que la série de terme général* R_n *converge et déterminer sa somme.*

●●●●●●

a) Pour tout $n\in\mathbb{N}$, $f_n : t\mapsto (-1)^n t^n$ est continue sur $[0,1]$, $\sum f_n$ converge simplement sur $[0,1[$, $\displaystyle\sum_{n=0}^{\infty} f_n : t\mapsto \frac{1}{1+t^2}$ est continue sur $[0,1[$.

$\forall n\in\mathbb{N},\ ,\forall t\in[0,1[,\ \left|\displaystyle\sum_{k=0}^{n} f_k(t)\right| \leqslant \big|f_0(t)\big| = 1$ car $\sum f_k(t)$ vérifie les hypothèses du théorème spécial des séries alternées.
Le théorème de convergence dominée appliqué aux sommes partielles de $\sum f_n$ montre que $\displaystyle\sum\int_0^1 f_n(t)\,dt$ converge et $\displaystyle\sum_{n=0}^{\infty}\int_0^1 f_n(t)\,dt = \int_0^1 \sum_{n=0}^{\infty} f_n(t)\,dt$

i.e. $\displaystyle\sum \frac{(-1)^n}{2n+1}$ converge et $\displaystyle\sum_{n=0}^{\infty} \frac{(-1)^n}{2n+1} = \int_0^1 \frac{dt}{1+t^2} = \frac{\pi}{4}$.

b) De la même façon pour tout $n \geqslant -1$ par convergence dominée,

$R_n = \int_0^1 \sum_{k=n+1} f_k(t)\,dt = \int_0^1 g_n(t)\,dt$ où $g_n : t \mapsto \dfrac{(-1)^{n+1}t^{2n+2}}{1+t^2} = \dfrac{f_{n+1}(t)}{1+t^2}\cdot$
Chaque fonction g_n est continue sur $[0,1]$, $\sum g_n$ converge simplement sur $[0,1[$ et $\sum_{n=-1}^{\infty} g_n : t \mapsto \dfrac{1}{(1+t^2)^2}$ est continue sur $[0,1[$.

$\forall n \geqslant -1,\ \forall t \in [0,1[,\ \left|\sum_{k=-1}^{n} g_k(t)\right| \leqslant |g_0(t)| = \dfrac{1}{1+t^2}\cdot$

Toujours par convergence dominée $\sum R_n$ converge et $\sum_{n=-1}^{\infty} R_n = \int_0^1 \dfrac{dt}{(1+t^2)^2}\cdot$

$I = \int_0^1 \dfrac{dt}{(1+t^2)^2} = \int_0^{\pi/4} \cos^2(\theta)\,d\theta$ par le changement de variable $\theta = \arctan(t)$ d'où $I = \int_0^{\pi/4} \dfrac{1+\cos(2\theta)}{2}\,d\theta = \left[\dfrac{\theta}{2} + \dfrac{\sin(2\theta)}{4}\right]_0^{\pi/4} = \dfrac{\pi}{8} + \dfrac{1}{4}\cdot$

Exercice 60.

On définit la fonction f par $f(x) = \sum_{n=0}^{\infty} \dfrac{(-1)^n e^{-nx}}{n+1}$.

a) *Déterminer l'ensemble de définition de f.*

b) *Déterminer la classe de dérivabilité de f.*

c) *Trouver une équation différentielle satisfaite par f et la résoudre.*

●●●●●●

Pour tout $n \in \mathbb{N}$ on considère $f_n : x \mapsto \dfrac{(-1)^n e^{-nx}}{n+1}\cdot$
Cette fonction est définie et de classe $\mathcal{C}^\infty$ sur $\mathbb{R}$.
a) Si $x < 0$ alors $|f_n(x)| \xrightarrow[n\to\infty]{} +\infty$ donc $\sum f_n(x)$ diverge grossièrement.
$\sum f_n(0)$ converge d'après le théorème spécial des séries alternées.
De plus $f(0) = \ln(2)$.
Si $x > 0$ alors $f_n(x) \underset{n\to\infty}{=} o(e^{-nx})$ donc $\sum f_n(x)$ converge absolument.
En résumé f est définie sur $\mathbb{R}_+$.
b) Si $x \geqslant 0$ alors $\sum f_n(x)$ vérifie les hypothèses du théorème spécial des séries alternées et donc, si $n \in \mathbb{N}$ et $x \geqslant 0$, $\left|\sum_{k=n}^{\infty} f_k(x)\right| \leqslant |f_n(x)| \leqslant \dfrac{1}{n+1}\cdot$
Cela prouve la convergence uniforme de $\sum f_n$ sur $\mathbb{R}_+$ et donc la continuité de f sur son ensemble de définition.

Si $\alpha > 0$ et $k \in \mathbb{N}$, $x \geqslant \alpha \Rightarrow \left|f_n^{(k)}(x)\right| = \dfrac{n^k e^{-nx}}{n+1} \leqslant \dfrac{n^k e^{-n\alpha}}{n+1} = \alpha_{n,k}$ et $\alpha_{n,k} \underset{n\to\infty}{=} o(n^{-2})$, donc $\sum f_n^{(k)}$ converge normalement sur $[\alpha, +\infty[$ ce qui montre que f est de classe $\mathcal{C}^\infty$ sur $\mathbb{R}_+^\star$.

Si $x > 0$, $f'(x) = \sum_{n=0}^{\infty} (-1)^{n+1} \dfrac{(n+1)-1}{n+1} e^{-nx} = \sum_{n=0}^{\infty} (-1)^{n+1} e^{-nx} + f(x)$

d'où $f'(x) = (e^{-x} - 1) \sum_{k=0}^{\infty} e^{-2kx} + f(x) = f(x) - \dfrac{1 - e^{-x}}{1 - e^{-2x}} = f(x) - \dfrac{1}{1 + e^{-x}}$.

On en déduit que $f'(x) \xrightarrow[x \to 0]{} \ln(2) - \dfrac{1}{2}$ et le théorème de la limite de la dérivée assure que f est de classe $\mathcal{C}^1$ sur $\mathbb{R}_+$ et que la relation $f'(x) = f(x) - \dfrac{1}{1+e^{-x}}$ est satisfaite sur $\mathbb{R}_+$. Par conséquent f est de classe $\mathcal{C}^\infty$ sur $\mathbb{R}_+$.

c) Si $x \geqslant 0$ on déduit de la question précédente $\dfrac{d}{dx}\big(e^{-x} f(x)\big) = -\dfrac{e^{-x}}{1+e^{-x}}$,
soit $\dfrac{d}{dx}\big(e^{-x} f(x)\big) = \dfrac{d}{dx}\big(\ln(1+e^{-x})\big)$.
Par suite il existe un réel α tel que $\forall x \in \mathbb{R}_+$, $f(x) = e^x\big[\alpha + \ln(1+e^{-x})\big]$.
Comme $f(0) = \ln(2)$ il vient $\alpha = 0$ et donc $\forall x \in \mathbb{R}_+$, $f(x) = e^x \ln(1+e^{-x})$.
Remarque : dès le début le développement en série entière de $\ln(1+t)$ fournit l'expression définitive de f, il n'y a alors plus d'exercice.

Exercice 61.

a) *Déterminer l'ensemble de définition I de la fonction*

$$f : x \mapsto \sum_{n \in \mathbb{N}} \ln(1 + e^{-nx}).$$

b) *Montrer que f est continue et strictement décroissante sur I.*

c) *Montrer que f admet une limite en $+\infty$ et la calculer.*

d) *Trouver un équivalent de f en 0 en utilisant* $\displaystyle\sum_{n=1}^{\infty} \frac{(-1)^{n-1}}{n^2} = \frac{\pi^2}{12}$.

●●●●●●

a) Pour tout $n \in \mathbb{N}$, $f_n : x \mapsto \ln(1 + e^{-nx})$ est définie, continue positive et strictement décroissante sur $\mathbb{R}$ exceptée f_0 qui est constante égale à $\ln(2)$.
Si $x \leqslant 0$, $f_n(x) \not\xrightarrow[n \to \infty]{} 0$ donc $\sum f_n(x)$ diverge grossièrement.
Si $x > 0$, $f_n(x) \underset{n\to\infty}{\sim} e^{-nx}$ et $\sum e^{-nx}$ est une série géométrique à termes positifs convergente, donc $x \in I$ et $I = \mathbb{R}_+^\star$.

b) Si $\alpha > 0$ et $x \leqslant \alpha$, $|f_n(x)| \leqslant f_n(\alpha)$ et $\sum f_n(\alpha)$ converge. Donc $\sum f_n$ converge normalement sur $[\alpha, +\infty[$, ce qui établit la continuité de f sur I.
Les monotonies des fonctions f_n prouvent que f est strictement décroissante sur I.

c) La positivité et la décroissance de f suffisent à établir l'existence d'une limite dans $\mathbb{R}_+$ en $+\infty$. Pour déterminer cette limite on rappelle que $\sum f_n$ converge normalement sur $[1, +\infty[$ et on remarque que $f_0 = \ln(2)$ d'une part et que pour tout $n \in \mathbb{N}^\star$, $f_n(x) \xrightarrow[x \to +\infty]{} 0$ d'autre part.

Le théorème de la double limite fournit $\lim\limits_{+\infty} f = \ln(2)$.

d) Fixons $x > 0$ et soit $\varphi : t \mapsto \ln(1 + e^{-tx})$, cette fonction est continue, positive et décroissante sure $\mathbb{R}_+$. Par conséquent

si $n \in \mathbb{N}$, $\displaystyle\int_n^{n+1} \varphi(t)\,dt \leqslant \varphi(n)$ et, si $n \geqslant 1$, $\displaystyle\varphi(n) \leqslant \int_{n-1}^{n} \varphi(t)\,dt$.

En sommant on obtient $\displaystyle\int_0^{+\infty} \varphi(t)\,dt \leqslant f(x)$ et $\displaystyle f(x) - \ln(2) \leqslant \int_0^{+\infty} \varphi(t)\,dt$.

On pose, pour tout $k \in \mathbb{N}^\star$, $\varphi_k : t \mapsto \dfrac{(-1)^{k-1}e^{-ktx}}{k}\cdot$ Chacune de ces fonctions est continue et intégrable sur $\mathbb{R}_+$.

Le développement en série entière de $u \mapsto \ln(1 + u)$ prouve que $\sum \varphi_k$ converge simplement sur $\mathbb{R}_+^\star$, sa somme est φ continue sur ce même intervalle et

$\forall k \in \mathbb{N}^\star$, $\displaystyle\int_0^{+\infty} |\varphi_k(t)|\,dt = -\frac{1}{k^2x}\Big[e^{-ktx}\Big]_{t=0}^{t\to+\infty} = \frac{1}{k^2x}$, terme général d'une série convergente.

Le théorème d'intégration terme à terme montre que

$$\int_0^{+\infty} \varphi(t)\,dt = \sum_{k=1}^{\infty} \int_0^{+\infty} \varphi_k(t)\,dt = \frac{1}{x}\sum_{k=1}^{\infty} \frac{(-1)^{k-1}}{k^2} = \frac{\pi^2}{12x}\cdot$$

On a $\dfrac{\pi^2}{12x} \leqslant f(x) \leqslant \dfrac{\pi^2}{12x} + \ln(2)$ et donc, par encadrement, $f(x) \underset{x\to 0}{\sim} \dfrac{\pi^2}{12x}\cdot$

Exercice 62.

Soit $\displaystyle f(x) = \sum_{n=1}^{\infty} \frac{1}{n^2 + x^2}\cdot$

a) *Trouver l'ensemble de définition de f. Préciser la régularité de f.*

b) *La fonction f est-elle développable en série entière ?*

●●●●●●

a) $\forall n \in \mathbb{N}^\star$, $f_n : x \mapsto \dfrac{1}{n^2 + x^2}$ est définie sur $\mathbb{R}$ et paire.

$\forall (n, x) \in \mathbb{N}^\star \times \mathbb{R}$, $\big|f_n(x)\big| \leqslant \dfrac{1}{n^2}$ montre que $\sum f_n$ converge normalement sur $\mathbb{R}$ et donc f est définie et paire sur $\mathbb{R}$.

On pose, si $n \geqslant 1, g_n : x \mapsto \dfrac{1}{n^2 + x}$ et $\displaystyle g = \sum_{n=1}^{\infty} g_n$.

Chaque g_n est de classe $\mathcal{C}^\infty$ sur $\mathbb{R}_+$ et, pour tout $(k, x) \in \mathbb{N} \times \mathbb{R}_+$,

$|g_n^{(k)}|(x) = \dfrac{(k-1)!}{(n^2 + x)^{k+1}} \leqslant \dfrac{(k-1)!}{n^{2(k+1)}}$ d'où la convergence normale sur $\mathbb{R}_+$ de $\sum g_n^{(k)}$. Cela montre que g est de classe $\mathcal{C}^\infty$ sur $\mathbb{R}_+$ et, comme pour tout $x \in \mathbb{R}$, $f(x) = g(x^2)$, la fonction f est de classe $\mathcal{C}^\infty$ sur $\mathbb{R}$.

b) Fixons x dans $]-1, 1[$.

$$f(x) = \sum_{n=1}^{\infty} \frac{1}{n^2} \frac{1}{1 + \left(\frac{x}{n}\right)^2} = \sum_{n=1}^{\infty} \left(\sum_{k=0}^{\infty} (-1)^k \frac{x^{2k}}{n^{2k+2}} \right).$$

Si $N \geqslant 1$ posons $S_N = \sum_{n=1}^{N} \left(\sum_{k=0}^{\infty} (-1)^k \frac{x^{2k}}{n^{2k+2}} \right)$, ainsi $S_N \xrightarrow[N\to\infty]{} f(x)$.

Comme somme de séries convergentes on a $S_N = \sum_{k=0}^{\infty} (-1)^k \left(\sum_{n=1}^{N} \frac{1}{n^{2k+2}} \right) x^{2k}$.

Soit enfin $S = \sum_{k=0}^{\infty} (-1)^k \left(\sum_{n=1}^{\infty} \frac{1}{n^{2k+2}} \right) x^{2k} = \sum_{k=0}^{\infty} (-1)^k \zeta(2k+2) x^{2k}$.

$|S - S_N| \leqslant \sum_{k=0}^{\infty} \left(\sum_{n=N+1}^{\infty} \frac{1}{n^{2k+2}} \right) x^{2k}$ et, si $n \geqslant 2$, $\frac{1}{n^{2k+2}} \leqslant \int_{n-1}^{n} \frac{dt}{t^{2k+2}}$ d'où

$$\sum_{n=N+1}^{\infty} \frac{1}{n^{2k+2}} \leqslant \int_{N}^{+\infty} t^{-2k-2} dt = \frac{N^{-2k+1}}{2k+1} \leqslant \frac{1}{N^{2k+1}}.$$

D'où $|S - S_N| \leqslant \frac{1}{N} \sum_{k=0}^{\infty} \left(\frac{x}{N}\right)^{2k} = \frac{1}{N} \times \frac{1}{1 - \left(\frac{x}{N}\right)^2} \xrightarrow[N\to\infty]{} 0$.

On en déduit $f(x) = S = \sum_{k=0}^{\infty} (-1)^k \zeta(2k+2) x^{2k}$, la fonction f est donc développable en série entière sur $]-1, 1[$.
Précisons que, comme $\zeta(2k+2) \xrightarrow[k\to\infty]{} 1$, le rayon de convergence est égal à 1.

Exercice 63.
Soient E l'espace vectoriel des fonctions de $[0,1]$ vers $\mathbb{R}$ et $(f_1, \ldots, f_n) \in E^n$.
a) *Montrer que $(f_1, \ldots, f_n)$ est liée si et seulement si, pour tout $(x_1, \ldots, x_n)$ dans $[0,1]^n$, $\det \left(f_i(x_j) \right)_{1 \leqslant i,j \leqslant n} = 0$.*
b) *Soient F un sous-espace vectoriel de E de dimension finie et $(f_n)_{n \geqslant 0}$ une suite d'éléments de F qui converge simplement vers une fonction f. Montrer que la convergence est uniforme sur $[0,1]$.*

●●●●●●

a) Si $\sum_{i=1}^{n} \lambda_i f_i = 0$ alors en notant $L_1, \ldots, L_n$ les lignes de la matrice $\left(f_i(x_j) \right)_{1 \leqslant i,j \leqslant n}$, on a $\sum_{i=1}^{n} \lambda_i L_i = 0$.
Donc si $(f_1, \ldots, f_n)$ est liée alors pour tout $(x_1, \ldots, x_n) \in [0,1]^2$, on a $\det \left(f_i(x_j) \right)_{1 \leqslant i,j \leqslant n} = 0$.
Montrons par récurrence sur n que si $(f_1, \ldots, f_n)$ est libre alors il existe $(x_1, \ldots, x_n)$ dans $[0,1]^n$ tel que $\det \left(f_i(x_j) \right)_{1 \leqslant i,j \leqslant n} \neq 0$.

Dans le cas $n = 1$ dire que (f_1) est libre revient à dire $f_1 \neq 0$ *i.e.* $\exists x_1 \in [0,1]$ tel que $f_1(x_1) \neq 0$.
Supposons la propriété établie à un rang n et soit $(f_1, \ldots, f_{n+1})$ libre dans E. Nécessairement $(f_1, \ldots, f_n)$ est libre. Soit $(x_1, \ldots, x_n) \in [\![0,1]^n$ tel que $\det\Big(f_i(x_j)\Big)_{1 \leqslant i,j \leqslant n} \neq 0$.

On considère $D : x \mapsto \begin{vmatrix} f_1(x_1) & \cdots & f_1(x_n) & f_1(x) \\ \vdots & & & \vdots \\ f_n(x_1) & \cdots & f_n(x_n) & f_n(x) \\ f_{n+1}(x_1) & \cdots & f_{n+1}(x_n) & f_{n+1}(x) \end{vmatrix}$.

Le développement selon la dernière colonne montre que D est combinaison linéaire $\sum\limits_{i=1}^{n+1} \lambda_i f_i$ avec $\lambda_{n+1} = \det\Big(f_i(x_j)\Big)_{1 \leqslant i,j \leqslant n} \neq 0$. Comme $(f_1, \ldots, f_{n+1})$ est libre la fonction D n'est pas nulle, et donc il existe x_{n+1} dans $[0,1]$ tel que $D(x_{n+1}) \neq 0$; ce qui établit l'hérédité de la propriété et termine la récurrence.

b) Soit $(\varphi_1, \ldots, \varphi_p)$ une base de f et, d'après la question précédente, on peut choisir $(x_1, \ldots, x_p)$ dans $[0,1]^p$ tel que $\det\Big(\varphi_i(x_j)\Big)_{1 \leqslant i,j \leqslant p} \neq 0$.

Montrons que $N : f \mapsto \sum\limits_{k=1}^{p} \big|f(x_k)\big|$ est une norme sur F.
Positivité, homogénéité et inégalité triangulaire sont immédiates.
Si $N(f) = 0$ et si on décompose $f = \sum\limits_{i=1}^{p} \lambda_i \varphi_i$ dans la base $(\varphi_1, \ldots, \varphi_p)$ de F alors $\big(\forall k \in [\![1,p]\!],\ f(x_k) = 0\big)$ s'écrit $\Big(\forall k \in [\![1,p]\!],\ \sum\limits_{i=1}^{p} \lambda_i \varphi i(x_k) = 0\Big)$.
Cela montre que $\lambda_1, \ldots, \lambda_p$ sont solutions d'un système linéaire homogène dont le déterminant est $\det\Big(\varphi_i(x_j)\Big)_{1 \leqslant i,j \leqslant p}$ donc $\lambda_1 = \cdots = \lambda_p = 0$ et $f = 0$.

Soit $(f_n)_n$ une suite d'éléments de F qui converge simplement sur $[0,1]$. Pour tout $k \in [\![1,p]\!]$, $\big(f_n(x_k)\big)_n$ converge vers $f(x_k)$ donc $(f_n)_n$ converge vers f au sens de N. Comme F est de dimension finie la norme N est équivalente à la norme de la convergence uniforme sur $[0,1]$ et, par suite, $(f_n)_n$ converge uniformément sur $[0,1]$.

Exercice 64.
Déterminer le domaine de définition de $f : x \mapsto \sum\limits_{n=0}^{\infty} \sin(nx)\, x^n$.

●●●●●●

Si $|x| < 1$ alors $\forall n \in \mathbb{N}$, $\big|\sin(nx)x^n\big| \leqslant |x|^n$ et donc $\sum \sin(nx)\, x^n$ converge absolument.

Si $|x| \geqslant 1$ montrons par l'absurde que $\sum \sin(nx)\, x^n$ diverge.
Sinon $\big(\sin(nx)\, x^n\big)_n$ converge vers 0,

or $\sin\big((n+1)x\big)x^{n+1} = x\big[\sin(1)\cos(nx)\,x^n + \cos(1)\sin(nx)\,x^n\big] \xrightarrow[n\to\infty]{} 0$ donc $\big(\cos(nx)\,x^n\big)_n$ converge vers 0. Par suite $(e^{inx}x^n)_n$ converge vers 0 alors que $|e^{inx}x^n| = |x|^n \geqslant 1$, c'est absurde.
L'ensemble de définition de f est donc $]-1,1[$.

Exercice 65.
Soit $f : x \mapsto \sum\limits_{n=1}^{\infty} \dfrac{\sin^2(nx)}{n^2}$.

a) *Montrer que f est définie et continue sur $\mathbb{R}$.*

b) *La fonction f est-elle dérivable en 0 ?*

●●●●●●

a) $\forall n \in \mathbb{N}^\star$, $f_n : x \mapsto \dfrac{\sin^2(nx)}{n^2}$ est définie et continue sur $\mathbb{R}$ et $|f_n| \leqslant \dfrac{1}{n^2}$. Cela montre que $\sum f_n$ converge normalement sur $\mathbb{R}$ et que sa somme, f, est définie et continue sur $\mathbb{R}$. De plus f est paire et $f(0) = 0$.

b) Si f est dérivable en 0 alors, par parité de f, on a $f'(0) = 0$.
Sur $[0, \pi/2]$ par concavité de sin on a $\sin(t) \geqslant \dfrac{2t}{\pi}$.
Si $x > 0$, $\dfrac{f(x)}{x} \geqslant \sum\limits_{n\in A_x} \dfrac{\sin^2(nx)}{n^2 x}$ où $A_x = \big\{n \in \mathbb{N}^\star \mid nx \leqslant \pi/2\big\}$.
D'où $\dfrac{f(x)}{x} \geqslant \sum\limits_{n\in A_x} \left(\dfrac{2nx}{\pi}\right)^2 \dfrac{1}{n^2 x} = \dfrac{4x}{\pi^2}\,\mathrm{Card}(A_x) \geqslant \dfrac{4x}{\pi^2}\left(E\left[\dfrac{\pi}{2x}\right] - 1\right) \underset{x\to 0}{\sim} \dfrac{2}{\pi}$,
ce qui contredit $f'(0) = 0$. La fonction f n'est donc pas dérivable en 0.

Exercice 66.
Soit $f : x \mapsto \sum\limits_{n=1}^{\infty} \dfrac{e^{-x\sqrt{n}}}{n\sqrt{n}}$.

a) *Déterminer le domaine de définition D de f. Montrer que f est continue sur D.*

b) *Est-elle de classe $\mathcal{C}^1$ sur D ?*

●●●●●●

a) Si l'on pose $\forall n \in \mathbb{N}$, $f_n : x \mapsto \dfrac{e^{-x\sqrt{n}}}{n\sqrt{n}}$, alors chaque f_n est définie et de classe $\mathcal{C}^\infty$ sur $\mathbb{R}$.
Si $x < 0$ alors $f_n(x) \xrightarrow[n\to\infty]{} +\infty$ et donc $\sum f_n(x)$ diverge grossièrement.
Si $x \geqslant 0$ alors $\big|f_n(x)\big| \leqslant \dfrac{1}{n\sqrt{n}}$ et donc $\sum f_n$ converge normalement sur $\mathbb{R}_+$.
La fonction f est définie et continue sur $\mathbb{R}_+$.

b) Si $x \geqslant a > 0$ et $n \in \mathbb{N}^\star$ alors $\left|f_n'(x)\right| = \dfrac{e^{-x\sqrt{n}}}{n} \leqslant e^{-na}$ terme général d'une série convergente. Par convergence normale de $\sum f_n'$ sur tout intervalle $[a, +\infty[$ pour $a > 0$ la fonction f est de classe $\mathcal{C}^1$ sur $\mathbb{R}_+^\star$ et, pour tout $x > 0$, $f'(x) = -\displaystyle\sum_{n=1}^{\infty} \frac{e^{-x\sqrt{n}}}{n}\cdot$

$-f'$ est décroissante positive sur $\mathbb{R}_+^\star$ et donc admet une limite ℓ en 0 avec $\ell \in \mathbb{R}_+ \cup \{+\infty\}\cdot$

Si $x > 0$ et $N \in \mathbb{N}^\star$ on a $\ell \geqslant -f'(x) \geqslant \displaystyle\sum_{n=1}^{N} \frac{e^{-x\sqrt{n}}}{n}$ et donc, en faisant tendre x vers 0, $\ell \geqslant \displaystyle\sum_{n=1}^{N} \frac{1}{n}\cdot$ Quand $N \to \infty$ on en déduit $\ell = +\infty$.

Le théorème de la limite de la dérivée (ou le théorème des accroissements finis) montre que f n'est pas dérivable en 0 car $\dfrac{f(x) - f(0)}{x} \xrightarrow[x \to 0^+]{} +\infty$.

Exercice 67.

Soient $\theta \in \mathbb{R}$ et $f : x \mapsto \displaystyle\sum_{n=1} \frac{\cos(n\theta)}{n} z^n$.

a) *Déterminer le rayon de convergence de cette série entière.*

b) *Si* $x \in [0, 1[$ *donner l'expression de* $f(x)$.

●●●●●●

a) La série a même rayon que sa série dérivée soit $\sum \cos(n\theta) z^{n-1}$; notons R ce rayon de convergence.

Comme cos est bornée on a $R > 1$. Supposons que $\sum \cos(n\theta)$ converge, alors $\big(\cos(n\theta)\big)_n$ converge vers 0, ce qui exclut $\theta \in \pi\mathbb{Z}$.

Comme $\cos\big((n+1)\theta\big) = \cos(\theta)\cos(n\theta) - \sin(\theta)\sin(n\theta)$ et comme $\sin(\theta) \neq 0$ la suite $\big(\sin(n\theta)\big)_n$ convergerait aussi vers 0 alors que $\cos^2 + \sin^2 = 1$. Il y a contradiction. Donc $\sum \cos(n\theta)$ diverge et $R = 1$.

b) Si $|x| < 1$ le théorème de dérivation des séries entières montre que

$$xf'(x) = \sum_{n=1}^{\infty} \cos(n\theta) x^n = \Re e\left(\sum_{n=1}^{\infty} (xe^{i\theta})^n\right) = x\,\Re e\left(\frac{e^{i\theta}}{1 - xe^{i\theta}}\right) \text{ d'où}$$

$$xf'(x) = x\,\Re e\left(\frac{e^{i\theta} - x}{(1 - xe^{i\theta})(1 - xe^{-i\theta})}\right) = x\,\frac{\cos(\theta) - x}{x^2 - 2x\cos(\theta) + 1}\cdot$$

Si $0 < |x| < 1$, $f'x) = \dfrac{\cos(\theta) - x}{x^2 - 2x\cos(\theta) + 1} = -\dfrac{1}{2}\dfrac{d}{dx}\Big(\ln\big(1 - 2x\cos(\theta) + x^2\big)\Big)$ et c'est encore vrai si $x = 0$ par continuité.

Comme $f(0) = 0$ on a, pour $|x| < 1$, $f(x) = \ln\left(\dfrac{1}{\sqrt{x^2 - 2x\cos(\theta) + 1}}\right)\cdot$

Exercice 68.

Si $\alpha \in \mathbb{R}_+^\star$ donner le développement en série entière de

$$f : x \mapsto \frac{x\,\mathrm{sh}(\alpha)}{x^2 - 2x\,\mathrm{ch}(\alpha) + 1}.$$

●●●●●●

Si $x \notin \{e^\alpha, e^{-\alpha}\}$ alors $f(x) = \dfrac{x\,\mathrm{sh}(\alpha)}{(x-e^\alpha)(x-e^{-\alpha})} = \dfrac{a}{x-e^\alpha} + \dfrac{b}{x-e^{-\alpha}}$.

$(x-e^\alpha)f(x) \underset{x\to e^\alpha}{\sim} \dfrac{e^\alpha\,\mathrm{sh}(\alpha)}{2\,\mathrm{sh}(\alpha)} = \dfrac{e^\alpha}{2} = a$, de même $b = -\dfrac{e^{-\alpha}}{2}$.

Si $|x| < e^{-\alpha}$ on a $\dfrac{a}{x-e^\alpha} = -\dfrac{a}{e^\alpha}\dfrac{1}{1-xe^{-\alpha}} = -\dfrac{1}{2}\displaystyle\sum_{n=0}^{\infty} e^{-n\alpha}x^n$ et, de même

$\dfrac{b}{x-e^{-\alpha}} = \dfrac{1}{2}\displaystyle\sum_{n=0}^{\infty} e^{n\alpha}x^n$ d'où $f(x) = \dfrac{1}{2}\displaystyle\sum_{n=0}^{\infty}(e^{n\alpha} - e^{-n\alpha})x^n = \sum_{n=0}^{\infty}\mathrm{sh}(n\alpha)x^n$.

On notera que le rayon de convergence est $e^{-\alpha}$.

Exercice 69.

Décomposer en série entière l'application $f : x \mapsto \displaystyle\int_{-\infty}^{x} \frac{dt}{1+t+t^2}$.

●●●●●●

$t \mapsto \dfrac{1}{1+t+t^2}$ est définie et continue sur $\mathbb{R}$ avec $\dfrac{1}{1+t+t^2} \underset{t\to-\infty}{\sim} \dfrac{1}{t^2}$ et donc f est définie et de classe $\mathcal{C}^1$ sur $\mathbb{R}$.

$\forall x \in \mathbb{R},\ f'(x) = \dfrac{1}{1+x+x^2} = \dfrac{1-x}{1-x^3} = (1-x)\displaystyle\sum_{n=0}^{\infty} x^{3n} = \sum_{n=0}^{\infty}(x^{3n} - x^{3n+1})$.

Par intégration d'une série entière, $f(x) = f(0) + \displaystyle\sum_{n=0}^{\infty}\left(\frac{x^{3n+1}}{3n+1} + \frac{x^{3n+2}}{3n+2}\right)$.

Enfin $\dfrac{1}{x^2+x+1} = \dfrac{1}{\left(x+\frac{1}{2}\right)^2 + \left(\frac{\sqrt{3}}{2}\right)^2}$ d'où $f(0) = \dfrac{2}{\sqrt{3}}\left[\arctan\left(\dfrac{2x+1}{\sqrt{3}}\right)\right]_{-\infty}^{0}$

soit $f(0) = \dfrac{2}{\sqrt{3}}\left(\dfrac{\pi}{6} + \dfrac{\pi}{2}\right) = \dfrac{4\pi}{3\sqrt{3}}$.

Exercice 70.

Soit $(a_n)_n \in (\mathbb{C}^\star)^{\mathbb{N}}$. On suppose que $\dfrac{a_{n+3}}{a_n} \underset{n\to\infty}{\longrightarrow} \ell \in \mathbb{C}$.

a) *Déterminer le rayon de convergence de $\sum a_n z^n$.*

b) *Que dire si* $\left|\dfrac{a_{n+3}}{a_n}\right| \underset{n\to\infty}{\longrightarrow} +\infty$?

●●●●●●

a) Si $z \neq 0$ alors $\left|\dfrac{a_{3n+3}z^{3n+3}}{a_{3n}z^{3n}}\right| \xrightarrow[n\to\infty]{} |\ell z^3|$. Il en va de même pour $\left|\dfrac{a_{3n+4}z^{3n+4}}{a_{3n+1}z^{3n+1}}\right|$ et $\left|\dfrac{a_{3n+5}z^{3n+5}}{a_{3n+2}z^{3n+2}}\right|$.

Si $|\ell z^3| < 1$ les trois séries $\sum a_{3n}\, z^{3n}$, $\sum a_{3n+1}\, z^{3n+1}$ et $\sum a_{3n+2}\, z^{3n+2}$ sont absolument convergentes donc $\sum a_n\, z^n$ est aussi absolument convergente.
Si $|\ell z^3| > 1$ alors $\sum a_{3n}\, z^{3n}$ diverge grossièrement, donc $\sum a_n\, z^n$ diverge grossièrement.

Le rayon de convergence est donc infini si $\ell = 0$ et égal à $|\ell|^{-1/3}$ sinon.

b) Si $z \neq 0$ alors $\left|\dfrac{a_{3n+3}z^{3n+3}}{a_{3n}z^{3n}}\right| \xrightarrow[n\to\infty]{} +\infty$ donc $\sum a_n\, z^n$ est grossièrement divergente, son rayon de convergence est nul.

Exercice 71.
Soit $a > 0$ et f une fonction de classe $\mathcal{C}^\infty$ sur $[0, a[$ dont toutes les dérivées successives sont positives.

a) *Soit $n \in \mathbb{N}$. On note $R_n(x)$ le reste intégral d'ordre n de f entre 0 et x. Montrer que la fonction $x \mapsto x^{-n-1}R_n(x)$ est croissante.*

b) *En déduire que f est développable en série entière sur $[0, a[$.*

●●●●●●

a) Si $0 \leqslant x < a$ alors $R_n(x) = \dfrac{x^{n+1}}{n!}\displaystyle\int_0^1 (1-u)^n f^{(n+1)}(ux)\, du$.

Par hypothèse, pour tout $u \in [0,1]$, $x \mapsto (1-u)^n f^{(n+1)}(ux)$ est positive et croissante sur $[0, a[$, donc la fonction $x \mapsto x^{-n-1}R_n(x)$ est positive et croissante sur $]0, a[$.

b) Si $0 < x < a$ en fixant b dans $]x, a]$, $0 \leqslant x^{-n-1}R_n(x) \leqslant b^{-n-1}R_n(b)$ d'où, en multipliant par x^{n+1},

$0 \leqslant f(x) - \displaystyle\sum_{k=0}^{n} \frac{f^{(k)}(0)}{k!}\, x^k \leqslant \left(\frac{x}{b}\right)^{n+1}\left[f(b) - \sum_{k=0}^{n}\frac{f^{(k)}(0)}{k!}\, b^k\right]$ et, toujours par positivité des $f^{(k)}(0)$, $0 \leqslant f(x) - \displaystyle\sum_{k=0}^{n}\frac{f^{(k)}(0)}{k!}\, x^k \leqslant \left(\frac{x}{b}\right)^{n+1} f(b)$.

Comme $0 < \dfrac{x}{b} < 1$ la suite de terme général $f(x) - \displaystyle\sum_{k=0}^{n}\frac{f^{(k)}(0)}{k!}\, x^k$ converge vers 0 d'où le résultat.

Exercice 72.
Développer en série entière, au voisinage de 0, $f : x \mapsto \ln\left(x^2 - \sqrt{2}x + 1\right)$.

●●●●●●

$\forall x \in \mathbb{R},\ x^2 - x\sqrt{2} + 1 = (x - e^{i\pi/4})(x - e^{-i\pi/4}) = |x - e^{i\pi/4}|^2 > 0$ donc f est définie et de classe $\mathcal{C}^\infty$ sur $\mathbb{R}$.

$\forall x \in \mathbb{R},\quad f'(x) = \dfrac{2x - \sqrt{2}}{(x - e^{i\pi/4})(x - e^{-i\pi/4})} = \dfrac{\alpha}{x - e^{i\pi/4}} + \dfrac{\overline{\alpha}}{x - e^{-i\pi/4}}$ d'où

$f'(x) = 2\,\Re e\left(\dfrac{\alpha}{x - e^{i\pi/4}}\right)$ où $\alpha = \dfrac{2e^{i\pi/4} - \sqrt{2}}{2i\sin\left(\frac{\pi}{4}\right)} = \dfrac{i\sqrt{2}}{i\sqrt{2}} = 1.$

Or, si $|x| < 1$, $\dfrac{1}{x - e^{i\pi/4}} = -\dfrac{1}{e^{i\pi/4}}\,\dfrac{1}{1 - xe^{-i\pi/4}} = -e^{-i\pi/4}\displaystyle\sum_{n=0}^{\infty} e^{-in\pi/4}x^n.$

Sur $]-1,1[$, $f'(x) = -2\displaystyle\sum_{n=0}^{\infty}\cos\left(\frac{(n+1)\pi}{4}\right)x^n.$

Or la suite de terme général $-2\cos\left(\dfrac{(n+1)\pi}{4}\right)$ est 8-périodique et prend, dans cet ordre, les valeurs $-\sqrt{2}$, 0, $\sqrt{2}$, 1, $\sqrt{2}$, 0, $-\sqrt{2}$ et 1. Donc, sur $]-1,1[$,

$f'(x) = \sum\limits_{n=0}^{\infty} \sqrt{2}\left[-x^{8n} + x^{8n+2} + \sqrt{2}\,x^{8n+3} + x^{8n+4} - x^{8n+6} - \sqrt{2}\,x^{8n+7}\right].$

Comme $f(0) = 1$ le théorème d'intégration des séries entières montre :

$$f(x) = 1 + \sum \sqrt{2}\left[-\frac{x^{8n+1}}{8n+1} + \frac{x^{8n+3}}{8n+3} + \sqrt{2}\,\frac{x^{8n+4}}{8n+4} + \frac{x^{8n+5}}{8n+5} - \frac{x^{8n+7}}{8n+7} - \sqrt{2}\,\frac{x^{8n+8}}{8n+8}\right].$$

Exercice 73.

On définit la suite (a_n) par $a_0 = 1$ et, pour tout n, $a_n = -\dfrac{1}{2}\displaystyle\sum_{k=1}^{n}\frac{a_{n-k}}{k!}$.

a) *Montrer que, pour tout n, $a_n \in \mathbb{Q}$.*

b) *Soit $f : z \mapsto \sum\limits_{n=0}^{\infty} a_n\, z^n$.*

i) *Montrer que le rayon de convergence R de cette série est $\geqslant 1$.*

ii) *Montrer que, si $|z| < 1$, $f(z) = \dfrac{2}{e^z + 1}$.*

iii) *En déduire que $R \leqslant \pi$.*

••••••

a) $a_0 \in \mathbb{Q}$ et les coefficients de la relation de récurrence sont éléments de $\mathbb{Q}$ donc $(a_n)_n$ est à valeurs dans $\mathbb{Q}$.

b) i) $a_0 = 1$. Supposons pour n fixé dans $\mathbb{N}^\star$ que $\forall k \in [\![0, n-1]\!]$, $|a_k| \leqslant 1$.

Alors, par inégalité triangulaire, $2|a_n| \leqslant \displaystyle\sum_{k=1}^{n}\frac{1}{k!} \leqslant e - 1 \leqslant 2$ d'où $|a_n| \leqslant 1$. Le théorème de récurrence montre que $\forall n \in \mathbb{N}$, $|a_n| \leqslant 1$ d'où $R \geqslant 1$.

ii) Sur le disque ouvert de centre 0 et de rayon 1 les fonctions f et $z \mapsto e^z + 1$ sont développables en série entière donc leur produit, $z \mapsto e^z f(z) + f(z)$, aussi.

Par produit de Cauchy le coefficient constant est 2 et, si $n \in \mathbb{N}^\star$, le coefficient de z^n est $\displaystyle\sum_{k=0}^{n} \frac{a_{n-k}}{k!} + a_n$, soit $2a_n + \displaystyle\sum_{k=0}^{n-1} \frac{a_{n-k}}{k!}$ ou encore 0.

Donc, si $|z| < 1$, $e^z f(z) + f(z) = 2$ *i.e.* $f(z) = \dfrac{2}{1+e^z}\cdot$

iii) Comme $1 + e^{i\pi} = 0$, nécessairement $R \leqslant \pi$.

Exercice 74.

Soient (a_n) *une suite de réels* > 0 *et* $\ell \in \mathbb{R}$ *tels que* $n\Big(\dfrac{a_n^2}{a_{n-1}a_{n+1}} - 1\Big) \xrightarrow[n\to\infty]{} \ell$.

a) *Si* $\ell \in \mathbb{R}^\star$, *déterminer le rayon de convergence de la série entière* $\sum a_n\, z^n$.

b) *Si* $\ell = 0$, *peut-on conclure ?*

●●●●●●

a) Posons, pour tout $n \in \mathbb{N}^\star$, $u_n = \dfrac{a_n}{a_{n-1}}\cdot$

L'hypothèse s'écrit aussi $\dfrac{u_n}{u_{n+1}} \underset{n\to\infty}{=} 1 + \dfrac{\ell}{n} + o\Big(\dfrac{1}{n}\Big)$ d'où $\ln\Big(\dfrac{u_n}{u_{n+1}}\Big) \underset{n\to\infty}{\sim} \dfrac{\ell}{n}$ qui est le terme général d'une série divergente à termes de signe constant.

Si $\ell > 0$ alors $\ln(u_n) \xrightarrow[n\to\infty]{} -\infty$ d'où $u_n \xrightarrow[n\to\infty]{} 0$ et le rayon de convergence est infini.

Si $\ell < 0$ alors $\ln(u_n) \xrightarrow[n\to\infty]{} +\infty$ d'où $u_n \xrightarrow[n\to\infty]{} +\infty$ et le rayon de convergence est nul.

b) Si $q \in \mathbb{R}+^\star$ et $\forall n \in \mathbb{N}$, $a_n = q^{-n}$ alors le rayon de convergence est égal à q et $\forall n \in \mathbb{N}^\star$, $\dfrac{a_n^2}{a_{n-1}a_{n+1}} - 1 = 0$ d'où $\ell = 0$. On ne peut donc rien conclure dans ce cas.

Exercice 75.

Soit $(u_n)_{n\geqslant 0}$ *définie par* $u_0 \in \mathbb{R}_+^\star$ *et, pour* $n \in \mathbb{N}$, $u_{n+1} = \sum\limits_{k=0}^{n} u_k u_{n-k}$.

Soit $f : x \mapsto \sum\limits_{n=0}^{\infty} u_n\, x^n$.

a) *On suppose que* f *a un rayon de convergence* $R > 0$.
Exprimer $f(x)$ *pour* $x \in \,]-R, R[$.

b) *En déduire une expression de* u_n *pour* $n \in \mathbb{N}$.

●●●●●●

a) Par produit de Cauchy, si $|x| < R$, $f^2(x) = \sum_{n=0}^{\infty} a_n x^n$ où $\forall n \in \mathbb{N}$,
$a_n = \sum_{k=0}^{n} u_k u_{n-k} = u_{n+1}$ d'où $xf^2(x) = f(x) - u_0$.
L'équation en l'inconnue y, $xy^2 - y + u_0$ est du second degré et admet $1 - 4u_0 x$ pour discriminant si $x \neq 0$.
Si $0 < |4u_0 x| < 1$ ses racines sont $\dfrac{1+\sqrt{1-4u_0x}}{2x}$ et $\dfrac{1-\sqrt{1-4u_0x}}{2x}$.
Comme f est définie en 0 on en déduit, si $0 < |x| < \min(R, 1/4u_0)$,
$f(x) = \dfrac{1-\sqrt{1-4u_0x}}{2x}$. De plus $f(0) = u_0$.

b) Si $|4u_0x| < 1$ alors $\sqrt{1-4u_0x} = 1 - \sum_{n=1}^{\infty} \dfrac{1{\cdot}3\cdots(2n-3)}{2^n n!}(4u_0x)^n$ soit

$$\sqrt{1-4u_0x} = 1 - 2\sum_{n=1}^{\infty} \frac{(2n-2)!}{n!(n-1)!}(u_0x)^n = 1 - 2\sum_{n=1}^{\infty} \binom{2n-2}{n-1} \frac{(u_0x)^n}{n}.$$

Par suite si $0 < |4u_0x| < 1$, $f(x) = u_0 \sum_{n=0}^{\infty} \binom{2n}{n} \dfrac{(u_0x)^n}{n+1}$ et c'est encore vrai si $x = 0$.
Le rayon de convergence est donc $\dfrac{1}{4u_0}$ et, par unicité des coefficients,

$$\forall n \in \mathbb{N},\ u_n = \binom{2n}{n} \frac{u_0^{n+1}}{n+1}.$$

Exercice 76.
Rayon de convergence et somme de $f : x \mapsto \sum_{n=1}^{\infty} \dfrac{\sin(n\theta)}{n!} x^n$ *?*

●●●●●●

Comme le coefficient de x^n est dominé par $\dfrac{1}{n!}$ le rayon de convergence est infini, de même que pour $g : x \mapsto \sum_{n=0}^{\infty} \dfrac{e^{in\theta}}{n!} x^n$. De plus $f = \Im m(g)$.

$$\forall x \in \mathbb{R},\ g(x) = \sum_{n=0}^{\infty} \frac{(xe^{i\theta})^n}{n!} = \exp(xe^{i\theta}) = e^{x\cos(\theta)} e^{ix\sin(\theta)}.$$

Donc $\forall x \in \mathbb{R}$, $f(x) = e^{x\cos(\theta)} \sin\big(x\sin(\theta)\big)$.

Exercice 77.
Soit $A \in \mathfrak{M}_p(\mathbb{C})$. *Déterminer le rayon de convergence et la somme de la série entière* $\sum \mathrm{tr}(A^n)\, z^n$ *en fonction du polynôme caractéristique de* A.

●●●●●●

Soient $\lambda_1, \ldots, \lambda_p$ les racines de χ_A rangées avec $|\lambda_1| \leqslant \cdots \leqslant |\lambda_p|$ et soit q l'ordre de multiplicité de λ_p. En trigonalisant A on constate que $\forall n \in \mathbb{N},\ \mathrm{tr}(A^n) = \sum\limits_{i=1}^{p} \lambda_i^n$.

Si $\lambda_p = 0$ alors $n \geqslant 1 \Rightarrow \mathrm{tr}(A^n) = 0$ et donc le rayon de convergence, noté R, de la série proposée est infini et sa somme, notée f, est constante égale à p.

Si $\lambda_p \neq 0$ alors $\left|\mathrm{tr}(A^n)\right| \underset{n\to\infty}{\sim} q|\lambda_p|^n$ et donc $R = \dfrac{1}{|\lambda_p|}\cdot$

Si $|\lambda_p z| < 1$ alors $f(z) = \sum\limits_{n=0}^{\infty}\left(\sum\limits_{i=1}^{p} \lambda_i^n z^n\right) = \sum\limits_{i=1}^{p}\left(\sum\limits_{n=0}^{\infty} \lambda_i z^n\right)$ par convergence de chacune des séries, d'où $f(z) = \displaystyle\sum_{i=1}^{p} \frac{1}{1-\lambda_i z}\cdot$

$\chi_A(X) = \prod\limits_{i=1}^{p}(X-\lambda_i)$ d'où $\chi'_A(X) = \sum\limits_{i=1}^{p}\left(\prod\limits_{j\neq i}(X-\lambda_l)\right)$

puis $\dfrac{\chi'_A(X)}{\chi'_A(X)} = \displaystyle\sum_{i=1}^{p}\frac{1}{X-\lambda_i}$ et $\dfrac{1}{z}\dfrac{\chi'_A(1/z)}{\chi_A(1/z)} = f(z)$ si $0 < |\lambda_p z| < 1$, $f(0) = p$.

Exercice 78.

a) *Donner l'ensemble de définition de la fonction* $\Gamma : x \mapsto \displaystyle\int_0^{+\infty} t^{x-1}e^{-t}\,dt$.

b) *Trouver un équivalent de* $f(x) = \displaystyle\int_x^{x+1} \ln\big(\Gamma(t)\big)dt$ *lorsque* $x \to +\infty$.

c) *En déduire un équivalent de* $\ln\circ\Gamma$ *au voisinage de* $+\infty$.

●●●●●●

On consultera le complément de cours relatif à la fonction Γ.

a) Γ est définie et de classe $\mathcal{C}^\infty$ sur $\mathbb{R}_+^\star$.

b) Comme $\ln\circ\Gamma$ est continue sur $\mathbb{R}_+^\star$ la fonction f est de classe $\mathcal{C}^1$ sur $\mathbb{R}_+^\star$ avec, $\forall x > 0,\ f'(x) = \ln\big(\Gamma(x+1)\big) - \ln\big(\Gamma(x)\big) = \ln(x)$ car $\Gamma(x+1) = x\Gamma(x)$. Par suite il existe un réel C tel que, sur $\mathbb{R}_+^\star$, $f(x) = x\ln(x) - x + C$ d'où $f(x) \underset{x\to+\infty}{\sim} x\ln(x)$.

c) Au voisinage de $+\infty$ la fonction $\ln\circ\Gamma$ est croissante d'où, pour x assez grand, $f(x-1) \leqslant \ln\big(\Gamma(x)\big) \leqslant f(x)$ et donc, par encadrement,

$$\ln\big(\Gamma(x)\big) \underset{x\to+\infty}{\sim} x\ln(x).$$

Exercice 79.

On définit $f : x \mapsto \displaystyle\int_0^{+\infty} \frac{dt}{x+\mathrm{ch}(t)}\cdot$

a) *Donner l'ensemble de définition de* f.

b) *Prouver le caractère $\mathcal{C}^1$ de f.*

c) *Établir l'existence de la limite de f en $+\infty$ et donner sa valeur .*

d) *Donner un équivalent de f en $+\infty$.*

●●●●●●

Soit $\varphi : (x,t) \mapsto \dfrac{1}{x + \mathrm{ch}(t)}$.

a) Si $x \leqslant -1$ il existe t_0 dans $\mathbb{R}_+$ tel que $x = -\mathrm{ch}(t_0)$
d'où $x + \mathrm{ch}(t) \underset{t \to t_0}{\sim} (t - t_0)\,\mathrm{ch}'(t_0)$ car $\mathrm{ch}'(t_0) \neq 0$ et donc $t \mapsto \varphi(x,t)$ n'est pas intégrable sur $\mathbb{R}_+$.
Si $x > -1$ alors $t \mapsto \varphi(x,t)$ est définie et continue sur $\mathbb{R}_+$ et $\varphi(x,t) \underset{t \to +\infty}{\sim} 2e^{-t}$ donc $t \mapsto \varphi(x,t)$ est intégrable sur $\mathbb{R}_+$.
En définitive f est définie sur I où $I =]-1, +\infty[$.

b) φ est de classe $\mathcal{C}^1$ sur $I \times \mathbb{R}_+$ et $\forall x \in I,\ t \mapsto \varphi(x,t) \in \mathcal{L}^1(\mathbb{R}_+, \mathbb{R})$.
Si $a > -1$ et $(x,t) \in [a, +\infty[\times \mathbb{R}_+$ alors $\left|\dfrac{\partial \varphi}{\partial x}(x,t)\right| = \dfrac{1}{\big(x + \mathrm{ch}(t)\big)^2}$ d'où $\left|\dfrac{\partial \varphi}{\partial x}(x,t)\right| \leqslant \dfrac{1}{\big(a + \mathrm{ch}(t)\big)^2} = \lambda(t)$ et la fonction λ est continue sur $\mathbb{R}_+$ avec $\lambda(t) \underset{t \to +\infty}{\sim} 4e^{-2t}$ d'où $\lambda \in \mathcal{L}^1(\mathbb{R}_+, \mathbb{R})$.
En tant qu'intégrale paramétrée f est de classe $\mathcal{C}^1$ sur I.

Si $x \in I,\ f'(x) = -\displaystyle\int_0^{+\infty} \frac{dt}{\big(x + \mathrm{ch}(t)\big)^2} \leqslant 0.$

c) f est décroissante positive sur I donc admet une limite ℓ dans $\mathbb{R}_+$ en $+\infty$.

On pose, pour tout $n \in \mathbb{N}$, $\varphi_n : t \mapsto \varphi(n,t)$.
$(\varphi_n)_n$ est une suite de fonctions continues sur $\mathbb{R}_+$ qui converge simplement sur cet intervalle vers la fonction nulle et qui est dominée par la fonction intégrable $t \mapsto 2e^{-t}$.
Le théorème de convergence dominée prouve que $\big(f(n)\big)_n$ converge vers 0 d'où $\ell = \displaystyle\lim_{n \to \infty} f(n) = 0$.

d) On peut en fait expliciter $f(x)$ si $x \in I$.
$f(x) = \displaystyle\int_0^{+\infty} \frac{2e^{-t}\,dt}{e^{-2t} + 2xe^{-t} + 1} = 2\int_0^1 \frac{du}{u^2 + 2xu + 1}$ par le changement de variable $u = e^{-t}$ qui est une bijection de classe $\mathcal{C}^1$ de $\mathbb{R}_+$ sur $]0, 1]$.

$$f(x) = -2\int_0^1 \frac{du}{(x^2 - 1) - (u + x)^2} = \frac{1}{\sqrt{x^2 - 1}}\left[\ln\left(\left|\frac{u + x + \sqrt{x^2 - 1}}{u + x - \sqrt{x^2 - 1}}\right|\right)\right]_1^0$$

d'où $f(x) \underset{x \to +\infty}{\sim} \dfrac{1}{x} \ln\left(\dfrac{1 + \sqrt{1 - \frac{1}{x^2}}}{1 + \frac{1}{x} + \sqrt{1 - \frac{1}{x^2}}} \times \dfrac{1 + \frac{1}{x} - \sqrt{1 - \frac{1}{x^2}}}{1 - \sqrt{1 - \frac{1}{x^2}}}\right)$.

$$\frac{1+\sqrt{1-\frac{1}{x^2}}}{1+\frac{1}{x}+\sqrt{1-\frac{1}{x^2}}} \underset{x\to+\infty}{=} \frac{2+o(1/x)}{2+\frac{1}{x}+o(1/x)} = 1-\frac{1}{2x}+o\Big(\frac{1}{x}\Big) \text{ et}$$

$$\frac{1+\frac{1}{x}-\sqrt{1-\frac{1}{x^2}}}{1-\sqrt{1-\frac{1}{x^2}}} = \frac{\frac{1}{x}+\frac{1}{2x^2}+o(1/x^2)}{\frac{1}{2x^2}+o(1/x^2)} = 2x+1+o(1) \text{ d'où}$$

$f(x) \underset{x\to+\infty}{\sim} \dfrac{1}{x}\ln\Big([2x+1+o(1)]\,[1-\dfrac{1}{2x}+o(1/x)]\Big) = \dfrac{1}{x}\ln\big(2x+o(1)\big)$ et, en définitive, $f(x) \underset{x\to+\infty}{\sim} \dfrac{1}{x}\ln(x)$.

Exercice 80.
Soit $f\in\mathcal{C}^\infty(\mathbb{R},\mathbb{C})$. On suppose qu'il existe $A>0$ tel que f soit identiquement nulle sur $\mathbb{R}\setminus[-A,A]$. Soit $F : x\mapsto \displaystyle\int_{-\infty}^{+\infty} f(t)e^{-itx}\,dt$.

a) *Déterminer l'ensemble de définition de F. Montrer que F est de classe $\mathcal{C}^\infty$.*

b) *Montrer que : $\forall n\in\mathbb{N},\ \exists C_n\in\mathbb{R},\ \forall x>0,\ \big|F(x)\big|\leqslant \dfrac{C_n}{x^n}$.*

●●●●●●

a) La fonction $\varphi : (x,t)\mapsto f(t)e^{-itx}$ est définie et de classe $\mathcal{C}^\infty$ sur $\mathbb{R}^2$.
$\forall k\in\mathbb{N},\ \forall (x,t)\in\mathbb{R}^2,\ \left|\dfrac{\partial^k\varphi}{\partial x^k}(x,t)\right| = \big|t^k f(t)\big| = \varphi_k(t)$ et φ_k est continue sur $\mathbb{R}$ nulle hors de $[-A,A]$ donc intégrable sur $\mathbb{R}$.
En tant qu'intégrale paramétrée F est définie et de classe $\mathcal{C}^\infty$ sur $\mathbb{R}$.

b) Soient $x>0$. En intégrant par parties

$$F(x) = \int_{-A}^{A} f(t)e^{-itx}\,dt = \frac{i}{x}\Big[f(t)e^{-itx}\Big]_{-A}^{A} - \frac{i}{x}\int_{-A}^{A} f'(t)e^{-itx}\,dt$$

soit $F(x) = -\dfrac{i}{x}\displaystyle\int_{-A}^{A} f'(t)e^{-itx}\,dt$ car, par continuité, $f(-A)=f(A)=0$.

On en déduit $\forall n\in\mathbb{N},\ F(x) = \Big(-\dfrac{i}{x}\Big)^n \displaystyle\int_{-A}^{A} f^{(n)}(t)e^{-itx}\,dt$

d'où $\big|F(x)\big| \leqslant \dfrac{1}{x^n}\displaystyle\int_{-A}^{A} \|f^{(n)}\|_\infty\,dt = \dfrac{2A\|f^{(n)}\|_\infty}{x^n}$.

Exercice 81.

a) *Soit $f : t\mapsto \displaystyle\int_0^{\pi/2} e^{-t\sin(x)}\,dx$. Montrer que f est solution de l'équation différentielle $(E) : ty''+y'-ty+1=0$.*

b) *Trouver les solutions développables en série entière de (E).*

c) *En déduire la valeur de $\displaystyle\int_0^{\pi/2} \sin^n(x)\,dx$ pour tout $n\in\mathbb{N}$.*

●●●●●●

a) $\varphi : (x,t) \mapsto e^{-t\sin(x)}$ est de classe $\mathcal{C}^2$ sur $[0,\pi/2]\times\mathbb{R}$.
$\forall (x,t)\in[0,\pi/2]\times\mathbb{R},\ \left|\varphi(x,t)\right| \leqslant 1,\ \left|\dfrac{\partial\varphi}{\partial t}(x,t)\right| = \left|\sin(x)\varphi(x,t)\right| \leqslant 1$ et $\left|\dfrac{\partial^2\varphi}{\partial t^2}(x,t)\right| = \left|\sin^2(x)\varphi(x,t)\right| \leqslant 1$ et la fonction $x\mapsto 1$ est intégrable sur $[0,\pi/2]$.
En tant qu'intégrale paramétrée f est de classe $\mathcal{C}^2$ sur $\mathbb{R}$.
De plus $\forall t\in\mathbb{R},\ t\big[f(t)-f''(t)\big] = \displaystyle\int_0^{\pi/2} t\big[1-\sin^2(x)\big]e^{-t\sin(x)}\,dx$ d'où

$$t\big[f(t)-f''(t)\big] = \int_0^{\pi/2}\cos(x)\times t\cos(x)e^{-t\sin(x)}\,dt$$
$$=\Big[\cos(x)e^{-t\sin(x)}\Big]_{\pi/2}^{0} - \int_0^{\pi/2}\sin(x)e^{-t\sin(x)}\,dx = 1+f'(t)$$

donc $\forall t\in\mathbb{R},\ tf''(t)+f'(t)-tf(t)+1=0$.

b) Si, pour $|t|<R$, $y(t)=\sum\limits_{n=0}^{\infty} a_n\,t^n$ alors par dérivation d'une série entière

$$ty''(t)+y'(t)-ty(t)+1 = \sum_{n=1}^{\infty}(n+1)na_{n+1}t^n + \sum_{n=0}^{\infty}(n+1)a_nt^n$$
$$-\sum_{n=1}^{\infty}a_{n-1}t^n+1$$
$$=a_1+1+\sum_{n=1}^{\infty}\big[(n+1)^2a_{n+1}-a_{n-1}\big]t^n.$$

Par unicité des coefficients d'une série entière y est solution de (E) sur $]-R,R[$ si, et seulement si, $a_1=-1$ et $\forall n\geqslant 1,\ (n+1)^2a_{n+1}=a_{n-1}$ ce qui équivaut à $\forall p\in\mathbb{N},\ a_{2p+1} = -\dfrac{1}{(2p+1)^2(2p-1)^2\cdots 3^2} = -\dfrac{(2^pp!)^2}{\big[(2p+1)!\big]^2}$ et

$$a_{2p} = \frac{a_0}{(2p)^2(2p-2)^2\cdots 2^2} = \frac{a_0}{(2^pp!)^2}.$$

Dans ce cas si $t\neq 0$, $\dfrac{a_{2p+3}t^{2p+3}}{a_{2p+1}t^{2p+1}} \xrightarrow[p\to\infty]{} 0$ et $\dfrac{a_{2p+2}t^{2p+2}}{a_{2p}t^{2p}} \xrightarrow[p\to\infty]{} 0$ donc $\sum a_{2p}\,t^{2p}$ et $\sum a_{2p+1}\,t^{2p+1}$ convergent. Le rayon de convergence de $\sum a_n\,t^n$ est donc infini et $\forall t\in\mathbb{R},\ y(t) = a_0\displaystyle\sum_{p=0}^{\infty}\frac{t^{2p}}{(2^pp!)^2} - \sum_{p=0}^{\infty}\frac{(2^pp!)^2t^{2p+1}}{[(2p+1)!]}$.

c) Soit, pour t réel fixé et tout $n\in\mathbb{N}$, $f_n : x\mapsto \dfrac{(-t\sin(x))^n}{n!}$.

Chaque fonction f_n est continue sur $[0,\pi/2]$ avec $|f_n|\leqslant \dfrac{|t|^n}{n!}$, donc $\sum f_n$ converge normalement sur $[0,\pi/2]$.

Par intégration $f(t)=\displaystyle\sum_{n=0}^{\infty}\frac{(-1)^n}{n!}W_nt^n$ où l'on a posé $W_n=\displaystyle\int_0^{\pi/2}\sin^n(x)\,dx$

et un calcul direct fournit $f(0) = \dfrac{\pi}{2}\cdot$

On a donc $\forall t \in \mathbb{R},\ \displaystyle\sum_{n=0}^{\infty} \frac{(-1)^n}{n!} W_n t^n = \frac{\pi}{2}\sum_{p=0}^{\infty} \frac{t^{2^p}}{(2^p p!)^2} - \sum_{p=0}^{\infty} \frac{(2^p p!)^2 t^{2p+1}}{\left[(2p+1)!\right]^2}$ d'où, par unicité des coefficients d'une série entière,

$$\forall p \in \mathbb{N},\ W_{2p} = \frac{(2p)!}{(2^p p!)^2}\,\frac{\pi}{2} \text{ et } W_{2p+1} = \frac{(2^p p!)^2}{(2p+1)!}.$$

Exercice 82.

Soit $f(x) = \displaystyle\int_0^{+\infty} \frac{e^{-x^2(t^2-i)}}{t^2-i}\,dt.$

a) *Trouver l'ensemble de définition de* f.

b) f *est-elle de classe* $\mathcal{C}^1$ *?*

c) *Montrer que* $\displaystyle\int_0^X e^{ix^2}\,dx$ *a une limite dans* $\mathbb{C}$ *quand* $X \to +\infty$ *et la calculer.*

●●●●●●

a) Soit $\varphi : (x,t) \mapsto \dfrac{e^{-x^2(t^2-i)}}{t^2-i}\cdot$ Cette fonction est de classe $\mathcal{C}^1$ sur $\mathbb{R}\times\mathbb{R}_+$ et $\left|\varphi(x,t)\right| = \dfrac{e^{-x^2t^2}}{|t^2-i|} \leqslant \dfrac{1}{\sqrt{t^4+1}} = \lambda(t).$

La fonction λ est continue sur $\mathbb{R}_+$ et $\lambda(t) \underset{t\to+\infty}{\sim} \dfrac{1}{t^2}$, elle est donc intégrable sur $\mathbb{R}_+$. En tant qu'intégrale paramétrée f est définie et continue sur $\mathbb{R}$.

b) Si $[a,b] \subset \mathbb{R}_+^\star$ et $(x,t)\in[a,b]\times\mathbb{R}_+$ alors $\left|\dfrac{\partial\varphi}{\partial x}(x,t)\right| = xe^{-x^2t^2} \leqslant be^{-a^2t^2}$ et $t \mapsto be^{-a^2t^2}$ est continue et intégrable sur $\mathbb{R}_+$ par comparaison au voisinage de $+\infty$ à $t \mapsto \dfrac{1}{t^2}\cdot$

En tant qu'intégrale paramétrée cela montre que f est de classe $\mathcal{C}^1$ sur $\mathbb{R}_+^\star$, et donc sur $\mathbb{R}^\star$ par parité, avec, si $x\in\mathbb{R}^\star$, $f'(x) = -2x\displaystyle\int_0^{+\infty} e^{-x^2(t^2-i)}\,dt.$

Si $x > 0$ on a $f'(x) = -2e^{ix^2}\displaystyle\int_0^{+\infty} e^{-(xt)^2}(x\,dt) = -2e^{ix^2}\int_0^{+\infty} e^{-u^2}\,du$ à l'aide du changement de variable linéaire $u = xt$.

Donc $x > 0 \Rightarrow f'(x) = -\sqrt{\pi}e^{ix^2}$ et $x < 0 \Rightarrow f'(x) = \sqrt{\pi}e^{ix^2}$ par imparité.

f' a pour limite $-\sqrt{\pi}$ à droite de 0 et $\sqrt{\pi}$ à gauche de 0. Cela prouve que f n'est pas de classe $\mathcal{C}^1$ sur $\mathbb{R}$. En revanche le théorème de la limite de la dérivée montre que la restriction g de f à $\mathbb{R}_+$ est de classe $\mathcal{C}^1$ sur $\mathbb{R}_+$ avec $g'(0) = -\sqrt{\pi}$.

c) Ce qui précède montre que, si $X \geqslant 0$, $f(X) - f(0) = \displaystyle\int_0^X f'(x)\,dx$, soit

$f(X) - f(0) = -\sqrt{\pi}\int_0^X e^{ix^2}\,dx.$

Soient $(X_n)_n \in \mathbb{R}_+^{\mathbb{N}}$ telle que $X_n \xrightarrow[n\to\infty]{} +\infty$ et $\forall n\in\mathbb{N}$, $\varphi_n : t \mapsto \varphi(X_n, t)$. Alors $(\varphi_n)_n$ est une suite de fonctions continues sur $\mathbb{R}_+$ qui converge simplement vers la fonction nulle sur $\mathbb{R}_+^\star$ en étant dominée par $t \mapsto \dfrac{1}{\sqrt{t^4+1}}$ qui est intégrable sur $\mathbb{R}_+$. Le théorème de convergence dominée montre que $f(X_n) \xrightarrow[n\to\infty]{} 0$ d'où, par caractérisation séquentielle de la limite, $\lim\limits_{+\infty} f = 0$.

Par conséquent $\displaystyle\int_0^X e^{ix^2}\,dx \xrightarrow[X\to+\infty]{} \frac{1}{\sqrt{\pi}}f(0) = \frac{1}{\sqrt{\pi}}\int_0^{+\infty}\frac{dt}{t^2-i}$.

$\displaystyle\int_0^{+\infty}\frac{dt}{t^2-i} = \int_0^{+\infty}\frac{t^2+i}{t^4+1}\,dt$ et on peut remarquer que, par le changement de variable $u = \dfrac{1}{t}$ qui est une bijection de classe $\mathcal{C}^1$ de $\mathbb{R}_+^\star$ sur lui-même, $\displaystyle\int_0^{+\infty}\frac{t^2}{t^4+1}\,dt = \int_0^{+\infty}\frac{1}{1+\frac{1}{t^4}}\frac{dt}{t^2} = \int_0^{+\infty}\frac{du}{u^4+1}$.

Une calculatrice fournit $\displaystyle\int_0^{+\infty}\frac{du}{u^4+1} = \frac{\pi}{2\sqrt{2}}$ d'où $\displaystyle\int_0^{+\infty} e^{ix^2}\,dx = \frac{\pi}{2\sqrt{2}}(1+i)$,

soit $\displaystyle\int_0^{+\infty} e^{ix^2}\,dx = \frac{\pi}{2}e^{i\pi/4}$.

Exercice 83.

On pose, pour tout $x\in\mathbb{R}_+$, $\displaystyle f(x) = \int_0^{+\infty}\frac{\sin(t)e^{-xt}}{t}\,dt$.

a) *Montrer que f est définie sur $\mathbb{R}_+$.*

b) *Montrer que f est de classe $\mathcal{C}^1$ sur $\mathbb{R}_+^\star$ et en déduire $f(x)$ si $x > 0$.*

c) *Déterminer $f(0)$.*

●●●●●●

a) Soit $\varphi : (x,t) \mapsto \dfrac{\sin(t)e^{-xt}}{t}$. Cette fonction est de classe $\mathcal{C}^1$ sur $\mathbb{R}_+ \times \mathbb{R}_+^\star$. Si $x > 0$ alors $t \mapsto \varphi(x,t)$ est prolongeable par continuité en 0 car $\sin(t) \underset{t\to 0}{\sim} t$ et $\varphi(x,t) \underset{t\to+\infty}{=} o(e^{-xt})$ donc $t\mapsto\varphi(x,t)$ est intégrable sur $\mathbb{R}_+^\star$.

Si l'on considère $u : t \mapsto 1-\cos(t)$ et $v : t\mapsto 1/t$, alors $(u'v)(t) = \varphi(0,t)$, u et v sont de classe $\mathcal{C}^1$ sur $\mathbb{R}_+^\star$, $(uv)(t) \underset{t\to 0}{\sim} \dfrac{t}{2} \xrightarrow[t\to 0]{} 0$ et $\big|(uv)(t)\big| \leqslant \dfrac{2}{t} \xrightarrow[t\to+\infty]{} 0$.

La fonction uv' est prolongeable par continuité en 0 car $(uv')(t) \xrightarrow[t\to 0]{} -\dfrac{1}{2}$ et $\big|(uv')(t)\big| \leqslant \dfrac{2}{t^2}$, donc uv' est intégrable sur $\mathbb{R}_+^\star$.

Le théorème d'intégration par parties montre que $\displaystyle\int_0^{+\infty} \varphi(0,t)\,dt$ converge et
$$\int_0^{+\infty} \varphi(0,t)\,dt = -\int_0^{+\infty} (uv')(t)\,dt = \int_0^{+\infty} \frac{1-\cos(t)}{t^2}\,dt.$$
La fonction f est définie sur $\mathbb{R}_+$.

b) On a déjà montré que, $\forall x \in \mathbb{R}_+^\star$, $t \mapsto \varphi(x,t)$ est intégrable sur $\mathbb{R}_+^\star$.

Soit $a > 0$. Si $(x,t) \in [a,+\infty] \times \mathbb{R}_+^\star$, $\left|\dfrac{\partial \varphi}{\partial x}(x,t)\right| = \left|\sin(t)e^{-xt}\right| \leqslant e^{-at}$ et $t \mapsto e^{-at}$ est intégrale sur $\mathbb{R}_+$.
En tant qu'intégrale paramétrée f est de classe $\mathcal{C}^1$ sur $\mathbb{R}_+^\star$ et, pour tout $x > 0$,
$f'(x) = -\displaystyle\int_0^{+\infty} \sin(t)e^{-xt}\,dt = -\Im m\left(\int_0^{+\infty} e^{-t(x-i)}\,dt\right)$. En effet
$t \mapsto e^{-t(x-i)}$ est continue sur $\mathbb{R}_+$, $|e^{-t(x-i)}| = e^{-tx}$ et $t \mapsto e^{-xt} \in \mathcal{L}^1(\mathbb{R}_+,\mathbb{R})$.
Donc $f'(x) = \Im m\left(\left[\dfrac{e^{-t(x-i)}}{x-i}\right]_{ty=0}^{t\to+\infty}\right) = -\Im\left(\dfrac{1}{x-i}\right) = -\dfrac{1}{1+x^2}$.

Si $(x_n)_n \in [1,+\infty[^{\mathbb{N}}$ et $x_n \xrightarrow[n\to\infty]{} +\infty$ on pose, $\forall n \in \mathbb{N}$, $\varphi_n : t \mapsto \varphi(x_n,t)$.
$(\varphi_n)_n$ est une suite de fonctions continues sur $\mathbb{R}_+^\star$ et qui converge sur cet intervalle vers la fonction nulle en étant dominée par la fonction intégrable $t \mapsto e^{-t}$ car, comme sin est 1-lipschitzienne on a, si $t > 0$, $\left|\dfrac{\sin(t)}{t}\right| \leqslant 1$.
le théorème de convergence dominée montre que $\big(f(x_n)\big)_n$ converge vers 0 et, par caractérisation séquentielle d'une limite, $\lim\limits_{+\infty} f = 0$.

Soit $C \in \mathbb{R}$ telle que, sur $\mathbb{R}_+^\star$, $f(x) = C - \arctan(x)$, la limite précédente montre que $C = \dfrac{\pi}{2}$ et donc, sur $\mathbb{R}_+^\star$, $f(x) = \dfrac{\pi}{2} - \arctan(x) = \arctan\left(\dfrac{1}{x}\right)$.

c) $f(x) = \displaystyle\sum_{n=0}^{\infty} \int_{n\pi}^{(n+1)\pi} \frac{\sin(t)e^{-xt}}{t}\,dt = \sum_{n=0}^{\infty} (-1)^n e^{-nx\pi} \int_0^{\pi} \frac{\sin(u)e^{-xu}}{u+n\pi}\,du$
pour tout x dans $\mathbb{R}_+$ en effectuant sur chaque segment $[n\pi,(n+1)\pi]$ le changement de variable $u = t - n\pi$.

Soit, pour tout $n \in \mathbb{N}$, $f_n : x \mapsto (-1)^n e^{-nx\pi} \displaystyle\int_0^{\pi} \frac{\sin(u)e^{-xu}}{u+n\pi}\,du$.

$(x,u) \mapsto \dfrac{\sin(u)e^{-xu}}{u+n\pi}$ est continue sur $\mathbb{R}_+^\star \times]0,\pi]$ au moins et elle est dominée par 1, donc chaque fonction f_n, en tant qu'intégrale paramétrée, est continue sur $\mathbb{R}_+$. De plus si $(x,n) \in \mathbb{R}_+ \times \mathbb{N}^\star$, $|f_n(x)| \leqslant \displaystyle\int_0^{\pi} \frac{du}{u+n\pi} = \ln\left(1+\frac{1}{n}\right)$.

Si x est fixé dans $\mathbb{R}_+$ alors $\sum f_n(x)$ vérifie les hypothèses du théorème spécial des séries alternées, donc on peut conclure :
$\forall (x,n) \in \mathbb{R}_+ \times \mathbb{N}^\star$, $\left|\displaystyle\sum_{k=n}^{\infty} f_k(x)\right| \leqslant |f_n(x)| \leqslant \ln\left(1+\frac{1}{n}\right)$.

Cela montre la convergence uniforme de $\sum f_n$ sur $\mathbb{R}_+$ d'où la continuité de f, en particulier en 0. Par suite $f(0) = \lim\limits_{x \to 0^+} f(x) = \dfrac{\pi}{2}\cdot$

Exercice 84.

Soient $f : x \in \mathbb{R}_+^\star \mapsto \displaystyle\int_0^{+\infty} \frac{e^{-xt}}{1+t^2}\, dt$ *et*

$g : x \in \mathbb{R}_+^\star \mapsto \sin(x) \displaystyle\int_x^{+\infty} \frac{\cos(t)}{t}\, dt + \cos(x) \int_x^{+\infty} \frac{\sin(t)}{t}\, dt.$

a) *Montrer que f et g sont bien définies.*

b) *Montrer que f et g sont de classe $\mathcal{C}^2$ et vérifient l'équation différentielle*

$$y'' + y = 1/x.$$

c) *Montrer que $f = g$.*

●●●●●●

a) Pour tout $x > 0$, $t \mapsto \dfrac{e^{-xt}}{1+t^2}$ est continue sur $\mathbb{R}_+$ et dominée par $t \mapsto 1/t^2$ donc intégrable sur $\mathbb{R}_+$.

Un complément de cours a montré les convergences de $\displaystyle\int_1^{+\infty} \frac{\cos(t)}{t}\, dt$ et de $\displaystyle\int_1^{+\infty} \frac{\sin(t)}{t}\, dt$. Les fonctions f et g sont définies sur $\mathbb{R}_+^\star$.

b) $\varphi : (x,t) \mapsto \dfrac{e^{-xt}}{1+t^2}$ est de classe $\mathcal{C}^2$ sur $\mathbb{R}_+^\star \times \mathbb{R}_+$ et, si $x \geqslant a > 0$,

$$\left|\frac{\partial \varphi}{\partial x}(x,t)\right| = \frac{te^{-xt}}{1+t^2} \leqslant \frac{e^{-at}}{2},\ \left|\frac{\partial^2 \varphi}{\partial x^2}(x,t)\right| = \frac{t^2 e^{-xt}}{1+t^2} \leqslant e^{-at}.$$

Comme $t \mapsto e^{-at}$ est intégrable sur $\mathbb{R}_+$ en tant qu'intégrale paramétrée f est de classe $\mathcal{C}^2$ sur $\mathbb{R}_+^\star$ et $\forall x > 0,\ f''(x) + f(x) = \displaystyle\int_0^{+\infty} e^{-xt}\, dt = \frac{1}{x}\cdot$

$t \mapsto \dfrac{\cos(t)}{t}$ et $t \mapsto \dfrac{\sin(t)}{t}$ sont continues sur $\mathbb{R}_+^\star$ donc g est de classe $\mathcal{C}^1$ avec

$$\begin{aligned} g'(x) &= -\cos(x) \int_x^{+\infty} \frac{\cos(t)}{t}\, dt + \frac{\sin(x)\cos(x)}{x} - \sin(x) \int_x^{+\infty} \frac{\sin(t)}{t}\, dt \\ &\quad - \frac{\sin(x)\cos(x)}{x} \\ &= -\cos(x) \int_x^{+\infty} \frac{\cos(t)}{t}\, dt - \sin(x) \int_x^{+\infty} \frac{\sin(t)}{t}\, dt \end{aligned}$$

donc g est de classe $\mathcal{C}^2$ avec

$$\begin{aligned} g''(x) &= \sin(x) \int_x^{+\infty} \frac{\cos(t)}{t}\, dt + \frac{\cos^2(x)}{x} - \cos(x) \int_x^{+\infty} \frac{\sin(t)}{t}\, dt + \frac{\sin^2(x)}{x} \\ &= -g(x) + \frac{1}{x}\cdot \end{aligned}$$

c) $f - g$ est solution de $y'' + y = 0$ donc 2π-périodique.
g admet 0 pour limite en $+\infty$ et, comme f est décroissante positive elle admet une limite en $+\infty$.
Soit, pour tout $n \in \mathbb{N}^\star$, $f_n : t \mapsto \dfrac{e^{-nt}}{1+t^2}\cdot$ La suite $(f_n)_n$ converge simplement vers la fonction nulle sur $\mathbb{R}_+^\star$ en étant dominée par f_1 intégrable sur $\mathbb{R}_+$ donc, par convergence dominée, $f(n) \xrightarrow[n\to\infty]{} 0$ et donc f puis $f-g$ sont de limite nulle en $+\infty$.
$\forall (x,n) \in \mathbb{R}_+^\star \times \mathbb{N}$, $(f-g)(x) = (f-g)(x+2n\pi)$ d'où $(f-g)(x) = 0$ car $(f-g)(x+2n\pi) \xrightarrow[n\to\infty]{} 0$.
En définitive $f = g$.

Exercice 85.
Soit $f : t \mapsto \displaystyle\int_1^{+\infty} \frac{x^t}{\mathrm{ch}(x)}\, dx.$

a) *Montrer que f est définie et de classe $\mathcal{C}^\infty$ sur $\mathbb{R}_+$.*

b) *Calculer $f(0)$.*

c) *Soit $n \in \mathbb{N}$ avec $n \geqslant 2$. Montrer que l'équation $f(t) = n$ admet une unique solution t_n.*

d) *Déterminer la limite de (t_n) puis la limite de $\big(t_n/\ln(n)\big)$.*

●●●●●●

a) $\varphi : (x,t) \mapsto \dfrac{x^t}{\mathrm{ch}(x)}$ est de classe $\mathcal{C}^\infty$ sur $[1,+\infty[\,\times\mathbb{R}_+$.
$\forall k \in \mathbb{N}$, $\left|\dfrac{\partial^k \varphi}{\partial t^t}(x,t)\right| = \left|\dfrac{\ln^k(x)x^t}{\mathrm{ch}(x)}\right| \leqslant \dfrac{|\ln^k(x)|x^a}{\mathrm{ch}(x)} = \varphi_k(x)$ si $t \in [0,a]$ où a est fixé, $a > 0$. La fonction φ_k est continue sur $[1,+\infty[$ et $\varphi_k(x) \underset{x\to+\infty}{=} o(x^{-2})$ donc φ_k est intégrable sur $[1,+\infty[$.
En tant qu'intégrale paramétrée f est de classe $\mathcal{C}^\infty$ sur $\mathbb{R}_+$.

b) $f(0) = 2\displaystyle\int_1^{+\infty} \frac{dx}{e^x + e^{-x}} = 2\int_1^{+\infty} \frac{e^{-x}\,dx}{1+e^{-2x}} = 2\int_0^{1/e} \frac{du}{1+u^2}$ à l'aide du changement de variable $u = e^{-x}$ qui est une bijection de classe $\mathcal{C}^1$ de $[1,+\infty[$ sur $]0,1/e]$. Par suite $f(0) = 2\arctan\left(\dfrac{1}{e}\right)\cdot$

c) $\forall t \geqslant 0,\ f'(t) = \displaystyle\int_1^{+\infty} \frac{\ln(x)x^t}{\mathrm{ch}(x)}\, dt > 0$ car l'intégrande est continue positive non nulle donc f est strictement croissante.
De plus $\forall t \geqslant 0,\ f(t) \geqslant \displaystyle\int_2^{+\infty} \frac{x^t}{\mathrm{ch}(x)}\, dx \geqslant 2^t \int_2^{+\infty} \frac{dx}{\mathrm{ch}(x)} \xrightarrow[t\to+\infty]{} +\infty$ car $\displaystyle\int_2^{+\infty} \frac{dx}{\mathrm{ch}(x)} > 0.$

Cela montre que f est une bijection continue strictement croissante de $\mathbb{R}_+$ sur $\left[\arctan(1/e), +\infty\right[$.

Si $n \in \mathbb{N}$ et $n \geqslant 2$ alors l'équation $f(t) = n$ admet une unique solution, à savoir $t_n = f^{-1}(n)$.

d) f^{-1} est une bijection continue strictement croissante de $\left[\arctan(1/e), +\infty\right[$ sur $\mathbb{R}_+$ donc $f^{-1}(n) \xrightarrow[n\to\infty]{} +\infty$ *i.e.* $t_n \xrightarrow[n\to\infty]{} +\infty$.

Soit $\varepsilon > 0$.

$$f\big(\varepsilon\ln(n)\big) = \int_1^{+\infty} \frac{e^{\varepsilon\ln(n)\ln(x)}}{\operatorname{ch}(x)}\,dx = \int_1^{+\infty} \frac{n^{\varepsilon\ln(x)}}{\operatorname{ch}(x)}\,dx \geqslant \int_{e^{2/\varepsilon}}^{+\infty} \frac{n^{\varepsilon\ln(x)}}{\operatorname{ch}(x)}\,dx \text{ d'où}$$

$$f\big(\varepsilon\ln(n)\big) \geqslant n^2 \int_{e^{2/\varepsilon}}^{+\infty} \frac{dx}{\operatorname{ch}(x)} = \alpha n^2 \text{ où } \alpha > 0.$$

À partir d'un certain rang $n \leqslant \alpha n^2$ d'où, comme f est croissante, $t_n \leqslant \varepsilon\ln(n)$, ce qui montre que $\left(\dfrac{t_n}{\ln(n)}\right)_n$ converge vers 0.

Exercice 86.

On pose, lorsque l'intégrale est définie, $f(x) = \displaystyle\int_1^{+\infty} \frac{t^{-x}}{1+t}\,dt.$

a) *Donner le domaine de définition de f, étudier sa continuité et sa monotonie.*

b) *Calculer $f(x) + f(x+1)$. En déduire un équivalent de f en $+\infty$.*

●●●●●●

a) $f_x : t \mapsto \dfrac{t^{-x}}{1+t}$ est continue sur $[1, +\infty[$ et $f_x(t) \underset{t\to+\infty}{\sim} \dfrac{1}{t^{1+x}}$, donc $f(x)$ a un sens si $x > 0$. L'ensemble de définition de f est donc $\mathbb{R}_+^\star$ et, de façon immédiate, f est décroissante.

$\varphi : (x,t) \mapsto f_x(t)$ est continue sur $\mathbb{R}_+^\star \times [1, +\infty[$ avec $\left|\varphi(x,t)\right| \leqslant f_a(t)$ si $x \geqslant a > 0$. Comme f_a est intégrable sur $[1, +\infty[$ cela montre que l'intégrale paramétrée f est continue sur $\mathbb{R}_+^\star$.

b) $\forall x > 0,\ f(x) + f(x+1) = \displaystyle\int_1^{+\infty} t^{-x-1}\,dt = \frac{1}{x}\cdot$

Par décroissance de f cela montre que, si $x > 0$, $2f(x+1) \leqslant \dfrac{1}{x} \leqslant 2f(x)$ et donc, si $x > 1$, $\dfrac{1}{x} \leqslant 2f(x) \leqslant \dfrac{1}{x-1}$ et donc, par encadrement, $f(x) \underset{x\to+\infty}{\sim} \dfrac{1}{2x}\cdot$

Exercice 87.

Soient $f : x \mapsto \displaystyle\int_1^{+\infty} \frac{dt}{1+t+t^{x+1}}$ *et* $g : x \mapsto \displaystyle\int_1^{+\infty} \frac{dt}{t+t^{x+1}}\cdot$

a) *Déterminer le domaine de définition D de f. Montrer que f est décroissante sur D. Calculer $f(1)$.*

b) *Montrer, pour $x > 0$, que* $g(x) = \dfrac{1}{x}\displaystyle\int_1^{+\infty} \frac{du}{u(1+u)}$.

En déduire que $f(x) \underset{x\to+\infty}{\sim} \dfrac{\ln(2)}{x}$.

●●●●●●

a) $f_x : t \mapsto \dfrac{1}{1+t+t^{x+1}}$ est continue sur $[1,+\infty[$.

Si $x<0$, $f_x(t) \underset{t\to+\infty}{\sim} \dfrac{1}{t}$, si $x=0$, $f_x(t) \underset{t\to+\infty}{\sim} \dfrac{2}{t}$, si $x>0$, $f_x(t) \underset{t\to+\infty}{\sim} \dfrac{1}{t^{1+x}}$ donc l'ensemble de définition de f est $\mathbb{R}_+^\star$.

La décroissance de f vient de celle de $t \mapsto f_x(t)$ pour tout $x>0$.

$$f(1) = \int_1^{+\infty} \frac{dt}{\left(t+\frac{1}{2}\right)^2 + \left(\frac{\sqrt{3}}{2}\right)^2} = \frac{2}{\sqrt{3}}\left[\arctan\left(\frac{2t+1}{\sqrt{3}}\right)\right]_1^{+\infty}$$

d'où $f(1) = \dfrac{2}{\sqrt{3}}\left(\dfrac{\pi}{2} - \dfrac{\pi}{3}\right) = \dfrac{\pi}{3\sqrt{3}}$.

b) Soit $x>0$. Tout d'abord $g(x)$ a un sens pour les mêmes raisons que $f(x)$.

$g(x) = \displaystyle\int_1^{+\infty} \frac{t^{x-1}}{t^x + t^{2x}}\,dt = \frac{1}{x}\int_1^{+\infty} \frac{du}{u(1+u)}$ par le changement de variable $u = t^x$ qui est une bijection de classe $\mathcal{C}^1$ de $[1,+\infty[$ sur lui-même.

Donc $xg(x) = \displaystyle\int_1^{+\infty} \left(\frac{1}{u} - \frac{1}{u+1}\right)du = \left[\ln\left(\frac{u}{u+1}\right)\right]_1^{+\infty} = \ln(2)$

i.e. $g(x) = \dfrac{\ln(2)}{x}$.

$(g-f)(x) = \displaystyle\int_1^{+\infty} \frac{dt}{(1+t+t^{1+x})(t+t^{1+x})}$ donc $0 \leqslant (g-f)(x) \leqslant \displaystyle\int_1^{+\infty} \frac{dt}{t^{2x+2}}$

soit $0 \leqslant (g-f)(x) \leqslant \dfrac{1}{2x+1} \underset{x\to+\infty}{=} o\big(g(x)\big)$.

Cela montre que $f(x) \underset{x\to+\infty}{\sim} \dfrac{\ln(2)}{x}$.

Exercice 88.

Soit $f : x \mapsto \displaystyle\int_0^{+\infty} \frac{\arctan(xt)}{t(1+t^2)}\,dt$.

a) *Déterminer le domaine de définition D de f.*
Montrer que f est de classe $\mathcal{C}^1$ sur D.

b) *Exprimer $f(x)$ pour $x \in D$.*

●●●●●●

a) $\varphi : (x,t) \mapsto \dfrac{\arctan(xt)}{t(1+t^2)}$ est de classe $\mathcal{C}^1$ sur $\mathbb{R}\times\mathbb{R}_+^\star$.

$\forall x \in \mathbb{R}$, $\varphi(x,t) \underset{t\to0}{\longrightarrow} x$ et $\varphi(x,t) \underset{t\to+\infty}{=} O(t^{-3})$ donc $t \mapsto \varphi(x,t)$ est intégrable sur $\mathbb{R}_+^\star$.

$\forall (x,t)\in \mathbb{R}\times\mathbb{R}_+^\star,\ \left|\dfrac{\partial\varphi}{\partial x}(x,t)\right| = \dfrac{1}{(1+x^2t^2)(1+t^2)} \leqslant \dfrac{1}{1+t^2}$ et $t\mapsto \dfrac{1}{1+t^2}$ est intégrable sur $\mathbb{R}_+$.
En tant qu'intégrale paramétrée f est définie et de classe $\mathcal{C}^1$ sur $\mathbb{R}$. Elle est de plus impaire.

b) $\forall x>0,\ f'(x) = \displaystyle\int_0^{+\infty} \frac{dt}{(1+x^2t^2)(1+t^2)}$.

Si $x\neq 1$ on décompose $\dfrac{1}{(1+x^2T)(1+T)} = \dfrac{a}{1+x^2T} + \dfrac{b}{1+T}$ et $a = \dfrac{1}{1-\frac{1}{x^2}}$ soit $a = \dfrac{x^2}{x^2-1}$ et $b = \dfrac{1}{1-x^2}$.

Si $x>0$ et $x\neq 1$, $f'(x) = \dfrac{1}{x^2-1}\left(x^2\displaystyle\int_0^{+\infty}\frac{dt}{1+x^2t^2} - \int_0^{+\infty}\frac{dt}{1+t^2}\right)$ car les deux intégrales convergent.

Si $x>0$ et $x\neq 1$, $f'(x) = \dfrac{1}{x^2-1}\left[\dfrac{\pi}{2}(x-1)\right] = \dfrac{\pi}{2(x+1)}$ et cela reste valable pour $x\in\{0,1\}$ par continuité.

Comme $f(0)=0$ il vinet $\forall x\geqslant 0,\ f(x) = \dfrac{\pi}{2}\ln(1+x)$ et, si $x\leqslant 0$, par imparité, $f(x) = -f(-x) = -\dfrac{\pi}{2}\ln(1-x)$.

Exercice 89.
Soit$F : x\mapsto \displaystyle\int_0^{+\infty} e^{-xt}\,\frac{1-\cos(t)}{t^2}\,dt.$

a) *Montrer que F est définie et continue sur $\mathbb{R}_+$, de classe $\mathcal{C}^2$ sur $\mathbb{R}_+^\star$.*

b) *Déterminer les limites de F, F' et F'' en $+\infty$.*

c) *Exprimer $F(x)$ pour $x\in\mathbb{R}_+^\star$.*

d) *En déduire la valeur de $\displaystyle\int_0^{+\infty}\frac{\sin(t)}{t}\,dt$.*

●●●●●●

a) $\varphi : (x,t)\mapsto e^{-xt}\,\dfrac{1-\cos(t)}{t^2}$ est de classe $\mathcal{C}^2$ sur $\mathbb{R}_+\times\mathbb{R}_+^\star$.

$\forall (x,t)\in\mathbb{R}_+\times\mathbb{R}_+^\star,\ |\varphi(x,t)| \leqslant \dfrac{1-\cos(t)}{t^2} = \psi(t)$.

ψ est continue sur $\mathbb{R}_+^\star$, $\lim\limits_0 \psi = \dfrac{1}{2}$ et $\psi(t) = O(t^{-2})$ donc ψ est intégrable sur $\mathbb{R}_+^\star$. Par suite F est définie et continue sur $\mathbb{R}_+$.

Si $x\geqslant a>0$ et $t>0$, $\left|\dfrac{\partial\varphi}{\partial x}(x,t)\right| = e^{-xt}\,\dfrac{1-\cos(t)}{t} \leqslant e^{-at}\,\dfrac{1-\cos(t)}{t}$ noté $\lambda(t)$ et $\left|\dfrac{\partial^2\varphi}{\partial x^2}(x,t)\right| = e^{-xt}[1-\cos(t)] \leqslant e^{-at}$.

λ est continue sur $\mathbb{R}_+^\star$, $\lambda(t) \xrightarrow[t\to 0]{} 0$ et $\lambda(t) = O(e^{-at})$ donc λ est intégrable sur $\mathbb{R}_+^\star$. De plus $t \mapsto e^{-at}$ est intégrable sur $\mathbb{R}_+$.
On en déduit que F est de classe $\mathcal{C}^2$ sur $\mathbb{R}_+^\star$.

b) F est décroissante et positive donc admet une limite en $+\infty$.
Si $\varphi_n : t \mapsto \varphi(n,t)$ alors $(\varphi_n)_n$ est une suite de fonctions continues sur $\mathbb{R}_+^\star$ qui converge simplement sur ce même intervalle vers la fonction nulle et est dominée par la fonction φ_1 intégrable sur $\mathbb{R}_+^\star$. Par convergence dominée $F(n) \xrightarrow[n\to\infty]{} 0$ d'où $\lim\limits_{+\infty} F = 0$.

De même $F' : x \mapsto -\displaystyle\int_0^{+\infty} e^{-xt}\,\frac{1-\cos(t)}{t}\,dt$ est croissante et négative donc admet une limite en $+\infty$ et, par la même démarche, cette limite est nulle.

$\forall x > 0,\ F''(x) = \displaystyle\int_0^{+\infty} e^{-xt}\big[1-\cos(t)\big]\,dt$ soit

$F''(x) = \displaystyle\int_0^{+\infty} e^{-xt}\,dt - \Re e\left(\int_0^{+\infty} e^{-t(x+i)}\,dt\right)$ car ces intégrales convergent.

Donc $F''(x) = \dfrac{1}{x} - \Re e\left(\dfrac{1}{x+i}\right) = \dfrac{1}{x} - \dfrac{x}{x^2+1} = \dfrac{1}{x(x^2+1)} \xrightarrow[x\to+\infty]{} 0.$

c) Il existe un réel A tel que $x > 0 \Rightarrow F'(x) = \ln\left(\dfrac{x}{\sqrt{x^2+1}}\right) + A$ et, comme $\lim\limits_{+\infty} F' = 0$, il vient $A = 0$.
F est continue sur $\mathbb{R}$ donc il existe un réel B tel que, pour tout $x \geqslant 0$,
$F(x) = \displaystyle\int_0^x \ln\left(\frac{t}{\sqrt{t^2+1}}\right)dt + B.$

Si $u : t \mapsto \ln\left(\dfrac{t}{\sqrt{t^2+1}}\right)$ et $v : t \mapsto t$ alors u et v sont de classe $\mathcal{C}^1$ sur $\mathbb{R}_+^\star$, $(uv)(t) \xrightarrow[t\to 0]{} 0$ donc, en intégrant par parties,

$F(x) = x\ln\left(\dfrac{x}{\sqrt{x^2+1}}\right) - \displaystyle\int_0^x \frac{dt}{t^2+1} + B = x\ln\left(\frac{x}{\sqrt{x^2+1}}\right) - \arctan(x) + B.$

$\lim\limits_{+\infty} F = 0 \Rightarrow B = \dfrac{\pi}{2}$, donc, si $x \geqslant 0$, $F(x) = \ln\left(\dfrac{x}{\sqrt{x^2+1}}\right) + \dfrac{\pi}{2} - \arctan(x)$.

d) Avec $u : t \mapsto 1-\cos(t)$ et $v : t \mapsto -1/t$ on a des fonctions de classe $\mathcal{C}^1$ sur $\mathbb{R}_+$ avec $(uv)(t) \xrightarrow[t\to 0]{} 0$ et $(uv)(t) \xrightarrow[t\to+\infty]{} 0$ d'où, en intégrant par parties,

$$F(0) = \int_0^{+\infty} \frac{1-\cos(t)}{t^2}\,dt = \int_0^{+\infty} \frac{\sin(t)}{t}\,dt = \frac{\pi}{2}.$$

Exercice 90.

Soit (E) l'équation différentielle $2xy'' + y' - y = 0$.

a) *Trouver une solution f de (E) développable en série entière au voisinage de 0 et telle que $f(0) = 1$.*

b) *Exprimer f à l'aide des fonctions usuelles.*

c) *Résoudre* (E).

●●●●●●

a) Supposons $f(x) = \sum\limits_{n=0}^{\infty} a_n\, x^n$ sur $]-R, R[$ où $R > 0$ et $a_0 = 1$.
Le théorème de dérivation des séries entières fournit sur $]-R, R[$

$$\begin{aligned}\delta =& 2xf''(x) + f'(x) - f(x)\\ =& \sum_{n=0}^{\infty} 2(n+1) - na_{n+1}\, x^n + \sum_{n=0}^{\infty}(n+1)a_{n+1}\, x^n - \sum_{n=0}^{\infty} a_n\, x^n\\ =& \sum_{n=0}^{\infty} \big[(n+1)(2n+1)a_{n+1} - a_n\big]x^n.\end{aligned}$$

par unicité des coefficients il vient $\forall n \in \mathbb{N},\ a_{n+1} = \dfrac{2a_n}{(2n+1)(2n+2)}$ d'où

$$a_n = \frac{2}{2n(2n-1)}\cdot\frac{2}{(2n-2)(2n-3)}\cdots\frac{2}{2{\cdot}1}\,a_0 = \frac{2^n}{(2n)!}.$$

Réciproquement le rayon de convergence de $\sum \dfrac{2^n}{(2n)!}\, x^n$ est infini donc (E) admet une seule solution développable en série entière au voisinage de 0 prenant en 0 la valeur 1, le rayon de convergence de la série entière associée est infini et cette fonction est $f_0 : x \mapsto \sum\limits_{n=0}^{\infty} \dfrac{2^n}{(2n)!}\, x^n$.

b) Si $x \geqslant 0,\ f_0(x) = \sum\limits_{n=0}^{\infty} \dfrac{(2x)^n}{(2n)!} = \dfrac{\big(\sqrt{2x}\,\big)^{2n}}{(2n)!} = \operatorname{ch}\big(\sqrt{2x}\,\big)$.

Si $x \leqslant 0,\ f_0(x) = \sum\limits_{n=0}^{\infty} \dfrac{(-1)^n\big(\sqrt{-2x}\,\big)^{2n}}{(2n)!} = \cos\big(\sqrt{-2x}\,\big)$.¡

c) Si $x > 0$ on pose $f(x) = g\big(\sqrt{2x}\big)$ où g est de classe $\mathcal{C}^2$ sur $\mathbb{R}_+^\star$.
$f'(x) = \dfrac{1}{\sqrt{2x}} g'\big(\sqrt{2x}\,\big)$ et $f''(x) = -\dfrac{1}{(2x)^{3/2}} g'\big(\sqrt{2x}\,\big) + \dfrac{1}{2x} g''\big(\sqrt{2x}\,\big)$.
donc $2xf''(x) + f'(x) - f(x) = g''\big(\sqrt{2x}\,\big) - g\big(\sqrt{2x}\big)$ donc il existe (A, B) dans $\mathbb{R}^2$ tel que $\forall t > 0,\ g(t) = A\operatorname{ch}(t) + B\operatorname{sh}(t)$
i.e. $\forall x > 0,\ f(x) = A\operatorname{ch}\big(\sqrt{2x}\,\big) + B\operatorname{sh}\big(\sqrt{2x}\,\big)$.
Alors $f(x) \underset{x\to 0^+}{=} A + B\sqrt{2x} + O(x)$.

De même si $x < 0$ on pose $f(x) = h\big(\sqrt{-2x}\big)$ où h est de classe $\mathcal{C}^2$ sur $\mathbb{R}_+^\star$.
On arrive également à l'existence de (C, D) dans $\mathbb{R}^2$ tel que, pour tout $x < 0$, $f(x) = C\cos\big(\sqrt{-2x}\,\big) + D\sin\big(\sqrt{-2x}\,\big)$.
Alors $f(x) \underset{x\to 0^-}{=} C + D\sqrt{-2x} + O(x)$.

Si l'on veut que f soit solution sur $\mathbb{R}$ il faut $A = C$ et $B = D = 0$ d'où $f = Af_0$. Réciproquement Af_0 est solution sur $\mathbb{R}$.

L'ensemble des solutions de (E) sur $\mathbb{R}$ est $\mathrm{Vect}(f_0)$.

Exercice 91.

Résoudre les systèmes

$$\begin{cases} x' = x - z \\ y' = x + y + z \\ z' = -x - y + z \end{cases} \qquad \begin{cases} x' = -3x = y + z \\ y' = x - 3y + z \\ z' = x + y - 3z \end{cases}$$

●●●●●●

Premier système

Il s'écrit $X' = AX$ où $A = \begin{pmatrix} 1 & 0 & -1 \\ 1 & 1 & 1 \\ -1 & -1 & 1 \end{pmatrix}$.

$\chi_A(x) = \begin{vmatrix} x-1 & 0 & 1 \\ -1 & x-1 & -1 \\ 1 & 1 & x-1 \end{vmatrix} = (x-1)\big[(x-1)^2+1\big] - x$ en développant selon la première ligne, soit $\chi_A(x) = x^3 - 3x^2 + 3x - 2 = (x-2)(x^2-x+1)$ donc $\mathrm{Sp}_{\mathbb{C}}(A) = \{2, -j, -\bar{j}\}$ et A est diagonalisable.

$A - 2I_3 = \begin{pmatrix} -1 & 0 & -1 \\ 1 & -1 & 1 \\ -1 & -1 & -1 \end{pmatrix}$ donc $E_2(A) = \mathbb{C}\begin{pmatrix} 1 \\ 0 \\ -1 \end{pmatrix}$.

$A + jI_3 = \begin{pmatrix} 1+j & 0 & -1 \\ 1 & 1+j & 1 \\ -1 & -1 & 1+j \end{pmatrix}$ dont les colonnes vérifient

$C_1 + (1+j)C_3 = \begin{pmatrix} 0 \\ 2+j \\ -1+j \end{pmatrix} = (1-j)C_2$ donc $E_{-j}(A) = \mathbb{C}\begin{pmatrix} 1 \\ j-1 \\ j+1 \end{pmatrix}$ et,

comme A est à coefficients réels, $E_{-\bar{j}}(A) = \mathbb{C}\begin{pmatrix} 1 \\ \bar{j}-1 \\ \bar{j}+1 \end{pmatrix}$.

X est solution si, et seulement si, il existe (λ, μ) dans $\mathbb{R} \times \mathbb{C}$ tel que $\forall t \in \mathbb{R},\ X(t) = \lambda e^{2t}\begin{pmatrix} 1 \\ 0 \\ -1 \end{pmatrix} + \Re e\left(\mu e^{-jt}\begin{pmatrix} 1 \\ j-1 \\ j+1 \end{pmatrix}\right)$.

Deuxième système

Il s'écrit $X' = BX$ où $B = J - 4I_3$ et $J = (1)_{1 \leqslant i,j \leqslant 3}$.

La matrice J est symétrique réelle de rang 1 et de trace 3. Ses valeurs propres sont donc 0 d'ordre 2 et 3 d'ordre 1. $E_0(J)$ est engendré par $\begin{pmatrix} 1 \\ -1 \\ 0 \end{pmatrix}$ et $\begin{pmatrix} 1 \\ 0 \\ -1 \end{pmatrix}$

et $E_3(J)$ est engendré par $\begin{pmatrix}1\\1\\1\end{pmatrix}$.

De plus $E_0(J) = E_{-4}(B)$ et $E_3(J) = E_{-1}(B)$.

Par suite X est solution si, et seulement si, il existe (λ, μ, ν) dans $\mathbb{R}^3$ tel que

$$\forall t \in \mathbb{R},\ X(t) = e^{-4t}\left[\lambda\begin{pmatrix}1\\-1\\0\end{pmatrix} + \mu\begin{pmatrix}1\\0\\-1\end{pmatrix}\right] + \nu e^{-t}\begin{pmatrix}1\\1\\1\end{pmatrix}.$$

Exercice 92.

L'application $H : \mathbb{R}^2 \to \mathbb{R}$ définie par $H(x,y) = \dfrac{x^4 y}{x^4+y^2}$ si $(x,y) \neq (0,0)$ et $H(0,0) = 0$ est-elle de classe $\mathcal{C}^1$ sur $\mathbb{R}^2$?

●●●●●●

L'efficacité veut que l'on commence par le point qui fait défaut afin de solder la question mais on complètera ensuite l'étude.

$\dfrac{\partial H}{\partial y}$ est définie sur $\mathbb{R}^2 \setminus \{(0,0)\}$ car H est sur cette partie ouverte une fraction rationnelle et $\dfrac{\partial H}{\partial y}(x,y) = \dfrac{x^4}{(x^4+y^2)^2}\left[(x^4+y^2) - 2y^2\right] = \dfrac{x^4(x^4-y^2)}{(x^4+y^2)^2}$.

Si l'on pose $r = x^4 + y^2$ alors il existe un unique θ dans $[0, 2\pi[$ tel que $x^2 = r\cos(\theta)$ et $y = r\sin(\theta)$. Mais $\dfrac{\partial H}{\partial y}(x,y) = \cos^2(\theta)\left[\cos^2(\theta) - \sin^2(\theta)\right]$ qui dépend de θ, ce qui montre que $\dfrac{\partial H}{\partial y}(x,y)$ n'a pas de limite lorsque (x,y) tend vers $(0,0)$ et donc que H n'est pas de classe $\mathcal{C}^1$ sur $\mathbb{R}^2$.

Complétons donc. Comme $\forall y \in \mathbb{R},\ H(0,y) = 0$, $\dfrac{\partial H}{\partial y}(0,0)$ existe et est nul.

Clairement H est de classe $\mathcal{C}^1$ sur $\mathbb{R}^2 \setminus \{(0,0)\}$.

Si $(x,y) \neq (0,0)$, comme $2|x^2y| \leqslant x^4 + y^2$ on a $\left|H(x,y)\right| \leqslant \dfrac{x^2}{2}$, ce qui montre la continuité de H en $(0,0)$.

Si $(x,y) \neq (0,0)$, $\dfrac{\partial H}{\partial x}(x,y) = \dfrac{4x^3y^3}{(x^4+y^2)^2} = 4x\cos^2(\theta)\ sin^2(\theta) \xrightarrow[(x,y)\to(0,0)]{} 0$ et $\dfrac{\partial H}{\partial x}(0,0) = 0$ car, pour tout x, $H(x,0) = 0$, donc $\dfrac{\partial H}{\partial x}$ est continue en $(0,0)$.

Exercice 93.

Déterminer l'ensemble des $f \in \mathcal{C}^2(\mathbb{R}^2, \mathbb{R})$ telles que $\dfrac{\partial^2 f}{\partial x^2} - 4\dfrac{\partial^2 f}{\partial x \partial y} + 3\dfrac{\partial^2 f}{\partial y^2} = 0$.

●●●●●●

Si $\begin{pmatrix} a & c \\ b & d \end{pmatrix} \in \mathrm{GL}_2(\mathbb{R})$ alors $(x, y) \mapsto (ax + by, cx + dy) \in \mathrm{GL}(\mathbb{R}^2)$.

On pose dans ce cas $\forall (x, y) \in \mathbb{R}^2,\ f(x, y) = g(ax+by, cx+dy)$ où $g \in \mathcal{C}^2(\mathbb{R}^2, \mathbb{R})$.

On note (u, v) le couple de variables de g.

$\dfrac{\partial f}{\partial x} = a\dfrac{\partial g}{\partial u} + c\dfrac{\partial g}{\partial v}$ d'où $\dfrac{\partial^2 f}{\partial x^2} = a^2\dfrac{\partial^2 g}{\partial u^2} + 2ac\dfrac{\partial^2 g}{\partial u \partial v} + c^2\dfrac{\partial^2 g}{\partial v^2}$,

$\dfrac{\partial f}{\partial y} = b\dfrac{\partial g}{\partial u} + d\dfrac{\partial g}{\partial v}$ d'où $\dfrac{\partial^2 f}{\partial x \partial y} = ab\dfrac{\partial^2 g}{\partial u^2} + (ad + bc)\dfrac{\partial^2 g}{\partial u \partial v} + cd\dfrac{\partial^2 g}{\partial v^2}$

et $\dfrac{\partial^2 f}{\partial y^2} = b^2\dfrac{\partial^2 g}{\partial u^2} + 2bd\dfrac{\partial^2 g}{\partial u \partial v} + d^2\dfrac{\partial^2 g}{\partial v^2}$.

Si l'on pose $\delta = \dfrac{\partial^2 f}{\partial x^2} - 4\dfrac{\partial^2 f}{\partial x \partial y} + 3\dfrac{\partial^2 f}{\partial y^2}$ alors

$$\begin{aligned}\delta = &(a^2 - 4ab + 3b^2)\frac{\partial^2 g}{\partial u^2} + (2ac - 4bc - 4ad + 6bd)\frac{\partial^2 g}{\partial u \partial v} \\ &+ (c^2 - 4cd + 3d^2)\frac{\partial^2 g}{\partial v^2}.\end{aligned}$$

Comme $x^2 - 4x + 1 = (x - 1)(x - 3)$ on pose $a = b = 1$ et $c = 3d = 3$. Ainsi $ad - bc = -2 \neq 0$ ce qui assure l'inversibilité du changement de variable et $2ac - 4bc - 4ad + 6bd \neq 0$.

Alors $\delta = 0 \iff \dfrac{\partial^2 g}{\partial u \partial v} = 0$.

Donc f est solution si, et seulement s'il existe (φ, ψ) dans $\left(\mathcal{C}^2(\mathbb{R}, \mathbb{R})\right)^2$ tel que $\forall (x, y) \in \mathbb{R}^2,\ f(x, y) = \varphi(x + y) + \psi(3x + y)$.

Probabilités

Complément de cours

Si $(p,n)\in\mathbb{N}^2$ et $p\leqslant n$ alors $\displaystyle\sum_{k=p}^{n}\binom{k}{p}=\binom{n+1}{p+1}$.

En effet $\forall k\in[\![p,n]\!]$ on a $\displaystyle\binom{k}{p}=x_{k+1}-x_k$ où l'on a posé $x_k=\displaystyle\binom{k}{p+1}$ d'où $\displaystyle\sum_{k=p}^{n}\binom{k}{p}=\sum_{k=p}^{n}(x_{k+1}-x_k)=x_{n+1}-x_p=\binom{n+1}{p+1}-\binom{p}{p+1}$ et $\displaystyle\binom{p}{p+1}=0$.

Exercice 1.
Déterminer le nombre d'applications $f : [\![1,n]\!] \to [\![1,n]\!]$ telles que $f \circ f = f$.

••••••

Notons $\mathcal{P}$ l'ensemble des applications solutions et, pour toute partie X de $[\![1,n]\!]$, $\mathcal{P}_X = \{f \in \mathcal{P} \mid f([\![1,n]\!]) = X\}$. Ainsi si $f([\![1,n]\!]) = X$, alors $f \in \mathcal{P}_X \iff \forall i \in X,\ f(i) = i$

$\mathcal{P}_X$ est donc en bijection avec l'ensemble des applications de $[\![1,n]\!] \setminus X$ dans X, d'où, si X est de cardinal k, $\mathrm{Card}(\mathcal{P}_X) = k^{n-k}$.

Par suite $\mathrm{Card}(\mathcal{P}) = \displaystyle\sum_{k=1}^{n} \binom{n}{k} k^{n-k}$.

Exercice 2.
On considère une urne contenant initialement b boules blanches et r boules rouges. Si on tire une boule rouge, on la remet dans l'urne. Si on en tire une blanche, on l'ôte définitivement de l'urne. Si $n \in \mathbb{N}^\star$, quelle est la probabilité de tirer une boule blanche exactement en n tirages ?

••••••

On note B_i l'événement « la i-ème boule tirée est blanche ».
L'événement dont on demande de calculer la probabilité est l'union disjointe de $B_1 \cap \overline{B_2} \cap \cdots \cap \overline{B_n}$, $\overline{B_1} \cap B_2 \cap \overline{B_3} \cap \cdots \cap \overline{B_n}, \ldots, \overline{B_1} \cap \cdots \cap \overline{B_{n-1}} \cap B_n$, sa probabilité est, en posant $N = b + r$,

$$p = \sum_{i=1}^{n} \left(\frac{r}{N}\right)^{i-1} \frac{b}{N} \left(\frac{r}{N-1}\right)^{n-i} = br^{n-1} \sum_{i=1}^{n} \frac{1}{N^i} \frac{1}{(N-1)^{n-i}}$$

$$= br^{n-1} \left[\sum_{i=0}^{n} \frac{1}{N^i} \frac{1}{(N-1)^{n-i}} - \frac{1}{(N-1)^n}\right]$$

$$= br^{n-1} \left[\frac{\frac{1}{(N-1)^n} - \frac{1}{N^n}}{\frac{1}{N-1} - \frac{1}{N}} - \frac{1}{(N-1)^n}\right]$$

$$= (N-r)r^{n-1} \left[\frac{N}{(N-1)^{n-1}} - \frac{N-1}{N^{n-1}} - \frac{1}{(N-1)^n}\right].$$

Exercice 3.
Soit X une variable aléatoire à valeurs dans $\mathbb{N}$ possédant une espérance.

a) *Montrer que $\mathbb{E}(X) = \displaystyle\sum_{k=0}^{\infty} \mathbb{P}(X > k)$.*

b) *On considère une urne de N boules numérotées de 1 à N. On effectue n tirages avec remise et on note X_N le plus grand des numéros tirés. Calculer $\mathbb{E}(X_N)$ sans simplifier l'expression. Trouver un équivalent quand $N \to +\infty$.*

••••••

a) Il s'agit d'une question de cours.
$\forall k \in \mathbb{N}^\star$, $\mathbb{P}(X=k)+\mathbb{P}(X>k)=\mathbb{P}(X>k-1)$. Donc $\forall n \in \mathbb{N}^\star$,

$$\begin{aligned}\sum_{k=1}^{n} \mathbb{P}(X=k) &= \sum_{k=1}^{n} k\big[\mathbb{P}(X>k-1)-\mathbb{P}(X>k)\big]\\ &= \sum_{k=0}^{n-1}(k+1)\mathbb{P}(X>k)-\sum_{k=1}^{n} k\mathbb{P}(X>k)\\ &= \mathbb{P}(X>0)+\sum_{k=1}^{n-1}\mathbb{P}(X>k)-n\mathbb{P}(X>n)\\ &= \sum_{k=0}^{n-1}\mathbb{P}(X>k)-n\mathbb{P}(X>n).\end{aligned}$$

Or $0 \leqslant n\mathbb{P}(X>n)=\sum\limits_{k=n+1}^{\infty} n\mathbb{P}(X=k) \leqslant \sum\limits_{k=n+1}^{\infty} k\mathbb{P}(X=k) \underset{n\to\infty}{=} o(1)$ car $\sum k\mathbb{P}(X=k)$ est supposée convergente.
Quand $n \to \infty$ on obtient $\mathbb{E}(X)=\sum\limits_{k=0}^{\infty}\mathbb{P}(X>k)$.

b) Si l'on note Y_k le numéro porté par la boule obtenue au k-ième tirage alors Y_k suit la loi uniforme sur $[\![1,N]\!]$ et les variables $Y_1,\dots,Y_n$ sont indépendantes car les tirages ont lieu avec remise.
$X_N(\Omega)=[\![1,N]\!]$ et $\forall k \in [\![1,N]\!]$, $(X_N \leqslant k)=\bigcap\limits_{i=1}^{n}(Y_i \leqslant k)$

donc $\mathbb{P}(X_N \leqslant k)=\left(\dfrac{k}{N}\right)^n$ puis $\mathbb{E}(X_N)=\sum\limits_{k=0}^{\infty}\mathbb{P}(X>k)=\sum\limits_{k=0}^{N-1}\left[1-\left(\dfrac{k}{N}\right)^n\right]$.

$\dfrac{1}{N}\sum\limits_{k=0}^{N-1}\left[1-\left(\dfrac{k}{N}\right)^n\right]$ est une somme de Riemann de la fonction continue

$x \mapsto 1-x^n$ sur $[0,1]$ donc $\dfrac{1}{N}\sum\limits_{k=0}^{N-1}\left[1-\left(\dfrac{k}{N}\right)^n\right] \xrightarrow[N\to\infty]{} \displaystyle\int_0^1(1-x^n)\,dx$ et

$\displaystyle\int_0^1(1-x^n)\,dx=1-\frac{n}{n+1}=\frac{n}{n+1}$.

Par suite $\mathbb{E}(X_N) \underset{N\to\infty}{\sim} \dfrac{nN}{n+1}$.

Exercice 4.
On considère une urne contenant n boules numérotées de 1 à n, dans laquelle on effectue n tirages successifs sans remise. On note X_k le numéro de la boule tirée à la k-ième étape. On dit qu'il y a un pic à la k-ième étape si $X_k > \max(X_1,\dots,X_{k-1})$. On convient qu'il y a toujours un pic au premier tirage. On note S_n le nombre de pics au cours des n tirages.

a) *Déterminer* $\mathbb{P}(S_n = 1)$ et $\mathbb{P}(S_n = n)$.

b) *Soit* T_k *la variable indicatrice de l'événement : il y a un pic au* k*-ième tirage. Déterminer la loi de* T_k*. Donner l'espérance de* S_n*.*

●●●●●●

a) $(S_n = 1) = (X_1 = n)$ d'où $\mathbb{P}(S_n = 1) = \dfrac{1}{n}\cdot$

De même $(S_n = n) = \bigcap\limits_{k=1}^{n} (X_k = k)$ d'où $\mathbb{P}(S_n = n,) = \left(\dfrac{1}{n}\right)^n\cdot$

b) $(T_k = 1) = \bigcup\limits_{p=k}^{n} \left[\big(\max((X_1, \ldots, X_{k-1}) < p\big) \cap (X_k = p)\right]$ et les événements composant cette union sont deux à deux disjoints d'où, si $p_k = \mathbb{P}(T_k = 1)$,

$p_k = \sum\limits_{p=k}^{n} \mathbb{P}\big(X_k = p | \max((X_1, \ldots, X_{k-1}) < p\big)\mathbb{P}\big(\max((X_1, \ldots, X_{k-1}) < p\big)$

i.e. $p_k = \displaystyle\sum_{p=k}^{n} \frac{1}{n-(k-1)} \times \frac{\binom{p-1}{k-1}}{\binom{n}{k-1}} = \frac{1}{(n-k+1)\binom{n}{k-1}} \sum_{p=k}^{n} \binom{p-1}{k-1}$ soit

$p_k = \dfrac{\binom{n}{k}}{(n-k+1)\binom{n}{k-1}} = \dfrac{1}{k}$ d'après un complément de cours.

Comme $S_n = \sum\limits_{k=1}^{n} T_k$ on a $\mathbb{E}(S_n) = \displaystyle\sum_{k=1}^{n} \mathbb{E}(T_k) = \sum_{k=1}^{n} \frac{1}{k}\cdot$

Exercice 5.

Un centre d'appel contacte des personnes. Une personne décroche avec une probabilité $p \in]0,1[$*. Il y a* n *personnes à contacter, par des appels successifs et indépendants. On note :* X_1 *le nombre de personnes ayant décroché à la première vague d'appels,* X_2 *le nombre de personnes ayant décroché à la seconde vague d'appels (parmi les* $n - X_1$ *personnes restantes), etc.*

a) *Les variables* X_1 et X_2 *sont-elles indépendantes ?*

b) *On définit la variable aléatoire* Y_i *qui donne le numéro de la vague à laquelle la* i*-ème personne décroche. Déterminer la loi de* Y_i*.*

●●●●●●

a) $(X_1 = n) \subset (X_2 = 0)$ montre déjà la non-indépendance. Pour être plus précis $(X_1 = n) \cap (X_2 = n) = \varnothing$ alors que $\mathbb{P}(X_1 = n) = p^n \neq 0$ et $\mathbb{P}(X_2 = n) = \mathbb{P}(X_2 = n | X_1 = 0)\mathbb{P}(X_1 = 0) = p^n(1-p)^n \neq 0$.

b) $Y_i(\Omega) = \mathbb{N}^\star$ mais Y_i n'est pas partout définie. Son ensemble de définition est de probabilité 1 car l'énoncé affirme que Y_i est une variable aléatoire. En fait si l'on note A_n l'événement « la i-ème personne n'a toujours pas décroché au n-ième appel » on a $P(A_n) = (1-p)^n$ et $(A_n)_n$ est décroissante, donc $\mathbb{P}(Y_i \text{ est non définie}) = \lim\limits_{n\to\infty} \mathbb{P}(A_n) = 0$.

Si $k \in \mathbb{N}^\star$ alors $(Y_i = k)$ est réalisé lorsque la i-ème personne ne décroche à aucun des $k-1$ premiers appels et décroche au k-ième,
d'où $\mathbb{P}(Y_i = k) = (1-p)^{k-1}p$. Ainsi la variable Y_i suit $\mathcal{G}(p)$.

Exercice 6.
Soit $A = \left(a_{i,j}\right)_{1\leqslant i,j\leqslant n}$ une matrice dont les coefficients sont des variables aléatoires $a_{i,j}$ définies sur un espace probabilisé $(\Omega, \mathcal{T}, \mathbb{P})$, mutuellement indépendantes et admettant toutes une espérance.

a) *Dans le cas où $n = 2$, justifier l'existence de $\mathbb{E}\big(\det(A)\big)$. Montrer que $\mathbb{E}\big(\det(A)\big) = \det\left(\mathbb{E}(a_{i,j})\right)_{1\leqslant i,j\leqslant n}$.*

b) *Généraliser pour n quelconque.*

c) *On suppose que les $a_{i,j}$ suivent toutes la même loi.*
Soit $x \in \mathbb{R}$. Calculer $\mathbb{E}\big(\chi_A(x)\big)$.

●●●●●●

a) On pose $A = \begin{pmatrix} a & b \\ c & d \end{pmatrix}$ pour alléger et alors $\det(A) = ad - bc$.
Comme a, b, c, d admettent une espérance et sont mutuellement indépendantes, $\det(A)$ admet une espérance et $\mathbb{E}\big(\det(A)\big) = \mathbb{E}(a)\mathbb{E}(d) - \mathbb{E}(b)\mathbb{E}(c)$, soit $\mathbb{E}\big(\det(A)\big) = \det(B)$ où $B = \begin{pmatrix} \mathbb{E}(a) & \mathbb{E}(b) \\ \mathbb{E}(c) & \mathbb{E}(d) \end{pmatrix}$.

b) ***Version PSI***
On rappelle que $\det(A) = \sum\limits_{\sigma \in \mathfrak{S}_n} \varepsilon(\sigma) \prod\limits_{i=1}^{n} a_{\sigma(i),i}$.
Si $\sigma \in \mathfrak{S}_n$ alors les variables aléatoires $a_{\sigma(1),1}, \dots, a_{\sigma(n),n}$ admettent une espérance et sont mutuellement indépendantes, donc $\prod\limits_{i=1}^{n} a_{\sigma(i),i}$ admet une espérance égale à $\prod\limits_{i=1}^{n} \mathbb{E}(a_{\sigma(i),i})$ et, par linéarité de l'espérance, $\det(A)$ admet une espérance et $\mathbb{E}\big(\det(A)\big) = \sum\limits_{\sigma \in \mathfrak{S}_n} \varepsilon(\sigma) \prod\limits_{i=1}^{n} \mathbb{E}(a_{\sigma(i),i}) = \det(B)$ où $\forall (i,j) \in [\![1,n]\!]^2,\ b_{i,j} = \mathbb{E}(a_{i,j})$.

Version PC
On raisonne par récurrence sur n en utilisant, par exemple, un développement selon la première colonne pour l'hérédité.

c) Posons $e = \mathbb{E}(a_{1,1})$ et, si $x \in \mathbb{R}$, $A(x) = xI_n - A$.
$\forall i \in [\![1,n]\!]$, $a_{i,i}(x) = x - a_{i,i}$ admet $x - e$ pour espérance,
$\forall (i,j) \in [\![1,n]\!]^2$, si $i \neq j$ alors $a_{i,j}(x) = -a_{i,j}$ admet $-e$ pour espérance et les $a_{i,j}(x)$ sont mutuellement indépendantes.
Donc $A(x)$ admet une espérance et $\mathbb{E}\big(A(x)\big) = \chi_{eJ}(x)$ où $J = \big(1\big) \in \mathfrak{M}_n(\mathbb{R})$.

La matrice J est symétrique réelle donc diagonalisable, son rang est 1 et sa trace est n d'où $\chi_J(x) = (x^{n-1}(x-n)$ et $\mathbb{E}\big(\chi_A(x)\big) = \chi_{eJ}(x) = x^{n-1}(x-ne)$.

Exercice 7.

Soit $(\Omega, \mathcal{T}, \mathbb{P})$ un espace probabilisé, A et B deux variables aléatoires indépendantes qui suivent une même loi géométrique de paramètre p. Déterminer la probabilité que toutes les solutions de l'équation

$$(E_\omega) : y'' + \big[A(\omega) - 1\big]y' + B(\omega)y = 0$$

tendent vers 0 en $+\infty$.

●●●●●●

Si $(a,b) \in (\mathbb{N}^\star)^2$ alors $y'' + (a-1)y' + by$ est une équation différentielle linéaire homogène d'ordre 2 à coefficients constants. On distingue trois cas selon le signe du discriminant Δ de son équation caractéristique.

Si $\Delta > 0$ les solutions ont toutes 0 pour limite en $+\infty$ si, et seulement si, les deux racines de l'équation caractéristique sont strictement négatives *i.e.* si, et seulement si, leur somme, $1-a$, est strictement négative et leur produit, b est strictement positif. Une condition nécessaire et suffisante est donc $a > 1$.

Si $\Delta = 0$ les solutions ont toutes 0 pour limite en $+\infty$ si, et seulement si, la racine double, $\dfrac{1-a}{2}$, est strictement négative *i.e.* si, et seulement si, $a > 1$.

Si $\Delta < 0$ les solutions ont toutes 0 pour limite en $+\infty$ si, et seulement si, la partie réelle, $\dfrac{1-a}{2}$, des deux racines est strictement négative *i.e.* si, et seulement si, $a > 1$.

En résumé une condition nécessaire et suffisante pour que toutes les solutions de (E_ω) aient 0 pour limite en $+\infty$ est $(A > 1)$, événement de probabilité $1 - \mathbb{P}(A = 1)$ on encore $1 - (1-p)p$.

Exercice 8.

Soit N une variable aléatoire suivant une loi géométrique de paramètre $p \in]0,1[$. On lance N fois une pièce de monnaie équilibrée, et on note X le nombre de faces obtenues.

a) *Soit $n \in \mathbb{N}$. Déterminer la loi de X conditionnée par $(N = n)$.*

b) *Soit $k \in \mathbb{N}$. On pose $f(x) = \displaystyle\sum_{n=k}^{\infty} \binom{n}{k} x^n$.*

i) *Déterminer le rayon de convergence de f.*

ii) *Calculer $f(x)$ dans l'intervalle ouvert de convergence.*

iii) *Déterminer la loi de X.*

●●●●●●

a) La loi de X conditionnée par $(N = n)$ est $\mathcal{B}(n, p)$.

b) i) $\displaystyle\binom{n}{k} = \frac{n(n-1)\cdots(n-k+1)}{k!} \underset{n\to\infty}{\sim} \frac{n^k}{k!}$, le rayon de convergence est donc égal à 1.

ii) Si $|x| < 1$ alors $\displaystyle f(x) = \frac{x^k}{k!}\sum_{n=k}^{\infty} n(n-1)\cdots(n-k+1)x^{n-k} = \frac{x^k}{k!}\sum_{n=k}^{\infty}\frac{d^k}{dx^k}(x^n)$ d'où, d'après le théorème de dérivation des séries entières,

$$f(x) = \frac{x^k}{k!}\frac{d^k}{dx^k}\left(\frac{1}{1-x}\right) = \frac{x^k}{(1-x)^{k+1}}.$$

iii) On pose $q = 1 - p$. D'après la formules des probabilités totales $\forall k \in \mathbb{N}$, $\displaystyle\mathbb{P}(X = k) = \sum_{n=1}^{\infty}\mathbb{P}(X = k|N = n)\mathbb{P}(N = n)$ mais il faut distinguer deux cas selon que k est nul ou non.

$$\mathbb{P}(X = 0) = \sum_{n=1}^{\infty}\left(\frac{1}{2}\right)^n q^{n-1}p = \frac{p}{2}\sum_{n=1}^{\infty}\left(\frac{q}{2}\right)^{n-1} = \frac{p}{2}\frac{1}{1-\frac{q}{2}} = \frac{p}{2-q} = \frac{p}{1+p}.$$

Si $k \geqslant 1$, $\displaystyle\mathbb{P}(X = k) = \sum_{n=k}^{\infty}\binom{n}{k}2^{-n}q^{n-1}p = \frac{p}{q}f\left(\frac{q}{2}\right) = \frac{p}{q}\frac{2^{-k}q^k}{\left(1-\frac{q}{2}\right)^{k+1}}$ soit

$$\mathbb{P}(X = k) = \frac{2p(1-p)^{k-1}}{(1+p)^{k+1}}.$$

Exercice 9.

On dispose de $p + 1$ urnes $U_0, \ldots, U_p$ contenant chacune p boules ; l'urne i contient i boules blanches. On choisit une des urnes aléatoirement, et on en tire successivement n boules avec remise. On note N_p la variable aléatoire égale au nombre de boules blanches obtenues.

a) *Déterminer la probabilité que $N_p = k$ sachant qu'on a choisi l'urne i.*

b) *Déterminer l'espérance de N_p.*

●●●●●●

a) Si l'on tire dns U_i le nombre de boules blanches obtenues suit $\mathcal{B}\left(p, \frac{i}{p}\right)$ *i.e.*

$$\mathbb{P}(N_p = k) = \binom{p}{k}\left(\frac{i}{p}\right)^k\left(1-\frac{i}{p}\right)^{p-k}.$$

b) On note U_i l'événement « le tirage a lieu dans U_i ». D'après la formule des probabilités totales, si $k \in [\![0, n]\!]$, $\displaystyle\mathbb{P}(N_p = k) = \sum_{i=0}^{p}\mathbb{P}(N_p = k\mathbb{U}_i)\mathbb{P}(U_i)$.

$\forall k \in [\![0, n]\!]$, $\displaystyle\mathbb{P}(N_p = k) = \frac{1}{p+1}\sum_{i=0}^{p}\mathcal{B}(p, i/p)(k)$ si l'on note $\mathcal{B}(p, i/p)(k)$ la probabilité de $(X_i = k)$ lorsque X_i suit $\mathcal{B}(p, i/p)$.

$$\mathbb{E}(N_p) = \frac{1}{p+1}\sum_{k=0}^{p}\left(\sum_{i=0}^{p} k\mathcal{B}(p,i/p)(k)\right) = \frac{1}{p+1}\sum_{i=0}^{p}\left(\sum_{k=0}^{p} k\mathcal{B}(p,i/p)(k)\right) \text{ soit}$$

$$\mathbb{E}(N_p) = \frac{1}{p+1}\sum_{i=0}^{p}\mathbb{E}(X_i) = \frac{1}{p+1}\sum_{i=0}^{p} i = \frac{p}{2}.$$

Exercice 10.

Le nombre de voitures allant à (resp. venant de) Paris qui s'arrêtent à un péage d'autoroute en une journée est une variable aléatoire X (resp. Y) qui suit une loi de Poisson de paramètre λ (resp. μ). Soient $(k,n)\in\mathbb{N}^2$ avec $k \leqslant n$. Si n voitures se sont arrêtées au péage dans la journée quelle est la probabilité que k voitures soient allées à Paris ?

●●●●●●

Les variables X et Y doivent être supposées indépendantes, par conséquent $X+Y$ suit $\mathcal{P}(\lambda+\mu)$.

$$p = \mathbb{P}(X=k|X+Y=n) = \frac{\mathbb{P}\big((X=k)\cap(Y=n-k)\big)}{\mathbb{P}(X+Y=n)}$$

$$= \frac{\mathbb{P}(X=k-\mathbb{P}(Y=n-k)}{\mathbb{P}(X+Y=n)} = e^{-\lambda}\,\frac{\lambda^k}{k!}\,e^{-\mu}\,\frac{\mu-n-k}{(n-k)!}\,e^{\lambda+\mu}\,\frac{n!}{(\lambda+\mu)^n}$$

$$= \binom{n}{k}\frac{\lambda^k\mu^{n-k}}{(\lambda+\mu)^n}, \text{ c'est } \mathcal{B}\Big(n,\ \frac{\lambda}{\lambda+\mu}\Big).$$

Exercice 11.

On fixe $n\in\mathbb{N}^\star$. Soient $p\in\mathbb{N}^\star$, $U_0,\dots,U_p$ des urnes, l'urne U_k contenant k boules blanches et $p-k$ boules noires. On choisit une urne au hasard, on tire $n\in\mathbb{N}^\star$ boules avec remise et on note N_p le nombre de boules blanches tirées.

a) *Déterminer la loi de N_p et l'espérance de N_p.*

b) *Soit $k\in[\![0,n]\!]$. Montrer que $\mathbb{P}(N_p=k)\xrightarrow[p\to\infty]{}\int_0^1 x^k(1-x)^{n-k}\,dx$.*

c) *En déduire la limite en loi de $(N_p)_{p\geqslant 1}$.*

●●●●●●

a) On note U_i l'événement «les tirages ont lieu dans la i-ème urne». Dans cette urne le nombre de boules blanches obtenues suit $\mathcal{B}(n,i/p)$ et on pose $\mathcal{B}(n,i/p)(k) = \binom{n}{k}(i/p)^k(1-i/p)^{n-k}$ si $k\in[\![0,n]\!]$.

$N_p(\Omega) = [\![0,n]\!]$ et, si $k\subset[\![0,n]\!]$, $\mathbb{P}(N_p=k) = \sum\limits_{i=0}^{p}\mathbb{P}(N_p=k|U_i)\mathbb{P}(U_i)$ d'après la formule des probabilités totales, soit $\mathbb{P}(N_p=k) = \dfrac{1}{p+1}\sum\limits_{i=0}^{p}\mathcal{B}(n,i/p)(k)$.

$$\begin{aligned}\mathbb{E}(N_p) &= \sum_{k=0}^{n} k\mathbb{P}(N_p = k) = \frac{1}{p+1}\sum_{k=0}^{n}\left(\sum_{i=0}^{p} k\mathcal{B}(n, i/p)(k)\right)\\ &= \frac{1}{p+1}\sum_{i=0}^{p}\left(\sum_{k=0}^{n} k\mathcal{B}(n, i/p)(k)\right) = \frac{1}{p+1}\sum_{i=0}^{p}\frac{ni}{p}\\ &= \frac{n}{p(p+1)}\sum_{i=0}^{p} i = \frac{n}{2}.\end{aligned}$$

b) $\forall k \in [\![0, n]\!]$, $\mathbb{P}(N_p = k) = \binom{n}{k}\frac{1}{p+1}\sum_{i=0}^{p}\left(\frac{i}{p}\right)^k\left(1 - \frac{i}{p}\right)^{n-k}$

et $\frac{1}{p+1}\sum_{i=0}^{p}\left(\frac{i}{p}\right)^k\left(1 - \frac{i}{p}\right)^{n-k}$ est une somme de Riemann sur $[0, 1]$ de la fonction $x \mapsto x^k(1-x)^{n-k}$ donc $\mathbb{P}(N_p = k) \underset{p\to\infty}{\longrightarrow} \binom{n}{k}\int_0^1 x^k(1-x)^{n-k}\,dx$.

c) Posons, pour tout $k \in [\![0, n]\!]$, $I_k = \int_0^1 x^k(1-x)^{n-k}\,dx$.

$I_0 = \int_0^1 (1-x)^n\,dx = \frac{1}{n+1}$ et, si $k \in [\![1, n]\!]$, en intégrant par parties,

$I_k = \frac{k}{n-k+1} I_{k-1}$ d'où $I_k = \frac{k}{n-k+1}\cdot\frac{k-1}{n-k+2}\cdots\frac{1}{n} I_0 = \frac{k!(n-k)!}{(n+1)!}$ soit

$I_k = \frac{1}{(n+1)\binom{n}{k}}$ d'où $\mathbb{P}(N_p = k) \underset{p\to\infty}{\longrightarrow} \frac{1}{n+1}$, loi uniforme sur $[\![0, n]\!]$.

Exercice 12.

Une urne contient n boules numérotées de 1 à n. On en pioche deux simultanément. On note X le numéro de la plus petite et Y le numéro de la plus grande. Déterminer la loi de (X, Y) puis les lois de X et de Y.

●●●●●●

Si $1 \leqslant i < j \leqslant n$ alors $\mathbb{P}(X = i, Y = j) = \frac{1}{\binom{n}{2}} = \frac{2}{n(n-1)}$.

Si $1 \leqslant i \leqslant n-1$ par réunion disjointe, $\mathbb{P}(X = i) = \sum_{j=i+1}^{n} \mathbb{P}(X = i, Y = j)$ soit

$\mathbb{P}(X = i) = \frac{2(n-i)}{n(n-1)}$.

De même si $2 \leqslant j \leqslant n$, $\mathbb{P}(Y = j) = \sum_{i=1}^{j-1} \mathbb{P}(X = i, Y = j) = \frac{2(j-1)}{n(n-1)}$.

Exercice 13.

Soit (a_n) une suite réelle non nulle, décroissante, et de limite nulle.

Trouver $\lambda \in \mathbb{R}$ tel qu'il existe une probabilité sur $\mathbb{N}$ vérifiant, pour tout $n \in \mathbb{N}$, $\mathbb{P}([\![n, +\infty[\![) = \lambda a_n$.

●●●●●●

$\forall n \in \mathbb{N}$, $\{n\} = [\![n, +\infty[\![\setminus [\![n+1, +\infty[\![$ donc $\mathbb{P}(\{n\}) = \lambda(a_n - a_{n+1})$ et $\lambda \geqslant 0$ est requis.
Une condition nécessaire et suffisante est alors $\sum \mathbb{P}(\{n\})$ converge et sa somme est 1. Or, comme $(a_n)_n$ converge vers 0 la série $\sum(a_n - a_{n+1})$ converge et sa somme est a_0. Une condition nécessaire et suffisante est donc $\lambda = \dfrac{1}{a_0}\cdot$

Exercice 14.
Soient X et Y deux variables aléatoires indépendantes suivant la même loi géométrique. Trouver la probabilité pour que $\begin{pmatrix} X & X \\ -Y & -Y \end{pmatrix}$ soit nilpotente.

●●●●●●

$\begin{pmatrix} x & x \\ -y & -y \end{pmatrix}^2 = 0_2 \iff x = y = 0$ ou $x = y \iff x = y$.
On veut donc calculer $\mathbb{P}(X = Y)$.
Par union disjointe $\mathbb{P}(X = Y) = \sum\limits_{k=1}^{\infty} \mathbb{P}(X = k, Y = k) = p^2 \sum\limits_{k=1}^{\infty} q^{2(k-1)}$ soit $\mathbb{P}(X = Y) = \dfrac{p^2}{1 - q^2} = \dfrac{p}{1+q} = \dfrac{p}{2-p}\cdot$

Exercice 15.
Soient $n \in \mathbb{N}^\star$, X et Y deux variables aléatoires indépendantes suivant une loi uniforme sur $[\![1, n]\!]$. Déterminer l'espérance et la variance de $Z = X + Y$.

●●●●●●

$\mathbb{E}(X) = \mathbb{E}(Y) = \dfrac{n+1}{2}$ et $\mathbb{V}(X) = \mathbb{V}(Y) = \dfrac{n^2 - 1}{12}\cdot$
Par linéarité de l'espérance $\mathbb{E}(Z) = \mathbb{E}(X) + \mathbb{E}(Y) = 2\mathbb{E}(X) = n + 1$ et, par indépendance de X et Y, $\mathbb{V}(Z) = \mathbb{V}(X) + \mathbb{V}(Y) = 2\mathbb{V}(X) = \dfrac{n^2 - 1}{6}\cdot$

Exercice 16.
Soit X une variable aléatoire suivant une loi de Poisson de paramètre $\lambda > 0$. Calculer la probabilité que X soit paire.

●●●●●●

$$\mathbb{P}(X \in 2\mathbb{N}) = \sum_{k=0}^{\infty} \mathbb{P}(X = 2k) = e^{-\lambda} \sum_{k=0}^{\infty} \frac{\lambda^{2k}}{(2k)!} = e^{-\lambda}\operatorname{ch}(\lambda) = \frac{1 + e^{-2\lambda}}{2}\cdot$$

Exercice 17.

Soient X et Y deux variables aléatoires indépendantes telles que $X \sim \mathcal{P}(\lambda)$ et $Y \sim \mathcal{P}(\mu)$. Trouver la loi conditionnelle de X sachant $X + Y = n$.

●●●●●●

Par indépendance de X et Y la variable $X + Y$ suit $\mathcal{P}(\lambda + \mu)$.
Si $(X + Y = n)$ alors X prend ses valeurs dans $[\![0, n]\!]$ et $\forall k \in [\![0, n]\!]$,

$$\mathbb{P}(X = k|X + Y = n) = \frac{\mathbb{P}(X = k, Y = n - k)}{\mathbb{P}(X + Y) = n} = \frac{e^{-\lambda}\,\frac{\lambda^k}{k!}\,e^{-\mu}\,\frac{\mu^{n-k}}{(n-k)!}}{e^{-(\lambda+\mu)}\,\frac{(\lambda+\mu)^n}{n!}}$$

soit $\mathbb{P}(X = k|X + Y = n) = \binom{n}{k}\left(\frac{\lambda}{\lambda + \mu}\right)^k\left(\frac{\mu}{\lambda + \mu}\right)^{n-k}$, il s'agit d'une loi binomiale de paramètres n et $\dfrac{\lambda}{\lambda + \mu}$.

Exercice 18.

Calculer $\mathbb{E}\left(\frac{1}{X + 1}\right)$ si $X \sim \mathcal{P}(\lambda)$.

●●●●●●

$$\mathbb{E}\left(\frac{1}{X + 1}\right) = \sum_{k=0}^{\infty} \frac{1}{k + 1}\,\mathbb{P}(X = k) = \frac{e^{-\lambda}}{\lambda}\sum_{k=0}^{\infty} \frac{\lambda^{k+1}}{(k + 1)!} = \frac{e^{-\lambda}}{\lambda}(e^{\lambda} - 1)$$
$$= \frac{1 - e^{-\lambda}}{\lambda}.$$

Exercice 19.

On suppose que $X \sim \mathcal{G}(p)$ avec $p \in]0, 1[$. Calculer $\mathbb{E}\left(\frac{1}{X}\right)$.

●●●●●●

Sous réserve de convergence la formule de transfert montre que $\mathbb{E}\left(\frac{1}{X}\right) = \sum_{k=1}^{\infty} \frac{1}{k}\,\mathbb{P}(X = k) = \frac{p}{q}\sum_{k=1}^{\infty} \frac{q^k}{k} = \frac{p}{q}\sum_{k=1}^{\infty} \int_0^q t^{k-1}\,dt$ et comme on suppose $0 < q < 1$ le théorème d'intégration d'une série entière prouve la convergence et

$$\mathbb{E}\left(\frac{1}{X}\right) = \frac{p}{q}\int_0^q \left(\sum_{k=1}^{\infty} t^{k-1}\right) dt = \frac{p}{q}\int_0^q \frac{dt}{1 - t} = -\frac{p}{q}\ln(1 - q) = -\frac{p}{q}\ln(p).$$

Exercice 20.

Soient X une variable aléatoire discrète à valeurs entières et f une fonction définie sur $X(\Omega)$ et à valeurs réelles. À quelle condition sur f les variables X et $f(X)$ sont-elles indépendantes ?

●●●●●●

Si X est presque sûrement constante *i.e.* s'il existe k dans $\mathbb{N}$ pour lequel $\mathbb{P}(X=k)=1$ alors X et $f(X)$ sont indépendantes.

Sinon soient k et ℓ deux entiers naturels distincts tels que $\mathbb{P}(X=k)>0$ et $\mathbb{P}(X=\ell)>0$.
Supposons $f(k)\neq f(\ell)$. On a $\mathbb{P}\big(X=k, f(X)=f(\ell)\big)=0$ alors que $\mathbb{P}(X=k)\mathbb{P}\big(f(X)=f(\ell)\big)\geqslant \mathbb{P}(X=k)\mathbb{P}(X=\ell)>0$, donc X et $f(X)$ ne sont pas indépendantes.
Une condition nécessaire et suffisante est

«la restriction de f à $\big\{k\in\mathbb{N} \mid \mathbb{P}(X=k)>0\big\}$ est constante».

Exercice 21.
Soient X et Y des variables aléatoires indépendantes de même loi $\mathcal{B}(n,1/2)$. Déterminer la probabilité pour que la matrice $\begin{pmatrix} X & 1 \\ 0 & Y\end{pmatrix}$ soit diagonalisable.

●●●●●●

Si $(x,y)\in\mathbb{R}^2$ la matrice $\begin{pmatrix} x & 1 \\ 0 & y\end{pmatrix}$ est diagonalisable si, et seulement si, $x\neq y$.
La probabilité p cherchée est donc $1-\mathbb{P}(X=Y)$.

$\mathbb{P}(X=Y)=\sum\limits_{k=0}^{n}\mathbb{P}(X=k,Y=k)=\sum\limits_{k=0}^{n}\mathbb{P}^2(X=k)$ par hypothèse.

D'où $\mathbb{P}(X=Y)=2^{-2n}\displaystyle\sum_{k=0}^{n}\binom{n}{k}^2$ et $p=1-2^{-2n}\displaystyle\sum_{k=0}^{n}\binom{n}{k}^2=1-2^{-2n}\binom{2n}{n}$ en examinant le coefficient en X^n dans $(1+X)^{2n}=(1+X)^n(1+X)^n$.

Exercice 22.
Soient X et Y des variables aléatoires indépendantes de lois géométriques de paramètres p et q respectivement. Déterminer la probabilité pour que la matrice $\begin{pmatrix} X & 1 \\ 0 & Y\end{pmatrix}$ soit diagonalisable.

●●●●●●

On prend les mêmes et on recommence.

$$\mathbb{P}(X=Y)=pq\sum_{k=1}^{\infty}(1-p)^{k-1}(1-q)^{k-1}=\frac{pq}{1-(1-p)(1-q)}=\frac{pq}{p+q-pq}.$$

Exercice 23.
Soit X une variable aléatoire à valeurs dans $\mathbb{N}$.

a) *Montrer que $\sum\limits_{k=0}^{n}k\mathbb{P}(X=k)=\sum\limits_{k=1}^{n-1}\mathbb{P}(X>k)-nP(X>n)$.*

b) *Supposons que la série de terme général $P(X>k)$ converge. Montrer que X est d'espérance finie.*

c) *Supposons que X est d'espérance finie. Montrer que $n\mathbb{P}(X > n) \xrightarrow[n\to\infty]{} 0$.*
En déduire que la série de terme général $P(X > k)$ converge puis que

$$\mathbb{E}(X) = \sum_{k=0}^{\infty} \mathbb{P}(X > k).$$

●●●●●●

a) Si $k \geqslant 1$ alors $\mathbb{P}(X = k) = \mathbb{P}(X > k-1) - \mathbb{P}(X > k)$ d'où
$\sum_{k=0}^{n} k\mathbb{P}(X = k) = \sum_{k=1}^{n} \mathbb{P}(X = k) = \sum_{k=1}^{n} k\mathbb{P}(X > k-1) - \sum_{k=1}^{n} k\mathbb{P}(X > k)$ soit
$\sum_{k=0}^{n} k\mathbb{P}(X = k) = \sum_{k=0}^{n-1} (k+1)\mathbb{P}(X > k) - \sum_{k=0 \text{ ou} 1}^{n} k\mathbb{P}(X > k)$ d'où
$\sum_{k=0}^{n} k\mathbb{P}(X = k) = \sum_{k=0}^{n-1} \mathbb{P}(X > k) - n\mathbb{P}(X > n)$.

b) On en déduit $\sum_{k=0}^{n} k\mathbb{P}(X = k) \leqslant \sum_{k=0}^{n-1} \mathbb{P}(X > k) \leqslant \sum_{k=0}^{\infty} \mathbb{P}(X > k)$ et, donc, la série à termes positifs $\sum k\mathbb{P}(X = k)$ converge ou encore X admet une espérance.

c) $0 \leqslant n\mathbb{P}(X > n) = n \sum_{k=n+1}^{\infty} \mathbb{P}(X = k) \leqslant \sum_{k=n+1}^{\infty} k\mathbb{P}(X = k)$, reste de rang n d'une série convergente, donc $n\mathbb{P}(X > n) \xrightarrow[n\to\infty]{} 0$.
L'hypothèse, la première question et ce résultat montrent que la série de terme général $P(X > k)$ converge et $\mathbb{E}(X) = \sum_{k=0}^{\infty} \mathbb{P}(X > k)$.

Exercice 24.
Soient $(X_{i,j})_{1\leqslant i,j\leqslant n}$ des variables aléatoires indépendantes, identiquement distribuées. On suppose que $\mathbb{P}(X_{i,j} = 1) = \mathbb{P}(X_{i,j} = -1) = 1/2$.
On note M la matrice $\big(X_{i,j}\big)_{1\leqslant i,j\leqslant n}$.

a) *Calculer l'espérance de $\mathrm{tr}(M)$.*

b) *Calculer l'espérance de $\det(M)$.*

c) *Calculer la probabilité que M soit de rang 1.*

●●●●●●

a) Comme $\mathrm{tr}(M) = \sum_{i=1}^{n} X_{i,i}$ par linéarité de l'espérance
$\mathbb{E}\big(\mathrm{tr}(M)\big) = \sum_{i=1}^{n} \mathbb{E}(X_{i,i}) = 0$ par définition des lois des $X_{i,j}$.

b) On développe $\det(M)$ selon sa première colonne, $\det(M) = \sum_{i=1}^{n} X_{i,1}\Delta_{i,1}$ et, pour tout $i \in [\![1,n]\!]$, les variables $X_{i,1}$ et $\Delta_{i,1}$ sont indépendantes car les $X_{i,j}$ le sont. Donc $\mathbb{E}\big(\det(M)\big) = \sum_{i=1}^{n} \mathbb{E}(X_{i,1})\mathbb{E}(\Delta_{i,1}) = 0$ de la même façon.

c) En notant $C_1, \ldots, C_n$ les colonnes de M l'événement « M est de rang 1 » est aussi $\bigcap_{i=2}^{n} (C_i = \pm C_1)$ de probabilité $p = \mathbb{P}(C_2 = \pm C_1)^{n-1}$ car les $X_{i,j}$ sont indépendantes et de même loi.

$\mathbb{P}(C_2 = C_1) = \mathbb{P}(C_2 = -C_1) = \mathbb{P}\left(\bigcap_{i=1}^{n} (X_{i,2} = X_{i,1})\right) = \mathbb{P}^n(X_{1,2} = X_{1,1})$ toujours pour les mêmes raisons.

Enfin $\mathbb{P}(X_{1,2} = X_{1,1}) = 2\mathbb{P}(X_{2,1} = 1, X_{1,1} = 1) = 2\mathbb{P}^2(X_{1,1} = 1) = 1/2$.

En définitive $p = 2^{-n(n-1)}$.

Exercice 25.

Soient $n \in \mathbb{N}\backslash\{0,1\}$, $N = n!$, X une variable aléatoire suivant une loi uniforme sur $[\![1, N]\!]$, $p_1 < \cdots < p_m$ les nombres premiers inférieurs à n.

a) *Calculer $\mathbb{P}(p_k|X)$ pour $k \in [\![1, m]\!]$.*

b) *Montrer que les événements $(p_1|X)$, $(p_2|X), \ldots, (p_m|X)$ sont mutuellement indépendants.*

c) *Soient X_1 et X_2 deux variables aléatoires indépendantes suivant la loi de X. Déterminer $\mathbb{P}(X_1 \wedge X_2 = 1)$.*

●●●●●●

a) $\forall k \in [\![1, m]\!]$ le nombre premier p_k divise N car $N = n!$.

$(p_k|X) = (X \in \{p_k, 2p_k, 3p_k, \ldots, N\})$ d'où $\mathbb{P}(p_k|X) = \dfrac{\frac{N}{p_k}}{N} = \dfrac{1}{p_k}$.

b) Si $i_1, \ldots, i_k$ sont des éléments deux à deux distincts de $[\![1, m]\!]$ alors $\bigcap_{j=1}^{k} (p_{i_j}|X) = (p_{i_1}p_{i_2}\cdots p_{i_k}|X)$ de probabilité $\dfrac{1}{p_{i_1}p_{i_2}\cdots p_{i_k}}$ en suivant la démarche de la question précédente.

D'où $\mathbb{P}\big(\bigcap_{j=1}^{k} (p_{i_j}|X) = (p_{i_1}p_{i_2}\cdots p_{i_k}|X)\big) = \prod_{j=1}^{k} \mathbb{P}(p_{i_j}|X)$, ce qui assure l'indépendance mutuelle demandée.

c) $(X_1 \wedge X_2 = 1) = \bigcap_{k=1}^{m} \overline{(p_k|X_1) \cap (p_k|X_2)}$ et, par l'indépendance précédente,

$$\mathbb{P}(X_1 \wedge X_2 = 1) = \prod_{k=1}^{m} \left[1 - \mathbb{P}(p_k|X_1)\mathbb{P}(p_k|X_2)\right] = \prod_{k=1}^{m} \left(1 - \frac{1}{p_k^2}\right).$$

Exercice 26.

Soit $(X_i)_{i \geqslant 1}$ une suite de variables aléatoires indépendantes suivant une loi de Bernoulli de paramètre $p \in]0, 1[$. Soit N une variable aléatoire indépendante des X_i et suivant une loi de Poisson de paramètre $a > 0$. Déterminer la loi de $Y = X_1 + \cdots + X_N$.

●●●●●●

$Y(\Omega) = \mathbb{N}$ et $\forall k \in \mathbb{N}$, $p_k = \mathbb{P}(Y = k) = \sum\limits_{n=k}^{\infty} \mathbb{P}(Y = k|N = n)\mathbb{P}(N = n)$ d'après la formule des probabilités totales.

$$p_k = e^{-a} \sum_{n=k}^{\infty} \frac{a^n}{n!} \binom{n}{k} p^k (1-p)^{n-k} = e^{-a} \frac{(ap)^k}{k!} \sum_{n=k}^{\infty} \frac{\big(a(1-p)\big)^{n-k}}{(n-k)!}$$

soit $p_k = e^{-ap} \dfrac{(ap)^k}{k!}$, il s'agit d'une loi de Poisson de paramètre ap.

Exercice 27.

Soient $X_1, \dots, X_n$ des variables aléatoires indépendantes et de même loi : $\mathbb{P}(X_k = 1) = \mathbb{P}(X_k = -1) = 1/2$. Soit $S_n = X_1 + \cdots + X_n$. Soit $\varepsilon > 0$.

a) *Majorer $\mathbb{P}\Big(\Big|\dfrac{S_n}{n}\Big| \geqslant \varepsilon\Big)$.*

b) *Montrer que, pour tout $t \in \mathbb{R}$, $\mathbb{E}(e^{tS_n}) = \mathrm{ch}^n(t)$.*

c) *Montrer que, pour tout $t > 0$, $\mathrm{ch}(t) \leqslant e^{t^2/2}$.*

d) *Montrer que, pour tout $t > 0$, $\mathbb{P}\Big(\dfrac{S_n}{n} \geqslant \varepsilon\Big) \leqslant \exp\Big(\dfrac{nt^2}{2} - nt\varepsilon\Big)$.*

e) *Montrer que $\mathbb{P}\Big(\dfrac{S_n}{n} \geqslant \varepsilon\Big) \leqslant \exp\Big(-\dfrac{n\varepsilon^2}{2}\Big)$.*

●●●●●●

a) $\forall k \in [\![1, n]\!]$, $\mathbb{E}(X_k) = 0$, $X_k^2 = 1$ d'où $\mathbb{V}(X_k) = E(X_k^2) - \mathbb{E}^2(X_k) = 1$.

Par linéarité de l'espérance $E\Big(\dfrac{S_n}{n}\Big) = 0$ et, par indépendance des X_k,

$$\mathbb{V}\Big(\frac{S_n}{n}\Big) = \frac{1}{n^2} \sum_{k=1}^{n} \mathbb{V}(X_k) = \frac{1}{n}\cdot$$

L'inégalité de Biennaymé-Tchebitchev fournit $\mathbb{P}\Big(\Big|\dfrac{S_n}{n}\Big| \geqslant \varepsilon\Big) \leqslant \dfrac{1}{n\varepsilon^2}\cdot$

b) Soit $t \in \mathbb{R}$. Comme les X_k sont indépendants les e^{tX_k} le sont aussi et tous de même espérance donc $\mathbb{E}(e^{tS_n}) = \mathbb{E}^n(e^{tX_1})$.

Or $\mathbb{E}(e^{tX_1}) = \dfrac{1}{2}(e^{-t} + e^t) = \mathrm{ch}(t)$ d'après la loi de X_1, d'où le résultat.

c) $\forall n \in \mathbb{N}$, $(2n)! \geqslant 2 \cdot 4 \cdots (2n) = 2^n n!$

d'où $\forall t \in \mathbb{R}$, $\mathrm{ch}(t) = \displaystyle\sum_{n=0}^{\infty} \frac{t^{2n}}{(2n)!} \leqslant \sum_{n=0}^{\infty} \frac{t^{2n}}{2^n n!} = e^{t^2/2}$.

d) On suppose ici $t > 0$. Comme exp est strictement croissante on a $\Big(\dfrac{S_n}{n} \geqslant \varepsilon\Big) = (e^{tS_n} \geqslant e^{nt\varepsilon})$.

L'inégalité de Markov fournit $\mathbb{P}\Big(\dfrac{S_n}{n} \geqslant \varepsilon\Big) \leqslant \dfrac{\mathbb{E}(e^{tS_n})}{e^{nt\varepsilon}}$ et, en utilisant les deux questions précédentes, il vient $\mathbb{P}\Big(\dfrac{S_n}{n} \geqslant \varepsilon\Big) \leqslant \exp\Big(\dfrac{nt^2}{2} - nt\varepsilon\Big)$.

e) La fonction $\varphi : t \mapsto \dfrac{t^2}{2} - t\varepsilon$ est polynomiale de degré 2 et atteint son minimum lorsque $t = \varepsilon$ et $\varepsilon > 0$ d'où $\min\limits_{\mathbb{R}_+^\star} \varphi = \varphi(\varepsilon) = -\dfrac{\varepsilon}{2}\cdot$

Alors la question précédente dans le cas particulier $t = \varepsilon$ montre que

$$\mathbb{P}\Big(\frac{S_n}{n} \geqslant \varepsilon\Big) \leqslant \exp\Big(-\frac{n\varepsilon^2}{2}\Big).$$

Exercice 28.

Soit X une variable aléatoire à valeurs dans $\{-1, 1\}$ telle que $\mathbb{P}(X = 1) = p \in]0, 1/2[$ et $\mathbb{P}(X = -1) = 1 - p$.
Soit $(X_n)_{n\geqslant 1}$ une suite de variables aléatoires indépendantes, identiquement distribuées, suivant la loi de X ; on peut voir les X_k comme le déplacement à gauche ou à droite sur un axe gradué d'une particule, au temps k.
Soit $N \in \mathbb{N}$ avec $N \geqslant 2$.
Pour $a \in [\![0, N]\!]$ on pose $S_{0,a} = a$ et, si $n \in \mathbb{N}^\star$, $S_{n,a} = a + X_1 + \cdots + X_n$.
On pose $T_a = \min\big\{n \in \mathbb{N} \mid S_{n,a} \in \{0, N\}\big\}$ si cet ensemble est non vide, $T_a = +\infty$ sinon, et enfin $u_a = \mathbb{P}(S_{Ta,a} = 0)$ c'est-à-dire la probabilité que la particule sorte en 0.

a) *Calculer* u_0 et u_N.

b) *Soit $a \in [\![1, N-1]\!]$ Exprimer u_a en fonction de* u_{a+1} et u_{a-1}.

c) *Soit $a \in [\![1, N]\!]$. Déterminer $\mathbb{P}(T_a < +\infty)$.*

●●●●●●

a) $S_{0,0} = 0$ d'où $T_0 = 0$, $S_{T_0,0} = 0$ et $u_0 = 1$.
De même $S_{0,N} = N$ d'où $T_N = 0$, $S_{T_N,0} = N$ et $u_N = 0$.

b) $\big((X_1 = 1), (X_1 = -1)\big)$ est un système complet d'événements d'où
$u_A = p\mathbb{P}(S_{Ta,a} = 0 | X_1 = 1) + (1-p)\mathbb{P}(S_{Ta,a} = 0 | X_1 = -1)$.
Or $\mathbb{P}(S_{Ta,a} = 0 | X_1 = 1) = \mathbb{P}(S_{T_{a+1},a+1} = 0) = u_{a+1}$ car lorsque $X_1 = 1$ partant de a au temps 0, la particule est en $a+1$ au temps 1 et on attend son premier retour à 0 sans passer par N.
De même $\mathbb{P}(S_{Ta,a} = 0 | X_1 = -1) = \mathbb{P}(S_{T_{a-1},a-1} = 0) = u_{a-1}$
d'où $u_a = pu_{a+1} + (1-p)u_{a-1}$.

c) On va expliciter u_a lorsque $a \in [\![0, N]\!]$ compte tenu de $(u_0, u_N) = (1, 0)$ et de la relation de récurrence $pu_{a+1} - u_a + (1-p)u_{a-1} = 0$ linéaire d'ordre 2.
Le discriminant Δ de l'équation caractéristique $(\star)$ $\;pr^2 - r + (1-p)$ est égal à $1 - 4p(1-p)$ et, comme $p < 1/2$, $4p(1-p) < 1$ d'où $\Delta > 0$. On note r_1 et r_2 les deux racines de $(\star)$.
Il existe (α, β) dans $\mathbb{R}^2$ tel que $\forall a \in [\![0, N]\!]$, $u_a = \alpha r_1^a + \beta r_2^a$.
Le cas $a = 0$ fournit $\beta = 1 - \alpha$ et le cas $a = N$ fournit $\alpha = \dfrac{r_2^N}{r_2^N - r_1^N}$ puis $\beta = -\dfrac{r_1^N}{r_2^N - r_1^N}\cdot$ Donc $\forall a \in [\![0, N]\!]$, $u_a = \dfrac{r_1^a r_2^N - r_2^a r_1^N}{r_2^N - r_1^N}\cdot$

Notons $v_a = \mathbb{P}(S_{T_a,a} = N)$.
On a de même $v_0 = 0$, $v_N = 1$ et $v_a = pv_{a+1} + (1-p)v_{a-1}$ si $1 \leqslant a \leqslant N-1$.
Il existe (γ, δ) dans $\mathbb{R}^2$ tel que $\forall a \in [\![0, N]\!]$, $v_a = \gamma r_1^a + \delta r_2^a$.
Le cas $a = 0$ fournit $\delta = -\gamma$ et le cas $a = N$ fournit $\gamma = -\dfrac{1}{r_2^N - r_1^N}$ puis $\delta = \dfrac{1^N}{r_2^N - r_1^N}$. Donc $\forall a \in [\![0, N]\!]$, $v_a = \dfrac{r_2^a - r_1^a}{r_2^N - r_1^N}$.
Comme $(T_a < +\infty)$ est la réunion disjointe de $(S_{Ta,a} = 0)$ et de $(S_{Ta,a} = N)$ sa probabilité est $u_a + v_a$, soit $\mathbb{P}(T_a < +\infty) = \dfrac{r_1^a(r_2^N - 1) - r_2^a(r_1^N - 1)}{r_2^N - r_1^N}$.

Centrale

Maths 1

Exercice 1.
Soit $n \in \mathbb{N}$ et $P_n = X^n - X + 1$.

a) *Montrer que* P_3 *possède trois racines distinctes* b_1, b_2, b_3.

b) *Calculer* $D_3 = \begin{vmatrix} 1+b_1 & 1 & 1 \\ 1 & 1+b_2 & 1 \\ 1 & 1 & 1+b_3 \end{vmatrix}$.

c) *Généraliser ce qui précède pour tout* $n \geqslant 3$.

●●●●●●

a) $P_3' = 3X^2 - 1$ s'annule en $\pm 1/\sqrt{3}$ et $P_3\big(\pm 1/\sqrt{3}\big) \neq 0$, donc P_3 est scindé à racines simples sur $\mathbb{C}$. Le tableau de variation prouve qu'il a une seule racine réelle.

b) Pour éviter de donner la même solution qu'à la question suivante on peut développer D_3 selon la règle de Sarrus pour aboutir à
$D_3 = b_1b_2b_3 + b_1b_2 + b_2b_3 + b_3b_1$.

$$\begin{aligned} P_3 =& (X - b_1)(X - b_2(X - b_3) \\ =& X^3 - (b_1 + b_2 + b_3)X^2 + (b_1b_2 + b_2b_3 + b_3b_1)X - b_1b_2b_3 \end{aligned}$$

d'où $b_1b_2 + b_2b_3 + b_3b_1 = b_1b_2b_3 = -1$ et $D_3 = -2$.

c) $P_n' = nX^{n-1} - 1$. Posons $\omega = e^{\frac{2i\pi}{n-1}}, r = \sqrt[n-1]{1/n}$ et, si $k \in [\![0, n-2]\!]$, $\alpha_k = r\omega^k$, alors $\big\{\alpha_k \mid k \in [\![0, n-2]\!]\big\}$ est l'ensemble des zéros de P'.

$P(\alpha_k) = \alpha_k^n - \alpha_k + 1 = 1 - \dfrac{n-1}{n}\alpha_k \neq 0$ car $|\alpha_k| < 1$.
Donc P_n est scindé à racines simples sur $\mathbb{C}$.

Notons $e = (E_1, \ldots, E_n)$ la base canonique de $\mathfrak{M}_{n,1}(\mathbb{C})$ et $U = {}^t(1 \cdots 1)$.

$$D_n = \det_e(b_1E_1 + U, \ldots, b_nE_n + U) = \prod_{k=1}^n b_k \det_e(E_1, \ldots, E_n) + \sum_{k=1}^n \prod_{i \neq k} b_i \Delta_k$$

où Δ_k est le déterminant obtenu en remplaçant dans $\det_e(E_1, \ldots, E_n)$ la k-ième colonne par U. En effet le déterminant est n-linéaire et, comme il est alterné, en développant on ne conserve que les termes où U apparaît au plus une fois, les autres étant nuls.

$\Delta_1 = 1$ est immédiat et, si $k \geqslant 2$, $\Delta_k = \begin{vmatrix} I_{k-1} & \star \\ 0 & T \end{vmatrix}$ où $T = \begin{pmatrix} 1 & & (0) \\ \vdots & \ddots & \\ 1 & (0) & 1 \end{pmatrix}$

et donc, par blocs, $\Delta_k = 1$. Donc $D_n = \prod_{k=1}^n b_k + \sum_{k=1}^n \prod_{i \neq k} b_i$.

Enfin $P_n = \prod_{i=1}^{n}(X - b_i)$ et donc, en considérant les coefficients de X^0 et de X il vient $\prod_{k=1}^{n} b_k = \sum_{k=1}^{n}\prod_{i\neq k} b_i = (-1)^n$ d'où $D_n = 2(-1)^n$.

Exercice 2.
Soit $A \in \mathfrak{M}_n(\mathbb{C})$ telle qu'existe $p \in \mathbb{N}^\star$ vérifiant $A^p = 0$.

a) *Montrer que $A^n = 0$.*

b) *Calculer* $\det(A + I_n)$.

c) *Soit $B \in \mathrm{GL}_n(\mathbb{C})$ telle que $AB = BA$. Déterminer* $\det(A + B)$.

d) *Ce résultat est-il encore vrai si A* et *B ne commutent pas ?*

●●●●●●

a) A été traité en complément de cours.

b) Si $\lambda \in \mathrm{Sp}(A)$ et si X est un vecteur propre associé alors $A^n X = \lambda^n X = 0$ d'où $\lambda = 0$.
Soient $P \in \mathrm{GL}_n(\mathbb{C})$ et T triangulaire supérieure telles que $A = PTP^{-1}$.
La diagonale de T est constituée de zéros et $\det(A+I_n) = \det\big(P(T+I_n)P^{-1}\big)$ soit $\det(A + I_n) = \det(T + I_n) = 1$ car $T + I_n$ est triangulaire supérieure et n'a que des 1 sur sa diagonale.

c) $\det(A + B) = \det(B)\det(B^{-1}A + I_n)$. Les matrices A et B commutent donc A et B^{-1} commutent et $(B^{-1}A)^n = (B^{-1})^n A^n = 0$ donc, d'après la question précédente, $\det(A + B) = \det(B)$.

d) Si $A = \begin{pmatrix} 1 & -1 \\ 1 & -1 \end{pmatrix}$ et $B = \begin{pmatrix} 1 & 0 \\ 0 & 2 \end{pmatrix}$ alors $A^2 = 0$, $\det(B) = 2$ et $\det(A + B) = \begin{vmatrix} 2 & -1 \\ 1 & 1 \end{vmatrix} = 3$, la propriété ne demeure pas.

Exercice 3.
Soit p un projecteur d'un $\mathbb{K}$-espace vectoriel E non nécessairement de dimension finie. Soit $u \in \mathcal{L}(E)$ tel que $u^n = Id$. On suppose que $V = \mathrm{Im}(p)$ est stable par u. On pose $q = \dfrac{1}{n}\displaystyle\sum_{k=1}^{n} u^k \circ p \circ u^{n-k}$. Montrer que q est un projecteur dont le noyau est un supplémentaire de V stable par u.

●●●●●●

Calculs préliminaires : pour alléger ici on notera fg en place de $f \circ g$.
$\forall x \in E$, $pup(x) = up(x)$ car $V = \mathrm{Ker}(p - Id)$ est stable par u.
Donc $\forall k \in \mathbb{N}$, $pu^k p = u^k p$.
$npq = \sum_{k=1}^{n} pu^k pu^{n-k} = \sum_{k=1}^{n} u^k pu^{n-k} = nq$ d'où $pq = q$ et, de même, $qp = p$.

$$nuq = \sum_{k=1}^{n-1} u^{k+1}pu^{n-k} + u^{n+1}pu^n = \sum_{\ell=2}^{n} u^\ell pu^{n-\ell}u + upu^{n-1}u = \sum_{\ell=1}^{n} u^\ell pu^{n-\ell}u$$

d'où $uq = q$ et, de même $qu = q$, donc $\forall k \in \mathbb{N},\ u^k q = qu^k = q$.

$nq^2 = \sum_{k=1}^{n} u^k pu^{n-k} q = \sum_{k=1}^{n} u^k pq = \sum_{k=1} nu^k q = nq$ d'où $q^2 = q$, ce qui montre que q est un projecteur.

Si $x \in V$ alors $\forall k \in [\![1, n]\!],\ pu^{n-k}(x) = u^{n-k}(x)$ car V est stable par u^{n-k}, d'où $q(x) = u^n(x) = x$.

Si $q(x) = x$ alors $p(x) = pq(x) = q(x) = x$ d'où $x \in V$ et, ainsi, on a montré $\mathrm{Im}(p) = \mathrm{Im}(q) = V$. Par suite $\mathrm{Ker}(q)$ est un supplémentaire de V et, comme $uq = qu$, il et stable par u.

Exercice 4.

Soient $E = \mathbb{R}_n[X]$ et $L \in \mathcal{L}(E, \mathbb{R})$ *définie par* $\forall P \in E,\ L(P) = \int_{-1}^{1} P(x)\,dx.$

a) *Calculer l'image de* $P = \sum_{k=0}^{n} a_k X^k$ *par* L.

b) *Déterminer la dimension puis une base du noyau de* L.

c) *Soit* $(x_0, \ldots, x_n) \in \mathbb{R}^{n+1}$ *tel que* $-1 \leqslant x_0 < \cdots < x_n \leqslant 1$. *Montrer que, pour tout* $i \in [\![0, n]\!]$, *il existe un unique polynôme* $P_i \in E$ *tel que* $\forall j \in [\![0, n]\!],\ P_i(x_j) = \delta_{i,j}$.

d) *Montrer que* $(P_0, \ldots, P_n)$ *est une base de* E.

e) *Montrer qu'il existe* $(\lambda_0, \ldots, \lambda_n) \in \mathbb{R}^{n+1}$ *tel que*

$$\forall P \in E,\ L(P) = \sum_{k=0}^{n} \lambda_k P(x_k).$$

●●●●●●

a) $\forall p \in \mathbb{N},\ \int_{-1}^{1} t^{2p+1}\,dt = 0$ et $\int_{-1}^{1} t^{2p}\,dt = \dfrac{2}{2p+1}$

d'où $L(P) = 2 \sum_{0 \leqslant 2p \leqslant n} \dfrac{a_{2p}}{2p + d_1}$.

b) L est une forme linéaire non nulle donc son noyau est un hyperplan de E. $(X, 3X^2 - 2, X^3, 5X^4 - 2, X^5, \ldots, X^{2p-1}, (2p+1)X^{2p} - 2, X^{2p+1}, \ldots)$ est une famille libre de cardinal n d'éléments de $\mathrm{Ker}(L)$, c'est donc une base de ce sous-espace vectoriel de E.

c) L'application $\Phi : E \to \mathbb{R}^{n+1},\ P \mapsto \big(P(x_0), \ldots, P(x_n)\big)$ est linéaire.

Si $P \in \mathrm{Ker}(\Phi)$ alors P possède $n + 1$ zéros donc est nul.

Φ est une application linéaire injective entre deux espaces vectoriels de même dimension finie donc Φ est un isomorphisme.

Si l'on note $(e_0, \ldots, e_{n+1})$ la base canonique de $\mathbb{R}^{n+1}$ alors pour tout $i \in [\![0, n]\!]$ le système d'équations $\forall j \in [\![0, n]\!],\ P_i(x_j) = \delta_{i,j}$ équivaut à $\Phi(P_i) = e_i$ dont l'unique solution est $\Phi^{-1}(e_i)$.

On peut aussi constater que $P_i = \prod_{j \neq i} \frac{X - x_j}{x_i - x_j}$ vérifie $\Phi(P_i) = e_i$ pour tout $i \in [\![0, n]\!]$ mais cela ne sera pas utile dans cet exercice.

d) Comme Φ est un isomorphisme d'espaces vectoriels et comme $(e_0, \dots, e_n)$ est une base de $\mathbb{R}^{n+1}$, par définition, la famille $(P_0, \dots, P_n)$ est base de E.

e) Notons, pour tout $i \in [\![0, n]\!]$, $\varphi_i : E \to \mathbb{R}$, $P \mapsto P(x_i)$.

Soit $(\lambda_0, \dots, \lambda_n)$ tel que $\sum_{k=0}^{n} \lambda_k \varphi_k = 0$. Si $i \in [\![0, n]\!]$ en évaluant cette fonction en P_i on obtient $\lambda_i = 0$ et donc $(\varphi_0, \dots, \varphi_n)$ est libre dans l'espace vectoriel $\mathcal{L}(E, \mathbb{R})$ de dimension $n + 1$, c'est donc une base.

Si $(\lambda_0, \dots, \lambda_n)$ sont les coordonnées de L dans cette base on a $L = \sum_{k=0}^{n} \lambda_k \varphi_k$ ou encore $\forall P \in E,\ L(P) = \sum_{k=0}^{n} \lambda_k P(x_k)$.

Pour tout $i \in [\![0, n]\!]$, en évaluant en P_i il vient $\lambda_i = L(P_i) = \int_{-1}^{1} P_i(t)\, dt$ mais ce calcul n'est pas demandé.

Exercice 5.

Soient E un espace vectoriel de dimension n et $u \in \mathcal{L}(E)$.

a) *Montrer que pour tout $k \in \mathbb{N}$, $\mathrm{Ker}(u^k) \subset \mathrm{Ker}(u^{k+1})$.*

b) *Montrer que la suite de terme général $\dim\big(\mathrm{Ker}(u^k)\big)$ est constante à partir d'un certain rang, que l'on notera d dans la suite.*

c) *On note $r_u = \inf\big\{k \in \mathbb{N} \mid \mathrm{Ker}(u^k) = \mathrm{Ker}(u^{k+1})\big\}$.*

i) *Montrer que $r_u \leqslant n$.*

ii) *Montrer que $d = r_u$.*

iii) *Montrer que $E = \mathrm{Ker}(u^d) \oplus \mathrm{Im}(u^d)$.*

iv) *Montrer que $\mathrm{Ker}(u^k)$ et $\mathrm{Im}(u^k)$ sont supplémentaires si et seulement si $k \geqslant d$.*

●●●●●●

a) $x \in \mathrm{Ker}(u^k) \Rightarrow u^{k+1}(x) = u\big(u^k(x)\big) = u(0) = 0$ par linéarité de u, d'où l'inclusion.

b) $\Big(\dim\big[\mathrm{Ker}(u^k)\big]\Big)_k$ est croissante et à valeurs dans $[\![0, n]\!]$ fini donc c'est une suite stationnaire.

c) i) Si $r_u > n$ alors $\Big(\dim\big[\mathrm{Ker}(u^k)\big]\Big)_{0 \leqslant k \leqslant n+1}$ est strictement croissante donc $\dim\big[\mathrm{Ker}(u^{n+1})\big] \geqslant n + 1$, ce qui est impossible.

ii) Par définition de (d, r_u) on a déjà $r_u \leqslant d$.

Si $p \in \mathbb{N}$, $x \in \operatorname{Ker}(u^{r_u+p}) \iff u^p(x) \in \operatorname{Ker}(u^{r_u}) \iff u^p(x) \in \operatorname{Ker}(u^{r_u+1})$ ce qui équivaut à $x \in \operatorname{Ker}(u^{r_u+p+1})$, donc $\big(\operatorname{Ker}(u^k)\big)_{k \geqslant r_u}$ est constante, d'où $d = r_u$.

iii) Si $y \in \operatorname{Ker}(u^d) \cap \operatorname{Im}(u^d)$ soit $x \in E$ tel que $y = u^d(x)$.
On a $u^{2d}(x) = udp(y) = 0$ d'où $x \in \operatorname{Ker}(u^{2d}) = \operatorname{Ker}(u^d)$ et $y = 0$.
La somme $\operatorname{Ker}(u^d) + \operatorname{Im}(u^d)$ est directe et de dimension n d'après le théorème de rang appliqué à u^d, donc $E = \operatorname{Ker}(u^d) \oplus \operatorname{Im}(u^d)$.

iv) $\forall k \in \mathbb{N}$, $\operatorname{Im}(u^{k+1}) = u^k\big(\operatorname{Im}(u)\big) \subset u^k(E) = \operatorname{Im}(u^k)$ donc, si $k \geqslant d$, alors $\operatorname{Im}(u^k) \subset \operatorname{Im}(u^d)$.
Comme, si $k \geqslant d$, $\operatorname{Ker}(u^k) = \operatorname{Ker}(u^d)$, le théorème de rang appliqué à u^d et à u^k montre que $\operatorname{Im}(u^d) = \operatorname{Im}(u^k)$ d'où $E = \operatorname{Ker}(u^k) \oplus \operatorname{Im}(u^k)$.

Si $k < d$, $\operatorname{Ker}(u^k) \subsetneq \operatorname{Ker}(u^{k+1})$. Soient $x \in \operatorname{Ker}(u^{k+1}) \setminus \operatorname{Ker}(u^k)$ et $y = u^k(x)$. Alors $y \neq 0$, $y \in \operatorname{Im}(u^k)$ et $y \in \operatorname{Ker}(u) \subset \operatorname{Ker}(u^k)$ donc $\operatorname{Ker}(u^k) + \operatorname{Im}(u^k)$ n'est pas directe. Cela établit l'équivalence demandée.

Exercice 6.
Soient $A \in \mathfrak{M}_{3,2}(\mathbb{R})$ et $B \in \mathfrak{M}_{2,3}(\mathbb{R})$ *deux matrices telles que*

$$AB = \begin{pmatrix} 1 & 0 & x \\ 0 & 1 & 0 \\ 1 & 0 & 1 \end{pmatrix}.$$

a) *La matrice AB est-elle inversible ? Quelles sont les valeurs de x possibles ?*

b) *La matrice BA est-elle diagonalisable ?*

c) *Montrer que $\mathbb{R}^3 = \operatorname{Im}(A) \oplus \operatorname{Ker}(B)$.*

d) *Montrer qu'il existe une infinité de couples de matrices (A, B) vérifiant l'hypothèse donnée dans cet exercice.*

●●●●●●

a) $\operatorname{Im}(AB) \subset \operatorname{Im}(A)$ de dimension au plus 2 car $A \in \mathfrak{M}_{3,2}(\mathbb{R})$, donc AB n'est pas inversible. $\det(AB) = 1 - x \Rightarrow x = 1$.

b) Un complément de cours montre ici $X^1 \cdot \chi_{BA}(X) = \chi_{AB}(X)$.
Or $\chi_{AB}(X) = (X-1)^3 - (X-1) = (X-1)\big[(X-1)^2 - 1^2\big] = X(X-1)(X-2)$ d'où $\chi_{BA}(X) = (X-1)(X-2)$ et $BA \in \mathfrak{M}_2(\mathbb{R})$, donc BA est diagonalisable.

c) Procédons par analyse/synthèse. Soit $X \in \mathbb{R}^3$.
Si $X = AY + Z$ et $BZ = 0$ alors $BX = BAY$ et la question précédente montre que $BA \in \mathrm{GL}_2(\mathbb{R})$ car $0 \notin \operatorname{Sp}(BA)$. Par suite $Y = (BA)^{-1}BX$ et $Z = X - AY$.
Sans hypothèse sur X et en posant $Y = (BA)^{-1}BX$ et $Z = X - AY$, on a $X = AY + Z$, $BZ = BX - BA(BA)^{-1}BX = 0$ d'où $Z \in \operatorname{Ker}(B)$.

Cela montre que $\mathbb{R}^3 = \operatorname{Im}(A) \oplus \operatorname{Ker}(B)$.

d) $M = \begin{pmatrix} 1 & 0 & 1 \\ 0 & 1 & 0 \\ 1 & 0 & 1 \end{pmatrix} \in S_3(\mathbb{R})$. Soit $P \in O(3)$ telle que $M = P\,\mathrm{Diag}(0,1,2)\,{}^tP$ et soit $a \in \mathbb{R}^\star$. On a $\begin{pmatrix} 0 & 0 \\ 1 & 0 \\ 0 & 2a \end{pmatrix} \begin{pmatrix} 0 & 1 & 0 \\ 0 & 0 & 1/a \end{pmatrix} = \mathrm{Diag}(0,1,2)$ et donc, en posant $A = P \begin{pmatrix} 0 & 0 \\ 1 & 0 \\ 0 & 2a \end{pmatrix}$ et $B = \begin{pmatrix} 0 & 1 & 0 \\ 0 & 0 & 1/a \end{pmatrix} {}^tP$ on a une infinité de couples (A, B) solutions.

Exercice 7.

Soient u et v deux endomorphismes d'un $\mathbb{C}$ espace vectoriel E de dimension finie. On suppose qu'il existe $\lambda \in \mathbb{C}^\star$ tel que $u \circ v - v \circ u = \lambda v$.

a) *Montrer que pour tout $n \in \mathbb{N}$, $u \circ v^n - v^n \circ u = \lambda n v^n$.*

b) *Montrer que v est nilpotent.*

●●●●●●

a) On procède par récurrence, les cas $n = 0$ et $n = 1$ sont immédiats.
Si $u \circ v^n = v^n \circ u + \lambda n v^n$ alors $u \circ v^{n+1} = (u \circ v^n) \circ v = v^n \circ (u \circ v) + \lambda n v^{n+1}$ soit $u \circ v^{n+1} = v^n \circ (v \circ u + \lambda v) + \lambda n v^{n+1} = v^{n+1} \circ u + \lambda(n+1) v^{n+1}$ ce qui établit l'hérédité.

b) Soit $\Phi : \mathcal{L}(E) \to \mathcal{L}(E)$, $w \mapsto u \circ w - w \circ u$.
On vient de montrer $\forall n \in \mathbb{N}$, $\Phi(v^n) = \lambda n v^n$.
Comme $\lambda \neq 0$ et comme $\mathrm{Sp}(\Phi)$ est fini car $\mathcal{L}(E)$ est de dimension finie, à partir d'un certain rang n_0, $\lambda n \notin \mathrm{Sp}(\Phi)$ et donc $v^n = 0$.

Exercice 8.

a) Soient $r_1, \dots, r_n \in \mathbb{C}$ distincts. On pose, pour $k \in [\![1, n]\!]$,

$$L_k = \prod_{i \in [\![1,n]\!] \setminus \{k\}} \frac{X - r_i}{r_k - r_i}.$$

Montrer que $(L_1, \dots, L_n)$ est une base de $E = \mathbb{C}_{n-1}[X]$. Expliciter la décomposition d'un polynôme $P \in E$ quelconque dans cette base.

b) *Soit $A = X^n + a_{n-1}X^{n-1} + \cdots + a_1 X + a_0 \in \mathbb{C}[X]$.*
On définit Φ_A l'application qui à $P \in E$ associe le reste dans la division euclidienne de XP par A. Montrer que Φ_A est un endomorphisme de E.
Déterminer sa matrice dans la base canonique de E.

c) *On suppose que A est à racines simples. Montrer que Φ_A est diagonalisable. Expliciter une base de vecteurs propres.*

●●●●●●

a) Si $(\lambda_1,\dots,\lambda_n)\in\mathbb{C}^n$ et $\sum\limits_{k=1}^{n}\lambda_k L_k=0$ alors, pour tout $i\in[\![1,n]\!]$, en évaluant en r_i on obtient $\lambda_i=0$ car $P_k(r_i)=\delta_{k,i}$. La famille $(L_1,\dots,L_n)$ est libre de cardinal n dans E de dimension n donc base.
Si $P\in E$ et $P=\sum\limits_{k=1}^{n}\lambda_k L_k$ pour tout $i\in[\![1,n]\!]$, en évaluant en r_i on obtient $\lambda_i=P(r_i)$ d'où $P=\sum\limits_{k=1}^{n}P(r_k)L_k$.

b) Comme $\deg(A)=n$ l'application Φ_A est à valeurs dans E.
Si $(\lambda_1,P_1,P_2)\in\mathbb{C}\times E^2$ et si l'on écrit les divisions euclidiennes pour $i\in\{1,2\}$, $XP_i=AQ_i+\Phi_A(P_i)$ alors $\lambda_1P_1+P_2=A(\lambda_1Q_1+Q_2)+\lambda_1\Phi_A(P_1)+\Phi_A(P_2)$ et $\lambda_1\Phi_A(P_1)+\Phi_A(P_2)\in E$ car E est un espace vectoriel.
Par unicité du reste de la division euclidienne il vient
$\Phi_A(\lambda_1P_1+P_2)=\lambda_1\Phi_A(P_1)+\Phi_A(P_2)$. Donc $\Phi_A\in\mathcal{L}(E)$.
Si $k\in[\![0,n-2]\!]$ alors $\Phi_A(X^k)=X^{k+1}$.
$X^n-A=-\sum\limits_{k=0}^{n-1}a_kX^k$ d'où $\Phi_A(X^{n-1})=-\sum\limits_{k=0}^{n-1}a_kX^k$.
$X^{n+1}-XA+a_{n-1}A=a_0a_{n-1}+\sum\limits_{k=1}^{n-1}(a_ka_{n-1}-a_{k-1})X^k=\Phi_A(X^n)$.
La matrice demandée se déduit facilement de ces égalités.

c) Si $A=\prod\limits_{k=1}^{n}(X-r_k)$ alors $r_1,\dots,r_k$ sont deux à deux distincts car A est supposé à racines simples.
$\forall k\in[\![1,n]\!]$ on écrit l'égalité de division euclidienne $XL_k=AQ_k+\Phi_A(L_k)$.
$\forall i\in[\![1,n]\!]$ l'évaluation en r_i donne $r_iL_k(r_i)=\delta_{i,k}r_i=\big(\Phi_A(L_k)\big)(r_i)$ car $A(r_i)=0$. Par suite $\Phi_A(L_k)=\sum\limits_{i=1}^{n}\big(\Phi_A(L_k)\big)(r_i)L_i=r_kL_k$.
La base $(L_1,\dots,L_n)$ de E est formée de vecteurs propres de Φ_A donc Φ_A est un endomorphisme diagonalisable et même diagonalisé.

Exercice 9.
Une matrice $A=\big(a_{i,j}\big)\in\mathfrak{M}_n(\mathbb{R})$ est dite stochastique lorsque tous les $a_{i,j}$ sont positifs, et que la somme des éléments de chaque ligne vaut 1.

a) *Montrer que l'ensemble des matrices stochastiques est stable par produit.*

b) *Montrer que 1 est valeur propre de toute matrice stochastique.*

c) *Montrer que les valeurs propres des matrices stochastiques sont toutes de module majoré par 1.*

d) *Expliciter une matrice stochastique ayant 4 valeurs propres de module 1.*

e) *On suppose A stochastique à coefficients strictement positifs. Montrer que 1 est la seule valeur propre de A de module 1, et que le sous-espace propre associé est de dimension 1.*

●●●●●●

a) Si A et B sont stochastiques et $C = AB$ alors $\forall (i,j) \in [\![1,n]\!]^2$, on a $c_{i,j} = \sum_{k=1}^{n} a_{i,k} b_{k,j} \in \mathbb{R}_+$.

Si $i \in [\![1,n]\!]$, $\sum_{j=1}^{n} c_{i,j} = \sum_{j=1}^{n} \left(\sum_{k=1}^{n} a_{i,k} b_{k,j} \right) = \sum_{k=1}^{n} \left(\sum_{j=1}^{n} b_{k,j} \right) a_{i,k} = \sum_{k=1}^{n} a_{i,k} = 1$ donc C est stochastique.

b) Si $U = {}^t(1 \cdots 1)$ et si A est stochastique alors $AU = U$ donc $1 \in \mathrm{Sp}(A)$.

c) Si $\lambda \in \mathrm{Sp}_{\mathbb{C}}(A)$ où A est stochastique et si X est un vecteur propre associé, on considère $k \in [\![1,n]\!]$ tel que $|x_k| = \max_{1 \leqslant j \leqslant n} |x_j|$ et, comme $\lambda x_k = \sum_{j=1}^{n} a_{k,j} x_j$, par inégalité triangulaire, $|\lambda x_k| \leqslant \sum_{j=1}^{n} a_{k,j} |x_j| \leqslant |x_k| \sum_{j=1}^{n} a_{k,j} = |x_k|$ d'où, comme $|x_k| > 0$, l'inégalité $|\lambda| \leqslant 1$.

d) Soit $A = \begin{pmatrix} 0 & 0 & 0 & 1 \\ 1 & 0 & 0 & 0 \\ 0 & 1 & 0 & 0 \\ 0 & 0 & 1 & 0 \end{pmatrix}$. Cette matrice est stochastique et, en développant selon la première colonne, $\chi_A = X^4 - 1 = (X-1)(X-i)(X+1)(X+i)$.

e) On reprend les inégalités de la question c) en supposant de plus ici $|\lambda| = 1$.
$|x_k| = |\lambda x_k| \leqslant \sum_{j=1}^{n} a_{k,j} |x_j| \leqslant |x_k| \sum_{j=1}^{n} a_{k,j} = |x_k|$, les inégalités utilisées sont donc toutes des égalités.
En particulier $\sum_{j=1}^{n} a_{k,j} \big(|x_k| - |x_j| \big) = 0$ et, en posant, pour tout $j \in [\![1,n]\!]$, $x_j = |x_k| r_j e^{i\theta_j}$ où $r_j = |x_j|/|x_k| \in [0,1]$ et $\theta_j \in \mathbb{R}$ et en considérant la partie réelle, $\sum_{j=1}^{n} a_{k,j} |x_k| \big[1 - r_j \cos(\theta_j) \big] = 0$.
$\forall j \in [\![1,n]\!]$, $a_{k,j} |x_k| > 0$ et $1 - r_j \cos(\theta_j) \geqslant 0$ donc $r_j = 1$ et $\theta_j \equiv 0 \quad [2\pi]$ *i.e.* $\forall j \in [\![1,n]\!]$, $x_j = x_k$.
Par suite $\big(\lambda \in \mathrm{Sp}_{\mathbb{C}}(A)$ et $|\lambda| = 1 \big) \Rightarrow \big(\lambda = 1$ et $E_1(A) = \mathrm{Vect}(U) \big)$.
De plus $\mathrm{Vect}(U)$ est un sous-espace vectoriel de $\mathbb{C}^n$ de dimension 1.

Exercice 10.
Soient E un $\mathbb{C}$-espace vectoriel de dimension n, $u \in \mathcal{L}(E)$, $x \in E$ non nul.
On pose $e_k = u^k(x)$ pour $k \in \mathbb{N}$.

a) *Montrer qu'il existe $p \in \mathbb{N}$ tel que $(e_0, \ldots, e_{p+1})$ soit liée. On note p le plus petit entier vérifiant cette condition et on pose $F = \mathrm{Vect}(e_0, \ldots, e_p)$.*

b) *Donner la matrice M de la restriction de u à F. Déterminer son polynôme caractéristique. À quelle condition la matrice M est-elle diagonalisable ?*

●●●●●●

a) $(e_0, \ldots, e_n)$ est une famille de $n+1$ vecteurs donc liée.

b) Par définition $(e_0, \ldots, e_p)$ est une base de F et, si l'on note $(a_0, \ldots, a_p)$ les coordonnes de e_{p+1} dans cette base la matrice M est $\begin{pmatrix} 0 & \cdots & 0 & a_0 \\ 1 & \ddots & \vdots & a_1 \\ & \ddots & 0 & \vdots \\ (0) & & 1 & a_p \end{pmatrix}$.

$$\chi_M(X) = \begin{vmatrix} X & & (0) & -a_0 \\ -1 & \ddots & & -a_1 \\ & \ddots & -X & \vdots \\ (0) & & -1 & X - a_p \end{vmatrix} = \begin{vmatrix} 0 & \cdots & 0 & P(X) \\ -1 & \ddots & \vdots & -a_1 \\ & \ddots & 0 & \vdots \\ (0) & & -1 & X - a_p \end{vmatrix}$$ à l'aide de l'opération $L_0 \leftarrow \sum_{k=0}^{p} L_k X^K$ et en posant $P(X) = X^{p+1} - \sum_{k=0}^{p} a_k X^k$.

En développant ce dernier déterminant selon sa première ligne on obtient

$$\chi_M(X) = (-1)^{p+2} P(X) \begin{vmatrix} -1 & & \star \\ & \ddots & \\ (0) & & -1 \end{vmatrix} = (-1)^{2p+2} P(X) = P(X).$$

Si λ est une valeur propre de M alors les p premières colonnes de $M - \lambda I_{p+1}$ forment une famille libre car elles présentent un triangle de zéros bordés par des 1 donc $\dim \left[E_\lambda(M)\right] = 1$. Pour que M soit diagonalisable il faut et il suffit que M possède $p+1$ valeurs propres *i.e.* que χ_M soit à racines simples.

Exercice 11.
Soit, pour $M \in \mathfrak{M}_n(\mathbb{K})$, $\varphi(M) = \operatorname{tr}(M) I_n - M$.

a) *Montrer que* φ *est diagonalisable.*

b) *Calculer* $\det(\varphi)$.

●●●●●●

a) Soit λ une valeur propre de φ et M un vecteur propre associé, on a $\operatorname{tr}(M) I_n = (\lambda + 1) M$.
Si $\lambda \neq -1$ alors M est colinéaire à I_n or $\varphi(I_n) = (n-1) I_n$ donc $\lambda = n - 1$.
Si $\lambda = -1$ alors $M \in \operatorname{Ker}(\operatorname{tr})$ qui est un hyperplan supplémentaire de $\operatorname{Vect}(I_n)$.
Par conséquent φ est diagonalisable, $n-1$ est valeur propre simple et -1 est valeur propre d'ordre $n^2 - 1$.

b) On déduit de la question précédente $\det(\varphi) = (-1)^{n^2-1}(n-1)$.

Exercice 12.
Soient $A \in \mathbb{C}[X]$, $B \in \mathbb{C}_{n+1}[X]$ *et* $E = \mathbb{C}_n[X]$. *Pour* $P \in E$, *on note* $f(P)$ *le reste de la division euclidienne de* AP *par* B.

a) *Montrer que* f *est un endomorphisme de* E.

b) *On suppose que B possède $n+1$ racines distinctes. Étudier la diagonalisabilité de f.*

●●●●●●

a) Comme $B \in \mathbb{C}_{n+1}[X]$ l'application f est à valeurs dans E.
Si $(\lambda_1, P_{1,2}) \in \mathbb{C} \times E^2$ et si on écrit les divisions euclidiennes $AP_1 = BQ_1 + f(P_1)$ et $AP_2 = BQ_2 + f(P_2)$ alors, par combinaison linéaire, $A(\lambda_1 P_1 + P_2) = B(\lambda_1 Q_1 + Q_2) + \lambda_1 f(P_1) + f(P_2)$.
Comme $\lambda_1 f(P_1) + f(P_2) \in E$, par unicité du reste de la division euclidienne, $f(\lambda_1 P_1 + P_2) = \lambda_1 f(P_1) + f(P_2)$ et $f \in \mathcal{L}(E)$.

b) Écrivons $B = b\prod_{k=0}^{n}(X - x_k)$ et considérons les polynômes d'interpolation de Lagrange $L_0, \ldots, L_n$ où $\forall k \in [\![0,n]\!]$, $L_k = \prod_{i \neq k} \dfrac{X - x_i}{x_k - x_i}$.
Si $k \in [\![0,n]\!]$ la division euclidienne de AL_k par B s'écrit $AL_k = BQ_k + f(L_k)$ et on a $\forall i \in [\![0,n]\!]$, $(AZL_k)(x_i) = f(L_k)(x_i) i.e.\ f(L_k)(xi) = \delta_{i,k}A(x_k)$ d'où $f(L_k) = A(x_k)L_k$.
Comme $(L_0, \ldots, L_n)$ est une base de E c'est une base de diagonalisation de f et f est diagonalisable.

Exercice 13.

a) *Montrer que l'application $(P,Q) \in \mathbb{R}[X]^2 \mapsto \displaystyle\int_0^{+\infty} P(t)Q(t)e^{-t}\,dt$ définit un produit scalaire sur $\mathbb{R}[X]$.*

b) *Soit B_n le polynôme tel que, pour $x \in \mathbb{R}$, $B_n(x) = e^x \dfrac{d^n}{dx^n}(x^n e^{-x})$.*
Montrer que (B_n) est une base orthogonale de $\mathbb{R}[X]$.

●●●●●●

a) Si $(P,Q) \in \mathbb{R}[X]^2$ alors $\varphi : t \mapsto P(t)Q(t)e^{-t}$ est continue sur $\mathbb{R}_+$ et $\varphi(t) \underset{t\to+\infty}{=} o(t^{-2})$, donc φ est intégrable sur $\mathbb{R}_+$.

$(P,Q) \mapsto \displaystyle\int_0^{+\infty} P(t)Q(t)e^{-t}\,dt$ est bilinéaire symétrique par linéarité de l'intégration.
Enfin si $P \in \mathbb{R}[X]$, $t \mapsto P^2(t)e^{-t}$ est continue positive sur $\mathbb{R}_+$ donc on a $\displaystyle\int_0^{+\infty} P^2(t)e^{-t}\,dt \geqslant 0$ et cette intégrale n'est nulle que si l'ensemble infini $\mathbb{R}_+$ est constitué de zéros de P^2 *i.e.* si le polynôme P est nul.
Donc $(P,Q) \mapsto \displaystyle\int_0^{+\infty} P(t)Q(t)e^{-t}\,dt$ est un produit scalaire sur $\mathbb{R}[X]$; on le note $(\,|\,)$.

b) Si $n \in \mathbb{N}$ et $p \in [\![0,n]\!]$ la formule de Leibniz prouve que

$\dfrac{d^p}{dt^p}(t^n e^{-t}) = t^{n-p}Q(t)e^{-t}$ où Q est polynomiale de degré p.

Si $n \in \mathbb{N}^\star$, $p \in [\![0, n-1]\!]$ et $P \in \mathbb{R}[X]$ on considère $u : t \mapsto \dfrac{d^p}{dt^p}(t^n e^{-t})$ et $v : t \mapsto P(t)$. Ce sont des fonctions de classe $\mathcal{C}^1$ sur $\mathbb{R}_+$ avec $(uv)(0) = 0$ et $\lim\limits_{+\infty}(uv) = 0$. En intégrant par parties

$\displaystyle\int_0^{+\infty} P(t)\frac{d^{p+1}}{dt^{p+1}}(t^n e^{-t})\,dt = -\int_0^{+\infty} P'(t)\frac{d^p}{dt^p}(t^n e^{-t})\,dt$. On en déduit

$$\int_0^{+\infty} P(t)\frac{d^n}{dt^n}(t^n e^{-t})\,dt = (-1)^n\int_0^{+\infty} P^{(n)}(t)t^n e^{-t}\,dt = (-1)^n\big(P^{(n)}|X^n\big).$$

$\forall n \in \mathbb{N}$, $\deg(B_n) = n$ donc $(B_n)_{n\in\mathbb{N}}$ est une base de $\mathbb{R}[X]$ et, si $0 \leqslant p < n$ alors $\big(B_p|B_n\big) = \displaystyle\int_0^{+\infty} B_p(t)\frac{d^n}{dt^n}(t^n e^{-t})\,dt = (-1)^n\big(B_p^{(n)}|X^n\big) = 0$ car on a $\deg(B_p) < n$.

$(B_n)_{n\in\mathbb{N}}$ est une base orthogonale de $\mathbb{R}[X]$ car, de plus, $\forall n \in \mathbb{N}$, $\deg(B_n) = n$.

Exercice 14.

Soit f l'endomorphisme de $\mathbb{R}^4$, canoniquement euclidien, dont la matrice dans la base canonique est $A = \dfrac{1}{2}\begin{pmatrix} 1 & 1 & -1 & -1 \\ -1 & 1 & 1 & -1 \\ -1 & 1 & 1 & -1 \\ -1 & -1 & 1 & 1 \end{pmatrix}$.

a) *Montrer que f est un projecteur.*

b) *Trouver une base orthonormée de* $\operatorname{Ker}(f)$ *et de* $\operatorname{Im}(f)$.

c) *On définit* $\varphi : x \in \mathbb{R}^4 \setminus \{0\} \mapsto \dfrac{\|f(x)\|}{\|x\|}$. *Montrer que φ est bornée.*

d) *Soit* $x \in \mathbb{R}^4 \setminus \big(\operatorname{Ker}(f) \cup \operatorname{Im}(f)\big)$. *On écrit* $x = y + z$ *avec* $y \in \operatorname{Im}(f)$ et $z \in \operatorname{Ker}(f)$.

Soient u et v les deux vecteurs unitaires tels que $y = \|y\|u$ et $z = \|z\|v$. *On pose* $(u|v) = \cos(\theta)$ *avec* $\theta \in \cap\,]0, \pi[$.

Montrer que $\dfrac{\|f(x)\|}{\|x\|} \leqslant \dfrac{1}{\sin(\theta)}$ *et qu'il existe x qui réalise l'égalité.*

●●●●●●

a) $A^2 = A$ et donc f est un projecteur.

b) Notons $(C_1, \dots, C_4)$ la famille des colonnes de A et $(e_1, \dots, e_4)$ la base canonique de $\mathbb{R}^4$.

On a (C_1, C_2) libre et $C_1 + C_3 = C_2 + C_4 = 0$.

Donc $\operatorname{rg}(A) = 2 = \dim\big[\operatorname{Ker}(f)\big]$, $1/\sqrt{2}(e_1 + e_3, e_2 + e_4)$ est une base orthonormale de $\operatorname{Ker}(f)$ et $1/2(e_1 - e_2 - e_3 - e_4, e_1 + e_2 + e_3 - e_4)$ est une base orthonormale de $\operatorname{Im}(f)$.

c) f est linéaire sur $\mathbb{R}^4$ donc continue et, par composition, $x \mapsto \big\|f(x)\big\|$ est continue sur $\mathbb{R}^4$ à valeurs dans $\mathbb{R}$. L'ensemble U des vecteurs unitaires est borné, non vide et fermé car $U = \big\{x \in E \;\big|\; \|x\| - 1 = 0\big\}$ et $x \mapsto \|x\| - 1$ est continue.
Enfin si $x \neq 0$, $\varphi(x) = \left\|f\left(\dfrac{x}{\|x\|}\right)\right\|$ et $\dfrac{x}{\|x\|} \in U$, donc φ est bornée sur $\mathbb{R}^4$ et atteint ses bornes. Clairement, en utilisant $\text{Ker}(f)$, le minimum de cette fonction est 0.
d) $\|x\|^2 = \big\|\|y\|u + \|z\|v\big\|^2 = \|y\|^2 + \|z\|^2 + 2\|y\|\cdot\|z\|\cos(\theta)$ et $f(x) = y = \|y\|u$ donc, en posant $t = \dfrac{\|z\|}{\|y\|}$, et ceci a un sens car $x \notin \text{Ker}(f)$, on a
$\varphi^2(x) = \dfrac{\|y\|^2}{\|z\|^2 + 2\|y\|\cdot\|z\|\cos(\theta) + \|y\|^2} = \dfrac{1}{T(t)}$ où l'on a posé
$T(t) = t^2 + 2t\cos(\theta) + 1 = (t - e^{i\theta})(t - e^{-i\theta}) = |t - e^{i\theta}|^2$.
Donc $\varphi(x) = \dfrac{1}{|t - e^{i\theta}|}$ qui est maximal quand t est le nombre réel le plus proche de $e^{i\theta}$, à savoir $t = \cos(\theta)$ et alors $\varphi(x) = \dfrac{1}{\sin(\theta)}$.

Exercice 15.
On munit $\mathbb{R}^2$ de sa structure euclidienne canonique.
Soient $a, b, c \in \mathbb{R}$ et $f : (x, y) \in \mathbb{R}^2 \mapsto ax^2 + bxy + cy^2$.
a) *Trouver $A \in S_2(\mathbb{R})$ telle que, pour tout $X = {}^t(x\,y) \in \mathbb{R}^2$, $f(X) = \big(Ax|x\big)$.*
b) *Étudier l'existence d'extrema locaux et globaux de f sur $\mathbb{R}^2$.*

●●●●●●

a) $A = \begin{pmatrix} a & b/2 \\ b/2 & c \end{pmatrix}$ convient et elle est diagonalisable car symétrique.
b) Si $\chi_A(X) = (X - \lambda)(X - \mu)$ alors $\text{tr}(A) = a + c = \lambda + \mu$ et $4\det(A) = 4ac - b^2 4\lambda\mu$.
Dans une base orthonormale adaptée $f(X) = \lambda x'^2 + \mu y'^2$.
• Si $4ac > b^2$ alors $\lambda\mu > 0$.
◁ Si $a + c > 0$ alors un minimum global nul en $(0, 0)$ et aucun maximum.
◁ Si $a + c < 0$ alors un maximum global nul en $(0, 0)$ et aucun minimum.
• Si $4ac < b^2$ on a deux valeurs propres de signes opposés donc ni minimum ni maximum local.
• Si $4ac = b^2$ par exemple $\mu = 0$.
◁ Si $a = b = c = 0$ alors f est nulle.
◁ Si $a + c > 0$ alors $\lambda > 0$ il y a un minimum nul le long de la droite d'équation $x' = 0$, pas de maximum local.
◁ Si $a + c < 0$ alors $\lambda < 0$ il y a un maximum nul le long de la droite d'équation $x' = 0$, pas de minimum local.

Exercice 16.
On munit $\mathfrak{M}_n(\mathbb{R})$ du produit scalaire canonique. Soit $A \in \mathfrak{M}_n(\mathbb{R})$ une matrice qui vérifie la relation (E) : $A^2 = {}^tA$.

a) *Dans cette question seulement, on suppose que $A = \begin{pmatrix} a & -b \\ b & a \end{pmatrix}$. À quelle condition sur a et b la matrice A vérifie-t-elle (E) ? Donner les couples solutions.*

b) *Trouver un polynôme annulateur de A de degré 4.*

c) *Montrer que A^3 est la matrice d'un projecteur et qu'elle est symétrique.*

d) *Montrer que $\mathrm{Ker}(A) = \mathrm{Ker}(A^3)$ et que $\mathrm{Im}(A) = \mathrm{Im}(A^3)$.*

e) *Soit F un sous espace vectoriel de $\mathfrak{M}_{n,1}(\mathbb{R})$. On dit que F est stable par A si : $\forall X \in F,\ AX \in F$. Montrer que si F est stable par A, alors $F^\perp$ aussi.*

f) *Soit $Y \in \mathrm{Im}(A)$. On note $F_Y = \mathrm{Vect}(Y, AY, A^2Y)$.*
Montrer que l'application $X \mapsto AX$ induit une isométrie sur F_Y.

g) *Reconnaître cette isométrie.*

●●●●●●

a) $A^2 = \begin{pmatrix} a^2-b^2 & -2ab \\ 2ab & a^2-b^2 \end{pmatrix}$ donc $A^2 = {}^tA \iff (b = 0$ et $a = 0$ ou $1)$ ou ($a = -1/2$ et $b^2 = 3/4$). On a ainsi pour (a, b) les couples solution $(0, 0)$, $(1, 0)$, $(-1/2, \sqrt{3}/2)$ et $(-1/2, -\sqrt{3}/3)$.

b) $A^4 = ({}^tA)^2 = {}^tA^2 = {}^t({}^tA) = A$ donc $X^4 - X$ est annulateur de A.

c) $(A^3)^2 = A^6 = A^4A^2 = AA^2 = A^3$ et ${}^tA^3 = {}^tA^2\,{}^tA = A \times A^2 = A^3$ donc A^3 est la matrice d'un projecteur orthogonal car symétrique.

d) $\forall k \in \mathbb{N}$, $\mathrm{Ker}(A^k) \subset \mathrm{Ker}(A^{k+1})$ donc $\mathrm{Ker}(A) \subset \mathrm{Ker}(A^3) \subset \mathrm{Ker}(A^4)$ qui est $\mathrm{Ker}(A)$ d'où $\mathrm{Ker}(A) = \mathrm{Ker}(A^3)$.
De la même façon $\mathrm{Im}(A) = \mathrm{Im}(A^4) \subset \mathrm{Im}(A^3) \subset \mathrm{Im}(A)$ d'où $\mathrm{Im}(A) = \mathrm{Im}(A^3)$.

e) Supposons F stable par A.
Si $(X, Y) \in F \times F^\perp$ alors $(X|AY) = {}^tXAY = {}^t({}^tAX)Y = {}^t(A^2X)Y$ soit $(X|AY) = (A^2X|Y) = 0$ car, par hypothèse $A^2X \in F$ et $Y \in F^\perp$. Cela montre que $F^\perp$ est stable par A.

f) Soit $Z \in \mathbb{R}^n$ tel que $Y = AZ$, alors $A^3Y = A^4Z = AZ = Y$ par suite F_Y est stable par $\varphi : X \mapsto AX$ et $\varphi^3 = Id$.
$(Y|A^2Y) = {}^tYA^2Y = {}^tY\,{}^tAY = {}^t(AY)Y = (AY|Y) = (Y|AY)$ d'où, comme $AY \in \mathrm{Im}(A)$, $(AY|A^2Y) = (AY|A3Y) = (AY|Y) = (Y|AY)$.
$\|AY\|^2 = {}^tY\,{}^tAAY = {}^tYA^3Y = {}^tYY = \|Y\|^2$ et donc, de même que précédemment, $\|Y\| = \|AY\| = \|A^2Y\|$.
Si $(\alpha, \beta, \gamma) \in \mathbb{R}^3$ alors $A(\alpha Y + \beta AY + \gamma A^2Y) = \gamma Y + \alpha AY + \beta A^2Y$ et on a

$$\begin{aligned}\|\alpha Y + \beta AY + \gamma A^2Y\|^2 &= (\alpha^2 + \beta^2 + \gamma^2)\|Y\|^2 + (\alpha\beta + \beta\gamma + \gamma\alpha)(Y|AY) \\ &= \|\varphi(\alpha Y + \beta AY + \gamma A^2Y)\|^2\end{aligned}$$

donc φ est une isométrie.

g) On commence par éliminer le cas où $Y = 0$ car alors $F_Y = \{0\}$.
$\varphi^3 = Id \Rightarrow \mathrm{Sp}_{\mathbb{C}}(\varphi) \subset \{1, j, \bar{j}\}$.
Si 1 est la seule valeur propre de φ alors $AY = Y$, $\dim(F_Y) = 1$ et $\varphi = Id$.
Sinon et comme F_Y est un $\mathbb{R}$-espace vectoriel, ou bien $\mathrm{Sp}_{\mathbb{C}}(\varphi) = \{1, j, \bar{j}\}$ et $\dim(F_Y) = 3$ ou bien $\mathrm{Sp}_{\mathbb{C}}(\varphi) = \{j, \bar{j}\}$ et $\dim(F_Y) = 2$. Dans tous les cas φ est une rotation mais pour préciser une mesure de l'angle il faut orienter F_Y.

Exercice 17.
Soit E un espace euclidien de dimension $n \geqslant 1$ muni d'une base orthonormée $\mathcal{B} = (e_1, \ldots, e_n)$. Soit p un projecteur de E de rang 1.

a) *Montrer que p est un projecteur orthogonal si et seulement s'il est symétrique.*

b) *Calculer $\sum\limits_{k=1}^{n} \|p(e_k)\|^2$ si p est un projecteur orthogonal.*

c) *On note A la matrice de p dans la base $\mathcal{B}$. Soit $p^\star$ l'endomorphisme dont la matrice dans la base $\mathcal{B}$ est ${}^tA$.*

i) *Montrer que $\forall (x, y) \in E^2$, $\big(p(x)|y\big) = \big(x|p^\star(y)\big)$.*

ii) *Montrer que $\mathrm{Ker}(p^\star \circ p) = \mathrm{Ker}(p)$.*

iii) *On suppose que $\sum\limits_{k=1}^{n} \|p(e_k)\|^2 = 1$. Montrer que p est un projecteur orthogonal.*

●●●●●●

a) Si p est symétrique alors ses sous-espaces propres sont deux à deux orthogonaux et donc $\mathrm{Ker}(p)$ et $\mathrm{Im}(p)$ le sont car $\mathrm{Im}(p) = \mathrm{Ker}(p - Id)$.
Réciproquement si p est un projecteur orthogonal il se diagonalise en base orthonormale et, dans une telle base, sa matrice est symétrique, donc p est symétrique.

b) $\forall k \in [\![1, n]\!]$, $\|p(e_k)\|^2 = \big(p(e_k)|p(e_k)\big) = \big(p^2(e_k)|e_k\big)$ car p est symétrique, donc $\|p(e_k)\|^2 = \big(p(e_k)|e_k\big) = p_{k,k}$ si l'on note P la matrice de p dans $\mathcal{B}$.
Donc $\sum\limits_{k=1}^{n} \|p(e_k)\|^2 = \mathrm{tr}(P) = \mathrm{tr}(p) = \mathrm{rg}(p) = 1$.

c) i) Si $(x, y) \in E^2$ et si X et Y sont les matrices colonnes de x et y dans $\mathcal{B}$ alors $\big(p(x)|y\big) = {}^t(PX)Y = {}^tY\,{}^tPY = \big(x|p^\star(y)\big)$.

ii) Déjà $\mathrm{Ker}(p) \subset \mathrm{Ker}(p^\star \circ p)$.
Si $x \in \mathrm{Ker}(p^\star \circ p)$ alors $\|p(x)\|^2 = \big(p(x)|p(x)\big) = \big(p^\star \circ p(x)|x\big) = 0$ d'où $p(x) = 0$ et donc $\mathrm{Ker}(p) = \mathrm{Ker}(p^\star \circ p)$.

iii) $\sum\limits_{k=1}^{n} \|p(e_k)\|^2 = \sum\limits_{k=1}^{n} \big(p(e_k)|p(e_k)\big) = \big(p^\star \circ p(e_k)|e\big)_k = \mathrm{tr}(p^\star \circ p)$ tout comme dans la question b.

Cette somme est bien entendu indépendante de la base orthonormale $\mathcal{B}$ choisie. Si ε_1 est un vecteur propre unitaire de p associé à la valeur propre 1, et il en existe, et si on complète en $(\varepsilon_1, \ldots, \varepsilon_n)$ base orthonormale alors $\|p(\varepsilon_1)\|^2 = 1 = \sum\limits_{k=1}^{n} \|p(\varepsilon_k)\|^2$ donc $\mathrm{Vect}(\varepsilon_2, \ldots, \varepsilon_n) \subset \mathrm{Ker}(p)$ qui est de dimension $n-1$, donc $\mathrm{Vect}(\varepsilon_2, \ldots, \varepsilon_n) = \mathrm{Ker}(p)$ et p est le projecteur orthogonal sur $\mathbb{R}\varepsilon_1$ de direction $\mathrm{Vect}(\varepsilon_2, \ldots, \varepsilon_n)$.

Remarque : on n'a pas ici utilisé l'hypothèse « p projecteur de rang 1 », l'hypothèse $1 \in \mathrm{Sp}(p)$ suffit dès que $\sum\limits_{k=1}^{n} \|p(e_k)\|^2 = 1$.

Exercice 18.

Soit E un espace euclidien de dimension $n \geqslant 2$, muni d'une base orthonormée $\mathcal{B} = (e_1, \ldots, e_n)$. Soit $(x_1, \ldots, x_n)$ une famille de vecteurs de E. On note $G = {}^tAA$ avec $A = (a_{i,j})$ où $a_{i,j}$ est la i-ème coordonnée de x_j dans $\mathcal{B}$.

a) *Exprimer G à l'aide du produit scalaire de E.*

b) *Montrer que G est diagonalisable à valeurs propres positives. Trouver une condition nécessaire et suffisante pour que ses valeurs propres soient strictement positives.*

c) *Montrer qu'il existe $(y_1, \ldots, y_{n+1}) \in E^{n+1}$ tel que $\forall i \neq j$, $\|y_i - y_j\| = 1$ et $\|y_i\| = \|y_j\|$.*

●●●●●●

a) $\forall (x, y) \in E^2$, $(x|y) = \sum\limits_{k=1}^{n} (e_k|x)(e_k|y)$ car $\mathcal{B}$ est une base orthonormale.

Donc si $(i,j) \in [\![1, n]\!]^2$, $g_{i,j} = \sum\limits_{k=1}^{n} a_{k,i}a_{k,j} = \sum\limits_{k=1}^{n} (e_k|x_i)(e_k|e_j) = (x_i|x_j)$.

b) $G \in S_n(\mathbb{R})$ donc G est diagonalisable. Soit λ une valeur propre de G et X un vecteur propre unitaire associé.

D'une part ${}^tXGX = \lambda {}^tXX = \lambda\|X\|^2 = \lambda$, et, d'autre part, ${}^tXGX = {}^t(AX)(AX) = \|AX\|^2 \geqslant 0$ d'où $\mathrm{Sp}(G) \subset \mathbb{R}_+$.

Si A est inversible l'inégalité précédente est stricte donc $\mathrm{Sp}(G) \subset \mathbb{R}_+^\star$.
Sinon $\det(G) = \det^2(A) = 0$ et donc 0 est valeur propre de G.
Une condition nécessaire et suffisante est donc « A est inversible ».

c) Si $(y_1, \ldots, y_{n+1})$ est solution posons $\alpha = \|y_1\|^2$.
$\forall (i,j) \in [\![1, n+1]\!]^2$, $i \neq j \Rightarrow 1 = \|y_i - y_j\|^2 = \|y_i\|^2 + \|y_j\|^2 - 2(y_i|y_j)$ d'où $(y_i|y_j) = \alpha - 1/2$. Si l'on note $A \in \mathfrak{M}_{n,n+1}(\mathbb{R})$ la matrice de $(y_1, \ldots, y_{n+1})$

dans $\mathcal{B}$ et $G = {}^t\!AA$ alors $G = \begin{pmatrix} \alpha & & (\alpha - 1/2) \\ & \ddots & \\ (\alpha - 1/2) & & \alpha \end{pmatrix} \in S_{n+1}(\mathbb{R})$.

On a aussi $G = \left(\alpha - \dfrac{1}{2}\right)J + \dfrac{1}{2}I_{n+1}$ où $J = \big(1\big) \in S_{n+1}(\mathbb{R})$. La matrice J est symétrique, de rang 1 et de trace $n+1$ donc admet 0 comme valeur propre d'ordre n et $n+1$ comme valeur propre simple. Les valeurs propres de G sont donc $1/2$ d'ordre n et $(n+1)\alpha - n/2$ simple. Comme A ne saurait être inversible nécessairement $\alpha = \dfrac{n}{2(n+1)}$.

Soit enfin la même matrice G avec cette valeur de α et $P \in O(n+1)$ telle que $G = {}^tPDP$ où $D = \mathrm{Diag}(1/2, \dots, 1/2, 0)$.

Si l'on pose $A' = \begin{pmatrix} 1/\sqrt{2} & 0 & \cdots & 0 \\ & \ddots & \ddots & \vdots \\ (0) & & 1/\sqrt{2} & 0 \end{pmatrix} \in \mathfrak{M}_{n,n+1}(\mathbb{R})$ alors ${}^t\!A'A' = D$ et, avec $A = PA'$ il vient ${}^t\!AA = G$.

Reste à considérer une famille $(y_1, \dots, y_{n+1})$ d'éléments de E dont la matrice dans $\mathcal{B}$ est A pour obtenir une solution.

Exercice 19.

Soit $f_n : \mathbb{R}_n[X] \to \mathbb{R}_n[X]$, $P \mapsto \displaystyle\sum_{k=0}^{n} X^k \int_0^1 P(t)t^k\,dt$.

a) *Montrer que* f_n *est un automorphisme.*

b) *On note* M_n *la matrice de* f_n *dans la base canonique de* $\mathbb{R}_n[X]$.
Montrer que M_n *est diagonalisable.*

c) *Soit* $Y = {}^t(y_0, \dots, y_n) \in \mathfrak{M}_{n+1,1}(\mathbb{R})$.
Montrer que ${}^tYM_nY = \displaystyle\int_0^1 \left(\sum_{k=0}^{n} y_k t^k\right)^2 dt$.

d) *Montrer que* $\mathrm{Sp}(f_n) \subset \mathbb{R}_+^\star$.

e) *Pour tout* $n \in \mathbb{N}$, *on pose* $u_n = \min\big(\mathrm{Sp}(f_n)\big)$. *Montrer que la suite* (u_n) *tend vers* 0.

●●●●●●

a) Par définition $\mathbb{R}_n[X]$ est stable par f_n et, par linéarité de l'intégration, f_n est linéaire.

Si $P \in \mathrm{Ker}(f_n)$ alors $\forall k \in [\![0, n]\!]$, $\displaystyle\int_0^1 P(t)t^k\,dt = 0$ et donc, par linéarité, $\displaystyle\int_0^1 P^2(t)\,dt = 0$. La fonction continue et positive P^2 doit être nulle sur $[0,1]$ infini, donc $P = 0$. Cela prouve sur $f_n \in \mathrm{GL}\big(\mathbb{R}_n[X]\big)$.

b) Si $p\in[\![0,n]\!]$ alors $f(X^p)=\sum_{k=0}^{n}\dfrac{X^k}{p+k+1}$. Si $M_n=\big(m_{k,p}\big)_{0\leqslant p,k\leqslant n}$ alors $m_{p,k}=\dfrac{1}{p+k+1}$ et M_n est symétrique réelle donc diagonalisable.

c) $${}^tYM_nY=\sum_{0\leqslant p,k\leqslant n} y_py_km_{p,k}=\sum_{0\leqslant p,k\leqslant n}\int_0^1 y_py_kt^{p+k}\,dt$$
$$=\int_0^1\sum_{0\leqslant p,k\leqslant n} y_pt^py_kt^k\,dt=\int_0^1\left(\sum_{k=0}^{n}y_kt^k\right)^2dt.$$

d) $\mathrm{Sp}(f_n)=\mathrm{Sp}(M_n)$. Soit λ une valeur propre de M_n et Y un vecteur propre unitaire associé, alors ${}^tYM_nY=\lambda{}^tYY=\lambda\|Y\|^2=\lambda$.
Aussi ${}^tYM_nY=\displaystyle\int_0^1 P^2(t)\,dt$ où $P=\sum_{k=0}^{n}y_kt^k$. La fonction polynomiale P^2 est continue positive non identiquement nulle sur $[0,1]$ car l'un au moins des y_k est non nul, donc $\lambda=\displaystyle\int_0^1 P^2(t)\,dt>0$.

e) Si $Y={}^t(0\cdots 0\,1)$ alors $\|Y\|=1$ et ${}^tYM_nY=\displaystyle\int_0^1 t^{2n}\,dt=\frac{1}{2n+1}$.
Écrivons $Y=\sum_{k=0}^{n}y_kY_k$ où $(Y_0,\dots,Y_n)$ est une base orthonormale de $\mathbb{R}^{n+1}$ formée de vecteurs propres de M_n et notons $(\lambda_0,\dots,\lambda_n)$ les valeurs propres associées.
${}^tYM_nY=\sum_{0\leqslant p,k\leqslant n}\lambda_ky_py_k{}^tY_pY_k=\sum_{0\leqslant p,k\leqslant n}\lambda_ky_py_k\big(Y_p|Y_k\big)=\sum_{k=0}^{n}\lambda_ky_k^2$ donc
$\dfrac{1}{2n+1}\geqslant u_n\displaystyle\sum_{k=0}^{n}y_k^2=u_n>0$ et, donc, $u_n\xrightarrow[n\to\infty]{}0$.

Exercice 20.
On munit $\mathbb{R}^n$ de sa structure euclidienne canonique. On note U l'ensemble des vecteurs unitaires de $\mathbb{R}^n$. Soit $A\in S_n(\mathbb{R})$. On note $\lambda_1\leqslant\cdots\leqslant\lambda_n$ ses valeurs propres et $(x_1,\dots,x_n)$ une base orthonormée de vecteurs propres associés. On pose $V_0=\{0\}$ et pour $k\in[\![1,n]\!]$, $V_k=\mathrm{Vect}(x_1,\dots,x_k)$.
Soit enfin $\varphi:\mathbb{R}^n\to\mathbb{R}$, $x\mapsto\big(Ax|x\big)$.
a) *Montrer que, pour tout $k\in[\![1,n]\!]$, $\lambda_k=\max_{x\in V_k\cap U}\varphi(x)=\min_{x\in V_{k-1}^{\perp}\cap U}\varphi(x)$.*
b) *Montrer que les coefficients diagonaux de A sont compris entre λ_1 et λ_n.*
c) *Soit $k\in[\![1,n]\!]$. On note $\mathcal{W}_k$ l'ensemble des sous-espaces vectoriels de $\mathbb{R}^n$ de dimension k. Montrer que $\lambda_k=\min_{W\in\mathcal{W}_k}\left(\max_{x\in W\cap U}\varphi(x)\right)$.*

●●●●●●

Commençons par expliciter la fonction φ sur U. Si $x \in U$ a pour coordonnées $(a_1, \ldots, a_n)$ dans $(x_1, \ldots, x_n)$ alors $\varphi(x) = \sum\limits_{0 \leqslant i,j \leqslant n} \lambda_i x_i x_j (x_i | x_j)$ par bilinéarité du produit scalaire, soit $\varphi(x) = \sum\limits_{i=0}^{n} \lambda_i x_i^2$.

Par suite $\lambda_1 = \lambda_1 \sum\limits_{i=1}^{n} x_i^2 \leqslant \varphi(x) \leqslant \lambda_n \sum\limits_{i=1}^{n} x_i^2 = \lambda_n$ *i.e.* $\varphi(U) \subset [\lambda_1, \lambda_n]$.

a) $e_k \in V_k \cap V_{k-1}^{\perp} \cap U$ et $\varphi(e_k) = \lambda_k$.

Si $x \in V_k \cap U$ alors $x = \sum\limits_{i=0}^{k} a_i x_i$ d'où $\varphi(x) = \sum\limits_{i=0}^{k} \lambda_i x_i^2 \leqslant \lambda_k \sum\limits_{i=0}^{k} x_i^2 = \lambda_k$ donc λ_k est le maximum de φ sur $V_k \cap U$.

Si $x \in V_{k-1}^{\perp} \cap U$ alors $x = \sum\limits_{i=k}^{n} a_i x_i$ d'où $\varphi(x) = \sum\limits_{i=k}^{n} \lambda_i x_i^2 \geqslant \lambda_k \sum\limits_{i=k}^{n} x_i^2 = \lambda_k$ donc λ_k est le minimum de φ sur $V_{k-1}^{\perp} \cap U$.

b) Si $i \in [\![1, n]\!]$, $a_{i,i} = \varphi(e_i)$ et $e_i \in V_n \cap V_0^{\perp} \cap U$ d'où $\lambda_1 \leqslant a_{i,i} \leqslant \lambda_n$.

c) $V_k \in \mathcal{W}_k$ et $\max\limits_{V_k \cap U} \varphi = \lambda_k$ comme on vient de le voir.

Soit $W \in \mathcal{W}_k$. Si p est un projecteur de $\mathbb{R}^n$ de direction W alors l'application p est continue car endomorphisme de $\mathbb{R}^n$ de dimension finie, donc W est fermé dans $\mathbb{R}^n$ car $W = \{x \in \mathbb{R}^n \mid \|p(x)\| = 0\}$ et, par composition, $\|p\|$ est continue. De la même façon $U = \{x \in \mathbb{R}^n \mid \|x\| - 1 = 0\}$ et $x \mapsto \|x\| - 1$ est continue donc U est fermé et clairement borné. Par intersection $W \cap U$ est fermé, borné et non vide car, si $x \in W \setminus \{0\}$ alors $\dfrac{x}{\|x\|} \in W \cap U$. La fonction φ est continue au vu de son expression dans le préliminaire. Comme elle est à valeurs réelles elle admet un maximum sur $W \cap U$.

$W + V_{k-1}^{\perp}$ est un sous-espace vectoriel de $\mathbb{R}^n$ donc sa dimension est au plus n, la formule de Grassmann montre que
$\dim(W \cap V_{k-1}^{\perp}) + \dim(W + V_{k-1}^{\perp}) = \dim(W) + \dim(V_{k-1}^{\perp})$
d'où $\dim(W \cap V_{k-1}^{\perp}) \geqslant k + (n - k + 1) - n = 1$.

Si $x \in W \cap V_{k-1}^{\perp} \cap U$, et un tel vecteur existe, alors la question précédente montre $\varphi(x) \geqslant \lambda_k$ donc $\max\limits_{W \cap U} \varphi \geqslant \lambda_k$.

En résumé $\min\limits_{W \in \mathcal{W}_k} \left(\max\limits_{x \in W \cap U} \varphi(x) \right)$ existe et est égal à λ_k.

Exercice 21.

Soit (u_n) *une suite réelle. On souhaite étudier la propriété* (P) *suivante :*

$$u_n \sim \frac{1}{n} \iff u_n + u_{n-1} \sim \frac{2}{n}.$$

a) *Montrer que l'implication directe est toujours vraie.*

b) *On suppose que* (u_n) *est monotone. Montrer que* (P) *est alors vraie.*

c) *Si l'on retire cette hypothèse, le résultat est-il vrai ?*

●●●●●●

a) $u_n \sim \dfrac{1}{n} \Rightarrow u_n = \dfrac{1}{n} + o(1/n) \Rightarrow u_{n-1} = \dfrac{1}{n} + o(1/n)$ car $\dfrac{1}{n-1} \sim \dfrac{1}{n}$
d'où $u_n + u_{n-1} = \dfrac{2}{n} + o(1/n) \sim \dfrac{2}{n}\cdot$

b) $(u_n + u_{n-1})_n$ converge vers 0 et $(u_n)_n$ est monotone donc $(u_n)_n$ converge en décroissant vers 0.
Si $n \geqslant 1$, $u_{n+1} + u_n \leqslant 2u_n \leqslant u_n + u_{n-1} \leqslant 2u_{n-1}$
d'où $n(u_{n+1}+u_n) \leqslant 2nu_n \leqslant n(u_n+u_{n-1})$ et donc, par encadrement, $(2nu_n)_n$ converge vers 2 *i.e.* $u_n \sim \dfrac{1}{n}\cdot$

c) Si l'on pose, pour tout $n \in \mathbb{N}^\star$, $u_n = (-1)^n + \dfrac{1}{n}$ on a
$u_n + u_{n-1} = \dfrac{1}{n} + \dfrac{1}{n-1} \sim \dfrac{2}{n}$ alors que $u_n \not\sim \dfrac{1}{n}\cdot$

Exercice 22.
Soit (u_n) une suite telle que $u_0 > 0$ et pour tout $n \in \mathbb{N}$, $u_{n+1} = \ln(1+u_n)$.

a) *Prouver la convergence et déterminer la limite de cette suite.*

b) *Donner le rayon de convergence de la série entière $\sum u_n x^n$.*

c) *Soit (v_n) une suite de réels convergeant vers une limite ℓ.*
Montrer que $w_n = \dfrac{1}{n}\displaystyle\sum_{k=1}^{n} v_k$ tend aussi vers ℓ.

d) *À l'aide de la suite de terme général $\dfrac{1}{u_{n+1}} - \dfrac{1}{u_n}$, déterminer un équivalent de u_n.*

●●●●●●

a) Une récurrence immédiate montre $\forall n \in \mathbb{N}$, $u_n > 0$ et, par concavité de ln on en déduit $u_{n+1} \leqslant u_n$ car $\forall x \geqslant 0$, $\varphi(x) = \ln(1+x) \leqslant x$.
Donc $(u_n)_n$ converge dans $\mathbb{R}_+$ vers un point fixe ℓ de la fonction continue φ.
La formule de Taylor avec reste intégral par exemple montre que, si $x \geqslant 0$,
$\ln(1+x) - x = -x^2 \displaystyle\int_0^1 \frac{1-u}{(1+u)^2}\,du$ et $\displaystyle\int_0^1 \frac{1-u}{(1+ux)^2}\,du > 0$ donc $\ell = 0$.

b) $\dfrac{u_{n+1}}{u_n} = \dfrac{\ln(1+u_n)}{u_n} \xrightarrow[n\to\infty]{} 1$ car $(u_n)_n$ converge vers 0.
Le rayon de convergence de la série proposée est donc égal à 1.

c) Voir le complément de cours relatif au théorème de Cesàro.

d) En développant $\ln(1+u_n) \underset{n\to\infty}{=} u_n - \dfrac{u_n^2}{2} + o(u_n^2)$
d'où $\dfrac{1}{u_{n+1}} - \dfrac{1}{u_n} \underset{n\to\infty}{=} \dfrac{1}{u_n}\left[\dfrac{1}{1 - \frac{u_n}{2} + o(u_n)} - 1\right] \underset{n\to\infty}{\sim} \dfrac{1}{u_n} \times \dfrac{u_n}{2} \xrightarrow[n\to\infty]{} \dfrac{1}{2}\cdot$

Alors $\dfrac{1}{n}\displaystyle\sum_{k=0}^{n-1}\left[\frac{1}{u_k}-\frac{1}{u_{k-1}}\right]=\frac{1}{nu_n}-\frac{1}{nu_0}\xrightarrow[n\to\infty]{}\frac{1}{2}$ *i.e.* $\dfrac{1}{nu_n}\xrightarrow[n\to\infty]{}\dfrac{1}{2}$ ou encore $u_n \underset{n\to\infty}{\sim} \dfrac{2}{n}$.

Exercice 23.

Soient $p\in\mathbb{R}$ et $A=\begin{pmatrix}1&0&0\\0&1/2&p\\0&0&1/2\end{pmatrix}$ *dont l'endomorphisme de* $\mathbb{R}^3$ *canoniquement associé est noté* f.
On munit $\mathbb{R}^3$ *de l'une des normes* $\|\ \|_1$, $\|\ \|_2$ *ou* $\|\ \|_\infty$.

a) *On note* $S_n(x)=\sum\limits_{n=0}^{n} f^k(x)$. *Étudier la convergence de la suite* $\big(S_n(x)\big)$.

b) *Donner une condition nécessaire et suffisante sur* p *pour que, pour tout* $a\in\mathbb{R}^2$, $\|f(a)\|\leqslant\|a\|$.

●●●●●●

a) $A=\mathrm{Diag}(1,T)$ où $T=\dfrac{1}{2}\begin{pmatrix}1&2p\\0&1\end{pmatrix}$.

Montrons par récurrence $\forall k\in\mathbb{N}^\star$, $T^k=2^{-k}\begin{pmatrix}1&2kp\\0&1\end{pmatrix}$, le cas $k=1$ est immédiat.
Si $T^k=2^{-k}\begin{pmatrix}1&2kp\\0&1\end{pmatrix}$, alors $T^{k+1}=2^{-k-1}\begin{pmatrix}1&2kp\\0&1\end{pmatrix}\begin{pmatrix}1&2p\\0&1\end{pmatrix}$ soit $T^{k+1}=2^{-k-1}\begin{pmatrix}1&2(k+1)p\\0&1\end{pmatrix}$.

$\forall k\in\mathbb{N}^\star$, $A^k=\mathrm{Diag}(1,T^k)$, si $(x,y,z)\in\mathbb{R}^3$, $A^k\begin{pmatrix}x\\y\\z\end{pmatrix}=\begin{pmatrix}x\\2^{-k}y+2^{1-k}kpz\\2^{-k}z\end{pmatrix}$

donc $S_n(X)$ a pour matrice colonne $\begin{pmatrix}(n+1)x\\(2-2^{-n}y+p\sum\limits_{k=1}^{n}k2^{1-k}\\(2-2^{-n})z\end{pmatrix}$ où l'on a posé $X=(x,y,z)$.
Si $x\neq 0$ il y a divergence et, si $x=0$ il y a convergence vers $(0,2y+4pz,2z)$ car, si $|x|<1$, $\sum\limits_{k=1}^{\infty}kx^{k-1}=\dfrac{d}{dx}\Big(\dfrac{1}{1-x}\Big)=\dfrac{1}{(1-x)^2}$.

b) Cas de $\|\ \|_1$
On veut $\forall(x,y,z)\in\mathbb{R}^3$, $|x|+|y/2+pz|+|z/2]\leqslant|x|+|y|+|z|$.
Pour $(x,y,z)=(0,0,1)$ il vient $|p|\leqslant 1/2$.
Si $|p|\leqslant 1/2$ alors, par inégalité triangulaire, $|y/2+pz|\leqslant|y/2|+|z/2|$ et l'inégalité est vérifiée.

Cas de $\| \|_2$.
On veut $\forall (x,y,z)\in\mathbb{R}^3,\ x^2+y^2/4+pyz+p^2z^2+z^2/4 \leqslant x^2+y^2+z^2$ *i.e.* $\dfrac{3}{4}y^2-pyz+\left(\dfrac{3}{4}-p^2\right)z^2 \geqslant 0.$
Or $\dfrac{3}{4}y^2-pyz+\left(\dfrac{3}{4}-p^2\right)z^2=\dfrac{3}{4}\left(y-\dfrac{2}{3}pz\right)^2+\left(\dfrac{3}{4}-p^2-\dfrac{1}{3}p^2\right)z^2.$
Une condition nécessaire et suffisante est donc $\dfrac{4}{3}p^2 \leqslant \dfrac{3}{4}$ *i.e.* $|p| \leqslant \dfrac{3}{4}\cdot$

Cas de $\| \|_\infty$.
On veut $\forall (x,y,z)\in\mathbb{R}^3,\ \max\big(|x|,|y/2+pz|,|z/2|\big) \leqslant \max\big(|x|,|y|,|z|\big).$
Pour $(0,1,1)$ et $(0,-1,1)$ il vient $|p+1/2| \leqslant 1$ et $|p-1/2| \leqslant 1$ d'où $|p| \leqslant 1/2|$.
Si $|p| \leqslant 1/2|$ alors $|y/2+pz| \leqslant |y/2|+|z/2| \leqslant \max\big(|x|,|y|,|z|\big)$ et donc l'inégalité est vérifiée.

Exercice 24.
Soit $(a,b)\in\mathbb{R}^2$. Nature de la série de terme général $u_n=\dfrac{(-1)^n}{n^a+(-1)^n n^b}$?

●●●●●●

Si $b>a$ alors $u_n \underset{n\to\infty}{\sim} \dfrac{1}{n^b}$ et, donc, $\sum u_n$ converge si, et seulement si, $b>1$.
Si $a=b$ alors $(u_n)_n$ n'est pas définie.
Supposons désormais $a>b$ et éliminons le cas $a \leqslant 0$ car, alors, $\sum u_n$ est grossièrement divergente. On suppose donc $a>b$ et $a>0$.
$u_n=\dfrac{(-1)^n}{n^a}\left[1+\dfrac{(-1)^n}{n^{a-b}}\right]^{-1} \underset{n\to\infty}{=} \dfrac{(-1)^n}{n^a}-\dfrac{1}{n^{2a-b}}+o\left(\dfrac{1}{n^{2a-b}}\right).$
$\sum \dfrac{(-1)^n}{n^a}$ converge d'après le théorème spécial des séries alternées et la série $\sum \dfrac{1}{n^{2a-b}}$ converge si, et seulement si, $2a-b>1$.
Comme $u_n-\dfrac{(-1)^n}{n^a} \underset{n\to\infty}{\sim} -\dfrac{1}{n^{2a-b}}<0$ cela montre que $\sum u_n$ converge si, et seulement si, $2a-b>1$.

Exercice 25.
Soit, pour $n\in\mathbb{N}$, $u_n=\sum\limits_{k\geqslant n}\dfrac{1}{k!}\cdot$ Montrer que la série $\sum u_n$ converge et calculer sa somme.

●●●●●●

Commençons, et c'est un classique, par déterminer un équivalent de u_n.
$\dfrac{1}{n!} \leqslant u_n \leqslant \dfrac{1}{n!}+\sum\limits_{k=n+1}^{\infty}\dfrac{1}{k!} \leqslant \dfrac{1}{n!}+\dfrac{1}{(n+1)!}\sum\limits_{k=0}^{\infty}\dfrac{1}{(n+1)^k}$

d'où $\dfrac{1}{n!} \leqslant u_n \leqslant \dfrac{1}{n!} + \dfrac{1}{(n+1)!}\dfrac{1}{1-\frac{1}{n+1}} = \dfrac{1}{n!} + \dfrac{1}{nn!}$ et donc, par encadrement, $u_n \underset{n\to\infty}{\sim} \dfrac{1}{n!}$.

Cela montre déjà la convergence de $\sum u_n$.

Si $N \in \mathbb{N}^\star$ posons $S_N = \sum\limits_{n=1}^{N} u_n$, alors $S_N = \sum\limits_{n=1}^{N}\left(\sum\limits_{k=n}^{\infty}\dfrac{1}{k!}\right)$ d'où

$S_N = \sum\limits_{k=1}^{N} k\Big(\dfrac{1}{k!}\Big) + N\sum\limits_{k=N+1}^{\infty}\dfrac{1}{k!} = \sum\limits_{k=1}^{N}\dfrac{1}{(k-1)!} + Nu_{N+1} \underset{N\to\infty}{\longrightarrow} e$ d'après l'équivalent donné de u_N.

Donc $\sum\limits_{n=0}^{\infty} u_n = u_0 + \lim\limits_{N\to\infty} S_N = 2e$.

Exercice 26.

Soit $(u_n)_{n\geqslant 0}$ une suite à valeurs strictement positives. Lorsque $\sum u_n$ converge, on pose $R_n = \sum\limits_{k=n}^{\infty} u_k$. Pour $\alpha > 0$, on pose alors $v_n = \dfrac{u_n}{R_n^\alpha}$.

a) *Lorsque $u_n = 2^{-n}$, donner la nature de $\sum v_n$.*

On revient au cas général et l'on suppose que $\sum u_n$ converge.

b) *Exprimer v_n en fonction de R_n* et *R_{n+1}.*

c) *Lorsque $\alpha = 1$, montrer que $\sum v_n$ diverge. Indication : on pourra considérer* $\ln(1-v_n)$.

d) *On suppose que $\alpha > 1$. Montrer que, pour n assez grand, $R_n^\alpha \leqslant R_n$. En déduire la nature de $\sum v_n$.*

e) *On suppose que $\alpha < 1$. Donner la nature de $\sum v_n$. Indication : utiliser $\displaystyle\int_{R_{n+1}}^{R_n}\frac{dt}{t^\alpha}$.*

●●●●●●

a) $R_n = \sum\limits_{k=n}^{\infty} 2^{-k} = 2^{-n}\frac{1}{1-\frac{1}{2}} = 2^{1-n}$.

Par suite $v_n = 2^{-n(1-\alpha)-\alpha}$ et donc $\sum v_n$ converge si, et seulement si, $\alpha < 1$.

b) $u_n = R_n - R_{n+1}$ d'où $v_n = R_n^{1-\alpha} - R_{n+1}R_n^{-\alpha}$.

c) Ici $v_n = 1 - \dfrac{R_{n+1}}{R_n}$ d'où $\ln(1-v_n) = \ln(R_{n+1}) - \ln(R_n)$ et, d'après le lien suite/série, $\sum \ln(1-v_n)$ diverge car $\ln(R_n) \underset{n\to\infty}{\longrightarrow} -\infty$.

Si $\sum v_n$ converge alors $v_n \underset{n\to\infty}{\longrightarrow} 0$ d'où $\ln(1-v_n) \underset{n\to\infty}{\sim} -v_n < 0$ et il y a contradiction. Donc $\sum v_n$ diverge.

d) Comme $\alpha > 1$ la suite de terme général $R_n^{\alpha-1}$ converge vers 0, on a, pour n assez grand, $R_n^{1-\alpha} \geqslant 1$.

On déduit de $v_n = R_n^{1-\alpha}\Big(1 - \dfrac{R_{n+1}}{R_n}\Big)$, toujours pour n assez grand, que $v_n \geqslant 1 - \dfrac{R_{n+1}}{R_n}$ et donc, d'après la question précédente, $\sum v_n$ diverge.

e) $t \mapsto t^{-\alpha}$ est continue, décroissante et intégrable sur $]0,1]$ donc $\sum \displaystyle\int_{R_{n+1}}^{R_n} \frac{dt}{t^\alpha}$ converge et $0 < v_n = (R_n - R_{n+1})\,\dfrac{1}{R_n^\alpha} \leqslant \displaystyle\int_{R_{n+1}}^{R_n} \frac{dt}{t^\alpha}$ donc $\sum v_n$ converge.

Exercice 27.

Soit $a \in \mathbb{R}_+$. On pose, pour tout $n \in \mathbb{N}^\star$, $u_n = \displaystyle\prod_{k=1}^{n}\Big(1 + \frac{k^a}{n^2}\Big)$.

a) *On suppose $a = 2$. Montrer que la suite (u_n) diverge.*

b) *On suppose que $a \in [0,1]$.*

i) *Étudier la convergence de $a_n = \displaystyle\sum_{k=1}^{n} \frac{k^a}{n^2}$ et en cas de convergence, trouver la limite.*

ii) *Même question avec u_n.*

●●●●●●

Tout d'abord $\forall n \in \mathbb{N}^\star$, $\forall k \in [\![1,n]\!]$, $1 + \dfrac{k^a}{n^2} > 1$ et $u_n > 1$.

a) Si $\varphi : x \mapsto \ln(1+x) - \dfrac{x}{2}$ alors, sur $[0,1]$, φ est de classe $\mathcal{C}^1$ et $\varphi'(x) = \dfrac{1}{1+x} - \dfrac{1}{2}$. La fonction φ est croissante sur $[0,1$ et $\varphi(0) = 0$ donc $0 \leqslant x \leqslant 1 \Rightarrow \ln(1+x) \geqslant \dfrac{x}{2}$.

$$\forall n \in \mathbb{N}^\star,\ \ln(u_n) = \sum_{k=1}^{n} \ln\Big(1 + \frac{k^2}{n^2}\Big) \geqslant \frac{1}{2}\sum_{k=1}^{n} \frac{k^2}{n^2} = \frac{(n+1)(2n+1)}{12n} \xrightarrow[n\to\infty]{} +\infty$$

donc $u_n \xrightarrow[n\to\infty]{} +\infty$.

b) i) Si $a = 1$ alors $a_n = \dfrac{(n+1)}{2n} \xrightarrow[n\to\infty]{} \dfrac{1}{2}$.

Si $a < 1$ comme $t \mapsto t^a$ est continue et croissante sur $\mathbb{R}_+$, pour tout $k \in \mathbb{N}^\star$, $\displaystyle\int_{k-1}^{k} t^a\,dt \leqslant k^a \leqslant \int_{k}^{k+1} t^a\,dt$ d'où, en sommant si $n \in \mathbb{N}^\star$,

$$\int_0^n t^a\,dt \leqslant \sum_{k=1}^{n} k^a \leqslant \int_1^{n+1} t^a\,dt \text{ et } \int_0^n t^a\,dt = \frac{n^{a+1}}{a+1} \underset{n\to\infty}{=} o(n^2) \text{ car } a < 1.$$

De même $\displaystyle\int_1^{n+1} t^a\,dt \underset{n\to\infty}{=} o(n^2)$ donc, par encadrement, $a_n \xrightarrow[n\to\infty]{} 0$.

ii) Supposons pour commencer $a = 1$.

Sur $[0,1]$, par concavité, $\ln(1+x) \leqslant x$.
De plus la formule de Taylor avec reste intégral donne
$\ln(1+x) - x + \frac{x^2}{2} = \frac{x^3}{2}\int_0^1 \frac{(1-u)^2}{(1+ux)^3}\,du \geqslant 0$ d'où $x - \frac{x^2}{2} \leqslant \ln(1+x)$.

On en déduit $a_n - \frac{1}{2n^4}\sum_{k=1}^{n} k^2 \leqslant \ln(u_n) \leqslant a_n$.

Comme $\sum_{k=1}^{n} k^2 = \frac{n(n+1)(2n+1)}{6} \underset{n\to\infty}{=} o(n^4)$, par encadrement il vient

$\ln(u_n) \xrightarrow[n\to\infty]{} \frac{1}{2}$ d'où, par continuité de l'exponentielle, $u_n \xrightarrow[n\to\infty]{} e^{1/2}$.

Désormais $0 \leqslant a < 1$.
$\forall n \in \mathbb{N}^{\star}$, $0 \leqslant \ln(u_n) \leqslant a_n$ donc $\ln(u_n) \xrightarrow[n\to\infty]{} 0$ et par continuité de l'exponentielle, $u_n \xrightarrow[n\to\infty]{} 1$.

Exercice 28.

Nature de la série de terme général $u_n = \exp\left(\frac{(-1)^n \ln(n)}{n}\right) - 1$ *?*

●●●●●●

En développant l'exponentielle au voisinage de 0 il vient

$$u_n \underset{n\to\infty}{=} \frac{(-1)^n \ln(n)}{n} + O\Big(\frac{\ln^2(n)}{n^2}\Big) \underset{n\to\infty}{=} \frac{(-1)^n \ln(n)}{n} + O(n^{-3/2}).$$

Le théorème spécial des séries alternées assure de la convergence de la série $\sum \frac{(-1)^n \ln(n)}{n}$ et $\sum O(n^{-3/2})$ est absolument convergente, donc convergente.
En tant que somme de deux séries convergentes $\sum u_n$ converge.

Exercice 29.

Donner la nature de la série de terme général $u_n = \dfrac{(-1)^n}{\sum_{k=1}^{n} \frac{1}{k} + (-1)^n}$.

●●●●●●

Rappelons que $\sum_{k=1}^{n} \frac{1}{k} \underset{n\to\infty}{=} \ln(n) + \gamma + o(1/n)$.

$$u_n \underset{n\to\infty}{=} \frac{(-1)^n}{\ln(n)}\Big[1 - \frac{\gamma}{\ln(n)} + \frac{(-1)^n}{\ln(n)} + o\big(1/\ln(n)\big)\Big]^{-1}$$

$$\underset{n\to\infty}{=} \frac{(-1)^n}{\ln(n)}\Big[1 - \frac{\gamma}{\ln(n)} + \frac{(-1)^{n+1}}{\ln(n)}\Big] + o\big(1/\ln^2(n)\big)$$

d'où $u_n - \frac{(-1)^n}{\ln(n)} - \frac{(-1)^{n+1}\gamma}{\ln^2(n)} \underset{n\to\infty}{\sim} -\frac{1}{\ln^2(n)}$.

Le théorème spécial des séries alternées assure des convergences de $\sum \frac{(-1)^n}{\ln(n)}$ et de $\sum \frac{(-1)^{n+1}\gamma}{\ln^2(n)}$ et $\sum \frac{1}{\ln^2(n)}$ est à termes positifs, donc $\sum u_n$ est de même nature que $\sum \frac{1}{\ln^2(n)}$.

Comme $\frac{n}{\ln^2(n)} \xrightarrow[n\to\infty]{} +\infty$ la série $\sum u_n$ diverge.

Exercice 30.

a) *Montrer que pour tout $n \in \mathbb{N}$, il existe un unique réel a_n tel que*

$$e^{a_n} + na_n = 2.$$

b) *Déterminer la nature des séries de termes généraux a_n et $(-1)^n a_n$.*

c) *Déterminer la limite de $n(1 - na_n)$ quand $n \to +\infty$.*

●●●●●●

a) $f_n : x \mapsto e^x + nx$ est continue strictement croissante sur $\mathbb{R}$, tend vers $-\infty$ en $-\infty$ et vers $+\infty$ en $+\infty$. C'est une bijection de $\mathbb{R}$ sur lui-même et l'équation $f_n(x) = 2$ admet pour unique solution $a_n = f_n^{-1}(2)$.

b) $f_n(1/n) = e^{1/n} + 1 > 2$ et $f_n(1/2n) = e^{1/2n} + 1/2 \xrightarrow[n\to\infty]{} 3/2$ donc, pour n assez grand, par stricte croissance de f_n, $\frac{1}{2n} < a_n < \frac{1}{n}$ ce qui assure la divergence de $\sum a_n$ alors que $a_n \xrightarrow[n\to\infty]{} 0$.

$f_{n+1}(a_n) = f_n(a_n) + a_n = 2 + a_n > 2$ donc, de même, $a_{n+1} < a_n$ et le théorème spécial des séries alternées montre que $\sum(-1)^n a_n$ converge.

c) $e^{a_n} - 1 = 1 - na_n \xrightarrow[n\to\infty]{} 0$ car $a_n \xrightarrow[n\to\infty]{} 0$ donc $a_n \underset{n\to\infty}{\sim} \frac{1}{n}$.

Posons $b_n = 1 - na_n$, alors $e^{a_n} - 1 = b_n$ et $e^{a_n} - 1 \underset{n\to\infty}{\sim} a_n \underset{n\to\infty}{\sim} \frac{1}{n}$ d'où $nb_n = n(1 - na_n) \xrightarrow[n\to\infty]{} 1$.

On a en fait établi : $a_n = \frac{1}{n} - \frac{1}{n^2} + o\left(\frac{1}{n^2}\right)$.

Exercice 31.

Soit $(a_n)_{n\geqslant 0}$ définie par $a_0 \in \mathbb{R}_+^\star$, $a_{n+1} = 1 - e^{-a_n}$ pour $n \in \mathbb{N}$.
Nature des séries de termes généraux $(-1)^n a_n$ et a_n^2 ?

●●●●●●

Par récurrence immédiate $\forall n \in \mathbb{N}$, $a_n > 0$ et, par convexité de exp, $\forall x \in \mathbb{R}$, $e^x \geqslant 1+x$, $a_{n+1} \leqslant a_n$ pour tout $n \in \mathbb{N}$. La suite $(a_n)_n$ est décroissante positive donc converge ; on note ℓ sa limite, alors $e^{-\ell} = 1 - \ell$.
Comme $x \mapsto e^x - 1 - x$ est strictement croissante sur $\mathbb{R}_+$ nulle en 0 la seule possibilité est $\ell = 0$.

La théorème spécial des séries alternées prouve la convergence de $\sum(-1)^n a_n$.
$a_{n+1} = 1 - e^{-a_n} \underset{n\to\infty}{=} 1 - \left(1 - a_n + \frac{a_n^2}{2} + o(a_n^2)\right)$ d'où $a_{n+1} - a_n \underset{n\to\infty}{\sim} -\frac{a_n^2}{2} < 0$.
Le lien suite/série et la convergence de $(a_n)_n$ prouvent la convergence de $\sum a_n^2$.

Exercice 32.

Soient $\alpha > 0$ et $S_\alpha : x \in \mathbb{R}_+ \mapsto \displaystyle\sum_{n=1}^{\infty} \frac{x}{n^\alpha(1+nx^2)}$. *Étudier la continuité sur* $\mathbb{R}_+$ *de* S_α.

••••••

Posons, pour tout $n \geqslant 1$, $f_n : x \mapsto \dfrac{x}{n^\alpha(1+nx^2)}$. Ces fonctions sont continues sur $\mathbb{R}_+$ et, si $0 < a \leqslant x \leqslant b$, $|f_n(x)| \leqslant \dfrac{b}{an^{1+\alpha}}$.
$\sum f_n$ converge normalement sur $[a,b]$ et, donc, S_α est continue sur $\mathbb{R}_+^\star$.
La fonction $\varphi : x \mapsto \dfrac{x}{1+nx^2}$ est de classe $\mathcal{C}^1$ sur $\mathbb{R}_+$ et
$(1+nx^2)^2\varphi'(x) = 1 - nx^2$ donc φ est maximale en $1/\sqrt{n}$ et ce maximum est $\dfrac{1}{2\sqrt{n}}$. Par conséquent $\displaystyle\max_{\mathbb{R}_+} |f_n| = \frac{1}{2n^{\alpha+1/2}}$.
Si $\alpha > 1/2$ alors $\sum f_n$ converge normalement sur $\mathbb{R}_+$ et S_α est continue en 0, donc sur $\mathbb{R}_+$.
Étudions le cas $\alpha = 1/2$ et fixons $x > 0$.
$\varphi : t \mapsto \dfrac{1}{\sqrt{t}(1+tx^2)}$ est continue, décroissante et intégrable sur $\mathbb{R}_+$ car $\varphi(t) \underset{t\to 0}{\sim} \dfrac{1}{\sqrt{t}}$ et $\varphi(t) \underset{t\to+\infty}{\sim} \dfrac{1}{x^2 t^{3/2}}$.
Par suite $S_{1/2}(x) \geqslant x \displaystyle\int_0^{+\infty} \frac{dt}{\sqrt{t}(1+tx^2)} = 2x \int_0^{+\infty} \frac{du}{1+(ux)^2}$ par le changement de variable $u = \sqrt{t}$ qui est une bijection de classe $\mathcal{C}^1$ de $\mathbb{R}_+^\star$ sur lui-même.
On a donc $S_{1/2}(x) \geqslant 2\Big[\arctan(xu)\Big]_{u=0}^{u\to+\infty} = \pi$. Comme $S_{1/2}(0) = 0$ la fonction $S_{1/2}$ ne peut pas être continue en 0.
Si $\alpha < 1/2$ l'inégalité $S_\alpha \geqslant S_{1/2}$ montre que S_α est discontinue pour la même raison en 0.

Exercice 33.

Soit $f : x \mapsto \sum_{n=1}^{\infty} \frac{1}{\mathrm{sh}^2(nx)}$.

a) *Déterminer le domaine de définition D de f. Montrer que f est de classe* $\mathcal{C}^1$ *sur D.*

b) *Donner un équivalent de f en* 0^+ *et en* $+\infty$.

●●●●●●

a) On pose, pour tout $n \geqslant 1$, $f_n : x \mapsto \frac{1}{\mathrm{sh}^2(nx)}$, c'est une fonction définie, paire et de classe $\mathcal{C}^1$ sur $\mathbb{R}^\star$. On peut donc limiter l'étude à $\mathbb{R}_+^\star$.

Si $a > 0$ plaçons nous sur $[a, +\infty[$.

$x \geqslant a \Rightarrow 0 \leqslant f_n(x) \leqslant \frac{1}{\mathrm{sh}^2(na)}$ et $\frac{1}{\mathrm{sh}^2(na)} \underset{n\to\infty}{\sim} 4e^{-2na}$ donc $\sum f_n$ converge normalement sur $[a, +\infty[$.

$f_n' : x \mapsto -\frac{2n\,\mathrm{ch}(nx)}{\mathrm{sh}^3(nx)} = -\frac{2n}{\mathrm{th}(nx)\,\mathrm{sh}^2(nx)}$

donc $x \geqslant a \Rightarrow |f_n'(x)| \leqslant \frac{2n}{\mathrm{th}(na)\,\mathrm{sh}^2(na)} \underset{n\to\infty}{\sim} 8ne^{-2na}$ et, par suite, $\sum f_n'$ converge normalement sur $[a, +\infty[$.

Cela prouve que f est définie, paire et de classe $\mathcal{C}^1$ sur $\mathbb{R}^\star$.

b) Étude en $+\infty$. Fixons $x > 0$.

$t \mapsto \frac{1}{\mathrm{sh}^2(tx)}$ est continue, décroissante et intégrable sur $\mathbb{R}_+^\star$.

Si $n \geqslant 1$, $\int_n^{n+1} \frac{dt}{\mathrm{sh}^2(tx)} \leqslant f_n(x)$ et, si $n \geqslant 2$, $f_n(x) \leqslant \int_{n-1}^{n} \frac{dt}{\mathrm{sh}^2(tx)}$. En sommant cela donne $\int_1^{+\infty} \frac{dt}{\mathrm{sh}^2(tx)} \leqslant f(x) \leqslant \int_1^{+\infty} \frac{dt}{\mathrm{sh}^2(tx)} + \frac{1}{sh(x)}$.

$\int_1^{+\infty} \frac{dt}{\mathrm{sh}^2(tx)} = 4\int_1^{+\infty} \frac{e^{2xt}dt}{(e^{2xt}-1)^2} = \frac{2}{x}\int_e^{+\infty} \frac{du}{(u-1)^2} = \frac{2}{(e-1)x}$ à l'aide du changement de variable $u = e^{2xt}$ qui est une bijection de classe $\mathcal{C}^1$ de $[1, +\infty[$ sur $[e, +\infty[$.

Comme $\frac{1}{\mathrm{sh}(x)} \underset{x\to+\infty}{=} o\left(\frac{2}{(e-1)x}\right)$, par encadrement on obtient

$$f(x) \underset{x\to+\infty}{\sim} \frac{2}{(e-1)x}.$$

Étude à droite en 0. Fixons $x > 0$.

Comme sh est convexe sur $\mathbb{R}_+$, $\forall n \in \mathbb{N}^\star$, $\mathrm{sh}(nx) \geqslant nx$ d'où $\left|\frac{x}{\mathrm{sh}(nx)}\right|^2 \leqslant \frac{1}{n^2}$.

La série de fonctions de terme général $g_n : x \mapsto \left(\frac{x}{\mathrm{sh}(nx)}\right)^2$ converge donc normalement sur $\mathbb{R}_+^\star$ et comme, pour tout $n \geqslant 1$, $\lim\limits_{0^+} g_n = \dfrac{1}{n^2}$ le théorème de la double limite montre que $x^2 f(x) \xrightarrow[x\to 0^+]{} \displaystyle\sum_{n=1}^{\infty} \frac{1}{n^2} = \frac{\pi^2}{6}$.

Par conséquent $f(x) \underset{x\to 0^+}{\sim} \dfrac{\pi^2}{6x}$.

Exercice 34.
On note G l'ensemble des fonctions $g : [0,1] \to R_+$ continues et croissantes. Soit (g_n) une suite d'éléments de G. On suppose que (g_n) converge simplement vers 0 sur $[0,1[$, et que $\displaystyle\int_0^1 g_n(x)\,dx$ converge vers une limite non nulle a.

a) *Donner un exemple d'une telle suite de fonctions.*

b) *Soit $f \in \mathcal{C}^1([0,1],\mathbb{R})$. Pour $n \in \mathbb{N}$ et $x \in [0,1]$, on note $G_n(x) = \displaystyle\int_0^x g_n(t)\,dt$.*

Montrer que pour tout $x \in [0,1]$, $\displaystyle\int_0^x G_n(t)\,dt$ tend vers 0 quand $n \to \infty$.

c) *Montrer que $\displaystyle\int_0^1 f(x)g_n(x)\,dx \xrightarrow[n\to\infty]{} af(1)$.*

●●●●●●

a) Il suffit de poser, si $n \in \mathbb{N}$, $g_n : x \mapsto (n+1)x^n$ car $\displaystyle\int_0^1 g_n(x)\,dx = 1$ et, si $0 \leqslant x < 1$, $g_n(x) \xrightarrow[n\to\infty]{} 0$ par croissances comparées.

b) Commençons par montrer que $(g_n)_n$ converge uniformément vers 0 sur tout segment $[0,x]$ si $0 \leqslant x < 1$.
Soit $\varepsilon > 0$. Comme $\big(g_n(0)\big)_n$ et $\big(g_n(x)\big)_n$ convergent vers 0, il existe un entier n_0 tel que $n \geqslant n_0 \Rightarrow -\varepsilon \leqslant g_n(0)$ et $g_n(x) \leqslant \varepsilon$.
Si $n \geqslant n_0$ et $0 \leqslant t \leqslant x$ alors, par croissance de g_n, on a
$-\varepsilon \leqslant g_n(0) \leqslant g_n(t) \leqslant g_n(x) \leqslant \varepsilon$ et, donc, sur $[0,x]$, $|g_n(t)| \leqslant \varepsilon$ ce qui établit la convergence uniforme annoncée.
Par suite si $0 \leqslant x < 1$, $G_n(x) \xrightarrow[n\to\infty]{} 0$ et l'énoncé suppose $G_n(1) \xrightarrow[n\to\infty]{} a$.
La suite $(G_n)_n$ est une suite d'éléments de G qui converge simplement vers la fonction continue par morceaux $G_\infty : x \mapsto \begin{cases} 0 & \text{si } x < 1 \\ a & \text{si } x = 1 \end{cases}$

Si $0 \leqslant x < 1$ de la même façon que précédemment $\displaystyle\int_0^x G_n(t)\,dt \xrightarrow[n\to\infty]{} 0$.

Reste le problème de $\displaystyle\int_0^1 G_n(t)\,dt$.

$\big(G_n(1)\big)_n$ converge donc est bornée ; soit $M \in \mathbb{R}$ tel que $\forall n \in \mathbb{N}$, $G_n(1) \leqslant M$.
$(G_n)_n$ est une suite de fonctions continues qui converge simplement sur $[0,1]$ vers la fonction continue par morceaux G_∞.

$\forall n \in \mathbb{N},\ \forall t \in [0,1],\ 0 \leqslant G_n(t) \leqslant G_n(1) \leqslant M$ et $t \mapsto M$ est intégrable sur $[0,1]$.

Par convergence dominée on en déduit $\displaystyle\int_0^1 G_n(t)\,dt \xrightarrow[n\to\infty]{} \int_0^1 G_\infty(t)\,dt = 0$.

c) Intégrons par parties, si $n \in \mathbb{N}$

$$\int_0^1 f(x) g_n(x)\,dx = af(1) - \int_0^1 f'(x) G_n(x)\,dx.$$

La suite $(G_n f')_n$ converge simplement sur $[0,1]$ vers $G_\infty f'$ continue par morceaux et est dominée par $t \mapsto M \max\limits_{[0,1]} |f'|$ qui est intégrable sur $[0,1]$.

Par convergence dominée $\displaystyle\int_0^1 f'(x) G_n(x)\,dx \xrightarrow[n\to\infty]{} \int_0^1 f'(x) G_\infty(x)\,dx = 0$

d'où $\displaystyle\int_0^1 f(x) g_n(x)\,dx \xrightarrow[n\to\infty]{} af(1)$.

Exercice 35.

Soit (a_n) une suite de réels tels que (na_n) converge vers 0.

a) *Montrer que $\sum a_n\, x^n$ a un rayon de convergence supérieur ou égal à 1.*

b) *Montrer que $\sum\limits_{n=1}^{\infty} a_n x^n = o\big(\ln(1-x)\big)$ quand $x \to 1^-$.*

••••••

a) Comme 1 est le rayon de convergence de $\sum \dfrac{x^n}{n}$ et que $a_n \underset{n\to\infty}{=} o(1/n)$ le rayon de convergence de $\sum a_n\, x^n$ est supérieur ou égal à 1.

b) Notons $f : x \mapsto \sum\limits_{n=0}^{\infty} a_n\, x^n$.

Soient $\varepsilon > 0$ et $n_0 \in \mathbb{N}$ tel que $n \geqslant n_0 \Rightarrow |a_n| \leqslant \dfrac{\varepsilon}{n}$.

Si $0 \leqslant x < 1$, $\displaystyle\left|\sum_{n=0}^{\infty} a_n\, x^n\right| \leqslant \sum_{n=0}^{n_0-1} |a_n| x^n + \varepsilon \sum_{n=n_0}^{\infty} \frac{x^n}{n} \leqslant P(x) - \varepsilon \ln(1-x)$ où l'on a posé $P(x) = \sum\limits_{n=0}^{n_0-1} |a_n| x^n$.

Si $0 \leqslant x < 1$, $\left|\dfrac{f(x)}{\ln(1-x)}\right| \leqslant \dfrac{P(x)}{|\ln(1-x)|} + \varepsilon = \varphi(x)$ et $\varphi(x) \xrightarrow[x\to 1^-]{} \varepsilon$.

Au voisinage de 1 on a $\varphi(x) \leqslant 2\varepsilon$, donc $\left|\dfrac{f(x)}{\ln(1-x)}\right| \leqslant 2\varepsilon$, ce qui établit le résultat demandé.

Exercicc 36.

On considère une série entière $\sum a_n\, z^n$ de rayon de convergence $R > 0$. Pour $n \in \mathbb{N}$ et $z \in \mathbb{C}$ tel que $|z| < R$, on définit $S_n(z) = \sum\limits_{k=0}^{n} a_k\, z^k$.

a) *Pour* $k \in \mathbb{Z}$, *déterminer* $\displaystyle\int_0^{2\pi} e^{ki\theta}\, d\theta$.

b) *Pour* $r \in [0, R[$ et $n \in \mathbb{N}$, *montrer que* $\displaystyle\frac{1}{2\pi}\int_0^{2\pi} \left|S_n(re^{i\theta})\right|^2 d\theta = \sum_{k=0}^{n} |a_k|^2 r^{2k}$.

c) *Montrer que* $\sum |a_n|^2 r^{2n}$ *est convergente, et calculer sa somme.*

●●●●●●

a) $\displaystyle\int_0^{2\pi} e^{i0\theta}\, d\theta = 2\pi$.

Si $k \in \mathbb{Z}^\star$, $\displaystyle\int_0^{2\pi} e^{ik\theta}\, d\theta = \frac{1}{ik}\left[e^{ik\theta}\right]_0^{2\pi} = 0$ par 2π-périodicité de $\theta \mapsto e^{ik\theta}$.

b) Si $n \in \mathbb{N}$ et $\theta \in \mathbb{R}$, $\left|S_n(re^{i\theta})\right|^2 = \left(\sum\limits_{k=0}^{n} a_k r^k e^{ik\theta}\right)\left(\sum\limits_{p=0}^{n} \overline{a_p} r^p e^{-ip\theta}\right)$ soit $\left|S_n(re^{i\theta})\right|^2 = \sum\limits_{0 \leqslant k,p \leqslant n} a_k \overline{a_p} r^{k+p} e^{i(k-p)\theta}$ d'où par linéarité de l'intégration,

$$\frac{1}{2\pi}\int_0^{2\pi} \left|S_n(re^{i\theta})\right|^2 d\theta = \sum_{0 \leqslant k,p \leqslant n} a_k \overline{a_p} r^{k+p} \frac{1}{2\pi}\int_0^{2\pi} e^{i(k-p)\theta}\, d\theta$$

$$= \sum_{0 \leqslant k,p \leqslant n} a_k \overline{a_p} r^{k+p} \delta_{k,p} = \sum_{k=0}^{n} |a_k|^2 r^{2k}$$

en utilisant la question précédente.

c) Soit $S : z \mapsto \sum\limits_{n=0}^{\infty} a_n z^n$ et fixons r dans $[0, R[$.

$\sum a_k r^k$ et $\sum \overline{a_k} r^k$ convergent et, par produit de Cauchy, $\sum |a_k|^2 r^{2k}$ converge et $\sum\limits_{k=0}^{\infty} |a_k|^2 r^{2k} = \left|\sum\limits_{k=0}^{\infty} a_k r^k\right|^2$.

$\forall n \in \mathbb{N}$ soit $f_n : \theta \mapsto \left|S_n(re^{i\theta}\right|^2$, la suite $(f_n)_n$ de même converge simplement sur $[0, 2\pi]$ vers $\theta \mapsto \left|S(re^{i\theta})\right|^2$ et $(f_n)_n$ est dominée par $\theta \mapsto \sum\limits_{k=0}^{\infty} |a_k|^2 r^{2k}$ intégrable sur $[0, 2\pi]$.

Par convergence dominée $\displaystyle\frac{1}{2\pi}\int_0^{2\pi} f_n(\theta)\, d\theta \xrightarrow[n\to\infty]{} \frac{1}{2\pi}\int_0^{2\pi} \left|S(re^{i\theta})\right|^2 d\theta$.

Autrement dit $\displaystyle\sum_{k=0}^{\infty} |a_k|^2 r^{2k} = \frac{1}{2\pi}\int_0^{2\pi} \left|S(re^{i\theta})\right|^2 d\theta$.

Exercice 37.

Soit $f : x \mapsto \sum\limits_{n=0}^{\infty} (-1)^n x^{(2^n)}$.

a) *Déterminer le rayon de convergence* R *de cette série entière.*

b) *Pour $x \in]-R, R[$, exprimer $f(x^2)$ en fonction de $f(x)$ et x. En déduire la limite éventuelle de $f(x)$ lorsque $x \to R^-$.*

c) *On suppose qu'existe $\alpha \in]-R, R[$ tel que $f(\alpha) > 1/2$. Montrer que f n'admet pas de limite en R^-.*

●●●●●●

a) $(-1)^n \underset{n \to \infty}{\not\longrightarrow} 0$ donc $R \leqslant 1$ et $|(-1)^n| = 1$ d'où $R \geqslant 1$ et, en définitive, $R = 1$.

b) Si $|x| < 1$ alors $f(x^2) = \sum_{n=0}^{\infty} (-1)^n (x^2)^{2^n} = -\sum_{n=0}^{\infty} (-1)^{n+1} x^{(2^{n+1})}$, soit $f(x^2) = x - f(x)$.

Si f admet ℓ pour limite en 1 alors l'égalité précédente fournit $\ell = 1 - \ell$, soit $\ell = \dfrac{1}{2}\cdot$

c) Si $\alpha \leqslant 0$ alors $f(-\alpha) = -2\alpha + f(\alpha) \geqslant f(\alpha) > \dfrac{1}{2}$ donc il existe β dans $[0,1[$ tel que $f(\beta) > \dfrac{1}{2}\cdot$

Notons que, si $|x| < 1$, $f(x) = \sum_{p=0}^{\infty} (x_p - x_p^2)$ où, pour tout $p \in \mathbb{N}$, $x_p = x^{(2^p)}$.

Si $0 \leqslant x \leqslant y < 1$ alors $f(y) - f(x) = \sum_{p=0}^{\infty} (y_p - x_p)(1 + x_p + y_p) \geqslant 0$, donc f est croissante sur $[0,1[$ et, sur $[\beta, 1[$ on doit avoir $f(x) \geqslant f(\beta)$ d'où, quand $x \to 1$, $\dfrac{1}{2} \geqslant f(\beta)$, ce qui est impossible.

f ne peut avoir de limite dans $\mathbb{R}$ en 1.

Remarque : ou bien on est assuré de l'existence de α et alors, comme on a montré que f est croissante sur $[0,1[$, $f(x) \underset{x \to 1^-}{\longrightarrow} +\infty$. De plus comme $|x| < 1 \Rightarrow f(x) = 2x + f(-x)$, $f(x) \underset{x \to -1^+}{\longrightarrow} +\infty$.

Ou bien il n'y a pas de tel point α et alors f est majorée croissante sur $[0,1[$ donc $f(x) \underset{x \to 1^-}{\longrightarrow} \dfrac{1}{2}$ et $f(x) \underset{x \to -1^+}{\longrightarrow} -\dfrac{3}{2}\cdot$

Exercice 38.

Soit $E = \mathcal{C}(\mathbb{R}_+, \mathbb{R})$. Si $f \in E$, on note $T(f)$ l'application de $\mathbb{R}_+$ dans $\mathbb{R}$ telle que $T(f)(0) = f(0)$ et $T(f)(x) = \dfrac{1}{x} \displaystyle\int_0^x f(t)\,dt$ si $x \in \mathbb{R}_+^\star$.

a) *Montrer que T est un endomorphisme de E. Est-il injectif ? surjectif ?*

b) *Montrer que l'image de T est l'ensemble des $g \in \mathcal{C}(\mathbb{R}_+, \mathbb{R})$, de classe $\mathcal{C}^1$ sur $\mathbb{R}_+$ et telles que $g'(t) = o(1/t)$ lorsque $t \to 0^+$.*

c) *Que dire de $T(f)$ si f est monotone?*

●●●●●●

a) Soit $(\lambda, f, g) \in \mathbb{R} \times E^2$.
Si $x > 0$, $T(\lambda f + g)(x) = \dfrac{1}{x}\displaystyle\int_0^x (\lambda f + g)(t)\,dt = \lambda T(f)(x) + T(g)(x)$ et $T(\lambda f + g)(0) = \lambda f(0) + g(0) = \lambda T(f)(0) + T(g)(0)$ donc T est linéaire.
$T(f)$ est de classe $\mathcal{C}^1$ sur $\mathbb{R}_+^\star$.
On posera désormais $F : x \mapsto \displaystyle\int_0^x f(t)\,dt$ ainsi, sur $\mathbb{R}_+^\star$, $F(x) = xT(f)(x)$ et, donc, $f(x) = T(f)(x) + xT(f)'(x)$.
$T(f)(x) = \dfrac{F(x)}{x} \xrightarrow[x\to 0^+]{} F'(0) = f(0) = T(f)(0)$ donc $T(f) \in E$ et $T \in \mathcal{L}(E)$.
$T(E) \subset \mathcal{C}(\mathbb{R}_+, \mathbb{R}) \cap \mathcal{C}^1(\mathbb{R}_+^\star, \mathbb{R}) \subsetneq E$ donc T n'est pas surjective, $x \mapsto |1 - x|$ n'a par exemple pas d'antécédent.
Si $f \in \mathrm{Ker}(T)$ alors $T(f)$ et $T(f)'$ sont nulles sur $\mathbb{R}_+^\star$ donc f est nulle sur $\mathbb{R}_+^\star$ et sur $\mathbb{R}_+$ par continuité, T est injective.
b) Soit F l'ensemble des g éléments de $\mathcal{C}(\mathbb{R}_+, \mathbb{R}) \cap \mathcal{C}^1(\mathbb{R}_+^\star, \mathbb{R})$ tels que $g'(t) = o(1/t)$ lorsque $t \to 0^+$.
Si $f \in E$ on a déjà vu que $T(f) \in \mathcal{C}(\mathbb{R}_+, \mathbb{R}) \cap \mathcal{C}^1(\mathbb{R}_+^\star, \mathbb{R})$.
Si $x > 0$, $xT(f)'(x) = f(x) - T(f)(x) \xrightarrow[x\to 0^+]{} 0$ donc $T(f) \in F$.
Soit $g \in F$. On pose $f(x) = g(x) + xg'(x)$ si $x > 0$ et $f(0) = g(0)$.
Alors f est continue sur $\mathbb{R}_+$ et, si $x > 0$, $T(f)(x) = \dfrac{1}{x}\displaystyle\int_0^x \frac{d}{dt}\big[tg(t)\big]\,dt = g(x)$ et, par continuité de $T(f)$ et de g en 0, $T(f) = g$ sur $\mathbb{R}_+$.
En résumé $\mathrm{Im}(T) = F$.
c) Si $f \in E$ et est croissante alors la fonction F définie dans la question a est convexe et donc $x \mapsto \dfrac{F(x)}{x}$ est croissante sur $\mathbb{R}_+^\star$ et c'est $T(f)$.
De même si f décroît alors F est concave et $T(f)$ décroît.

Exercice 39.
Soit $f \in \mathcal{C}\big(]0, +\infty[, \mathbb{R}\big)$ strictement positive, intégrable sur $]0, 1]$ et vérifiant, pour tout réel $x > 0$, $\dfrac{1}{2}\displaystyle\int_0^x f^2(t)\,dt = \frac{1}{x}\left(\int_0^x f(t)\,dt\right)^2$.
Soit $F : x \mapsto \displaystyle\int_0^x f(t)\,dt$.
a) *Montrer que F est de classe $\mathcal{C}^1$ sur $\mathbb{R}_+^\star$ et y vérifie une équation différentielle.*
b) *Trouver f.*

••••••

a) f est continue sur $\mathbb{R}_+^\star$ et intégrable sur $]0,1]$ donc F est définie et de classe $\mathcal{C}^1$ sur $\mathbb{R}_+^\star$ avec $F' = f$.

Les applications $x \mapsto \dfrac{1}{2}\displaystyle\int_0^x f^2(t)\,dt$ et $x \mapsto \dfrac{1}{x}\left(\displaystyle\int_0^x f(t)\,dt\right)^2$ sont de classe $\mathcal{C}^1$ sur $\mathbb{R}_+^\star$ et, si elles sont égales, leurs dérivées le sont aussi, d'où

$\dfrac{1}{2}F'^2(x) = -\dfrac{1}{x^2}F^2(x) + \dfrac{2}{x}F(x)F'(x)$ *i.e.* $x^2F'^2(x) - 4xF(x)F'(x) + 2F^2(x) = 0$ si $x > 0$.

Cela équivaut à $\big(xF'(x) - 2F(x)\big)^2 = 2F^2(x)$ d'où l'existence de $\varepsilon(x)$ dans $\{-1,1\}$ tel que $xF'(x) - 2F(x) = \varepsilon(x)\sqrt{2}F(x)$.

Comme F est strictement positive, ε est continue sur $\mathbb{R}_+^\star$, et donc constante d'après le théorème des valeurs intermédiaires. Donc, nécessairement, il existe ε dans $]-1,1[$ tel que F est solution de $xy' = (\varepsilon\sqrt{2}+2)y$ sur $\mathbb{R}_+^\star$.

b) En résolvant l'équation différentielle linéaire homogène du premier ordre précédente on a l'existence d'un réel strictement positif A tel que $\forall x > 0,\ F(x) = Ax^{\varepsilon\sqrt{2}+2}$ d'où l'existence d'un réel strictement positif B tel que $\forall x > 0,\ f(x) = Bx^{\varepsilon\sqrt{2}+1}$.

Réciproquement, si f est de cette forme, $F(x) \underset{x\to 0^+}{=} O(x^{2\varepsilon\sqrt{2}+4}) \underset{x\to 0^+}{=} o(x)$ car $4 - 2\sqrt{2} > 1$.

Les applications $x \mapsto \dfrac{1}{2}\displaystyle\int_0^x f^2(t)\,dt$ et $x \mapsto \dfrac{1}{x}\left(\displaystyle\int_0^x f(t)\,dt\right)^2$ ont leurs dérivées égales sur $\mathbb{R}_+^\star$ et tendent toutes les deux vers 0 en 0, donc sont égales.

En définitive f est solution du problème si, et seulement si, sur $\mathbb{R}_+^\star$,

$$f(x) = Bx^{\varepsilon\sqrt{2}+1} \text{ où } B > 0 \text{ et } \varepsilon = \pm 1.$$

Exercice 40.

Soit $f \in \mathcal{C}^1([0,2\pi],\mathbb{C})$ qui ne s'annule pas et telle que $f(0) = f(2\pi)$.

On pose : $\alpha(f) = \dfrac{1}{2i\pi}\displaystyle\int_0^{2\pi} \frac{f'(t)}{f(t)}\,dt.$

a) *Si $z_0 \in \mathbb{C}^\star$, résoudre $e^z = z_0$.*

b) *En introduisant la fonction $g : x \mapsto \exp\left(\displaystyle\int_0^x \frac{f'(t)}{f(t)}\,dt\right)$ montrer $\alpha(f) \in \mathbb{Z}$.*

c) *Calculer $\alpha(f)$ lorsque f est à valeurs réelles.*

d) *Calculer $\alpha(f)$ lorsque f est la fonction $x \mapsto \cos(nx) + i\sin(nx)$.*

e) *Interprétation géométrique de α ?*

●●●●●●

a) Posons $z_0 = re^{i\theta}$ où $r > 0$ et $\theta \in \mathbb{R}$ et, si $z \in \mathbb{C}$, $x = \Re e(z)$ et $y = \Im m(z)$.

$$e^z = z_0 \iff \begin{cases} |e^z| = |z_0| \\ \arg(e^z) \equiv \arg(z_0)\ [2\pi] \end{cases} \iff \begin{cases} e^x = r \\ y \equiv \theta\ [2\pi] \end{cases}$$

donc $e^z = z_0 \iff \begin{cases} x = \ln(r) \\ y \equiv \theta\ [2\pi] \end{cases}$

b) Comme $\dfrac{f'}{f}$ est continue, la fonction g est de classe $\mathcal{C}^1$ et $g' = \dfrac{f'g}{f}$.

Si l'on pose $h = \dfrac{g}{f}$ alors h est de classe $\mathcal{C}^1$ et $h' = \dfrac{g'}{f} - \dfrac{f'g}{f^2} = 0$ d'après le calcul de g'. Par suite $h(0) = h(2\pi)$ puis, en multipliant par $f(0)$ et en utilisant l'hypothèse $f(0) = f(2\pi)$, $g(0) = g(2\pi)$ *i.e.* $e^{2i\pi\alpha(f)} = 1$.
La question précédente montre que $\alpha(f) \in \mathbb{Z}$.

c) Si f est à valeurs dans $\mathbb{R}_+^\star$ alors $2i\pi\alpha(f) = \ln\left(\dfrac{f(2\pi)}{f(0)}\right) = 0$ d'où $\alpha(f) = 0$.

d) Si $f : x \mapsto e^{inx}$ alors $\dfrac{f'}{f} = in$ d'où $\alpha(f) = n$.

e) $\alpha(f)$ représente le « nombre de tours que $f(x)$ fait autour de 0 lorsque x décrit en croissant $[0, \pi]$ ».

Exercice 41.

Pour tout $n \in \mathbb{N}^\star$*, on pose* $I_n = \displaystyle\int_0^{\pi/2} \frac{\sin^2(nx)}{\sin^2(x)}\, dx$.

a) *Montrer l'existence de* I_n.

b) *Montrer que* $I_n \underset{n\to\infty}{\sim} n \displaystyle\int_0^{+\infty} \frac{\sin^2(u)}{u^2}\, du$.

●●●●●●

a) $f_n : x \mapsto \dfrac{\sin^2(nx)}{\sin^2(x)}$ est continue sur $]0, \pi/2]$ et tend vers n^2 en 0, d'où l'existence d I_n.

b) Le changement de variable $u = nx$ fournit

$I_n = \displaystyle\int_0^{n\pi/2} \frac{\sin^2 u)}{\sin^2\left(\frac{u}{n}\right)} \frac{du}{n} = n \int_0^{+\infty} g_n(u)\, du$ où l'on a posé

$$g_n : u \mapsto \begin{cases} \dfrac{\sin^2(u)}{n^2 \sin^2\left(\frac{u}{n}\right)} & \text{si } 0 < u \leqslant n\pi/2 \\ 0 & \text{si } u > n\pi/2 \end{cases}$$

$(g_n)_n$ est une suite de fonctions continues par morceaux sur $\mathbb{R}_+^\star$ qui converge simplement sur cet intervalle vers $u \mapsto \dfrac{\sin^2(u)}{u^2}$ car $\sin(x) \underset{x\to 0}{\sim} x$.

Sur $[0, \pi/2]$, par concavité, $\sin(x) \geqslant \dfrac{2x}{\pi}$ donc $|g_n(u)| \leqslant \dfrac{\pi^2 \sin^2(u)}{4u^2} = \varphi(u)$ en distinguant les cas $u \leqslant n\pi/2$ et $u > n\pi/2$.

La fonction φ est continue sur $\mathbb{R}_+^\star$, prolongeable par continuité en 0 et $\varphi(u) \underset{u\to+\infty}{=} o(u^{-2})$, donc φ est intégrable sur $\mathbb{R}_+^\star$.

Par convergence dominée $\displaystyle\int_0^{+\infty} g_n(u)\,du \xrightarrow[n\to\infty]{} \int_0^{+\infty} \frac{\sin^2(u)}{u^2}\,du$ et, en tant qu'intégrale d'une fonction continue positive non nulle, $\displaystyle\int_0^{+\infty} \frac{\sin^2(u)}{u^2}\,du > 0$.

Par suite $I_n \underset{n\to\infty}{\sim} n \displaystyle\int_0^{+\infty} \frac{\sin^2(u)}{u^2}\,du$.

Exercice 42.

On définit, pour $n \in N^\star$, $u_n = \displaystyle\int_0^{+\infty} \frac{dt}{(1+t^3)^n}$.

a) *Expliciter une relation de récurrence entre* u_{n+1} et u_n.

b) *Soit* $\alpha \in \mathbb{R}$. *On pose* $v_n = \ln(u_n) + \alpha\ln(n)$. *Étudier, en fonction de* α, *le comportement de la suite* $(v_n)_{n\in\mathbb{N}^\star}$.

c) *En déduire un équivalent simple de* u_n *lorsque* n *tend vers* $+\infty$.

●●●●●●

a) Si $f : t \mapsto (1+t^3)^{-n}$ et $g : t \mapsto t$ alors f et g sont de classe $\mathcal{C}^1$ sur $\mathbb{R}_+$, $(fg)(0) = 0$ et $\lim\limits_{+\infty}(fg) = 0$.

De plus $(fg')(t) \underset{t\to+\infty}{\sim} t^{-3n}$ et $3n > 1$ donc fg' est intégrable sur $\mathbb{R}_+$ et, en intégrant par parties $\displaystyle\int_0^{+\infty} (fg')(t)\,dt = -\int_0^{+\infty} (f'g)(t)\,dt$ ou encore $\displaystyle\int_0^{+\infty} \frac{dt}{(1+t^3)^n} = 3n\int_0^{+\infty} \frac{t^3}{(1+t^3)^{n+1}}\,dt$ *i.e.* $u_n = 3n(u_n - u_{n+1})$ en utilisant l'identité $t^3 = (t^3+1) - 1$.

En conclusion $u_{n+1} = \dfrac{3n-1}{3n}u_n$.

b) $t \mapsto \dfrac{1}{1+t^3}$ est continue strictement positive sur $\mathbb{R}_+$ donc $u_1 > 0$ et, par récurrence immédiate, $\forall n \in \mathbb{N}^\star$, $u_n > 0$.

Tous les développements suivants sont effectués lorsque $n \to \infty$.

$\ln\left(\dfrac{u_{n+1}}{u_n}\right) = \ln\left(1 - \dfrac{1}{3n}\right) = -\dfrac{1}{3n} + O(n^{-2})$ donc $\sum\left(\ln\left(\dfrac{u_{n+1}}{u_n}\right) + \dfrac{1}{3n}\right)$ converge et, en notant S sa somme, $\displaystyle\sum_{k=0}^{n-1} \ln\left(\frac{u_{k+1}}{u_k}\right) + \frac{1}{3}\sum_{k=0}^{n-1}\frac{1}{k} = S + o(1)$.

Or $\displaystyle\sum_{k=0}^{n-1}\frac{1}{k} = \ln(n) + \gamma + o(1)$ d'où enfin $\ln(u_n) + \dfrac{1}{3}\ln(n) = \ln(u_0) - \dfrac{\gamma}{3} + S + o(1)$.

Une condition nécessaire et suffisante de convergence de $(v_n)_n$ est $\alpha = 1/3$.

c) On choisit $\alpha = 1/3$ et on note ℓ la limite de $(v_n)_n$.
$\ln(u_n) = -\dfrac{1}{3}\ln(n) + \ell + o(1)$ d'où $u_n = \dfrac{e^\ell}{n^{1/3}} \times e^{o(1)}$ or $e^{o(1)} \xrightarrow[n\to\infty]{} 1$ donc
$u_n \underset{n\to\infty}{\sim} \dfrac{e^\ell}{n^{1/3}}$.

Exercice 43.
Soit $F = \{f \in \mathcal{C}^1([0,1],\mathbb{R}) \mid f(0) = 0,\ f(1) = 1\}$.
Soit $g \in F$ *croissante et telle que* $g'(1) = 0$.
On pose, pour $n \in \mathbb{N}^\star$ *et* $x \in [0,1]$, $f_n(x) = \begin{cases} g(nx)e^{x-1} & \text{si } x \in [0, 1/n] \\ e^{x-1} & \text{si } x \in \,]1/n, 1] \end{cases}$

a) *Montrer que* $f_n \in F$ *pour tout* $n \in \mathbb{N}^\star$.

b) *On pose* $I_n = \displaystyle\int_0^1 \big|f_n(x) - f_n'(x)\big|\,dx$. *Montrer que* (I_n) *converge vers une limite* ℓ *que l'on déterminera.*

c) *Trouver un équivalent de* $I_n - \ell$.

••••••

a) Soit $n \in \mathbb{N}^\star$.
On a déjà $f_n(0) = 0$ car $g(0) = 0$ et $f_n(1) = 1$.
Les restrictions de f_n à $[0, 1/n]$ et à $]1/n, 1]$ sont de classe $\mathcal{C}^1$.
$f_n(1/n) = g(1)e^{1/n-1} = e^{1/n-1} = \lim\limits_{1/n^+} f_n$ donc f_n est continue sur $[0,1]$.
Sur $[0, 1/n[$, $f_n'(x) = f_n(x) + ng'(nx)e^{x-1} \xrightarrow[x\to 1/n^-]{} f_n(1/n)$ car $g'(1) = 0$.
Sur $]1/n, 1]$, $f_n'(x) = f_n(x) \xrightarrow[x\to 1/n^+]{} f_n(1/n)$.
Le théorème de la limite de la dérivée montre que f_n est de classe $\mathcal{C}^1$ sur $[0,1]$ et donc élément de F.

b) Soit $n \in \mathbb{N}^\star$.
On vient de voir que, sur $]1/n, 1]$, $f_n' - f_n$ est nulle et, sur $[0, 1/n]$, $f_n'(x) - f_n(x) = ng'(nx)e^{x-1}$ donc $I_n = e^{-1}\displaystyle\int_0^{1/n} g'(nx)e^x\,n dx$
soit $I_n = e^{-1}\displaystyle\int_0^1 g'(u)e^{u/n}\,du$ à l'aide du changement de variable $u = nx$.

La suite $(\varphi_n)_{n\geqslant 1}$ de terme général $u \mapsto g'(u)e^{u/n}$ est une suite de fonctions continues qui converge simplement sur $[0,1]$ vers g'. Pour changer un peu de la convergence dominée on va plutôt prouver que la convergence est uniforme et, comme g' est bornée sur $[0,1]$ car continue, il suffit de prouver que la suite $(u \mapsto e^{u/n})_{n\geqslant 1}$ converge uniformément vers 1 sur $[0,1]$.
Si $0 \leqslant u \leqslant 1$, $0 \leqslant e^{u/n} - 1 \leqslant e^{1/n} - 1$ d'où la convergence uniforme annoncée.
On en déduit que $(I_n)_{n\geqslant 1}$ converge vers $e^{-1}\big[g(1) - g(0)\big]$ *i.e.* vers e^{-1}.

c) Soit $n \in \mathbb{N}^\star$.
$eI_n - 1 = \int_0^1 g'(u)(e^{u+n} - 1)\,du = \frac{1}{n}\int_0^1 ug'(u)\frac{e^{u/n}-1}{u/n}\,du.$
On va encore procéder par convergence uniforme sur $[0,1]$.
Si $x \geqslant 0$ on a déjà, par convexité de exp, l'inégalité $0 \leqslant e^x - 1 - x$.
De plus l'inégalité de Taylor Lagrange donne $e^x - 1 - x \leqslant \frac{x^2e^x}{2}$ si $x \geqslant 0$ d'où,
pour $0 \leqslant u \leqslant n$, $0 \leqslant \frac{e^{u/n}-1}{u/n} - 1 \leqslant \frac{ue^{u/n}}{2n} \leqslant \frac{1}{2n}$ et $u \mapsto ug'(u)$ est bornée sur $[0,1]$.
La suite de fonctions de terme général $u \mapsto ug'(u)\frac{e^{u/n}-1}{u/n}$ converge donc uniformément sur $[0,1]$ vers $u \mapsto ug'(u)$.
On en déduit $\int_0^1 ug'(u)\frac{e^{u/n}-1}{u/n}\,du \underset{n\to\infty}{\longrightarrow} \int_0^1 ug'(u)\,du > 0$ car, comme g est croissante et non constante, $u \mapsto ug'(u)$ est continue positive et non nulle.
On en déduit $I_n \underset{n\to\infty}{\sim} \frac{1}{ne}\int_0^1 ug'(u)\,du.$
Remarque : en intégrant par parties $\int_0^1 ug'(u)\,du = 1 - \int_0^1 g(u)\,du.$

Exercice 44.
Soit $F : x \mapsto \int_0^{2\pi} e^{2x\cos(t)}\,dt.$
a) *Montrer que F est définie sur $\mathbb{R}$. Étudier sa parité.*
b) *Donner une équation différentielle linéaire d'ordre 2 vérifiée par F.*

●●●●●●

a) $\forall x \in \mathbb{R}$, $t \mapsto e^{2x\cos(t)}$ est continue sur $[0,2\pi]$ d'où l'existence de $F(x)$.
$F(-x) = \int_0^{2\pi} e^{-2x\cos(t)}\,dt = \int_{-\pi}^{\pi} e^{2x\cos(u)}\,du$ par le changement de variable $u = \pi - t$ puis, comme $u \mapsto e^{2x\cos(u)}$ est 2π-périodique,
$F(-x) = \int_0^{2\pi} e^{2x\cos(u)}\,du = F(x)$ donc F est paire.
b) Soit $\varphi : (x,t) \mapsto e^{2x\cos(t)}$, cette fonction est de classe $\mathcal{C}^2$ sur $\mathbb{R}\times[0,2\pi]$.
Fixons $a > 0$.
Sur $[0,a]\times[0,2\pi]$, $|\varphi(x,t)| \leqslant e^{2a}$, $\left|\frac{\partial\varphi}{\partial x}(x,t)\right| = |2\cos(t)\varphi(x,t)| \leqslant 2e^{2a}$ et
$\left|\frac{\partial^2\varphi}{\partial x^2}\varphi(x,t)\right| = 4\cos^2(t)\varphi(x,t) \leqslant 4e^{2a}.$
Comme toute fonction constante est intégrable sur $[0,2\pi]$, en tant qu'intégrale paramétrée, F est de classe $\mathcal{C}^2$ sur $\mathbb{R}$ et, pour tout $x \in \mathbb{R}$, par parties

$$\begin{aligned}F'(x) =&2\int_0^{2\pi}\cos(t)e^{2x\cos(t)}\,dt\\ =&2\Big[\sin(t)e^{2x\cos(t)}\Big]_0^{2\pi}-4x\int_0^{2\pi}\sin^2(t)e^{2x\cos(t)}\,dt\\ =&-4x\int_0^{2\pi}\big[1-\cos^2(t)\big]e^{2x\cos(t)}\,dt=-4xF(x)+xF''(x)\end{aligned}$$

et donc F est solution de $xy''-y'-4xy=0$ sur $\mathbb{R}$.

Exercice 45.

On pose $f : x \mapsto \displaystyle\int_0^{+\infty}\frac{\sin(xt)}{1+t^2}\,dt.$

a) *Montrer que f est continue sur $\mathbb{R}_+$ et de classe $\mathcal{C}^1$ sur $\mathbb{R}_+^\star$. Déterminer la limite de f' en $+\infty$.*

b) *Montrer que f est de classe $\mathcal{C}^2$ sur $\mathbb{R}_+^\star$. Établir une équation différentielle satisfaite par f.*

••••••

a) $\varphi : (x,t)\mapsto \dfrac{\sin(xt)}{1+t^2}$ est continue sur $\mathbb{R}_+^2$ et $\forall (x,t)\in\mathbb{R}_+^2,\ \big|\varphi(x,t)\big|\leqslant \dfrac{1}{1+t^2}\cdot$

Comme $t\mapsto \dfrac{1}{1+t^2}$ est intégrable sur $\mathbb{R}_+$ cela montre que f est définie et continue sur $\mathbb{R}_+$.

Fixons $x>0$. Soient $u : t\mapsto -\dfrac{\cos(xt)}{x}$ et $v : t\mapsto \dfrac{1}{1+t^2}\cdot$ Ces fonctions sont de classe $\mathcal{C}^1$ sur $\mathbb{R}_+$, $(uv)(0)=-\dfrac{1}{x}$ et $\lim\limits_{+\infty}(uv)=0$. Comme on a montré que $u'v$ est intégrable sur $\mathbb{R}_+$, en intégrant par parties on a

$$f(x)=\int_0^{+\infty}(u'v)(t)\,dt=\frac{1}{x}-\int_0^{+\infty}(uv')(t)\,dt=\frac{1}{x}-\frac{2}{x}\int_0^{+\infty}\frac{t\cos(xt)}{(1+t^2)^2}\,dt.$$

$\psi : (x,t)\mapsto \dfrac{t\cos(xt)}{(1+t^2)^2}$ est de classe $\mathcal{C}^1$ sur $\mathbb{R}_+^2$ avec

$$\big|\psi(x,t)\big|\leqslant\frac{t}{(1+t^2)^2}=\lambda(t)\text{ et }\left|\frac{\partial\psi}{\partial x}\,\psi(x,t)\right|=\left|\frac{t^2\sin(xt)}{(1+t^2)^2}\right|\leqslant\frac{1}{1+t^2}=\mu(t).$$

Comme λ et μ sont intégrables sur $\mathbb{R}_+$, cela montre que $x\mapsto \displaystyle\int_0^{+\infty}\frac{t\cos(xt)}{(1+t^2)^2}\,dt$ est de classe $\mathcal{C}^1$ sur $\mathbb{R}_+$ et donc que f est de classe $\mathcal{C}^1$ sur $\mathbb{R}_+^\star$.

$\forall x>0,\ xf(x))-1+2\displaystyle\int_0^{+\infty}\frac{t\cos(xt)}{(1+t^2)^2}\,dt=0$ d'où, en dérivant,

$\forall x>0,\ xf'(x)+f(x)-2\displaystyle\int_0^{+\infty}\frac{t^2\sin(xt)}{(1+t^2)^2}\,dt=0$ ou encore

$xf'(x)+f(x)-2f(x)+2\displaystyle\int_0^{+\infty}\frac{\sin(xt)}{(1+t^2)^2}\,dt=0$ car $t^2=(1+t^2)-1$.

En résumé $\forall x > 0,\ xf'(x) - f(x) + 2\int_0^{+\infty} \dfrac{\sin(xt)}{(1+t^2)^2}\,dt = 0.$

$\forall x > 0,\ \left|f(x)\right| \leqslant \displaystyle\int_0^{+\infty} \frac{dt}{1+t^2} = \frac{\pi}{2}$ et $\left|\displaystyle\int_0^{+\infty} \frac{\sin(xt)}{(1+t^2)^2}\,dt\right| \leqslant \displaystyle\int_0^{+\infty} \frac{dt}{(1+t^2)^2}$,
et donc $x \mapsto xf'(x)$ est bornée. Par conséquent $f'(x) \xrightarrow[x\to+\infty]{} 0.$

b) De la même façon $g : x \mapsto 2\displaystyle\int_0^{+\infty} \frac{\sin(xt)}{(1+t^2)^2}\,dt$ est de classe $\mathcal{C}^1$ sur $\mathbb{R}_+$ et sa dérivée est $x \mapsto 2\displaystyle\int_0^{+\infty} \frac{t\cos(xt)}{(1+t^2)^2}\,dt$, soit $g'(x) = 1 - xf(x)$.
Cela montre que f est de classe $\mathcal{C}^2$ sur $\mathbb{R}_+^\star$ et, si $x > 0$, $xf''(x)+1-xf(x) = 0$.
La fonction f est solution sur $\mathbb{R}_+^\star$ de $y'' - y + \dfrac{1}{x} = 0$.

Exercice 46.
Soit $(E) : 2xy''(x) - y'(x) - 2y(x) = 0$. Déterminer d'éventuelles solutions de (E) développables en série entière au voisinage de 0.

●●●●●●

Si $y(x) = \sum\limits_{n=0}^{\infty} a_n\, x^n$ sur $]-R, R[$ alors le théorème de dérivation des séries entières montre que, si $|x| < R$,

$$\begin{aligned}\delta &= 2xy''(x) - y'(x) - 2y(x)\\ &= \sum_{n=0}^{\infty} 2(n+1)na_{n+1}\, x^n - \sum_{n=0}^{\infty}(n+1)a_{n+1}\, x^n - \sum_{n=0}^{\infty} 2a_n\, x^n = 0\end{aligned}$$

et, par unicité des coefficients, $\forall n \in \mathbb{N},\ (n+1)(2n-1)a_{n+1} = 2a_n$
i.e. $a_{n+1} = \dfrac{4a_n}{(2n+2)(2n-1)}$. Donc $\forall n \in \mathbb{N}^\star$,

$$a_n = \frac{4}{(2n)(2n-3)}\cdot\frac{4}{(2n-2)(2n-5)}\cdots\frac{4}{(2)(-1)}\,a_0 = -\frac{2^{2n-1}a_0}{n(2n-2)!}.$$

La relation entre a_n et a_{n+1} montre que le rayon de convergence est infini et donc, pour $x \in \mathbb{R}$, $y(x) = a_0\left(1 - \displaystyle\sum_{n=1}^{\infty} \frac{2^{2n-1}x^n}{n(2n-2)!}\right)$.

Exercice 47.
Soit (S) le problème de Cauchy $\big(y' - 2xy = 1,\ y(0) = 0\big)$. Donner la solution sous forme de somme de série entière et préciser son rayon de convergence. Exprimer ensuite la solution à l'aide des fonctions usuelles.

●●●●●●

Si $R > 0$ et si, pour $|x| < R$, $y(x) = \sum\limits_{n=1}^{\infty} a_n\, x^n$ (on a tenu compte de $y(0) = 0$), alors, d'après le théorème de dérivation des séries entières, pour $|x| < R$,

$y'(x) - 2xy(x) = \sum\limits_{n=0}^{\infty} (n+1)a_{n+1}\, x^n - \sum\limits_{n=2}^{\infty} 2a_{n-1}\, x^n.$

Par unicité des coefficients d'une série entière il vient

$a_1 = 1,\ 2a_2 = 0$ et $\forall n \geqslant 2,\ (n+1)a_{n+1} = 2a_{n-1}$.

Donc $\forall p \in \mathbb{N},\ a_{2p} = 0$ et $a_{2p+1} = \dfrac{2}{2p+1} \cdot \dfrac{2}{2p-1} \cdots \dfrac{2}{3} a_1 = \dfrac{2^{2p} p!}{(2p+1)!}$.

Si $|x| < R,\ y(x) = x \sum\limits_{p=0}^{\infty} \dfrac{2^{2p} p!}{(2p+1)!} x^{2p}$.

Comme $\dfrac{a_{2p+1}}{a_{2p-1}} = \dfrac{2}{2p+1} \xrightarrow[p\to\infty]{} 0$ le rayon de convergence de $\sum a_{2p+1} X^p$ est infini, tout comme celui de la série entière définissant y.

L'équation proposée est une équation différentielle linéaire d'ordre 1 équivalente à $\dfrac{d}{dx}\left[e^{-x^2} y(x)\right] = e^{-x^2}$ et, avec la condition initiale on obtient, sur $\mathbb{R}$, $y(x) = e^{x^2} \displaystyle\int_0^x e^{-t^2}\, dt$ ce qui confirme, par produit de Cauchy, que la solution est développable en série entière sur $\mathbb{R}$.

Exercice 48.

On considère l'équation différentielle $(E) : y'' - 2y' + y = 1/\sqrt{x}$ *sur* $\mathbb{R}_+^\star$.

a) *Déterminer les solutions de l'équation homogène associée à* (E).

b) *Soit* f *une solution de* (E). *On pose* $g : x \mapsto e^{-x} f(x)$. *Déterminer* $g(x)$ *(on demande une expression avec une seule intégrale). En déduire l'ensemble des solutions de* (E).

c) *Montrer que toute solution de* (E) *se prolonge en une fonction de classe* $\mathcal{C}^1$ *sur* $\mathbb{R}_+$.

d) *Soit* f *une solution de* (E). *Trouver un équivalent de* f *en* $+\infty$.

●●●●●●

a) L'équation homogène (E_h) associée est d'ordre 2 à coefficients constants et son équation caractéristique est $(r-1)^2 = 0$.

y est solution de (E_h) si, et seulement s'il existe deux réels α et β tels que $y : x \mapsto (\alpha + \beta x)e^x$.

b) g est de classe $\mathcal{C}^2$ sur $\mathbb{R}_+^\star$ avec, si $x > 0,\ g''(x) = e^{-x}\left[f''(x) - 2f'(x) + f(x)\right]$ d'après la formule de Leibniz.

g est solution si et seulement si $\forall x > 0,\ g''(x) = \dfrac{e^{-x}}{\sqrt{x}}$.

Notons que $\varphi : x \mapsto \dfrac{e^{-x}}{\sqrt{x}}$ est intégrable sur $\mathbb{R}_+^\star$ car $\varphi(x) \underset{x\to 0}{\sim} \dfrac{1}{\sqrt{x}}$ et $\varphi(x) \underset{x\to+\infty}{=} o(e^{-x})$.

g est solution si et seulement s'il existe un réel α tel que, pour tout $x > 0$,

$g'(x) = \alpha + \displaystyle\int_0^x \frac{e^{-t}}{\sqrt{t}}\,dt$ ou encore si et seulement s'il existe deux réels α et β tels que $\forall x > 0,\ g(x) = \alpha x + \beta + \displaystyle\int_0^x \left(\int_0^t \frac{e^{-u}}{\sqrt{u}}\,du\right) dt.$

Intégrons par parties en posant $\Phi(t) = \displaystyle\int_0^t \frac{e^{-u}}{\sqrt{u}}\,du.$

$$\int_0^x \left(\int_0^t \frac{e^{-u}}{\sqrt{u}}\,du\right) dt = \Big[(t-x)\Phi(t)\Big]_{t=0}^{t=x} - \int_0^x (t-x)\Phi'(t)\,dt = \int_0^x \frac{(t-x)e^{-t}}{\sqrt{t}}\,dt.$$

Donc f est solution si et seulement s'il existe deux réels α et β tels que

$$\forall x > 0,\ f(x) = (\alpha x + \beta)e^x + \int_0^x \frac{(t-x)e^{x-t}}{\sqrt{t}}\,dt.$$

c) $\forall \alpha \in \mathbb{R},\ x \mapsto \alpha + \displaystyle\int_0^x \frac{e^{-t}}{\sqrt{t}}\,dt$ est continue sur $\mathbb{R}_+$ car φ est continue et intégrable à droite au voisinage de 0.

Par suite $\forall (\alpha, \beta) \in \mathbb{R}^2,\ x \mapsto (\alpha x + \beta)e^x + \displaystyle\int_0^x \frac{(t-x)e^{x-t}}{\sqrt{t}}\,dt$ est de classe $\mathcal{C}^1$ sur $\mathbb{R}_+$ par primitive et produit.

d) Reprenons les notations α et β de la question précédente.

$$g'(x) = \alpha + \int_0^x \frac{e^{-t}}{\sqrt{t}}\,dt \xrightarrow[x\to+\infty]{} \alpha + \int_0^{+\infty} \frac{e^{-t}}{\sqrt{t}}\,dt = \alpha + \Gamma\Big(\frac{1}{2}\Big) = \alpha + \sqrt{\pi}.$$

On va se limiter au cas où $\gamma = \alpha + \sqrt{\pi} \neq 0$.

Soient $\varepsilon > 0$ puis $A > 0$ tel que, sur $[A, +\infty[$, $|g'(t) - \gamma| \leqslant \varepsilon$.

Si $x \geqslant A$ alors $\left|\displaystyle\int_A^x [g'(t) - \gamma]\,dt\right| \leqslant \displaystyle\int_A^x \varepsilon\,dt = \varepsilon(x - A)$ d'où, par inégalité triangulaire, $\big|g(x) - \gamma x\big| \leqslant \varepsilon(x - A) + \big|g(A) - \gamma A\big|$

puis $\left|\dfrac{g(x)}{x} - \gamma\right| \leqslant \varepsilon + \dfrac{|g(A) - \gamma A|}{x} = \psi(x)$ et $\psi(x) \xrightarrow[x\to+\infty]{} \varepsilon$ donc, au voisinage de $+\infty$, $\psi(x) \leqslant 2\varepsilon$ d'où $\left|\dfrac{g(x)}{x} - \gamma\right| \leqslant 2\varepsilon$, ce qui montre que $\dfrac{g(x)}{x} \xrightarrow[x\to+\infty]{} \gamma \neq 0$ et donc $f(x) \underset{x\to+\infty}{\sim} \gamma x e^x$.

Remarque : le cas $\gamma = 0$ peut aussi être traité mais il est plus « technique ».

Exercice 49.

Soit $f : \mathbb{R}^2 \to \mathbb{R}$ et $\varphi,\ \psi : \mathbb{R} \to \mathbb{R}$ *trois fonctions de classe* $\mathcal{C}^1$.
Dériver la fonction $F : t \mapsto f\big(\varphi(t), \psi(t)\big)$.

●●●●●●

Il s'agit d'appliquer la règle de la chaîne.

$$\forall t \in \mathbb{R},\ F'(t) = \varphi'(t)\frac{\partial f}{\partial x}\big(\varphi(t), \psi(t)\big) + \psi'(t)\frac{\partial f}{\partial y}\big(\varphi(t), \psi(t)\big).$$

Exercice 50.
Soit $f : (x,y) \in \mathbb{R}^2 \mapsto x^4 + y^4 - 2(x-y)^2$. *Déterminer les extrema locaux et globaux de* f.

●●●●●●

f est polynomiale donc de classe $\mathcal{C}^\infty$sur $\mathbb{R}^2$.
Un point critique vérifie $\begin{cases} 4x^3 = 4(x-y) \\ 4y^3 = 4(y-x) \end{cases}$ d'où $x^3 + y^3 = 0$ et, comme $t \mapsto t^3$ est injective sur $\mathbb{R}$, $x + y = 0$ et donc $x \in \{-\sqrt{2}, 0, \sqrt{2}\}$.
Pour tout $(x,y) \in \mathbb{R}^2$ on a $f(-x,-y) = f(x,y)$.
$f(x,x) = 2x^4 \geqslant 0$ et $f(x,-x) \underset{x \to 0}{\sim} -8x^2 \leqslant 0$ et donc $(0,0)$ est un point col.
on pose $x = r\cos(t)$ et $y = r\sin(t)$ alors
$f(x,y) = r^4\left(\cos^4(t) + \sin^4(t) - \dfrac{2}{r^2}\left[\cos(t) - \sin(t)\right]^2\right)$
et donc $f(x,y) \xrightarrow[r \to +\infty]{} +\infty$.
On en déduit que, en dehors d'un disque fermé (borné) convenable de centre O, on a $f(x,y) \geqslant 0 > f(\sqrt{2}, -\sqrt{2})$ et donc f admet un minimum global atteint sur ce disque, c'est un point critique et donc $(\sqrt{2}, -\sqrt{2})$ ou $(-\sqrt{2}, \sqrt{2})$.

En résumé il n'y a pas de minimum local, il y a un maximum global atteint en deux points et pas d'autre maximum local.

Exercice 51.
Soit $f : (x,y) \in (\mathbb{R}_+^\star)^2 \mapsto \dfrac{x+y+1}{3} - \sqrt[3]{xy}$. *Déterminer les extrema locaux et globaux de* f.

●●●●●●

f est de classe $\mathcal{C}^1$ sur $(\mathbb{R}_+^\star)^2$ et (x,y) est point critique si, et seulement si, $\begin{cases} 1 = y^{1/3}x^{-2/3} \\ 1 = x^{1/3}y^{-2/3} \end{cases}$ ou encore si, et seulement si, $x^2 = y$ et $x^4 = x$.
Le seul point critique est donc $(1,1)$ et $f(1,1) = 0$.
f se prolonge par continuité à $\mathbb{R}_+^2$ et, en posant $(x,y) = r\big(\cos(\theta), \sin(\theta)\big)$ où $0 \leqslant \theta \leqslant \pi/2$ on a $f(x,y) = \dfrac{r\sqrt{2}}{3}\cos(\theta - \pi/4) + \dfrac{1}{3} - r^{2/3}\left[\cos(\theta)\sin(\theta)\right]^{1/3}$ d'où
$f(x,y) \geqslant \dfrac{r+1}{3} - r^{2/3} \xrightarrow[r \to +\infty]{} +\infty$.
Par conséquent il existe $r_0 > 0$ tel que, si $r \geqslant r_0$, alors $f(x,y) \geqslant 1$.
Sur le fermé borné défini par $0 \leqslant r \leqslant r_0$ et $0 \leqslant \theta \leqslant \pi/2$ le prolongement continu de f admet un minimum et, comme $\forall (x,y) \in \mathbb{R}^2$, $f(x,0) \geqslant 1/3$, $f(0,y) \geqslant 1/3$ et $f(x,y) \geqslant 1$ si $r = r_0$, ce minimum est atteint en un point intérieur, donc en $(1,1)$ seul point critique.

f admet un minimum global et aucun maximum local.

Exercice 52.
Soit $\Phi : (x;y) \in (\mathbb{R}_+^\star)^2 \mapsto (y/x, xy) \in (\mathbb{R}_+^\star)^2$.

a) *Montrer que* Φ *est bijective. Déterminer* Φ^{-1}.

b) *Montrer que* Φ et Φ^{-1} *sont de classe* $\mathcal{C}^2$.

c) *Résoudre* $x^2\dfrac{\partial^2 f}{\partial x^2} - y^2\dfrac{\partial^2 f}{\partial y^2} = 0$ *sur* $(\mathbb{R}_+^\star)^2$.

●●●●●●

a) Soit $(x, y, u, v) \in (\mathbb{R}_+^\star)^4$.
$(u, v) = (y/x, xy) \iff (y, x^2u) = (xu, v) \iff (x, y) = \big(\sqrt{v/u}, \sqrt{uv}\big)$ donc Φ est bijective et $\Phi^{-1} : (u, v) \mapsto \big(\sqrt{v/u}, \sqrt{uv}\big)$.

b) Comme $t \mapsto \sqrt{t}$ est de classe $\mathcal{C}^2$ sur $\mathbb{R}_+^\star$, par produit, quotient et composition les fonctions Φ et Φ^{-1} sont de classe $\mathcal{C}^2$.

c) Si $f \in \mathcal{C}^2\big((\mathbb{R}_+^\star)^2, \mathbb{R}\big)$ on pose $g = f \circ \Phi^{-1}$ *i.e.* $f = g \circ \Phi$.
$\forall (x, y) \in (\mathbb{R}_+^\star)^2$, $f(x, y) = g(y/x, xy)$ d'où, en allégeant un peu les notations

$$\left\{\begin{array}{rcl} \dfrac{\partial f}{\partial x} & = & -\dfrac{y}{x^2}\dfrac{\partial g}{\partial u} \circ \Phi + y\dfrac{\partial g}{\partial v} \circ \Phi \\ \dfrac{\partial f}{\partial y} & = & \dfrac{1}{x}\dfrac{\partial g}{\partial u} \circ \Phi + x\dfrac{\partial g}{\partial v} \circ \Phi \end{array}\right.$$

et, en allégeant encore un peu plus et en tenant compte de $\dfrac{\partial^2 g}{\partial u \partial v} = \dfrac{\partial^2 g}{\partial u \partial v}$,

$$\left\{\begin{array}{rcl} \dfrac{\partial^2 f}{\partial x^2} & = & \dfrac{2y}{x^3}\dfrac{\partial g}{\partial u} + \dfrac{y^2}{x^4}\dfrac{\partial^2 g}{\partial u^2} - \dfrac{2y^2}{x^2}\dfrac{\partial^2 g}{\partial u \partial v} + y^2\dfrac{\partial^2 g}{\partial v^2} \\ \dfrac{\partial^2 f}{\partial y^2} & = & \dfrac{1}{x^2}\dfrac{\partial^2 g}{\partial u^2} + 2\dfrac{\partial^2 g}{\partial u \partial v} + x^2\dfrac{\partial^2 g}{\partial v^2} \end{array}\right.$$

L'équation aux dérivées partielles s'écrit alors $\dfrac{2y}{x}\dfrac{\partial g}{\partial u} - 4y\dfrac{\partial^2 g}{\partial u \partial v} = 0$ ou, plus correctement, $u\dfrac{\partial g}{\partial u} = 2uv\dfrac{\partial^2 g}{\partial u \partial v}$ et, compte tenu de $u > 0$, $\dfrac{\partial g}{\partial u} = 2v\dfrac{\partial^2 g}{\partial u \partial v}$.
Si l'on fixe $u > 0$ et que l'on considère $h : v \mapsto \dfrac{\partial g}{\partial u}(u, v)$ l'équation s'écrit $2vh'(v) = h(v)$ qui est une équation différentielle linéaire homogène d'ordre 1 dont h est solution si, et seulement si, $h : v \mapsto a_u\sqrt{v}$ où $a_u \in \mathbb{R}$.
Comme $\dfrac{\partial g}{\partial u}$ est de classe $\mathcal{C}^1$ sur $(\mathbb{R}_+^\star)^2$ l'application $u \mapsto a_u$ est de classe $\mathcal{C}^1$ sur $\mathbb{R}_+^\star$ d'où $g : (u, v) \mapsto \varphi(u)\sqrt{v}$ où φ est une application de classe $\mathcal{C}^2$ de $\mathbb{R}_+^\star$ dans $\mathbb{R}$ et enfin $f : (x, y) \mapsto \varphi(y/x)\sqrt{xy}$.

Exercice 53.
Soient $\Omega = \big\{(x, y \in \mathbb{R}^2 \mid x > |y|\big\}$ et $f : (x, y) \in \Omega \mapsto \displaystyle\int_0^\pi \ln\big[x + y\cos(t)\big]\,dt$.

a) *Montrer que* f *est définie et de classe* $\mathcal{C}^1$ *sur* Ω.

b) *Calculer* ∇f *en tout point de* Ω.

c) *Calculer* $x\dfrac{\partial f}{\partial x} + y\dfrac{\partial f}{\partial y}\cdot$

●●●●●●

a) $\varphi : (x,y,t) \mapsto \ln\big[x + y\cos(t)\big]$ est de classe $\mathcal{C}^1$ sur $\Omega \times [0,\pi]$ car, sur cet ensemble, $x + y\cos(t) \geqslant x - |y| > 0$.
Si $0 < a \leqslant x - |y|$, $x + |y| \leqslant b$ et $0 \leqslant t \leqslant \pi$ alors
$\big|\varphi(x,y,t)\big| \leqslant \max\big(\big|\ln(a)\big|, \big|\ln(b)\big|\big)$, $\left|\dfrac{\partial \varphi}{\partial x}(x,y,t)\right| = \dfrac{1}{\big|x + y\cos(t)\big|} \leqslant \dfrac{1}{a}$ et $\left|\dfrac{\partial \varphi}{\partial y}(x,y,t)\right| = \dfrac{\big|\cos(t)\big|}{\big|x + y\cos(t)\big|} \leqslant \dfrac{1}{a}\cdot$

Cela montre que, en tant qu'intégrale paramétrée, $\dfrac{\partial f}{\partial x}$ et $\dfrac{\partial f}{\partial y}$ sont définies sur Ω. Leur continuité n'est en revanche pas prévue par le programme. On peut prouver, par exemple, celle de $\dfrac{\partial f}{\partial x}$ à l'aide de la caractérisation séquentielle de la limite en utilisant le théorème de convergence dominée et la domination locale (qui suffit pour une suite convergente) donnée de $\dfrac{\partial \varphi}{\partial x}\cdot$

b) Soit $(x,y) \in \Omega$.
$I = \dfrac{\partial f}{\partial x}(x,y) = \displaystyle\int_0^{\pi} \frac{dt}{x + y\cos(t)} = 2\int_0^{+\infty} \frac{du}{x(1+u^2) + y(1-u^2)}$ à l'aide du changement de variable $u = \tan(t/2)$ qui est une bijection de classe $\mathcal{C}^1$ de $[0,\pi[$ sur $\mathbb{R}_+$ avec $dt = \dfrac{2du}{1 = u^2}\cdot$

$I = 2\displaystyle\int_0^{+\infty} \frac{du}{(x+y) + (x-y)u^2} = \frac{2}{\sqrt{x^2 - y^2}}\left[\arctan\left(u\sqrt{\frac{x-y}{x+y}}\right)\right]_0^{+\infty}$ soit
$\dfrac{\partial f}{\partial x}(x,y) = \dfrac{\pi}{\sqrt{x^2 - y^2}}\cdot$

De même $J = \dfrac{\partial f}{\partial y}(x,y) = \displaystyle\int_0^{\pi} \frac{\cos(t)}{x + y\cos(t)}\,dt$ d'où

$$J = 2\int_0^{+\infty} \frac{1-u^2}{(1+u^2)\big[(x+y) + (x-y)u^2\big]}\,du$$

$$= 4\int_0^{+\infty} \frac{du}{(1+u^2)\big[(x+y) + (x-y)u^2\big]} - \frac{\partial f}{\partial x}(x,y)$$

en utilisant $1 - u^2 = 2 - (1+u^2)$.
Soit, pour $y \neq 0$ la fraction rationnelle

$$F(U) = \frac{1}{(1+U)\big[(x+y) + (x-y)U\big]} = \frac{a}{1+U} + \frac{b}{(x+y) + (x-y)U}\cdot$$

$F(U) \underset{U \to -1}{\sim} \dfrac{1}{2y(1+U)}$ d'où $a = \dfrac{1}{2y}\cdot$

$F(U) \underset{U \to (x+y)/(y-x)}{\sim} -\dfrac{x-y}{2y\big[(x+y) + (x-y)U\big]}$ d'où $b = -\dfrac{x-y}{2y}\cdot$

Donc, si $y \neq 0$ on a

$$\begin{aligned}
K =&4\int_0^{+\infty} \frac{du}{(1+u^2)\big[(x+y)+(x-y)u^2\big]}\\
=&\frac{2}{y}\int_0^{+\infty}\left(\frac{1}{1+u^2}-\frac{(x-y)}{(x+y)+(x-y)u^2}\right)du\\
=&\frac{\pi}{y}\left(1-\frac{x-y}{\sqrt{x^2-y^2}}\right)=\frac{\pi}{y}\,\frac{\sqrt{x^2-y^2}-x+y}{\sqrt{x^2-y^2}}.
\end{aligned}$$

Donc $\dfrac{\partial f}{\partial y}(x,y)=\dfrac{\pi}{y}\,\dfrac{\sqrt{x^2-y^2}-x+y}{\sqrt{x^2-y^2}}-\dfrac{\pi}{\sqrt{x^2-y^2}}=\dfrac{\pi}{y}\,\dfrac{\sqrt{x^2-y^2}-x}{\sqrt{x^2-y^2}}.$

c) On en déduit, sur Ω, $x\,\dfrac{\partial f}{\partial x}(x,y)+y\,\dfrac{\partial f}{\partial y}(x,y)=1.$

Exercice 54.

Soit $f \in \mathcal{C}^2(\mathbb{R}^2,\mathbb{R})$ telle que $\dfrac{\partial^2 f}{\partial x^2}+\dfrac{\partial^2 f}{\partial y^2}=0.$

a) *Montrer que $g : (r,\theta) \mapsto f\big(r\cos(\theta), r\sin(\theta)\big)$ est de classe $\mathcal{C}^2$ sur $\mathbb{R}^2$ et que :* $\forall (r,\theta)\in\mathbb{R}^\star\times\mathbb{R},\ \dfrac{\partial}{\partial r}\Big(r\dfrac{\partial g}{\partial r}\Big)(r,\theta)=-\dfrac{1}{r}\,\dfrac{\partial^2 g}{\partial\theta^2}(r,\theta).$

b) *Montrer que* $\varphi : r \mapsto \displaystyle\int_0^{2\pi} g(r,\theta)\,d\theta$ *est constante.*

●●●●●●

a) $(r,\theta)\mapsto\big(r\cos(\theta), r\sin(\theta)\big)$ est de classe $\mathcal{C}^2$ sur $\mathbb{R}^2$ donc, par composition, g est de classe $\mathcal{C}^2$ sur $\mathbb{R}^2$.

Pour alléger la suite on omettra les points où sont évaluées les fonctions et on utilisera $\dfrac{\partial^2 f}{\partial x\partial y}=\dfrac{\partial^2 f}{\partial y\partial x}$ car f est de classe $\mathcal{C}^2$.

$\dfrac{\partial g}{\partial r}=\cos(\theta)\dfrac{\partial f}{\partial x}+\sin(\theta)\dfrac{\partial f}{\partial y}$ d'où $r\dfrac{\partial g}{\partial r}=r\cos(\theta)\dfrac{\partial f}{\partial x}+r\sin(\theta)\dfrac{\partial f}{\partial y}$ et

$$\begin{aligned}
\frac{\partial}{\partial r}\Big(r\frac{\partial g}{\partial r}\Big)=&\cos(\theta)\frac{\partial f}{\partial x}+\sin(\theta)\frac{\partial f}{\partial y}\\
&+r\left[\cos^2(\theta)\frac{\partial^2 f}{\partial x^2}+2\sin(\theta)\cos(\theta)\frac{\partial^2 f}{\partial x\partial y}+\sin^2(\theta)\frac{\partial^2 f}{\partial y^2}\right]
\end{aligned}$$

$\dfrac{\partial g}{\partial\theta}=-r\sin(\theta)\dfrac{\partial f}{\partial x}+r\cos(\theta)\dfrac{\partial f}{\partial y}$ d'où

$$\begin{aligned}
\frac{\partial^2 g}{\partial\theta^2}=&-r\left[\cos(\theta)\frac{\partial f}{\partial x}+\sin(\theta)\frac{\partial f}{\partial y}\right]\\
&+r^2\left[\sin^2(\theta)\frac{\partial^2 f}{\partial x^2}-2\sin(\theta)\cos(\theta)\frac{\partial^2 f}{\partial x\partial y}+\cos^2(\theta)\frac{\partial^2 f}{\partial y^2}\right]
\end{aligned}$$

donc $\dfrac{\partial}{\partial r}\Big(r\dfrac{\partial g}{\partial r}\Big)+\dfrac{1}{r}\dfrac{\partial^2 g}{\partial\theta^2}=r^2\Delta f=0$ par hypothèse sur $\mathbb{R}^\star\times\mathbb{R}$.

b) g est de classe $\mathcal{C}^2$ sur $\mathbb{R}\times[0,2\pi]$ et, si $a>0$, sur $[-a,a]\times[0,2\pi]$ qui est fermé borné les fonctions g, $\dfrac{\partial g}{\partial r}$ et $\dfrac{\partial^2 g}{\partial r^2}$ sont bornées. Comme toute fonction constante est intégrable sur $[0,2\pi]$, en tant qu'intégrale paramétrée φ est de classe $\mathcal{C}^2$ sur $\mathbb{R}$ et, d'après la question précédente,

$$\forall r\in\mathbb{R}^\star,\ \frac{d}{dr}\big(r\varphi(r)\big)=-\frac{1}{r}\int_0^{2\pi}\frac{\partial^2 g}{\partial\theta^2}(r,\theta)\,d\theta=-\frac{1}{r}\left[\frac{\partial g}{\partial\theta}(r,\theta)\right]_{\theta=0}^{\theta=2\pi}=0.$$

Par suite φ est solution sur $\mathbb{R}^\star$ de l'équation différentielle linéaire homogène d'ordre 1 en φ' : $r\varphi''+\varphi'=0$.

Donc il existe (A,B) dans $\mathbb{R}^2$ tel que $\varphi'(r)=\begin{cases}A/r & \text{si } r>0\\ B/r & \text{si } r<0\end{cases}$

Comme φ' est continue en 0 il vient $A=B=0$ et donc φ' est nulle sur $\mathbb{R}$ *i.e.* φ est constante.

Exercice 55.

Soit $n\in\mathbb{N}^\star$. On considère $2n$ équipes sportives, n en première division et n en seconde division. On organise n matchs.

a) *Soit a_n la probabilité d'avoir systématiquement une équipe de première division face à une équipe de seconde division. Exprimer a_n en fonction de n.*

b) *Étudier la convergence de la suite (a_n).*

••••••

a) Si n est impair nécessairement il y a au moins un match mêlant la division 1 à la division 2.

Supposons n pair et examinons l'événement contraire B_n. Cet événement a lieu lorsque l'on effectue $n/2$ matchs au sein de chaque division et le cardinal de cet événement est $\left[\dfrac{n(n-1)}{2}\cdot\dfrac{(n-2)(n-3)}{2}\cdots\dfrac{2\cdot 1}{2}\right]^2$ alors que Ω est de cardinal $\dfrac{(2n)(2n-1)}{2}\cdot\dfrac{(2n-2)(2n-3)}{2}\cdots\dfrac{2\cdot 1}{2}$ et, donc, $1-a_n=\dfrac{(n!)^2}{(2n)!}$ d'où une expression de a_n.

b) Déjà $\forall p\in\mathbb{N}$, $a_{2p+1}=1$.

Reste à examiner le cas où n est pair.

La formule de Stirling montre que $\dfrac{(2n)!}{(n!)^2}\underset{n\to\infty}{\sim}\dfrac{\left(\frac{2n}{e}\right)^{2n}2\sqrt{\pi n}}{\left(\frac{n}{e}\right)^{2n}2\pi n}=\dfrac{2^{2n}}{\sqrt{\pi n}}$, donc $1-a_{2p}\xrightarrow[p\to+\infty]{}0$ *i.e.* $a_{2p}\xrightarrow[p\to\infty]{}1$.

Par suite $(a_n)_n$ converge vers 1.

Exercice 56.

Une urne contient $2n$ boules. La moitié des boules porte le numéro 0, les autres sont numérotées de 1 à n. On tire simultanément une poignée de n boules.

Pour $i \in [\![0, n]\!]$ *on définit la variable aléatoire* X_i *par* $X_i = 1$ *si la boule numéro* i *est dans la poignée,* $X_i = 0$ *sinon.*

a) *Déterminer la loi de* X_i *pour* $i \in [\![0, n]\!]$.

b) *Déterminer la covariance* $\mathbb{C}\mathrm{ov}(X_i, X_j)$ *pour* $0 \leqslant i < j \leqslant n$.

c) *Soit* S *la variable aléatoire égale à la somme des numéros des boules de la poignée. Calculer* $\mathbb{E}(S)$ et $\mathbb{V}(S)$.

••••••

a) $\mathrm{Card}(\Omega) = \binom{2n}{n}$ car il s'agit de prélever une partie à n éléments dans un ensemble de $2n$ boules.
Si $i \geqslant 1$ alors $\mathrm{Card}(X_i = 1) = \binom{2n-1}{n-1}$ car il s'agit ici de prélever une partie à $n - 1$ éléments dans l'ensemble de toutes les boules distinctes de la boule numéro i.
Donc $\mathbb{P}(X_i = 1) = \dfrac{(2n-1)!}{n!(n-1)!} \cdot \dfrac{n!n!}{(2n)!} = \dfrac{1}{2} \cdot$ La variable X_i suit $\mathcal{B}(1/2)$.
$\mathrm{Card}(X_0 = 0) = 1$ car l'échantillon prélevé est constitué des n boules numérotées de 1 à n donc $P(X_0 = 0) = \dfrac{1}{\binom{2n}{n}} = \dfrac{(n!)^2}{(2n)!}$.

b) Si $i \geqslant 1$ la loi de X_i montre que $\mathbb{E}(X_i) = 1/2$ et $\mathbb{V}(X_i) = 1/4$.
Si $1 \leqslant i < j \leqslant n$ alors $\mathbb{E}(X_i X_j) = \mathbb{P}(X_i = 1, X_j = 1)$
et l'événement $(X_i = 1, X_j = 1)$ est de cardinal $\dbinom{2n-2}{n-2}$ car on choisit les boules non numérotées i ou j parmi $2n - 2$ boules,
d'où $\mathbb{E}(X_i X_j) = \dfrac{(2n-2)!}{n!(n-2)!} \cdot \dfrac{n!n!}{(2n)!} = \dfrac{n-1}{2(2n-1)}$
puis $\mathbb{C}\mathrm{ov}(X_i, X_j) = \dfrac{n-1}{2(2n-1)} - \dfrac{1}{4} = -\dfrac{1}{2(2n-1)}$.
De même si $i \geqslant 1$ alors $\mathbb{E}(X_0 X_i) = \mathbb{P}(X_0 = 1, X_i = 1)$
or $\mathbb{P}(X_0 = 1, X_i = 1) = \mathbb{P}(X_i = 1) - \mathbb{P}(X_0 = 0, X_i = 1)$
soit $\mathbb{P}(X_i = 1) - \mathbb{P}(X_0 = 0)$ car $(X_0 = 0) \subset (X_i = 1)$,
donc $\mathbb{E}(X_0 X_i) = \dfrac{1}{2} - \dfrac{(n)!^2}{(2n)!}$
puis $\mathbb{C}\mathrm{ov}(X_0, X_i) = \mathbb{E}(X_0 X_i) - \mathbb{E}(X_0)\mathbb{E}(X_i) = \dfrac{1}{2} \dfrac{(n!)^2}{(2n)!}$.

c) $S = \sum\limits_{i=1}^{n} i X_i$ d'où $\mathbb{E}(S) = \sum\limits_{i=1}^{n} i \mathbb{E}(X_i) = \dfrac{1}{2} \sum\limits_{i=1}^{n} i = \dfrac{n(n+1)}{4}$.

$$\mathbb{V}(S) = \sum_{i=1}^{n} i^2 \mathbb{V}(X_i) + 2 \sum_{1 \leqslant i < j \leqslant n} ij \mathbb{C}\mathrm{ov}(X_i, X_j)$$

$$= \frac{n(n+1)(2n+1)}{24} - \frac{1}{2(2n-1)} \sum_{j=2}^{n-1} j \left(\sum_{i=1}^{j-1} i \right).$$

$$\begin{aligned}\sum_{j=2}^{n-1} j\left(\sum_{i=1}^{j-1} i\right) &= \frac{1}{2}\sum_{j=2}^{n} j^2(j-1) = \frac{1}{2}\sum_{k=1}^{n-1} k(k^2+2k+1)\\ &= \frac{1}{2}\left[\frac{(n-1)^2n^2}{4} + \frac{(n-1)n(2n-1)}{3} + \frac{(n-1)n}{2}\right]\\ &= \frac{(n-1)n}{24}(3n^p2+5n+2) = \frac{(n-1)n(n+1)(3n+2)}{24}.\end{aligned}$$

Donc $\mathbb{V}(S) = \dfrac{n(n+1)}{48(2n-1)}\left[2(4n^2-1)-(n-1)(3n+2)\right] = \dfrac{n^2(n+1)(n+5)}{48(2n-1)}\cdot$

Exercice 57.

Soit $(X_k)_{k\geqslant 1}$ une suite de variables aléatoires indépendantes, identiquement distribuées, suivant une loi de Bernoulli de paramètre $p\in]0,1[$. Soit $m\in\mathbb{N}^\star$. On note T_m la variable aléatoire du m-ième succès c'est-à-dire que

$T_m = \min\left\{k\in\mathbb{N}^\star \mid \sum_{i=1}^{k} X_i = m\right\}\cdot$

Déterminer la loi et l'espérance de T_m.

••••••

$T_m(\Omega) = [\![m, +\infty[\![$.

$(T_m = k)$ a lieu si, et seulement si, parmi les $k-1$ premiers essais il y a eu $m-1$ succès, et donc $k-m$ échecs, suivi au rang k d'un succès d'où $\mathbb{P}(T_m = k) = \dbinom{k-1}{m-1} p^m q^{k-m}$ où l'on a posé $q = 1-p$.

Comme T_m est une variable aléatoire, $\displaystyle\sum_{k=m}^{\infty}\binom{k-1}{m-1}p^m q^{k-m} = 1$.

$\mathbb{E}(T_m) = \displaystyle\sum_{k=m}^{\infty} k\binom{k-1}{m-1}p^m q^{k-m} = \frac{m}{p}\sum_{k=m}^{\infty}\binom{k}{m}p^{m+1}q^{(k+1)-(m+1)}$ car $k\dbinom{k-1}{m-1} = \dfrac{k!}{(m-1)!(k-m)!} = m\dbinom{k}{m}$.

Comme T_{m+1} est une variable aléatoire, $\displaystyle\sum_{k=m}^{\infty}\binom{k}{m}p^{m+1}q^{(k+1)-(m+1)} = 1$, d'où $\mathbb{E}(T_m) = \dfrac{m}{p}\cdot$

Exercice 58.

Les n candidats $C_1, \dots, C_n$ s'affrontent à une élection. On vote pour C_i avec une probabilité $p_i > 0$, où $p_1 + \cdots + p_n = 1$. Après N votes déterminer la loi du nombre X_i de votes en faveur de C_i. Déterminer la loi conjointe de (X_i, X_j) pour $1 \leqslant i < j \leqslant n$.

••••••

La nature de l'épreuve prouve que X_i suit $\mathcal{B}(N, p_i)$.
De même, si $0 \leqslant k, \ell$ et $k + \ell \leqslant N$,

$$\begin{aligned}\mathbb{P}(X_i = k, X_j = \ell) &= \binom{N}{k}\binom{N-k}{\ell} p_i^k p_j^\ell (1 - p_i - p_j)^{N-k-\ell} \\ &= \frac{N!}{k!\ell!(N-k-\ell)!} p_i^k p_j^\ell (1 - p_i - p_j)^{N-k-\ell}.\end{aligned}$$

Exercice 59.
Soient A, B, C trois variables aléatoires mutuellement indépendantes sur $(\Omega, \mathcal{A}, \mathbb{P})$. On suppose que A et B suivent une loi uniforme sur $[\![1, n]\!]$, que C suit une loi uniforme sur $\{0, 1/n, 2/n, \ldots, 1\}$. Pour $\omega \in \Omega$, on note Q_ω le polynôme aléatoire $Q_\omega(X) = C(\omega))X^2 + B(\omega)X + A(\omega)$.
On note : $\varphi : Q \in \mathbb{R}[X] \mapsto (Q')^2 \in \mathbb{R}[X]$. Calculer $\mathbb{P}\big(\varphi(Q_\omega) = Q\omega\big)$.

●●●●●●

Si $Q = cX^2 + bX + a$ alors $Q'^2 = 4c^2X^2 + 4bcX + b^2$ et, donc,

$$\varphi(Q) = Q \iff \begin{cases} c = 4c^2 \\ b = 4bc \\ a = b^2 \end{cases} \iff (a, b, c) = (0, 0, 0) \text{ ou } (c = 1/4 \text{ et } a = b^2).$$

$$\mathbb{P}(A = B = C = 0) = \frac{1}{n^2(n+1)}.$$

$$\mathbb{P}(C = 1/4, A = B^2) = \frac{1}{n+1} \sum_{\substack{1 \leqslant k \leqslant n \\ k^2 \leqslant n}} \left(\frac{1}{n}\right)^2 = \frac{\lfloor \sqrt{n} \rfloor}{n^2(n+1)}$$

d'où $\mathbb{P}\big(\varphi(Q_\omega) = Q_\omega\big) = \dfrac{1}{n^2(n+1)}\Big(1 + \lfloor \sqrt{n} \rfloor\Big)$.

Exercice 60.
a) *Soit X une variable aléatoire suivant une loi géométrique de paramètre p. Calculer l'espérance et la variance de X. Montrer que X est une loi sans mémoire c'est-à-dire que, pour tous m, $n \in \mathbb{N}$,*

$$\mathbb{P}(X > m + n | X > m) = \mathbb{P}(X > n).$$

b) *Soit X une variable aléatoire à valeurs dans $\mathbb{N}^\star$. On suppose que, pour tous m, $n \in \mathbb{N}$, $\mathbb{P}(X > m + n | X > m) = \mathbb{P}(X > n)$. Montrer que X suit une loi géométrique.*

c) *Soit X une variable aléatoire à valeurs dans $\mathbb{N}^\star$ et non (presque sûrement) bornée. On note $\lambda_n = \mathbb{P}(X = n | X > n)$ pour $n \in \mathbb{N}^\star$.*

Montrer, pour $n \geqslant 2$, $\mathbb{P}(X > n) = \prod_{k=1}^{n-1} (1 - \lambda_k)$.

Quelle est la nature de la série de terme général λ_n ?

●●●●●●

a) Il s'agit d'une question de cours. $\mathbb{E}(X) = \dfrac{1}{p}$ et $\mathbb{V}(X) = \dfrac{1-p}{p^2}$.

Si $k \in \mathbb{N}$, $\mathbb{P}(X > k) = \sum\limits_{n=k+1}^{\infty} \mathbb{P}(X = n) = p \sum\limits_{n=k+1}^{\infty} (1-p)^{n-1}$

soit $\mathbb{P}(X > k) = p(1-p)^k \sum\limits_{\ell=0}^{\infty} (1-p)^\ell = p^k$.

Enfin $\mathbb{P}(X > m+n | X > m) = \dfrac{\mathbb{P}(X > m+n)}{\mathbb{P}(X > m)} = \dfrac{(1-p)^{m+n}}{(1-p)^m} = (1-p)^n$

d'où $\mathbb{P}(X > m+n|X > m) = \mathbb{P}(X > n)$.

b) Posons $q = \mathbb{P}(X > 1)$ et, pour tout $n \in \mathbb{N}^\star$, $p_n = \mathbb{P}(X > n)$.

On a $\mathbb{P}(X > n+1|X > n) = \dfrac{p_{n+1}}{p_n} = p_1 = q$ pour tout $n \in \mathbb{N}^\star$ d'où $p_n = q^n$.

Si $n \in \mathbb{N}^\star$, $\mathbb{P}(X = n) = \mathbb{P}(X > n-1) - \mathbb{P}(X > n) = q^{n-1}(1-q)$ et c'est valable même si $n = 1$ car $\mathbb{P}(X > 0) = 1$. Par suite X suit $\mathcal{G}(1-q)$.

c) Comme $X(\Omega) \subset \mathbb{N}^\star$, $\lambda_1 = \mathbb{P}(X = 1|X \geqslant 1) = \mathbb{P}(X = 1)$

donc $\mathbb{P}(X \geqslant 2) = 1 - \lambda_1$.

Supposons établie, à un rang $n \geqslant 2$, l'égalité $\mathbb{P}(X \geqslant n) = \prod\limits_{k=1}^{n-1} (1-\lambda_k)$.

$$\lambda_n = \frac{\mathbb{P}(X = n)}{\mathbb{P}(X \geqslant n)} = \frac{\mathbb{P}(X \geqslant n) - \mathbb{P}(X \geqslant n+1)}{\mathbb{P}(X \geqslant n}$$

d'où $\mathbb{P}(X \geqslant n+1) = (1-\lambda_n)\mathbb{P}(X \geqslant n) = \prod\limits_{k=1}^{n} (1-\lambda_k)$.

Cela termine la récurrence.

$(X \geqslant n+1)_n$ est une suite décroissante d'événements d'intersection vide donc $\mathbb{P}(X \geqslant n+1) \xrightarrow[n\to\infty]{} 0$.

$\lambda_k = 1$ est impossible car X est presque sûrement non majorée,

donc $\ln\left(\prod\limits_{k=1}^{n} (1-\lambda_k)\right) \xrightarrow[n\to\infty]{} -\infty$ *i.e.* $\sum\limits_{k=1}^{n} \ln(1-\lambda_k) \xrightarrow[n\to\infty]{} -\infty$.

Si $\lambda_k \not\xrightarrow[n \to \infty]{} 0$ alors $\sum \lambda_k$ est grossièrement divergente,

sinon $\ln(1-\lambda_k) \underset{k\to\infty}{\sim} -\lambda_k$ d'où la divergence de $\sum \lambda_k$.

Exercice 61.

Soit $p \in]0,1[$. On se donne une pièce qui tombe sur pile avec la probabilité p. On la lance jusqu'à obtenir deux fois pile et on note X le nombre de faces obtenues.

a) *Donner la loi de X.*

b) *Montrer l'existence et donner la valeur de l'espérance de X.*

c) *Si $X = n$, on place $n+1$ boules numérotées de 0 à n dans une urne. On pioche une boule au hasard et Y désigne le numéro de la boule piochée. Donner la loi de Y et son espérance.*

●●●●●●

a) $X(\Omega) = \mathbb{N}$ et, si $n \in \mathbb{N}$, l'événement $(X = n)$ est réalisé lorsque, au cours des $n+1$ premiers lancers on obtient exactement un pile puis on obtient pile au lancer de rang $n+2$, ainsi $\mathbb{P}(X = n) = \binom{n+1}{1} p^2(1-p)^n = (n+1)p^2(1-p)^n$.

b) La série entière $\sum x^n$ a 1 pour rayon de convergence, $\dfrac{1}{1-x}$ pour somme et, si $|x| < 1$, $\sum(n+1)nx^{n-1}$ converge et a pour somme $\dfrac{d^2}{dx^2}\Big(\dfrac{1}{1-x}\Big)$ *i.e.* $\dfrac{2}{(1-x)^3}$.

Cela prouve que X admet une espérance et que l'on a

$\mathbb{E}(X) = \sum\limits_{n=0}^{\infty}(n+1)np^2(1-p)^n = p^2(1-p)\sum\limits_{n=1}^{\infty}(n+1)n(1-p)^{n-1}$

soit $\mathbb{E}(X) = \dfrac{2p^2(1-p)}{\big[1-(1-p)\big]^3} = \dfrac{2(1-p)}{p}$.

c) $Y(\Omega) = \mathbb{N}$ et d'après la formule des probabilités totales, pour tout $k \in \mathbb{N}$,

$$\mathbb{P}(Y = k) = \sum_{n=k}^{\infty}\mathbb{P}(Y = k|X = n)\mathbb{P}(X = n) = \sum_{n=k}^{\infty}\frac{1}{n+1}(n+1)p^2(1-p)^n$$

$$= p^2(1-p)^k\sum_{\ell=0}^{\infty}(1-p)^{\ell} = p(1-p)^k.$$

Tout comme dans la question précédente si $|x| < 1$ alors $\sum kx^{k-1}$ converge et a $\dfrac{d}{dx}\Big(\dfrac{1}{1-x}\Big)$ *i.e.* $\dfrac{1}{(1-x)^2}$ pour somme.

Donc Y admet une espérance et $\mathbb{E}(Y) = p(1-p)\sum\limits_{k=1}^{\infty}k(1-p)^{k-1} = \dfrac{1-p}{p}$.

Exercice 62.

a) *On joue à pile ou face avec une pièce truquée tombant sur pile avec une probabilité p. On note X_n le nombre de piles obtenus au bout de n lancers. Donner la loi de X_n.*

b) *On considère maintenant deux pièces M_1 et M_2 donnant pile avec des probabilités p_1 et p_2. On joue de la manière suivante : à chaque lancer, on joue avec la pièce M_1 si le lancer précédent a donné pile, avec M_2 sinon. Au premier lancer, on choisit l'une des deux pièces au hasard. Soit A_n l'événement « on obtient pile au n-ième lancer » et $u_n = \begin{pmatrix}\mathbb{P}(A_n)\\ \mathbb{P}(\overline{A_n})\end{pmatrix} \in \mathfrak{M}_{2,1}(\mathbb{R})$.*

i) *Exprimer u_n en fonction de u_{n-1}. Montrer que la suite (u_n) est convergente.*

ii) *Déterminer le comportement asymptotique de la suite (u_n).*

●●●●●●

a) Il s'agit d'une question de cours, c'est une définition possible de $\mathcal{B}(n,p)$.

b) On suppose $0 < p_1 < 1$ et $0 < p_2 < 1$.

i) D'après la formule des probabilités totales on a

$$\begin{aligned}\mathbb{P}(A_n) &= \mathbb{P}(A_n|A_{n-1}\mathbb{P}(A_{n-1}) + \mathbb{P}(A_n|\overline{A_{n-1}})\mathbb{P}(\overline{A_{n-1}}) \\ &= p_1\mathbb{P}(A_{n-1}) + p_2\mathbb{P}(\overline{A_{n-1}})\end{aligned}.$$

De même $\mathbb{P}(\overline{A_n}) = (1-p_1)\mathbb{P}(A_{n-1}) + (1-p_2)\mathbb{P}(\overline{A_{n-1}})$ d'où la relation
$u_n = \begin{pmatrix} p_1 & p_2 \\ 1-p_1 & 1-p_2 \end{pmatrix} u_{n-1}$.

Posons $A = \begin{pmatrix} p_1 & p_2 \\ 1-p_1 & 1-p_2 \end{pmatrix}$, on a $A\begin{pmatrix} p_2 \\ 1-p_1 \end{pmatrix} = \begin{pmatrix} p_2 \\ 1-p_1 \end{pmatrix}$ et aussi $A\begin{pmatrix} 1 \\ -1 \end{pmatrix} = (p_1-p_2)\begin{pmatrix} 1 \\ -1 \end{pmatrix}$.

Si $P = \begin{pmatrix} p_2 & 1 \\ 1-p_1 & -1 \end{pmatrix}$ comme $p_1 - p_2 - 1 < 0$ la matrice P est inversible et $A = P\,\mathrm{Diag}(1, p_1-p_2)P^{-1}$ d'où $u_n = P\,\mathrm{Diag}\big(1, (p_1-p_2)^n\big)P^{-1}u_0$
et donc $u_n \xrightarrow[n\to\infty]{} P\,\mathrm{Diag}(1,0)P^{-1}u_0$ car $|p_1 - p_2| < 1$.

ii) Il s'agit d'effectuer le calcul complet.

$P^{-1} = \dfrac{1}{p_1-p_2-1}\begin{pmatrix} -1 & -1 \\ p_1-1 & p_2 \end{pmatrix}$ et $u_0 = \dfrac{1}{2}\begin{pmatrix} 1 \\ 1 \end{pmatrix}$ d'où

$$\begin{aligned}\ell &= P\,\mathrm{Diag}(1,0)P^{-1}u_0 \\ &= \frac{1}{2(p_1-p_2-1)}\begin{pmatrix} p_2 & 1 \\ 1-p_1 & -1 \end{pmatrix}\mathrm{Diag}(1,0)\begin{pmatrix} -1 & -1 \\ p_1-1 & p_2 \end{pmatrix}\begin{pmatrix} 1 \\ 1 \end{pmatrix} \\ &= \frac{1}{2(p_1-p_2-1)}\begin{pmatrix} p_2 & 0 \\ 1-p_1 & 0 \end{pmatrix}\begin{pmatrix} -2 \\ p_1+p_2-1 \end{pmatrix} = \frac{1}{1+p_2-p_1}\begin{pmatrix} p_2 \\ 1-p_1 \end{pmatrix}.\end{aligned}$$

Exercice 63.

Une urne contient initialement deux boules vertes et une boule noire. À chaque étape, on tire une boule au hasard dans l'urne avec remise et l'on ajoute une boule supplémentaire de la même couleur que la boule tirée. La variable aléatoire X (resp. Y) désigne le rang de la première boule verte (resp. noire) tirée. Pour tout $n \in \mathbb{N}^\star$, la variable aléatoire Z_n désigne le nombre de boules vertes dans l'urne après n étapes. Enfin U_n est la variable aléatoire valant 1 si la boule tirée à la n-ième étape est verte et 0 sinon.

a) *Déterminer les lois de X et Y.*

b) *Exprimer Z_n en fonction de certains des $(U_i)_{i\geqslant 1}$ et déterminer $Z_n(\Omega)$.*

c) *Calculer $\mathbb{P}(U_{n+1} = 1|Z_n = k)$.*

d) *Démontrer par récurrence que U_n suit une loi de Bernoulli de paramètre $\dfrac{2}{3}$ pour tout $n \in \mathbb{N}^\star$.*

e) *Déterminer la loi de* Z_n.

●●●●●●

a) On note, pour tout $n \in \mathbb{N}^\star$, V_n l'événement « la boule obtenue au n-ième tirage est verte » et N_n son complémentaire. Soient $k \in \mathbb{N}^\star$ et $p_k = \mathbb{P}(X = k)$.

$$\begin{aligned}
p_k =& \mathbb{P}(N_1 \cap \ldots \cap N_{k-1} \cap V_k)\\
=& \mathbb{P}(N_1)\mathbb{P}(N_2|N_1) \cdots \mathbb{P}(N_{k-1}|N_1 \cap \ldots \cap N_{k-2})\mathbb{P}(V_k|N_1 \cap \ldots \cap N_{k-1})\\
=& \frac{1}{3} \cdot \frac{2}{4} \cdots \frac{k-1}{k+1} \cdot \frac{2}{k+2} = \frac{4(k-1)!}{(k+2)!} = \frac{4}{k(k+1)(k+2)}.
\end{aligned}$$

De même si $q_k = \mathbb{P}(Y = k)$ alors

$$\begin{aligned}
q_k =& \mathbb{P}(V_1)\mathbb{P}(V_2|V_1) \cdots \mathbb{P}(V_{k-1}|V_1 \cap \ldots V_{k-2})\mathbb{P}(N_k|V_1 \cap \ldots V_{k-1})\\
=& \frac{2}{3} \cdot \frac{3}{4} \cdots \frac{k}{k+1} \cdot \frac{1}{k+2} = \frac{2k!}{(k+2)!} = \frac{2}{(k+1)(k+2)}.
\end{aligned}$$

b) $Z_n = 2 + \sum\limits_{i=1}^{n} U_i = 2 + S_n$ et, comme $S_n(\Omega) = [\![0, n]\!]$, $Z_n(\Omega) = [\![2, n+2]\!]$.

c) À l'issue du n-ème tirage l'urne contient toujours $n + 3$ boules dont, si $(Z_n = k)$, k vertes. Donc $\mathbb{P}(U_{n+1} = 1 | Z_n = k) = \dfrac{k}{n+3}$.

d) $\mathbb{P}(U_1 = 1) = \dfrac{2}{3}$ donc U_1 suit $\mathcal{B}(2/3)$.

Supposons que chacune des variables $U_1, \ldots, U_n$ suit $\mathcal{B}(2/3)$.

Comme $U_1, \ldots, U_n$ sont indépendantes la variable $\sum\limits_{i=1}^{n} U_i$ suit $\mathcal{B}(n, 2/3)$; notons la S_n.

La formule des probabilités totales donne, si $u_{n+1} = \mathbb{P}(U_{n+1} = 1)$,

$$\begin{aligned}
u_{n+1} =& \sum_{k=0}^{n} \mathbb{P}(U_{n+1} = 1 | S_n = k)\mathbb{P}(S_n = k)\\
=& \sum_{k=0}^{n} \mathbb{P}(U_{n+1} = 1 | Z_n = k+2)\mathbb{P}(S_n = k)\\
=& \sum_{k=0}^{n} \binom{n}{k} \left(\frac{2}{3}\right)^k \left(\frac{1}{3}\right)^{n-k} \frac{k+2}{n+3}\\
=& \frac{1}{n+3} \sum_{k=0}^{n} k \binom{n}{k} \left(\frac{2}{3}\right)^k \left(\frac{1}{3}\right)^{n-k} + \frac{2}{n+3} \sum_{k=0}^{n} \binom{n}{k} \left(\frac{2}{3}\right)^k \left(\frac{1}{3}\right)^{n-k}\\
=& \frac{2}{3} \cdot \frac{n}{n+3} \sum_{k=1}^{n} \binom{n-1}{k-1} \left(\frac{2}{3}\right)^{k-1} \left(\frac{1}{3}\right)^{n-k} + \frac{2}{n+3}\\
=& \frac{1}{n+3}\left(\frac{2n}{3} + 2\right) = \frac{2}{3}
\end{aligned}$$

donc U_{n+1} suit $\mathcal{B}(2/3)$ et l'hérédité est établie.

e) $Z_n = S_n + 2$, si $k \in [\![2, n+2]\!]$, $\mathbb{P}(Z_n = k) = \binom{n}{k-2}\left(\frac{2}{3}\right)^{k-2}\left(\frac{1}{3}\right)^{n+2-k}$.

Exercice 64.

Soient X et Y deux variables aléatoires indépendantes suivant la même loi géométrique de paramètre p. Déterminer les lois de $Z = \min(X, Y)$ et $T = X - Y$. Les variables Z et T sont-elles indépendantes ?

●●●●●●

$Z(\Omega) = \mathbb{N}^\star$ et, si $n \in \mathbb{N}^\star$, $(Z \geqslant n) = (X \geqslant n) \cap (Y \geqslant n)$. Comme X et Y sont indépendantes et ont même loi $\mathbb{P}(Z \geqslant n) = \mathbb{P}^2(X \geqslant n)$.

Or $\mathbb{P}(X \geqslant n) = \sum\limits_{k=n}^{\infty} \mathbb{P}(X = k) = \sum\limits_{k=n}^{\infty} p(1-p)^{k-1} = p(1-p)^{n-1} \sum\limits_{\ell=0}^{\infty} (1-p)^\ell$ d'où $\mathbb{P}(X \geqslant n) = (1-p)^{n-1}$ et $\mathbb{P}(Z \geqslant n) = (1-p)^{2(n-1)}$.

Alors $\mathbb{P}(Z = n) = \mathbb{P}(Z \geqslant n) - \mathbb{P}(Z \geqslant n+1) = (1-p)^{2(n-1)}\left[1 - (1-p)^2\right]$ soit $\mathbb{P}(Z = n) = p(2-p)(1-p)^{2(n-1)}$, par conséquent Z suit $\mathcal{G}\big(p(2-p)\big)$.

$T(\Omega) = \mathbb{Z}$ et, comme X et Y sont indépendantes et ont même loi, pour tout $n \in \mathbb{N}$, $\mathbb{P}(T = n) = \mathbb{P}(T = -n)$. Soit $n \in \mathbb{N}$.

$$\mathbb{P}(T = n) = \sum_{k=1}^{\infty} \mathbb{P}(X = k+n, Y = k) = \sum_{k=1}^{\infty} \mathbb{P}(X = k+n)\mathbb{P}(Y = k)$$

$$= p^2(1-p)^n \sum_{k=1}^{\infty} (1-p)^{2(k-1)} = \frac{p^2(1-p)^n}{p(2-p)} = \frac{p(1-p)^n}{2-p}.$$

Donc si $n \in \mathbb{Z}$, $\mathbb{P}(T = n) = \dfrac{p(1-p)^{|n|}}{2-p}$.

Si $(k, \ell) \in \mathbb{N}^\star \times \mathbb{N}$ alors $(Z = k) \cap (T = \ell) = (Y = k) \cap (X = k + \ell)$

$\mathbb{P}(Z = k, T = \ell) = p^2(1-p)^{2(k-1)+\ell}$.

$\mathbb{P}(Z = k)\mathbb{P}(T = \ell) = p(2-p)(1-p)^{2(k-1)} \dfrac{p(1-p)^\ell}{2-p} = p^2(1-p)^{2(k-1)+\ell}$.

Il en va de même si $\ell < 0$ donc Z et T sont indépendantes.

Exercice 65.

Soient $p \in]0, 1[$ et (X_n) une suite de variables aléatoires indépendantes de même loi géométrique de paramètre p. On pose $S_n = \sum\limits_{i=1}^{n} X_i$, $T_n = \dfrac{1}{S_n}$ et $m_n = \mathbb{E}(T_n)$ si elle existe.

a) *Calculer $\mathbb{E}(X_1)$ et $\mathbb{E}(S_n)$.*

b) *Montrer que $m_n \leqslant \dfrac{1}{n}$.*

c) *Montrer que pour tout $i \in [\![1, n]\!]$, $\mathbb{E}\left(\dfrac{X_i}{S_n}\right) = \dfrac{1}{n}$.*

d) *Montrer que* $\mathbb{E}\Big(\dfrac{S_k}{S_n}\Big) = 1 + \dfrac{(k-n)m_n}{p}$ *si* $k > n$ *et* $\dfrac{k}{n}$ *sinon.*

●●●●●●

a) D'après le cours $\mathbb{E}(X_1) = \dfrac{1}{p}$ et, par linéarité de l'espérance, on en déduit $\mathbb{E}(S_n) = \sum\limits_{i=1}^{n} \mathbb{E}(X_i) = \dfrac{n}{p}\cdot$

b) $S_n(\Omega) = [\![n, +\infty [\![$ donc $0 \leqslant T_n \leqslant \dfrac{1}{n}$, ce qui prouve que T_n est d'espérance finie et que l'on a $0 \leqslant m_n \leqslant \dfrac{1}{n}\cdot$

c) Les variables $\dfrac{X_i}{S_n}$ ont toutes même espérance et, par linéarité de l'espérance, $\sum\limits_{i=1}^{n} \mathbb{E}\Big(\dfrac{X_i}{S_n}\Big) = \mathbb{E}(1) = 1$ d'où $\mathbb{E}\Big(\dfrac{X_i}{S_n}\Big) = \dfrac{1}{n}\cdot$

d) Toujours par linéarité de l'espérance, si $k \leqslant n$, $\mathbb{E}\Big(\dfrac{S_k}{S_n}\Big) = \sum\limits_{i=1}^{k} \mathbb{E}\Big(\dfrac{X_i}{S_n}\Big) = \dfrac{k}{n}$ d'après la question précédente.
Si $i > k$ en revanche les variables X_i et S_n sont indépendantes, donc $\mathbb{E}(\dfrac{X_i}{S_n}) = \mathbb{E}(X_i)\mathbb{E}(T_n) = \dfrac{m_n}{p}\cdot$

Par suite, si $k > n$, $\mathbb{E}\Big(\dfrac{S_k}{S_n}\Big) = \mathbb{E}\left(\dfrac{S_n + \sum\limits_{i=n+1}^{k} X_i}{S_n}\right) = \mathbb{E}(1) + \sum\limits_{i=n+1}^{k} \mathbb{E}\Big(\dfrac{X_i}{S_n}\Big)$,

soit $\mathbb{E}\Big(\dfrac{S_k}{S_n}\Big) = 1 + \dfrac{(k-n)m_n}{n}\cdot$

Exercice 66.
Soit $(\Omega, \mathcal{A}, \mathbb{P})$ *un espace probabilisé. Toutes les variables aléatoires considérées sont définies sur* Ω *et à valeurs dans* $\mathbb{N}$.

a) *Soit* U *une variable aléatoire d'espérance finie.*
Montrer que $\mathbb{E}(U) = \sum\limits_{j=1}^{\infty} \mathbb{P}(U \geqslant j)$.

b) *On suppose que* U^2 *est d'espérance finie.*
Montrer que $\sum jP(U \geqslant j)$ *converge et exprimer sa somme à l'aide* $\mathbb{E}(U)$ *et de* $\mathbb{E}(U^2)$.

c) *Soit* (X_n) *une suite de variables aléatoires mutuellement indépendantes, de même loi. On note* $F_k = \sum\limits_{j=1}^{k} \mathbb{P}(X_1 = j)$ *et* $M_n = \max\big\{X_i \mid i \in [\![1, n]\!]\big\}\cdot$
Exprimer $\mathbb{P}(M_n \leqslant k)$ *en fonction de* F_k.

●●●●●●

a) Si $j\in\mathbb{N}$, $\mathbb{P}(U=j)=\mathbb{P}(U\geqslant j)-\mathbb{P}(U\geqslant j+1)$. Soit $n\in\mathbb{N}$.

$$\begin{aligned}\sum_{j=0}^{n} j\mathbb{P}(U=j) &= \sum_{j=0}^{n} j\mathbb{P}(U\geqslant j)-\sum_{j=0}^{n} j\mathbb{P}(U\geqslant j+1)\\ &= \sum_{j=1}^{n} j\mathbb{P}(U\geqslant j)-\sum_{j=1}^{n+1}(j-1)\mathbb{P}(U\geqslant j)\\ &= \sum_{j=1}^{n}\mathbb{P}(U\geqslant j)-n\mathbb{P}(U\geqslant n+1)\end{aligned}$$

or $0\leqslant n\mathbb{P}(U\geqslant n+1)=n\sum\limits_{j=n+1}^{\infty}\mathbb{P}(U=j)\leqslant\sum\limits_{j=n+1}^{\infty} j\mathbb{P}(U=j)\underset{n\to\infty}{=}o(1)$ car U est d'espérance finie donc $\mathbb{E}(U)=\sum\limits_{j=1}^{\infty}\mathbb{P}(U\geqslant j)$.

b) Procédons de même.

$$\begin{aligned}\sum_{j=0}^{n} j^2 &= \sum_{j=1}^{n} j^2\mathbb{P}(U\geqslant j)-\sum_{j=1}^{n+1}(j-1)^2\mathbb{P}(U\geqslant j)\\ &= \sum_{j=1}^{n}\left[j^2-(j-1)^2\right]\mathbb{P}(U\geqslant j)-n^2\mathbb{P}(U\geqslant n+1)\\ &= \sum_{j=1}^{n}(2j-1)\mathbb{P}(U\geqslant j)-n^2\mathbb{P}(U\geqslant n+1)\\ &= 2\sum_{j=1}^{n} j\mathbb{P}(U\geqslant j)-\sum_{j=1}^{n}\mathbb{P}(U\geqslant j)-n^2\mathbb{P}(U\geqslant n+1)\end{aligned}$$

or $0\leqslant n^2\mathbb{P}(U\geqslant n+1)\leqslant\sum\limits_{j=n+1}^{\infty} j^2\mathbb{P}(U=j)\underset{n\to\infty}{=}o(1)$ car U^2 est d'espérance finie.

Cela montre que $\sum j\mathbb{P}(U\geqslant j)$ converge et que $E(U^2)=2\sum\limits_{j=1}^{\infty} j\mathbb{P}(U\geqslant j)-\mathbb{E}(u)$

i.e. $\displaystyle\sum_{j=1}^{\infty} j\mathbb{P}(U\geqslant j)=\frac{\mathbb{E}(U^2)-\mathbb{E}(U)}{2}$.

c) $(M_n\leqslant k)=\bigcap\limits_{i=1}^{n}(X_i\leqslant k)$ et, comme les X_i sont indépendantes et de même loi, $\mathbb{P}(M_n\leqslant k)=\big(\mathbb{P}(X_1\leqslant k)\big)^n=F_k^n$.

Exercice 67.

On définit, s'il existe, le moment centré d'ordre n d'une variable aléatoire réelle X par $\mu_n(X) = \mathbb{E}\Big(\big[X - E(X)\big]^n\Big)$. Si $\mu_2(x)$ et $\mu_4(X)$ existent et si $\mu_2(X) \neq 0$, on définit le kurtosis de X par $K(X) = \dfrac{\mu_4(X)}{\mu_2^2(X)} - 3$.

a) *Soient $\alpha \in \mathbb{R}$ et $\beta \in \mathbb{R}$. Montrer que si X possède un kurtosis, alors $\alpha X + \beta$ en possède un aussi, et qu'on a $K(\alpha X + \beta) = K(X)$.*

b) *Soit X une variable aléatoire suivant une loi géométrique de paramètre $p \in]0, 1[$. Montrer que X possède un kurtosis et le calculer.*

c) *Montrer que toute variable aléatoire X possédant un kurtosis vérifie $K(X) \geqslant -2$.*

●●●●●●

a) $\mathbb{E}(\alpha X + \beta) = \alpha \mathbb{E}(X) + \beta$ d'où $(\alpha X + \beta) - \mathbb{E}(\alpha X + \beta) = \alpha\big[X - \mathbb{E}(X)\big]$ et donc, si $\mu_n(X)$ existe, alors $\mu_n(\alpha X + \beta)$ existe et $\mu_n(\alpha X + \beta) = \alpha^n \mu_n(X)$. Cela prouve que si X possède un kurtosis alors $\alpha X + \beta$ aussi et, comme $\dfrac{\mu_4(\alpha X + \beta)}{\mu_2^2(\alpha X + \beta)} = \dfrac{\alpha^4 \mu_4(X)}{\alpha^4 \mu_2^2(X)} = \dfrac{\mu_4(X)}{\mu_2^2(X)}$, il vient $K(\alpha X + \beta) = K(X)$.

b) $\mu_2(X) = \mathbb{V}(X) = \dfrac{1-p}{p^2}$.

Très courageusement on calcule :

$$\mu_4(X) = \sum_{k=1}^{\infty} \Big(k - \frac{1}{p}\Big)^4 p(1-p)^{k-1} = \frac{(1-p)\big[p^2 + 9(1-p)\big]}{p^4}$$

d'où $\dfrac{\mu_4(X)}{\mu_2^2(X)} = \dfrac{p^2}{1-p} + 9$ puis $K(X) = \dfrac{p^2}{1-p} + 6$.

c) Soit $Y = \dfrac{\big[X - \mathbb{E}(X)\big]^2}{\mathbb{V}(X)}$, on a $\mathbb{E}(Y) = 1$ et $\mathbb{V}(Y) = \mathbb{E}(Y^2) - 1 \geqslant 0$ *i.e.* $\dfrac{\mu_4(X)}{\mu_2^2(X)} \geqslant 1$ d'où $K(X) \geqslant -2$.

Exercice 68.

Soient $X_1, \ldots, X_n$ des variables aléatoires indépendantes, ne prenant que les valeurs 1 et -1 avec la même probabilité de $1/2$. Soient $a_1, \ldots, a_n$ des réels et $S_n = a_1 X_1 + \cdots + a_n X_n$.

a) *Calculer l'espérance $\mathbb{E}(S_n)$ et l'écart-type σ_n de S_n.*

b) *Montrer que pour tout $t \in \mathbb{R}$, $\operatorname{ch}(t) \leqslant \exp(t^2/2)$.*

c) *Montrer que pour tout $\lambda \in \mathbb{R}$, $\mathbb{E}(e^{\lambda S_n}) \leqslant \exp(\lambda^2 \sigma_n^2/2)$.*

d) *Montrer que pour tous $\lambda \in \mathbb{R}^\star$ et $q \in \mathbb{N}$, on a $\mathbb{E}(S_n^{2q}) \leqslant \dfrac{(2q)!}{\lambda^{2q}} \exp(\lambda^2 \sigma_n^2/2)$.*

●●●●●●

a) $\forall i \in [\![1,n]\!]$, $\mathbb{E}(X_i) = 0$ donc, par linéarité, $\mathbb{E}(S_n) = 0$.
$\forall i \in [\![1,n]\!]$, $\mathbb{V}(X_i) = 1$ et, comme les X_i sont indépendantes,
$\mathbb{V}(S_n) = \sum\limits_{i=1}^{n} a_i^2 \mathbb{V}(x_i) = \sum\limits_{i=1}^{n} a_i^2$.

b) Si $t \in \mathbb{R}$, $\operatorname{ch}(t) = \sum\limits_{k=0}^{\infty} \dfrac{t^{2n}}{(2n)!}$ et, pour tout $n \in \mathbb{N}$, $(2n)! \geqslant 2{\cdot}4 \cdots (2n) = 2^n n!$

d'où $\operatorname{ch}(t) \leqslant \sum\limits_{n=0}^{\infty} \dfrac{(t^2)^n}{2^n n!} = \exp\left(\dfrac{t^2}{2}\right)$.

c) Soit $\lambda \in \mathbb{R}$. Par indépendance des X_i, $\mathbb{E}(e^{\lambda S_n}) = \mathbb{E}\left(\prod\limits_{i=1}^{n} e^{\lambda a_i X_i}\right)$ soit

$\mathbb{E}(e^{\lambda S_n}) = \prod\limits_{i=1}^{n} \mathbb{E}(e^{\lambda a_i X_i})$.

Si $i \in [\![1,n]\!]$ alors $\mathbb{E}(e^{\lambda a_i X_i}) = \dfrac{1}{2}(e^{\lambda a_i} + e^{-\lambda a_i}) = \operatorname{ch}(\lambda a_i)$ d'après la loi de X_i
d'où $\mathbb{E}(e^{\lambda S_n}) = \prod\limits_{i=1}^{n} \operatorname{ch}(\lambda a_i) \leqslant \prod\limits_{i=1}^{n} e^{\lambda^2 a_i^2/2} = e^{\lambda^2 \sigma_n^2/2}$.

d) Pour tout $i \in [\![1,n]\!]$ les variables X_i et $-X_i$ ont même loi, donc S_n et $-S_n$ ont même loi.
Si $\lambda \in \mathbb{R}$ on a donc $\mathbb{E}(e^{\lambda S_n}) \leqslant e^{\lambda^2\sigma_n^2/2}$ et $\mathbb{E}(e^{-\lambda S_n}) \leqslant e^{\lambda^2\sigma_n^2/2}$ d'où, par linéarité de l'espérance, $\mathbb{E}\big(\operatorname{ch}(\lambda S_n)\big) \leqslant e^{\lambda^2\sigma_n^2/2}$.

Si $\omega \in \Omega$, $\operatorname{ch}\big(\lambda S_n(\omega)\big) = \sum\limits_{q=0}^{\infty} \dfrac{\lambda^{2q} S_n^{2q}(\omega)}{(2q)!} \geqslant \dfrac{\lambda^{2q}}{(2q)!} S_n^{2q}(\omega)$

donc $\mathbb{E}\big(\operatorname{ch}(\lambda S_n)\big) \geqslant \dfrac{\lambda^{2q}}{(2q)!} \mathbb{E}(S_n^{2q})$ d'où $\mathbb{E}(S_n^{2q}) \leqslant \dfrac{(2q)!}{\lambda^{2q}} \exp\big(\lambda^2\sigma_n^2/2\big)$.

Maths avec Python

Exercice 1. (Exclusivement PSI)
Soit $u \in \mathcal{L}(\mathbb{R}^n)$ et $v \in \mathbb{R}^n$. *On dit que* v *est un vecteur de Krylov pour* u *si la famille* $\left(v, u(v), \dots, u^{n-1}(v)\right)$ *est une base de* $\mathbb{R}^n$.

a) i) *Écrire une fonction prenant en argument une liste de* n *vecteurs et vérifiant si cette famille est une base de* $\mathbb{R}^n$ *ou non.*

ii) *Écrire une fonction* `estKrylov(M,v)` *d'arguments une matrice* M *de* $\mathfrak{M}_n(\mathbb{R})$ *et un vecteur* v *de* $\mathbb{R}^n$, *indiquant si* v *est un vecteur de Krylov associé à* M.

b) *Soit* v *un vecteur de Krylov associé à* u. *Donner la forme de la matrice de* u *dans la base* $\left(v, u(v), \dots, u^{n-1}(v)\right)$.

c) *Soit* $P = a_0 + \cdots + a_d X^d$ *un polynôme non nul annulateur de* u. *Montrer que la famille* $\left(v, u(v), \dots, u^d(v)\right)$ *est liée.*

d) *En déduire que si* u *est diagonalisable et possède une valeur propre de multiplicité supérieure ou égale à 2, alors il n'existe pas de vecteur de Krylov pour* u.

●●●●●●

a) i)

```
import numpy as np
import numpy.linalg as alg
def libre(L):
   A=L[0]
   for k in range(1,len(L)):
      A=np.concatenate((A,L[k]),axis=1)
   if alg.det(A)!=0:
      return True
   else:
      return False
```

ii)

```
def estKrylov(M,v):
   n=np.shape(v)[0]
   L=[]
   for k in range(n):
      L=L+[np.dot(alg.matrix_power(M,k),v)]
   if libre(L):
      print(v,"est un vecteur de Krylov associé à",M)
   else:
      print(v,"n'est pas un vecteur de Krylov associé à",M)
```

b) Comme $\big(v, u(v), \dots, u^{n-1}(v)\big)$ est une base de $\mathbb{R}^n$ il existe $(a_0, \dots, a_n)$ dans $\mathbb{R}^n$ tel que $u^n(v) = \sum_{k=0}^{n-1} a_k u^k(v)$ et donc la matrice demandée est

$$\begin{pmatrix} 0 & \cdots & 0 & a_0 \\ 1 & \ddots & \vdots & a_1 \\ & \ddots & 0 & \vdots \\ (0) & & 1 & a_{n-1} \end{pmatrix}.$$

c) $P(u)(v) = 0$ d'où $\sum_{k=0}^{d} a_k u^k(v) = 0$ et l'un au moins des a_k est non nul donc la famille $\big(v, u(v), \dots, u^d(v)\big)$ est liée.

d) Si l'on note $\lambda_1, \dots, \lambda_p$ les valeurs propres deux à deux distinctes de u alors le polynôme $\prod_{k=0}^{p} (X - \lambda_k)$ est annulateur de u car u est supposé diagonalisable et son degré, noté d, est strictement inférieur à celui, n, de χ_A car l'une au moins des valeurs propres est d'ordre au moins 2. La question précédente montre que pour tout élément v de $\mathbb{R}^n$ la famille $\big(v, u(v), \dots, u^d(v)\big)$ est liée, *a fortiori* la famille $\big(v, u(v), \dots, u^{n-1}(v)\big)$ est liée car $d \leqslant n - 1$.
Il n'existe pas de vecteur de Krylov pour u.

Exercice 2.

a) *Afficher les 30 premières puissances de* $M = \begin{pmatrix} 1/4 & 1/4 & 1/6 \\ 1/3 & 1/2 & 1/6 \\ 1/3 & 1/3 & 1/3 \end{pmatrix}$.

b) *Notons* $D = \{z \in \mathbb{C} \mid |z| < 1\}$.

i) *Soit* $A \in \mathfrak{M}_p(\mathbb{C})$ *telle que* $A^n \xrightarrow[n\to\infty]{} 0$. *Montrer que les valeurs propres de* A *sont dans* D.

ii) *Soient* a, b, c *trois complexes distincts.*
On pose, pour $n \in \mathbb{N}^\star$, $u_n = a^n + b^n + c^n$. *On suppose que* $u_n \xrightarrow[n\to\infty]{} 0$.
Montrer que a, b, c *sont dans* D.

iii) *Soit* $A \in \mathfrak{M}_p(\mathbb{C})$. *On suppose que* $\mathrm{tr}(A^n) \xrightarrow[n\to\infty]{} 0$. *Montrer que les valeurs propres de* A *appartiennent à* D.

●●●●●●

a)

```
import numpy as np
import numpy.linalg as alg
M=np.array([[1/4,1/4,1/6],[1/3,1/2,1/6] ,[1/3,1/3,1/3]])
def puissance(n):
   if n==0:
```

```
        return np.eye(3)
    else :
        return np.dot(M,puissance(n-1))
for i in range(30):
    puissance(i)
```

La liste est énorme mais on a tendance à penser que $M^n \underset{n\to\infty}{\longrightarrow} 0$.

b) i) Soit λ une valeur propre de A et X un vecteur propre associé. Comme $X \mapsto BX$ est linéaire de $\mathfrak{M}_p(\mathbb{C})$ de dimension finie dans $\mathfrak{M}_{p,1}(\mathbb{C})$ elle est continue et donc $A^nX \underset{n\to\infty}{\longrightarrow} 0$ *i.e.* $\lambda^n X \underset{n\to\infty}{\longrightarrow} 0$ *i.e.* $(\lambda^n)_n$ converge vers 0, ce qui impose $\lambda \in D$.

ii) Plus généralement on admet le résultat :

$$\text{si } (\alpha_1,\dots,\alpha_p)\in\mathbb{R}^p \text{ alors } \sum_{k=1}^{p} e^{in\alpha_k} \underset{n\to\infty}{\not\longrightarrow} 0.$$

On se propose de montrer que, si $(a_1,\dots,a_p)\in\mathbb{C}^p$ et $\sum\limits_{k=1}^{p} a_k^n \underset{n\to\infty}{\longrightarrow} 0$ alors $\forall k\in[\![1,p]\!]$, $|a_k|<1$ et on va procéder par récurrence.
Si $a_1\in\mathbb{C}$ et $a_1^n \underset{n\to\infty}{\longrightarrow} 0$ alors $|a_1|<1$.
Supposons la propriété établie à un rang $p-1$ où $p\geqslant 2$.
Supposons $(a_1,\dots,a_p)\in\mathbb{C}^p$ et $\sum\limits_{k=1}^{p} a_p^n \underset{n\to\infty}{\longrightarrow} 0$, $|a_p|\leqslant|a_{p-1}|\leqslant\cdots\leqslant|a_1|$ et $|a_1|\geqslant 1$. Alors $\displaystyle\sum_{k=1}^{p}\left(\frac{a_k}{|a_1|}\right)^n \underset{n\to\infty}{\longrightarrow} 0$.
Si, par exemple $|a_p|<|a_1|$ alors , comme $\left(\dfrac{a_p}{|a_1|}\right)^n \underset{n\to\infty}{\longrightarrow} 0$, on a par différence $\displaystyle\sum_{k=1}^{p-1}\left(\frac{a_k}{|a_1|}\right)^n \underset{n\to\infty}{\longrightarrow} 0$, ce qui contredit l'hypothèse de récurrence à cause, au moins, du premier terme.
Donc $|a_1|=\cdots=|a_p|$ et, en posant pour tout $k\in[\![1,p]\!]$, $a_k=|a_1|e^{i\alpha_k}$, on a $\sum\limits_{k=1}^{p} e^{in\alpha_k} \underset{n\to\infty}{\longrightarrow} 0$, ce qui est impossible.
Donc $\max\limits_{1\leqslant k\leqslant p}|a_k|<1$ et l'hérédité est prouvée.

iii) On trigonalise A en notant $\chi_A(X)=\prod\limits_{k=1}^{p}(X-a_k)$, $A=PTP^{-1}$ où $P\in\mathrm{GL}_n(\mathbb{C})$ et $T=\begin{pmatrix} a_1 & & (\star)\\ & \ddots & \\ (0) & & a_p\end{pmatrix}$.
Alors $\forall n\in\mathbb{N}$, $A^n=PT^nP^{-1}$ et T^n est triangulaire de diagonale $(a_1^n,\dots,a_p^n)$ d'où $\mathrm{tr}(A^n)=\sum\limits_{k=1}^{p} a_k^n$. La question précédente montre que les valeurs propres

de A, à savoir $a_1, \ldots, a_p$ sont éléments de D.

Exercice 3.
Soit $M \in \mathfrak{M}_n(\mathbb{R})$. On définit $\varphi_M : \mathbb{R}^n \to \mathbb{R}$, $X \mapsto {}^tXMX$.

a) *Exemple : dans cette question, $n = 2$ et $M = \begin{pmatrix} -2 & 4 \\ -1 & 2 \end{pmatrix}$.*

i) *Soit $X = \begin{pmatrix} x \\ y \end{pmatrix}$. Tracer la surface d'équation $z = \varphi_M(x, y)$ sur $[-2, 2]^2$.*

ii) *Déterminer les éventuels extrema locaux de φ_M.*

iii) *Montrer que φ_M est surjective de $\mathbb{R}^2$ sur $\mathbb{R}$.*

b) *On revient au cas général.*

i) *Montrer que M peut se décomposer en somme d'une matrice symétrique S et d'une matrice antisymétrique A. Cette décomposition est-elle unique ?*

ii) *Écrire en Python une fonction qui donne la partie symétrique d'une matrice carrée M.*

iii) *Montrer que $\varphi_M = \varphi_S$.*

c) *On suppose que M est nilpotente.*

i) *Montrer que $\mathrm{tr}(M) = \mathrm{tr}(S)$.*

ii) *Trouver le spectre de M.*

iii) *Déterminer $\varphi_M(\mathbb{R}^n)$.*

●●●●●●

a) i) On note indifféremment $\varphi_M(X)$ ou $\varphi_M(x, y)$.
$\forall (x, y) \in \mathbb{R}^2$, $\varphi_m(x, y) = -2x^2 + 3xy + 2y^2$ et le tracé demandé est

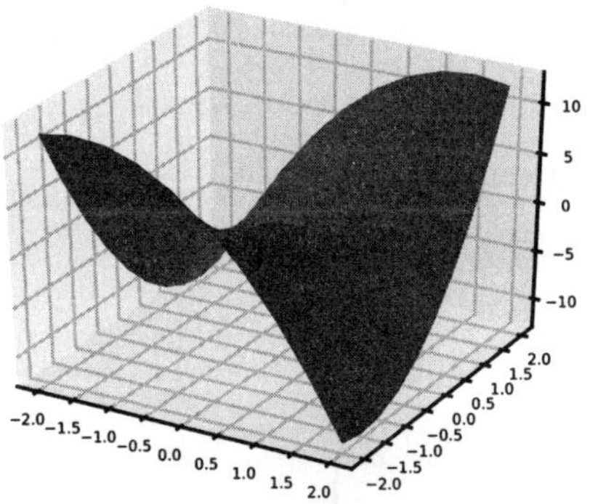

à l'aide de la fonction

```
def phi(x,y):
   return -2*x**2+2*y**2+3*x*y
```

et du tracé

```
import numpy as np
import matplotlib.pyplot as plt
from mpl_toolkits.mplot3d import Axes3D
figure=Axes3D(plt.figure())
x=np.linspace(-2,2,10)
y=np.linspace(-2,2,10)
X,Y=meshgrid(x,y)
Z=phi(X,Y)
figure.plot_surface(X,Y,Z)
plt.show()
```

ii) φ_M est de classe $\mathcal{C}^\infty$ sur $\mathbb{R}^2$ car polynomiale et, s'il y a un extremum local en (x, y) alors ce point est critique. Or $\overrightarrow{\text{grad}\,\varphi}_M(x, y) = (3y - 4x, 3x + 4y)$. Comme le système obtenu est linéaire de déterminant -25 sa seule solution est $(0, 0)$.
$\forall x \in \mathbb{R}^\star$, $\varphi_M(x, 0) = -2x^2 < 0$ et $\forall y \in \mathbb{R}^\star$, $\varphi_M(0, y) = 2y^2 > 0$ donc φ_M ne présente pas en $(0, 0)$ d'extremum local et, donc, n'en possède aucun.

iii) $\forall x \in \mathbb{R}$, $\varphi_M(0, y) = 2x^2$ donc $\mathbb{R}_+ \subset \varphi_M(\mathbb{R}^2)$ et $\varphi(x, 0) = -2x^2$ donc $\mathbb{R}_- \subset \varphi_M(\mathbb{R}^2)$ puis $\varphi_M(\mathbb{R}^2) = \mathbb{R}$.

b) i) Si $M \in \mathfrak{M}_n(\mathbb{R})$ alors, en posant $S = \dfrac{M + {}^tM}{2}$ et $A = \dfrac{M - {}^tM}{2}$ on a $M = S + A$ et $(S, A) \in S_n(\mathbb{R}) \times AS_n(\mathbb{R})$.
Si $M \in S_n(\mathbb{R}) \cap AS_n(\mathbb{R})$ alors $M = {}^tM = -{}^tM$ d'où $M = 0$.

En définitive $\mathfrak{M}_n(\mathbb{R}) = S_n(\mathbb{R}) \oplus AS_n(\mathbb{R})$, la décomposition existe et est unique.

ii)

```
def PartSym(M):
    return 1/2*(M+np.transpose(M))
```

iii) $\forall X \in \mathbb{R}^n$, ${}^tX{}^tMX = {}^t({}^tXMX)$ car il s'agit d'un nombre réel,
d'où $\varphi_M = \varphi_{{}^tM}$ et donc $\varphi_S = \dfrac{\varphi_M + \varphi_{{}^tM}}{2} = \varphi_M$.

c) i) $\text{tr}(M) = \text{tr}({}^tM)$ donc, par linéarité de la trace, $\text{tr}(S) = \text{tr}(M)$.

ii) $M^n = 0$ donc M n'est pas inversible *i.e.* $0 \in \text{Sp}(M)$. D'autre part si $\lambda \in \text{Sp}(M)$ et si X est un vecteur propre associé alors $0 = M^nX = \lambda^nX$ d'où $\lambda = 0$. En résumé $\text{Sp}(M) = \{0\}$·

iii) Si $M = 0$ alors φ_M est nulle et son image est $\{0\}$· Désormais $M \neq 0$.
$\text{tr}(S) = \text{tr}(M) = 0$ en trigonalisant M sur $\mathbb{C}$ par exemple.
Le théorème spectral assure l'existence de P dans $O(n)$ et de $(\lambda_1, \ldots, \lambda_n)$ dans $\mathbb{R}^n$ tels que $S = {}^tP\,\text{Diag}(\lambda_1, \ldots, \lambda_n)P$.
$\forall X \in \mathbb{R}^n$, si $Y = PX$ et $D = \text{Diag}(\lambda_1, \ldots, \lambda_n)$ on a
$\varphi_M(X) = \varphi_S(X) = \varphi_D(Y) = \sum\limits_{i=1}^{n} \lambda_i y_i^2$.

Si tous les λ_i sont nuls alors S est nulle et M est antisymétrique nilpotente. Alors ${}^tM^2 = ({}^tM)^2 = (-M)^2 = M^2$ donc M^2 est symétrique et nilpotente donc nulle d'après le théorème spectral.
Alors $\|M\|^2 = \mathrm{tr}({}^tMM) = -\mathrm{tr}(M^2) = 0$ d'où $M = 0$, ce qui est exclu.

Par suite, comme $0 = \mathrm{tr}(M) = \mathrm{tr}(S) = \sum_{i=1}^{n} \lambda_i$ on peut supposer, par exemple $\lambda_1 < 0 < \lambda_n$.

$\forall y_1 \in \mathbb{R}$ si $X = {}^tP \begin{pmatrix} y_1 \\ 0 \\ \vdots \\ 0 \end{pmatrix}$ alors $\varphi_M(X) = \lambda_1 y_1^2$ donc $\mathbb{R}_- \subset \varphi_M(\mathbb{R}^n)$.

De même $\forall y_n \in \mathbb{R}$ si $X = {}^tP \begin{pmatrix} 0 \\ \vdots \\ 0 \\ y_n \end{pmatrix}$ alors $\varphi_M(X) = \lambda_n y_n^2$ d'où $\mathbb{R}_+ \subset \varphi_M(\mathbb{R}^n)$.

Donc si M est nilpotente non nulle alors φ_M est surjective.

Exercice 4.
On note $(\,|\,)$ et $\|\,\|$ *le produit scalaire canonique et la norme associée sur* $\mathbb{R}^n$. *La colonne d'indice* i *de la matrice* $A \in \mathfrak{M}_n(\mathbb{R})$ *est notée* A^i. *Si* A *et* B *appartiennent à* $\mathfrak{M}_n(\mathbb{R})$, *on s'intéresse à la propriété* $N(A,B)$: $\forall (i,j) \in [\![1,n]\!]$, $(A^i|A^j) = (B^i|B^j)$.

a) *Montrer que* $N(A,B) \iff \forall x \in \mathbb{R}^n,\ \|Ax\| = \|Bx\|$.

b) *Écrire une fonction PYTHON* p *qui prend en argument une matrice* $A \in \mathfrak{M}_n(\mathbb{R})$, *deux entiers* i *et* j *et qui renvoie* $(A^i|A^j)$.

c) *Écrire une fonction PYTHON* N *qui prend en arguments deux matrices* $A, B \in \mathfrak{M}_n(\mathbb{R})$ *et qui retourne :* $\sum_{i=1}^{n}\sum_{j=1}^{n} \left[(A^i|A^j) - (B^i|B^j)\right]^2$. *En déduire une façon de vérifier la propriété* $N(A,B)$.

d) *Si* $u = (u_1, \ldots, u_p)$ *est une famille de vecteurs de* $\mathbb{R}^n$, *on note* $G_u = \big((u_i|u_j)\big)_{1 \leqslant i,j \leqslant n}$. *Soient* $u = (u_1, \ldots, u_p)$ *et* $v = (v_1, \ldots, v_p)$ *deux familles libres qui engendrent respectivement les sous-espaces* U et V *de* $\mathbb{R}^n$; *montrer l'existence d'une unique application* $f \in \mathcal{L}(U,V)$ *telle que* $f(u_i) = v_i$ *pour tout* $i \in [\![1,p]\!]$.

e) *On suppose maintenant que* $u = (u_1, \ldots, u_p)$ *et* $v = (v_1, \ldots, v_p)$ *sont deux familles quelconques de vecteurs de* $\mathbb{R}^n$ *telles que* $G_u = G_v$. *Montrer l'existence d'une isométrie* f *de* $\mathbb{R}^n$ *telle que* $f(u_i) = v_i$ *pour tout* $i \in \in [\![1,p]\!]$.

●●●●●●

a) Si $(e_1, \dots, e_n)$ est la base canonique de $\mathbb{R}^n$ alors $\forall i \in [\![1,n]\!]$, $A^i = Ae_i$ et $B^i = Be_i$.
Supposons $\forall x \in \mathbb{R}^n$, $\|Ax\| = \|Bx\|$. On a $\forall i \in [\![1,n]\!]$, $\|A^i\| = \|B^i\|$ et donc, par polarisation, $\forall (i,j) \in [\![1,n]\!]^2$, $\big(A^i|A^j\big) = \big(B^i|B^j\big)$.
Réciproquement supposons $N(A,B)$. Si $x \in \mathbb{R}^n$, $x = \sum_{i=1}^{n} x_i e_i$, alors
$Ax = \sum_{i=1}^{n} x_i A^i$ d'où $\|Ax\|^2 = \sum_{1 \leqslant i,j \leqslant n} x_i x_j \big(A^i|A^j\big) = \sum_{1 \leqslant i,j \leqslant n} x_i x_j \big(B^i|B^j\big)$, soit $\|Ax\|^2 = \|Bx\|^2$ d'où $\|Ax\| = \|Bx\|$.

b)

```
import numpy as np
def p(A,i,j):
   n=np.shape(A)[0]
   s=0
   for k in range(n):
      s+=A[k,i-1]*A[k,j-1]
   return s
```

c)

```
def N(A,B):
   somme=0
   n=np.shape(A)[0]
   for i in range(n):
      for j in range(n):
         somme=somme+(p(A,i,j)-p(B,i,j))**2
   return somme
```

d) Comme $(u_1, \dots, u_p)$ et $(v_1, \dots, v_p)$ sont des bases de U et V les relations $\big(\forall i \in [\![1,p]\!],\ f(u_i) = v_i\big)$ déterminent un unique élément de $\mathcal{L}(U,V)$.

e) Soient $U = \text{Vect}(u_1, \dots, u_p)$ et $V = \text{Vect}(v_1, \dots, v_p)$.
Dans le cas où $U = \{0\}$ alors $\forall i \in [\![1,p]\!]$, $\|v_i\|^2 = \|u_i\|^2 = 0$ car $G_u = G_v$, donc $V = \{0\}$ et toute isométrie f de $\mathbb{R}^n$ convient.

Désormais $U \neq \{0\}$ et, quitte à permuter les u_i, et donc les v_i afin d'avoir $G_u = G_v$, on peut supposer que $(u_1, \dots, u_q)$ est une base de U.

Si $k \in [\![q+1,p]\!]$ on pose $u_k = \sum_{i=1}^{q} a_{i,k} u_i$.

Montrons que $(v_1, \dots, v_q)$ est libre. Si $(\lambda_1, \dots, \lambda_q) \in \mathbb{R}^q$ vérifie $\sum_{i=1}^{q} \lambda_i v_i = 0$

alors $\left\| \sum_{i=1}^{q} \lambda_i u_i \right\|^2 = \left\| \sum_{i=1}^{q} \lambda_i v_i \right\|^2 = 0$ car $G_u = G_v$, d'où $\lambda_1 = \dots = \lambda_q = 0$.

Si $k \in [\![q+1,p]\!]$ alors, toujours car $G_u = G_v$ on a

$$\left\| v_k - \sum_{i=1}^{q} a_{i,k} v_i \right\|^2 = \left\| u_k - \sum_{i=1}^{q} a_{i,k} u_i \right\|^2 = 0 \text{ d'où } v_k = \sum_{i=1}^{q} a_{i,k} v_i.$$

Soit $g \in \mathcal{L}(U,V)$ définie par $\forall i \in [\![1,q]\!],\ g(u_i) = v_i$.
D'une part $\forall i \in [\![1,p]\!],\ g(u_i) = g(v_i)$ par linéarité de g et, d'autre part, $\forall x \in U,\ \|g(x)\| = \|x\|$ car $\forall i \in [\![1,q]\!],\ \|v_i\| = \|u_i\|$.

g est une isométrie de U sur V et tout prolongement par $f \in O(\mathbb{R}^n)$ est solution.

Exercice 5.

Soit $E = \mathbb{R}_4[X]$. Pour tout P et $Q \in E$, notons $\Phi(P,Q) = \displaystyle\int_{-2}^{2} P(t)Q(t)\,dt$.

a) *Montrer que Φ est un produit scalaire et l'implémenter.*

b) *Montrer que les sous-espaces des polynômes pairs et impairs sont supplémentaires orthogonaux dans E.*

c) *Déterminer une base orthonormale de E.*

d) *Pour $P \in E$, on pose $f(P) = 2XP' + (X^2-4)P''$. Montrer que f est un endomorphisme symétrique de E. Déterminer la matrice de f dans la base canonique de E et en déduire les valeurs propres de f. Donner une base de vecteurs propres de f.*

●●●●●●

a) Par linéarité de l'intégration Φ est bilinéaire et symétrique.
Si P est un élément non nul de E alors P^2 est continue positive non identiquement nulle sur $[-2,2]$ de cardinal infini donc $\displaystyle\int_{-2}^{2} P^2(t)\,dt > 0$, ce qui montre que Φ est un produit scalaire sur E.

```
import sympy as sym
X=sym.Symbol('X')
def Phi(P,Q):
    return sym.integrate(P*Q,(X,-2,2))
```

b) Si P est pair et Q impair alors le changement de variable $u=-t$ fournit
$\Phi(P,Q) = \displaystyle\int_{-2}^{2} P(t)Q(t)\,dt = \int_{-2}^{2} P(-u)Q(-u)\,du = -\int_{-2}^{2} P(u)Q(u)\,du$ soit
$\Phi(P,Q) = -\Phi(P,Q)$ d'où $\Phi(P,Q) = 0$ et donc $P \perp Q$.
Si $A \in E$ on pose $P(X) = \dfrac{A(X)+A(-X)}{2}$ et $Q(X) = \dfrac{A(X)-A(-X)}{2}$.
Les polynômes P et Q sont respectivement pair et impair et $A = P+Q$.
En résumé le sous-espace vectoriel de E constitué des polynômes pairs et celui constitué des polynômes impairs sont supplémentaires dans E.

c) Commençons par implémenter le procédé de Gram-Schmidt.

```
def GS(L):
bon=[L[0]/sqrt(Phi(L[0],L[0]))]
for n in range(1,len(L)):
```

```
    s=0
    for i in range(n):
        s+=Phi(L[n],bon[i])*bon[i]
    bon+=[L[n]-s]
    bon[n]=bon[n]/sqrt(Phi(bon[n],bon[n]))
return bon
```

Utilisons ce programme pour orthonormaliser la base canonique de E et ainsi obtenir une base orthonormale de E :

```
canonique=[1,X,X**2,X**3,X**4]
a=GS(canonique)
for i in range(len(a)):
    a[i]
```

On obtient ainsi les cinq polynômes
0.5, $0.433012701892219*X$, $0.419262745781211*X**2-0.559016994374947$, $0.413398642353842*X**3-0.992156741649222*X$ et
$0.41015625*X**4-1.40625*X**2+0.5625$.

d) Si $(P,Q)\in E^2$, $\Phi\big(f(P),Q\big)=\displaystyle\int_{-2}^{2}\frac{d}{dt}\Big[(t^2-4)P'(t)\Big]Q(t)\,dt$ et, en intégrant par parties, $\Phi\big(f(P),Q\big)=\Big[(t^2-4)P'(t)Q(t)\Big]_{-2}^{2}-\displaystyle\int_{-2}^{2}(t^2-4)P'(t)Q'(t)\,dt$ soit $\Phi\big(f(P),Q\big)=-\displaystyle\int_{-2}^{2}(t^2-4)P'(t)Q'(t)\,dt$ qui est symétrique en (P,Q). Cela montre $\Phi\big(f(P),Q)\big)=\Phi\big(P,f(Q)\big)$ par symétrie et, donc, l'endomorphisme f est symétrique.

$f(X^0)=0$, $f(X)=2X$, $f(X^2)=8X^2-16$, $f(X^3)=12X^3-24X$ et $f(X^4)=20X^4-48X^2$ d'où la matrice de f dans la base canonique

$$M=\begin{pmatrix}0&0&-16&0&0\\0&2&0&-24&0\\0&0&8&0&-48\\0&0&0&12&0\\0&0&0&0&20\end{pmatrix}$$ qui est triangulaire supérieure et montre que $\mathrm{Sp}(f)=\{0,2,8,123,20\}\cdot$

$f(X^0)=0$, $f(X)=2X$, $f(X^2-2)=8(X^2-2)$,
$f(X^3-12X/5)=12(X^3-12X/5)$
et $f(X^4-4X^2+16/5)=20(X^4-4X^2+16/5)$.
Une base de E formée de valeurs propres de f est

$$(X^0,X,X^2-2,X^3-12X/5,X^4-4X^2+16/5),$$

elle est orthogonale car f est symétrique.

Exercice 6.

Soient $n \in \mathbb{N}$ *avec* $n \geqslant 3$, $D_n = \big(m_{i,j}\big)_{1\leqslant i,j\leqslant n}$ *où* $m_{i,j} = 1$ *si* $i = n$, $j = n$ *ou* $i = n - j + 1$, *les autres coefficients étant nuls. Soit* δ_n *l'endomorphisme de* $\mathbb{R}^n$ *canoniquement associé à* D_n.

a) *Montrer que* D_n *est diagonalisable.*

b) *Écrire une fonction PYTHON renvoyant* D_n.

c) *Pour* $n \in [\![3, 8]\!]$ *trouver informatiquement les valeurs propres de* D_n. *Conjecture ?*

d) *Soit* $F = \big\{{}^t(x_1 \cdots x_n) \in \mathbb{R}^n \;\big|\; x_1 = x_n = x_2 + \cdots + x_{n-1} = 0\big\}$. *Trouver une base de* $F^\perp$.

e) *Montrer que* F et $F^\perp$ *sont stables par* δ_n.

f) *Quelle est la nature de l'endomorphisme* f_n *induit par* δ_n *sur* F *? Démontrer la conjecture de c) .*

●●●●●●

a) Les relations $i = n$ ou $j = n$ ou $i + j = n + 1$ sont symétriques en (i, j) donc la matrice D_n est symétrique réelle. Le théorème spectral assure qu'elle est diagonalisable.

En fait $D_n = \begin{pmatrix} (0) & & & 1 \\ & & \cdot^{\cdot^{\cdot}} & \vdots \\ & \cdot^{\cdot^{\cdot}} & (0) & \vdots \\ 1 & \cdots & \cdots & 1 \end{pmatrix}$.

b)

```
import numpy as np
def D(n):
   A=np.zeros((n,n))
   for i in range(n):
      for j in range(n):
         if i==n-1 or j==n-1 or i+j==n-1:
            A[i,j]=1
   return A
```

c)

```
import numpy.linalg as alg
def vap(L):
   for n in L:
      print("Les valeurs propres de la matrices D_"+str(n)+
      " sont : n", alg.eigvals(D(n)))
```

Pour $n = 3$ on a -0.8, 0.55 et 2.25,
pour $n = 4$ c'est -1 d'ordre 2 puis 0.38 et 2.62,
pour $n = 5$ -1, 1, -1.2, 0.28 et 2.9,
pour $n = 6$ -1 d'ordre 2, 1, -1.39, 0.22 et 3.16,
pour $n = 7$ -1 et 1 d'ordre 2, -1.57, 0.19 et 3.39,
pour $n = 8$ -1 triple et 1 double, -1.75, 0.16 et 3.59.
On peut penser que si $n \geqslant 4$ alors -1 est valeur propre de D_n et, si $n \geqslant 5$ alors 1 est de plus valeur propre de D_n. La somme des ordres de 1 et -1 semble être $n-3$.

d) Le système d'équations $\begin{cases} x_1 & = 0 \\ x_n & = 0 \\ x_2 + \cdots + x_{n-1} & = 0 \end{cases}$ est de rang 3 donc, par le théorème de rang, $\dim(F) = n-3$.

On note $(e_1, \ldots, e_n)$ la base canonique de $\mathbb{R}^n$, $u = \sum\limits_{i=2}^{n-1} e_i$.

La famille (e_1, e_n, u) est libre et si $x \in F$ on a $\big(x|e_1\big) = x_1 = 0$, $\big(x|e_n\big) = x_n = 0$ et $\big(x|u\big) = \sum\limits_{i=2}^{n-1} x_i = 0$ donc (e_1, e_n, u) est une famille libre de $F^\perp$ de dimension 3. C'est une base de ce sous-espace vectoriel de $\mathbb{R}^n$.

e) $D_n e_1 = e_n$, $D_n e_n = e_1 + u + e_n$ et $D_n u = u + e_n$ donc $\delta_n(F^\perp) \subset F^\perp$. Comme δ_n est symétrique on en déduit que F est stable par cet endomorphisme.

f) Notons que si $n = 3$ alors $F = \{0\}$· On suppose donc ici $n \geqslant 4$.
Posons, pour $i \in [\![2, n-2]\!]$, $u_i = e_i - e_{i+1}$. La famille $(e_2, \ldots, e_{n-2})$ est une famille libre de cardinal $n-3$ d'éléments de F, c'est donc une base de F.
De plus $\forall i \in [\![2, n-2]\!]$, $f_n(u_i) = D_n u_i = -u_{n+1-i}$ donc la matrice de f_n dans $(u_2, \ldots, u_{n-2})$ est $\Delta_n = \begin{pmatrix} (0) & & -1 \\ & \cdot^{\cdot^{\cdot}} & \\ -1 & & (0) \end{pmatrix}$ dont le carré est I_{n-3}. On a également $\operatorname{tr}(\Delta_n) = \begin{cases} -1 & \text{si } n \text{ est pair} \\ 0 & \text{sinon} \end{cases}$
Donc f_n est une symétrie orthogonale. Si $n = 2p+1$ alors -1 et 1 sont valeurs propres toutes deux d'ordre $p-1$ et, si $n = 2p$, -1 est d'ordre $p-1$ alors que 1 est d'ordre $p-2$.

Exercice 7.

a) *Montrer que, si $x > a > 0$, $\ln(x) - \ln(a) \leqslant \dfrac{1}{a}(x-a)$.*

b) *Écrire une fonction PYTHON qui renvoie le déterminant ainsi que le produit des éléments diagonaux d'une matrice $M \in \mathfrak{M}_n(\mathbb{R})$.*

c) *Tester la fonction pour $A = {}^tMM$ avec $M \in \mathfrak{M}_n(\mathbb{R})$ aléatoire et $n \in [\![2, 5]\!]$. Que conjecturez vous ?*

d) *Soit $M \in \mathfrak{M}_n(\mathbb{R})$. Montrer que $A = {}^tMM$ est orthodiagonalisable et que ses valeurs propres sont positives.*

●●●●●●

a) D'après la formule de Taylor avec reste intégral on a
$$\ln(x) - \ln(a) - \frac{1}{a}(x-a) = \int_a^x \left(\frac{x-t}{t}\right)^2 dt \geqslant 0.$$

b)

```
import numpy as np
import numpy.linalg as alg
def det_prod(A):
  print("Le déterminant de la matrice",A,"est égal à",
  alg.det(A))
  p=1
  n=np.shape(A)[0]
  for k in range(n):
    p=p*A[k,k]
  print("Le produit des éléments diagonaux de",A,"est égal à ",
  p)
```

c)

```
def ortho(n):
  M=np.zeros((n,n))
  for i in range(n):
    for j in range(n):
      M[i,j]=randint(0,4)
  return np.transpose(M).dot(M)
det_prod(ortho(3))
Le déterminant de la matrice [[41. 16. 30.] [16. 10. 14.]
[30. 14. 24.]] est égal à 100.00000000000031
Le produit des éléments diagonaux de [[41. 16. 30.]
[16. 10. 14.] [30. 14. 24.]] est égal à 9840.0
det_prod(ortho(5))
Le déterminant de la matrice [[ 6. 12. 11. 8. 8.]
[12. 26. 19. 20. 18.] [11. 19. 58. 18. 35.]
[ 8. 20. 18. 24. 24.] [ 8. 18. 35. 24. 34.]] est égal à
2304.000000000003
Le produit des éléments diagonaux de [[ 6. 12. 11. 8. 8.]
[12. 26. 19. 20. 18.] [11. 19. 58. 18. 35.]
[ 8. 20. 18. 24. 24.] [ 8. 18. 35. 24. 34.]] est égal à
7383168.0
det_prod(ortho(5))
Le déterminant de la matrice [[35. 21. 20. 40. 20.]
[21. 21. 8. 22. 14.]
```

```
[20. 8. 14. 24. 12.] [40. 22. 24. 51. 25.]
[20. 14. 12. 25. 20.]] est égal à 3363.9999999999923
Le produit des éléments diagonaux de [[35. 21. 20. 40. 20.]
[21. 21. 8. 22. 14.] [20. 8. 14. 24. 12.] [40. 22. 24. 51. 25.]
[20. 14. 12. 25. 20.]] est égal à 10495800.0
```

Déterminant et produit des termes diagonaux sont toujours positifs ici.

d) ${}^t\!A = {}^t({}^t\!MM) = {}^t\!MM = A$ donc A est symétrique réelle. Le théorème spectral assure l'existence de P dans $O_n(\mathbb{R})$ et de $(\lambda_1, \dots, \lambda_n)$ dans $\mathbb{R}^n$ tels que $A = P\,\mathrm{Diag}(\lambda_1, \dots, \lambda_n)\,{}^t\!P$.

Si λ est une valeur propre de A et si X est un vecteur propre unitaire associé alors ${}^t\!XAX = \lambda\,{}^t\!XX = \lambda$ et aussi ${}^t\!XAX = {}^t(MX)(MX) = \|MX\|^2$ d'où $\lambda \geqslant 0$ et $\mathrm{Sp}(A) \subset \mathbb{R}_+$.
On note que, si $i \in [\![1, n]\!]$ alors $a_{i,i} = {}^t\!E_iAE_i = \|ME_i\|^2 \geqslant 0$ où $(E_1, \dots, E_n)$ est la base canonique de $\mathfrak{M}_{n,1}(\mathbb{R})$ et cela confirme $\prod_{i=1}^{n} a_{i,i} \geqslant 0$.

Exercice 8.
Pour $A \in \mathfrak{M}_n(\mathbb{R})$ on définit quand c'est possible $A^\sharp = (I_n - A)(In + A)^{-1}$.

a) *Donner une condition sur le spectre de A pour que $A^\sharp$ soit définie.*

b) *Écrire une fonction PYTHON diese qui retourne $A^\sharp$.*

c) *Montrer que si $A \in A_n(\mathbb{R})$ alors $A^\sharp$ est définie.*

d) *Soit* $A = \begin{pmatrix} 0 & 1 & 2 \\ -1 & 0 & 3 \\ -2 & -3 & 0 \end{pmatrix}$. *Calculer $A^\sharp$* et *$A^{\sharp\sharp}$.*
Montrer que $A^\sharp$ est orthogonale.

e) *On considère $d : A \in A_n(\mathbb{R}) \mapsto A^\sharp \in O_n(\mathbb{R})$. Montrer que d est injective mais pas surjective.*

●●●●●●

a) $A^\sharp$ a un sens si, et seulement si, $A + I_n$ est inversible *i.e.* si, et seulement si, $-1 \notin \mathrm{Sp}(A)$.

b)

```
import numpy as np
import numpy.linalg as alg
def diese(A):
    n=A.shape[0]
    P=np.eye(n)-A
    Q=alg.inv(np.eye(n)+A)
    return np.dot(P,Q)
```

c) Si ${}^t\!A = -A$, si λ est une valeur propre (réelle) de A et X un vecteur propre unitaire associé on a ${}^tXAX = \lambda {}^tXX = \lambda$ et, comme c'est un nombre réel cela montre que $\lambda = {}^t({}^tXAX) = {}^tX{}^tAX = -{}^tXAX = -\lambda$ d'où $\lambda = 0$.
Par suite -1 n'est pas valeur propre de A et la matrice $A^\sharp$ a un sens.

d)On obtient $A^\sharp = \dfrac{1}{15}\begin{pmatrix} 5 & -14 & 2 \\ -10 & -5 & -10 \\ 120 & 2 & -11 \end{pmatrix} \in O_3(\mathbb{R})$ car les colonnes forment une base orthonormale de $\mathfrak{M}_{3,1}(\mathbb{R})$ et $A^{\sharp\sharp} = \begin{pmatrix} 0 & 1 & 2 \\ -1 & 0 & 3 \\ -2 & -3 & 0 \end{pmatrix}$.

d) Un complément de cours montre que $(I_n + A)^{-1}$ est un polynôme en A.
${}^tA^\sharp A^\sharp = {}^t(I_n + A)^{-1}\,{}^t(I_n - A)(I_n - A)(I_n + A)^{-1}$

$= (I_n - A)^{-1}(I_n + A)(I_n + A)^{-1}(I_n - A) = I_n$

car A est antisymétrique et car des polynômes en A commutent.
Donc $A^\sharp$ est une matrice orthogonale et d est une application.
Si $d(A) = d(B)$ alors $(I_n + A)^{-1}(I_n - A) = (I_n - B)(I_n + B)^{-1}$ car des polynômes en A commutent, d'où $(I_n - A)(I_n + B) = (I_n + A)(I_n - B)$ *i.e.* $-A + B = A - B$ puis $A = B$, ce qui montre l'injectivité de d.
En revanche $d(A) = -I_n \iff I_n - A = -I_n - A \iff I_n = 0$, ce qui est faux, donc $-I_n$ n'a pas d'antécédent par d.

Exercice 9.
a) *On définit la suite (F_n) par : $F_0 = F_1 = 1$ et $F_{n+2} = F_{n+1} + F_n$ pour tout $n \in \mathbb{N}$. Écrire un programme qui renvoie une liste contenant les 20 premiers termes de la suite (F_n).*

b) *Soient $n, p \in \mathbb{N}$, $\alpha_n = \dfrac{F_{n+1}}{F_{n+2}}$, $\beta_n = \dfrac{F_n}{F_{n+3}}$*

et $S(n,p) = 4\displaystyle\sum_{k=0}^{p} \frac{(-1)^k}{2k+1}(\alpha_n^{2k+1} + \beta_n^{2k+1})$. Écrire un programme donnant les valeurs de $S(n,p)$ pour $0 \leqslant n, p \leqslant 9$ avec un arrondi convenable. Que peut-on conjecturer ?

c) *Calculer $(F_{n+2} + iF_{n+1})(F_{n+3} + iF_n)$ pour $0 \leqslant n \leqslant 8$. Que remarque-t-on ?*

d) *En utilisant les propriétés des nombres complexes, démontrer la conjecture de b) .*

●●●●●●

a)

```
def F(n):
   if n==0 or n==1:
      return 1
   else :
      return F(n-1)+F(n-2)
def liste(n):
   return [F(k) for k in range(n+1)]
liste(19)
```

On obtient ainsi [1, 1, 2, 3, 5, 8, 13, 21, 34, 55, 89, 144, 233, 377, 610, 987, 1597, 2584, 4181, 6765]

b)

```
def S(n,p):
   alpha=F(n+1)/F(n+2)
   beta=F(n)/F(n+3)
   somme=0
   for k in range(p+1):
      somme+=(-1)**k/(2*k+1)*(alpha**(2*k+1)+beta**(2*k+1))
   return 4*somme
def test():
   for i in range(10):
      for j in range(10):
         print(S(i,j))
```

Il semble que pour tout $n \in \mathbb{N}$ la suite $\big(S(n,p)\big)_p$ converge vers π.

c) Si l'on pose, pour tout $n \in \mathbb{N}$, $u_n = (F_{n+2} + iF_{n+1})(F_{n+3} + iF_n)$ on obtient pour $n \in [\![0, 8]\!]$, $u_n = F_{2(n+2)}(1 + i)$.

d) $u_n = F_{n+2}F_{n+3} - F_nF_{n+1} + i(F_nF_{n+2} + F_{n+1}F_{n+3})$
nombre complexe dont partie réelle et partie imaginaires sont égales, en effet cela équivaut à $F_{n+3}\underbrace{(F_{n+2} - F_{n+1})}_{F_n} = F_n \underbrace{(F_{n+1} + F_{n+2})}_{F_{n+3}}$, ce qui est vérifié.

Par suite u_n est positivement lié à $e^{i\pi/4}$ car $F_nF_{n+2} + F_{n+1}F_{n+3} > 0$.
Or $u_n = F_{n+2}F_{n+3}(1+i\alpha_n)(1+i\beta_n)$ donc $\arg(1+i\alpha_n)+\arg(1+i\beta_n) \equiv \dfrac{\pi}{4}\ [2\pi]$

d'où $\pi = 4\arctan(\alpha_n) + \arctan(\beta_n) = 4\displaystyle\sum_{k=0}^{\infty} \frac{(-1)^k}{2k+1}\left[\alpha_n^{2k+1} + \beta_n^{2k+1}\right]$ d'après le développement en série entière de arctan.

Exercice 10.
Soit $f : x \mapsto x^5 - x^3 + 2x - 1$.

a) *Montrer que f a un unique zéro x_0 dans l'intervalle $[0,1]$.*

b) *Trouver une valeur approchée de x_0 à 10^{-8} près. Combien d'itérations ont été nécessaires ?*

c) *On pose $u_0 = 0$ et pour tout $n \in N$, $u_{n+1} = u_n - \dfrac{f(u_n)}{f'(u_n)}$.*

Écrire une fonction calculant les n premiers termes de cette suite.
Trouver un entier n tel que $u_n \simeq x_0$ à 10^{-8} près.

d) *On considère maintenant une fonction $g : \mathbb{R} \to \mathbb{R}$ de classe $\mathcal{C}^2$ s'annulant en un point x_0. On suppose qu'il existe $\varepsilon > 0$ tel que g' ne s'annule pas sur $I =]x_0 - \varepsilon, x_0 + \varepsilon[$. On pose $M = \sup_{x \in I} |f''(x)|$ et $N = \inf_{x \in I} |f'(x)|$.*

Soit (u_n) une suite vérifiant, pour tout $n \in \mathbb{N}$, $u_{n+1} = u_n - \dfrac{g(u_n)}{g'(u_n)}$.

i) *En supposant que $u_n \in I$, exprimer $g(x_0) - g(u_n) - g'(u_n)(x_0 - u_n)$ sous forme d'une intégrale et en déduire que $|u_{n+1} - x_0| \leqslant M|u_n - x_0|^2/(2N)$.*

ii) *Montrer que si $|u_0 - x_0|$ est assez petit, la suite (u_n) tend vers x_0 et vérifie $u_n \in I$ pour tout n et $|u_n - x_0| \leqslant \big(M/(2N)\big)^{2^{n-1}} |u_0 - x_0|^{2^n}$.*

●●●●●●

a) f est polynomiale et $f' : x \mapsto 5x^4 - 3x^2 + 2 > 0$ car le trinôme $5X^2 - 3X + 2$ a un discriminant strictement négatif. Donc f est une bijection strictement croissante de $[0,1]$ sur $\big[f(0), f(1)\big]$ *i.e.* $[-1,1]$. Cela montre que, dans $[0,1]$, l'équation $f(x) = 0$ a exactement une solution.

b)
```
def f(x):
   return x**5-x**3+2*x-1
def dicho(epsilon):
   a=0
   b=1
   nb_itérations=0
   while b-a>epsilon:
      if f((a+b)/2)*f(a)>0:
         a=(a+b)/2
      else:
         b=(a+b)/2
      nb_itérations+=1
   print("Une valeur approchée de x_0 est",(a+b)/2,
   "(approximation obtenue en",nb_itérations,"itérations)")
dicho(10**(-8))
```
fournit

```
Une valeur approchée de x_0 est 0.560349989682436 (approximation
obtenue en 27 itérations)
```

c)

```
def fderiv(x):
   return 5*x**4-3*x**2+2
def u(n):
   if n==0:
      return 0
   else:
      return(u(n-1)-f(u(n-1))/fderiv(u(n-1)))
def PremiersTermes(n):
   for k in range(n):
      print(u(k))
PremiersTermes(6)
```

fournit

```
0
0.5
0.56
0.560349999174686
0.5603499931003425
0.5603499931003426
```

Il semble donc que 5 itérations et non plus 27 suffisent pour obtenir une valeur approchée de x_0 avec la précision souhaitée.

d) i) La formule de Taylor avec reste intégral donne

$$g(x_0) - g(u_n) - g'(u_n)(x_0 - u_n) = \int_{u_n}^{x_0} (x_0 - t) g''(t)\, dt.$$

Donc $u_{n+1} - x_0 = (u_n - x_0) - \dfrac{g(u_n)}{g'(u_n)} = \dfrac{\big[g(x_0) - g(u_n)\big] - g'(u_n)(x_0 - u_n)}{g'(u_n)}$

i.e. $u_{n+1} - x_0 = \dfrac{1}{g'(u_n)} \displaystyle\int_{u_n}^{x_0} (x_0 - t) g''(t)\, dt.$

On en déduit $|u_{n+1} - x_0| \leqslant \dfrac{1}{N} \left| \displaystyle\int_{u_n}^{x_0} (x_0 - t) M\, dt \right| = \dfrac{M}{N} \dfrac{|u_n - x_0|^2}{2}$ quitte à distinguer les cas $u_n - x_0 \geqslant 0$ et $u_n - x_0 \leqslant 0$.

ii) Si $|u_0 - x_0| < \min(\varepsilon, 2N/M)$ montrons par récurrence que $\big(|u_n - x_0|\big)_n$ est décroissante et vérifie les propriétés demandées (exceptée la convergence).

Pour $n = 0$ on a $u_0 \in I$ et $|u_0 - x_0| \leqslant \big(M/2N\big)^{2^0 - 1} |u_0 - x_0|^{2^0}$.

Par suite $|u_1 - x_0| \leqslant \dfrac{M}{2N} |u_0 - x_0|^2 \leqslant \dfrac{M}{2N} \times 2N/M |u_0 - x_0| \leqslant |u_0 - x_0|$.

Supposons $|u_n - x_0| \leqslant |u_{n-1} - x_0| \leqslant \cdots \leqslant |u_0 - x_0|$ et aussi

$|u_n - x_0| \leqslant \big(M/(2N)\big)^{2^{n-1}} |u_0 - x_0|^{2^n}$.

Cela impose $|u_n - x_0| \leqslant \varepsilon$ d'où $u_n \in I$ et donc $|u_{n+1} - x_0| \leqslant \dfrac{M}{2N} |u_n - x_0|^2$.

D'une part $|u_{n+1} - x_0| \leqslant \left(\dfrac{M}{2N}\right)^{2^{n+1}-1} |u_0 - x_0|^{2^{n+1}}$
et d'autre part $|u_{n+1} - x_0| \leqslant \dfrac{M}{2N}|u_0 - x_0| \times |u_n - x_0| \leqslant |u_n - x_0|$ d'où l'hérédité.

Donc $\forall n \in \mathbb{N},\ u_n \in I,\ |u_n - x_0| \leqslant \dfrac{2N}{M}\left(\dfrac{M}{2N}|u_0 - x_0|\right)^{2^n}$.

Comme $\dfrac{M}{2N}|u_0 - x_0| < 1$ cela montre que $(u_n)_n$ converge vers x_0 mais on a surtout un majorant de $|u_n - x_0|$ négligeable devant q^n pour tout $q > 0$.

Exercice 11.

Soit $\mathcal{S}$ l'ensemble des suites définies par la relation $u_n = \ln(n)u_{n-1} + u_{n-2}$ pour $n \geqslant 2$.

a) *Écrire un script permettant de calculer les premiers termes de u.*

b) *Soit $(a_n) \in \mathcal{S}$ obtenue en prenant $(a_0 = 1, a_1 = 0)$ et $(b_n) \in \mathcal{S}$ obtenue en prenant $(b_0 = 0, b_1 = 1)$. Conjecturer la limite des suites (a_n) et (b_n).*
Le prouver.

c) *On pose $x_n = \dfrac{a_n}{b_n}$ pour $n \geqslant 1$. Écrire un script permettant de calculer (x_n).*

d) *Tracer le graphe de la suite (x_n). Conjecturer son comportement en l'infini.*
Le prouver.

e) *On pose $d_n = a_{n+1}b_n - a_nb_{n+1}$. Exprimer d_n en fonction de n.*

f) *En déduire la limite de (x_n).*

●●●●●●

a)

```
from math import log
def u(n,alpha,beta):
   if n==0:
      return alpha
   elif n==1:
      return beta
   else:
      return log(n)*u(n-1,alpha,beta)+u(n-2,alpha,beta)
def premiers_termes(n,alpha,beta):
   for k in range(n+1):
      print(u(k,alpha,beta))
```

b) Premiers termes de a

```
premierstermes(5,1,0)
```

On obtient 1, 0, 1.0, 1.1, 2.5, et 5.2

Affichons également a_{10}, a_{20}, a_{30} :

```
u(10,1,0)
```

```
u(20,1,0)
u(30,1,0)
```

On obtient 489, 34469171 et 10012961799268.
De même, affichons b_{10}, b_{20}, b_{30} : 639, 45001265 et 13072433492868.'
Cela laisse à penser que a_n et b_n tendent vers $+\infty$.

Pour $u \in \mathcal{S}$ dès que $n \geqslant 3$, $u_{n-1} \geqslant 1$ et $u_{n-2} \geqslant 1$ alors $u_n \geqslant \ln(n) \geqslant 1$.
C'est très vite le cas pour les suites a et b et cela prouve que chacune tend vers $+\infty$.

c)

```
def x(n):
    return u(n,1,0)/u(n,0,1)
```

d)

```
import matplotlib.pyplot as plt
abs=range(1,15)
ord=[x(k) for k in abs]
plt.plot(abs,ord,'o')
plt.show()
plt.grid()
plt.legend(["Représentation graphique de la suite x_n"])
```

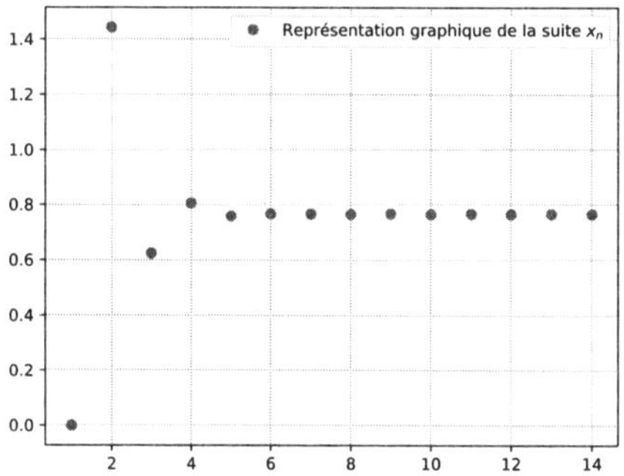

Il semble que $(x_n)_n$ converge mais tant qu'à prouver sa convergence autant déterminer sa limite. Ce sera fait dans les questions suivantes.

e) Si $n \geqslant 1$, $d_n = \big[\ln(n+1)a_n + a_{n-1}\big]b_n - a_n\big[\ln(n+1)b_n + b_{n-1}\big]$ soit $d_n = a_{n-1}b_n - a_n b_{n-1} = -d_{n-1}$ et, comme $d_0 = -1$.
Cela montre $\forall n \in \mathbb{N}$, $d_n = (-1)^{n-1}$.

f) On a $x_1 = 0$ et $\forall n \in \mathbb{N}^\star, x_{n+1} - x_n = \dfrac{a_{n+1}}{b_{n+1}} - \dfrac{a_n}{b_n} = \dfrac{d_n}{b_n b_{n+1}} = \dfrac{(-1)^{n-1}}{b_n b_{n+1}}$.

Comme $(b_n)_n$ diverge en croissant vers $+\infty$ la série de terme général $\dfrac{(-1)^{n-1}}{b_n b_{n+1}}$ vérifie les hypothèses du théorème spécial des séries alternées et donc converge.
Cela montre, d'après le lien suite/série, que $(x_n)_n$ converge et que

$$\lim_{n\to\infty} x_n = \sum_{n=1}^{\infty} \frac{(-1)^{n-1}}{b_n b_{n+1}}.$$

Ce même théorème fournit l'encadrement $0 \leqslant \dfrac{1}{b_1 b_2} - \dfrac{1}{b_2 b_3} \leqslant \lim\limits_{n\to\infty} x_n \leqslant \dfrac{1}{b_1 b_2}$.

Exercice 12.

On pose $f_n(x) = \prod\limits_{0\leqslant i\leqslant n} \dfrac{1}{x+i}$, $F(x) = \sum\limits_{n=0}^{\infty} f_n(x)$ et $G(x) = \sum\limits_{n=0}^{\infty} \dfrac{(-1)^n}{n!(x+n)}$.

a) *Montrer que F et G sont bien définies sur $\mathbb{R}_+^\star$.*

b) *Tracer les courbes de F et G pour des intervalles raisonnables de x. Tracer ensuite F/G. Que peut-on conjecturer ?*

c) i) *Justifier l'existence d'une famille de $(\alpha_{i,n})$ telle que pour tout $n\in\mathbb{N}$, $f_n(x) = \sum\limits_{i=0}^{n} \dfrac{\alpha_{i,n}}{x+i}$; à l'aide d'équivalents au voisinage des points $-i$, exprimer les coefficients $\alpha_{i,n}$.*

ii) *Montrer alors la conjecture faite à la question précédente.*

●●●●●●

a) Pour tout $n\in\mathbb{N}$, f_n est définie sur $\mathbb{R}_+^\star$ et $0 \leqslant f_n(x) \leqslant \dfrac{1}{xn!}$ d'où la convergence de $\sum f_n(x)$.

De même $g_n = x \mapsto \dfrac{(-1)^n}{n!(x+n)}$ est définie sur $\mathbb{R}_+^\star$ avec $|g_n(x)| \leqslant \dfrac{1}{xn!}$ d'où la convergence de $\sum g_n(x)$.

b) On commence par définir les différentes fonctions

```
from math import factorial
def f(n,x):
    p=1
    for i in range(n+1):
        p*=1/(x+i)
    return p
def Fpartielle(N,x):
    s=0
    for n in range(N+1):
        s+=f(n,x)
    return s
def F(x):
    e=0.00001
    N=0
```

```
   while abs(Fpartielle(N,x)-Fpartielle(N+1,x))>=e:
      N+=1
   return Fpartielle(N,x)
def Gpartielle(N,x):
   s=0
   for n in range(N+1):
      s+=(-1)**n/factorial(n)/(x+n)
   return s
def G(x):
   e=0.00001
   while abs(Gpartielle(N,x)-Gpartielle(N+1,x))>=e:
      N+=1
   return Gpartielle(N,x)
```

Et les tracés

```
import matplotlib.pyplot as plt
from numpy import linspace
x=linspace(0.1,2,100)
yF=[F(k) for k in x]
yG=[G(k) for k in x]
y=[F(k)/G(k) for k in x]
plt.plot(x,yF)
plt.plot(x,yG)
plt.plot(x,y)
plt.show()
plt.grid()
plt.legend(["Représentation graphique des fonctions F,G
et F/G"])
```

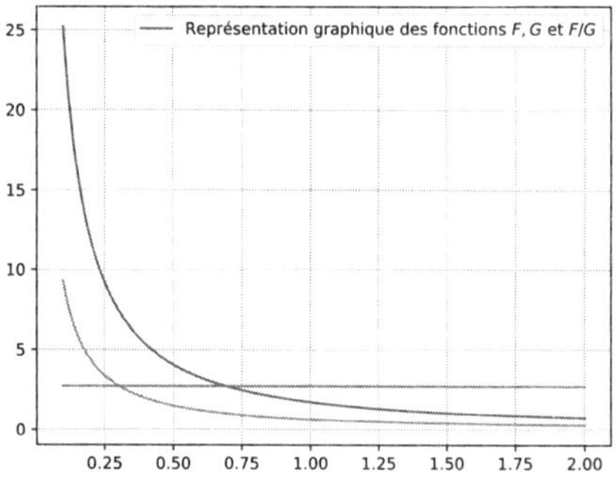

Il semble que $\dfrac{F}{G}$ soit constante.

c) i) La décomposition en éléments simples de f_n assure l'existence de $(\alpha_{i,n})_{0\leqslant i\leqslant n}$.

$f_n(x) \underset{x\to -i}{\sim} \dfrac{1}{x+i}\left(\dfrac{1}{-i}\cdot\dfrac{1}{-i+1}\cdots\dfrac{1}{-1}\dfrac{1}{1}\cdots\dfrac{1}{n-i}\right)$ d'où $\alpha_{i,n} = \dfrac{(-1)^i}{i!(n-i)!}$.

ii) Soit x fixé dans $\mathbb{R}_+^\star$. Si $N\in\mathbb{N}$ on pose $F_N = \sum\limits_{i=0}^{N} f_i$.

$F_N(x) = \displaystyle\sum_{i=0}^{N}\left(\sum_{n=0}^{i}\frac{(-1)^n}{n!(i-n)!}\frac{1}{x+n}\right) = \sum_{n=0}^{N}\left(\sum_{i=n}^{N}\frac{1}{(i-n)!}\right)\frac{(-1)^n}{n!(x+n)}$ en permutant les deux sommes.

Alors $eG(x)-F_N(x) = \displaystyle\sum_{n=0}^{N}\left(e-\sum_{j=0}^{N-n}\frac{1}{j!}\right)\frac{(-1)^n}{n!(x+n)} + e\sum_{n=N+1}^{\infty}\frac{(-1)^n}{n!(x+n)}$ que l'on décompose en $\alpha_N+\beta_N$ comme c'est écrit.

Déjà $\beta_N \xrightarrow[N\to\infty]{} 0$ par convergence de la série définissant $G(x)$.

L'inégalité de Taylor-Lagrange montre que

$0 \leqslant e - \displaystyle\sum_{j=0}^{N-n}\frac{1}{j!} \leqslant \frac{e}{(N-n+1)!} \leqslant \frac{e}{(N-n)!}$

d'où $|\alpha_N| \leqslant \dfrac{e}{x}\displaystyle\sum_{n=0}^{N}\frac{1}{(N-n)!n!} = \frac{e}{xN!}\sum_{n=0}^{N}\binom{N}{n} = \frac{2^N e}{xN!} \xrightarrow[N\to\infty]{} 0.$

Par conséquent $F(x) = \lim\limits_{N\to\infty} F_N(x) = eG(x)$.

Exercice 13.

Soit f une fonction continue sur $]0+\infty[$ qui tend vers 0 en $+\infty$.

Pour $n\in\mathbb{N}$ avec $n\geqslant 2$ et $N\in\mathbb{N}^\star$, on note :

$$u_n = \frac{1}{n} + f(n+1) + f(n-1),\ S_N(f) = \sum_{n=1}^{N}(-1)^n u_{2n+1} + 1 + f(2).$$

a) *Écrire une fonction PYTHON qui retourne $S_N(f)$.*

b) *Calculer $\left(\dfrac{\pi}{S_{10N}(f)}\right)_{N\in[\![1,100]\!]}$ pour $f_1 : x\mapsto e^{-x}$, $f_2 : x\mapsto \dfrac{\cos(x)}{x}$ et $f_3 : x\mapsto \dfrac{\ln(1+x^2)}{1+x}$. Conjecture ?*

c) *Prouver la conjecture.*

d) *Pour $(a,b)\in\mathbb{R}^2$ et $c\geqslant 0$, on note f la fonction définie par $f(x) = \dfrac{ax+b}{c+x^2}$. Déterminer (a,b,c) de sorte que u_n admette un équivalent du type $\dfrac{\alpha}{n^p}$ avec p le plus grand possible.*

●●●●●●

a)

```
from numpy import *
def S(N,f):
   def u(n):
      return 1/n+f(n+1)+f(n-1)
   somme=0
   for k in range(1,N+1):
      somme=somme+(-1)**k*u(2*k+1)
   return somme+1+f(2)
```

b)

```
from numpy import *
def f1(x):
   return exp(-x)
def f2(x):
   return cos(x)/x
def f3(x):
   return log(1+x**2)/(1+x)
import matplotlib.pyplot as plt
x=list(range(1,1001))
y1=[pi/S(10*N,f1) for N in x]
y2=[pi/S(10*N,f2) for N in x]
y3=[pi/S(10*N,f3) for N in x]
plt.grid()
plt.show()
```

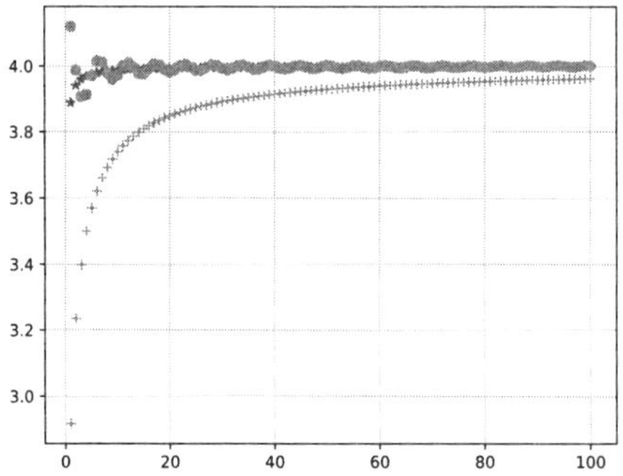

Il semble que $S_N(f) \xrightarrow[N\to+\infty]{} \pi/4$.

c) $\sum\limits_{n=1}^{N}(-1)^n\big[f(2n+2)+f(2n)\big] = \sum\limits_{n=2}^{N+1}(-1)^{n-1}f(2n) + \sum\limits_{n=1}^{N}(-1)^n f(2n)$ et c'est égal à $(-1)^N f(2N+2) - f(2)$ qui tend vers $-f(2)$ car f admet 0 pour limite en $+\infty$.

De plus $\sum_{n=1}^{N} \frac{(-1)^n}{2n+1} = \sum_{n=1}^{N} \int_0^1 (-t^2)^n \, dt.$

Si $f_n : t \mapsto (-t^2)^n$ alors $\sum f_n$ est une série de fonctions continues qui converge simplement sur $[0,1[$ et a pour somme la fonction continue $t \mapsto -\frac{t^2}{1+t^2}$.

Si $0 \leqslant t < 1$ alors $\sum f_n(t)$ vérifie les hypothèses du théorème spécial des séries alternées et, donc, $\left|\sum_{k=1}^{n} f_k(t)\right| \leqslant |f_1(t)| \leqslant 1$. Par convergence dominée cela montre que $\sum_{n=1}^{N} \frac{(-1)^n}{2n+1} \xrightarrow[n\to\infty]{} -\int_0^1 \frac{t^2}{1+t^2}\, dt = I.$

Or $I = -1 + \int_0^1 \frac{dt}{1+t^2} = \frac{\pi}{4} - 1.$

Par suite, lorsque $N \to \infty$, on a $S_N(f) = \frac{\pi}{4} + o(1) \xrightarrow[N\to\infty]{} \frac{\pi}{4}$.

d) Cette question n'a aucun lien avec les questions précédentes.

Tous les développements qui suivent ont lieu lorsque $n \to +\infty$.

$f(n) = \frac{an+b}{c+n^2} = \left(\frac{a}{n} + \frac{b}{n^2}\right)\left(1 + \frac{c}{n^2}\right)^{-1} = \left(\frac{a}{n} + \frac{b}{n^2}\right)\left(1 - \frac{c}{n^2}\right) + O(n^{-4})$

d'où $f(n) = \frac{a}{n} + \frac{b}{n^2} - \frac{ac}{n^3} + O(n^{-4})$.

$$\begin{aligned} f(n+1) &= \frac{a}{n}\left(1+\frac{1}{n}\right)^{-1} + \frac{b}{n^2}\left(1+\frac{1}{n}\right)^{-2} - \frac{ac}{n^3}\left(1+\frac{1}{n}\right)^{-3} + O(n^{-4}) \\ &= \frac{a}{n}\left(1 - \frac{1}{n} + \frac{1}{n^2}\right) + \frac{b}{n^2}\left(1 - \frac{2}{n}\right) - \frac{ac}{n^3} + O(n^{-4}) \\ &= \frac{a}{n} + \frac{b-a}{n} + \frac{a-2b-ac}{n^3} + O(n^{-4}) \end{aligned}$$

De même $f(n-1) = \frac{a}{n} + \frac{a+b}{n} + \frac{a+2b-ac}{n^3} + O(n^{-4})$

d'où $u_n = \frac{1+2a}{n} + \frac{2b}{n^2} + \frac{2a(1-c)}{n^3} + O(n^{-4})$ et il suffit donc de choisir $(a,b,c) = (-1/2, 0, 1)$ pour que l'équivalent de u_n soit le plus petit possible.

Exercice 14.

Soit $C_b(\mathbb{R}_+, \mathbb{R})$ l'ensemble des fonction continues et bornées de $\mathbb{R}_+$ dans $\mathbb{R}$. Pour $\alpha \geqslant 0$, soit $f_\alpha : t \mapsto e^{-\alpha t}$. Soit $g : t \mapsto \frac{1}{1+t}$. Si $f \in C_b(\mathbb{R}_+, \mathbb{R})$ et $n \in \mathbb{N}$, *on note $T_n(f) = \sum_{k=0}^{\infty} f\left(\frac{k}{n}\right) \frac{n^k}{k!} e^{-n}$.*

a) *Montrer que la suite $\big(T_n(f)\big)$ est bien définie.*

b) *Exprimer $T_n(f)$ et trouver son comportement asymptotique.*

c) *Programmer une fonction qui affiche les $T_n(f_\alpha)$.*

d) *Soit* $R_N = \sum_{k=N+1}^{\infty} g\left(\frac{k}{n}\right)\frac{n^k}{k!}\,e^{-n}$*. Montrer que* $0 \leqslant R_N \leqslant \frac{n^{N+1}}{(N+1)!}$.

e) *Écrire un programme qui retourne* N *tel que* $|R_N| < \varepsilon$ *pour* $\varepsilon > 0$ *donné.*

f) *Écrire un programme qui retourne les* T_n *à* 10^{-5} *près.*

●●●●●●

a) Comme f est bornée $f\left(\frac{k}{n}\right)\frac{n^k}{k!} \underset{k\to\infty}{=} O\left(\frac{n^k}{k!}\right) \underset{k\to\infty}{=} o(k^{-2})$ d'où l'absolue convergence et donc la convergence de $\sum f\left(\frac{k}{n}\right)\frac{n^k}{k!}$.

b) $f_\alpha \in \mathcal{C}_b(\mathbb{R}_+,\mathbb{R})$ montre l'existence de $T_n(f_\alpha)$.

$$\sum_{k=0}^{\infty} f_\alpha\left(\frac{k}{n}\right)\frac{n^k}{k!}\sum_{k=0}^{\infty}\frac{\left(ne^{-\alpha/n}\right)^k}{k!} = e^{ne^{-\alpha/n}} \text{ d'où } T_n(f_\alpha) = e^{n\left[e^{-\alpha/n}-1\right]}.$$

$e^{-\alpha/n} - 1 \underset{n\to\infty}{\sim} -\alpha/n$ donc $T_n(f_\alpha) \xrightarrow[n\to\infty]{} e^{-\alpha}$.

c)

```
from math import factorial, exp
def f(alpha,t):
    return exp(-alpha*t)
def T(n,alpha):
    somme=0
    eps=0.000001
    def u(n,k):
        return f(alpha,k/n)*n**k/factorial(k)*exp(-n)
    k=0
    while abs(u(n,k)-u(n,k+1))>=eps:
        somme=somme+u(n,k)
        k=k+1
    return somme
```

d) On commence par remarquer que, sur $\mathbb{R}_+$, $0 \leqslant g \leqslant 1$.

$\sum_{k=N+1}^{\infty}\frac{n^k}{k!}$ est un reste de Taylor de la fonction exp sur $[\![0,n]\!]$, précisément c'est $\exp(n) - \sum_{k=0}^{N}\frac{\exp^{(k)}(0)}{k!}\,n^k$.

Ce reste est positif et majoré par $\frac{n^{N+1}}{(N+1)!}\max_{[0,n]}\exp^{(N+1)}$ d'après l'inégalité de Taylor-Lagrange, donc $0 \leqslant R_N \leqslant e^{-n}\frac{n^{N+1}}{(N+1)!}\,e^n = \frac{n^{N+1}}{(N+1)!}$.

e)

```
def retourneN(n,eps):
    N=1
    while n**(N+1)/factorial(N+1) >= eps:
        N+=1
    return N
```

Quelques exemples :

`retourneN(5,0.1)` 13
`retourneN(5,0.01)` 15
`retourneN(5,0.00001)` 20
`retourneN(50,0.00001)` 143
`retourneN(500,0.00001)` 1366

f) On applique l'inégalité de Taylor-Lagrange à exp, à savoir $\left| e^t - \sum_{k=0}^{N} \frac{t^k}{k!} \right| \leqslant \frac{t^{N+1}e^t}{(N+1)!}$ pour $t = ne^{-\alpha/n}$ afin d'avoir un majorant de R_N qui donne une condition d'arrêt,

à savoir $|R_N| \leqslant \frac{(ne^{-\alpha/n})^{N+1}}{(N+1)!} e^{ne^{-\alpha/n}-1}$

```
def approxT(n,alpha,eps):
    def u(n,k):
        return f(alpha,k/n)*n**k/factorial(k)*exp(-n)
    N=0
    somme=u(n,0)
    while (n*exp(-alpha/n))**(N+1)/factorial(N+1)*
    exp(n*exp(-alpha/n)) >= eps:
        N+=1
        somme+=u(n,N)
    return somme
```

Exercice 15.

Soit g une fonction de classe $\mathcal{C}^1$ sur $\mathbb{R}_+^\star$, vérifiant les conditions suivantes :

$\forall t > 0,\ g(t+1) - g(t) = \arctan\left(\frac{1}{\sqrt{t}}\right),\ g(1) = 0$ et $\lim_{t\to+\infty} g'(t) = 0.$

a) *Déterminer g' sous forme de somme d'une série de fonctions.*
Indication : Considérer $g'(t+1) - g'(t)$.

b) *Déterminer g sous forme de somme d'une série de fonctions.*

c) *Soit $(z_n)_{n\geqslant 1}$ la suite telle que $z_1 = 1$ et pour tout $n \geqslant 1,\ z_{n+1} = z_n + i\,\frac{z_n}{|z_n|}$.*
Montrer que cette suite est bien définie.

d) *Calculer les dix premiers termes de la suite (z_n).*

e) *Tracer* $z_1, \ldots, z_{10}$ *dans le plan complexe, et sur la même figure l'arc paramétré défini par* $\Big(x(t) = \sqrt{t}\cos\big(g(t)\big),\ y(t) = \sqrt{t}\sin\big(g(t)\big)\Big)$.

f) *Formuler une conjecture puis la démontrer.*

g) *Trouver un équivalent de* $g(n)$ *lorsque* $n \to +\infty$.

●●●●●●

a) Les hypothèses montrent que, si $t > 0$, $g'(t) - g'(t+1) = \dfrac{1}{2\sqrt{t}(1+t)}$.

Fixons $t > 0$. $\forall k \in \mathbb{N}$, $g'(t+k) - g'(t+k+1) = \dfrac{1}{2\sqrt{t+k}(t+k+1)}$ d'où, comme

$\lim\limits_{+\infty} g' = 0$, $g'(t) = \displaystyle\sum_{k=0}^{\infty}\big[g'(t+k) - g'(t+k+1)\big] = \frac{1}{2}\sum_{k=0}^{\infty}\frac{1}{\sqrt{t+k}(t+k+1)}$.

b) $\forall k \in \mathbb{N}$, $f_k : t \mapsto \dfrac{1}{\sqrt{t+k}(t+k+1)}$ est continue sur $\mathbb{R}_+^\star$ et, si $k \geqslant 1$, $|f_k| \leqslant \dfrac{1}{(k+1)\sqrt{k}}$, terme général d'une série convergente. Par suite $\sum f_k$ converge normalement sur $\mathbb{R}_+^\star$.

Si $t > 0$ on a $g(t) = \displaystyle\int_1^t g'(u)\,du = \sum_{kl=0}^{\infty}\int_1^t \frac{1}{2\sqrt{u+k}(u+k+1)}$ par convergence normale sur le segment d'extrémités 1 et t.

À k fixé on effectue le changement de variable $v = \sqrt{u+k}$ et on obtient

$$g(t) = \sum_{k=0}^{\infty}\int_{\sqrt{k+1}}^{\sqrt{k+t}}\frac{dv}{1+v^2} = \sum_{k=0}^{\infty}\Big[\arctan\big(\sqrt{k+t}\big) - \arctan\big(\sqrt{k+1}\big)\Big].$$

c) Si $z \neq 0$ alors $z + i\,\dfrac{z}{|z|} = 0 \iff i = -|z|$, ce qui est impossible donc, partant de $z_1 = 1$, la relation $z_{n+1} = z_n + i\,\dfrac{z_n}{|z_n|}$ définit une suite de nombres complexes.

d)
```
def z(n):
    if n==1:
        return 1
    else:
        return z(n-1)+i*z(n-1)/abs(z(n-1))
for k in range(1,11):
    z(k)
```
On obtient la suite 1, $1+i$, $0.29289321881345254 + 1.7071067811865475i$,
$-0.6927053408400362 + 1.8762087599123103i$,
$-1.6308097207961914 + 1.5298560894922921i$,
$-2.3149821631755447 + 0.8005358106787449i$,
$-2.641799539340245 - 0.1445516998920069i$,
$-2.587164132267975 - 1.143058070574762i$,

$-2.183032075771262 - 2.0577587215594093i$ et
$-1.4971125019181257 - 2.78543608014983i$.

e)
```
def gpartielle(n,t):
   s=0
   for k in range(n+1):
   return s
def g(t):
   e=0.01
   n=0
   while abs(gpartielle(n,t)-gpartielle(n+1,t))>=e:
      n+=1
   return gpartielle(n,t)
import matplotlib.pyplot as plt
t=linspace(0,14,40)
xt=[sqrt(k)*cos(g(k)) for k in t]
yt=[sqrt(k)*sin(g(k)) for k in t]
plt.plot(xt,yt)
x=[z(k).real for k in range(1,11)]
y=[z(k).imag for k in range(1,11)]
plt.plot(x,y,'o')
plt.show()
plt.grid()
```

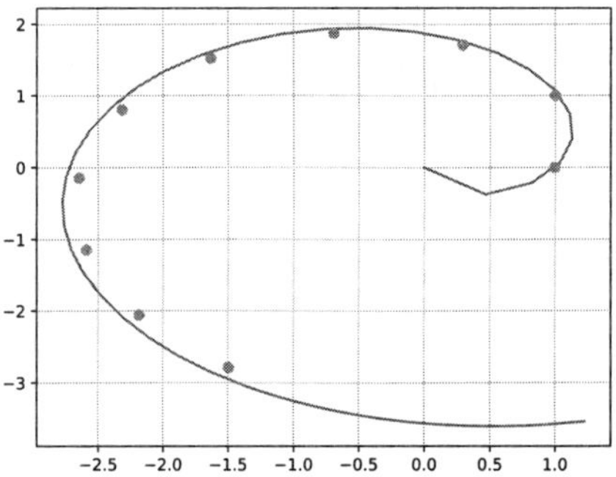

f) Il semble que pour tout entier n il existe t_n dans $\mathbb{R}_+$ tel que

$$z_n = x(t_n) + iy(t_n).$$

On a déjà $z_1 = x(1) + iy(1)$.
Supposons que pour une valeur de n on ait $z_n = x(t_n) + iy(t_n)$.
On a $|z_n|^2 = t_n$ d'où $z_{n+1} = \left(x(t_n) - \dfrac{y(t_n)}{\sqrt{t_n}}\right) + i\left(y(t_n) + \dfrac{x(t_n)}{\sqrt{t_n}}\right)$.
Si $u = \cos\left(\arctan\left(1/\sqrt{t}\right)\right)$ et $v = \sin\left(\arctan\left(1/\sqrt{t}\right)\right)$ alors $u/v = \sqrt{t}$ et $1 = u^2 + v^2 = (1+t)v^2$ d'où $v = \dfrac{1}{\sqrt{1+t}}$ et $u = \dfrac{\sqrt{t}}{\sqrt{1+t}}$ car $v > 0$.

Par suite $\cos\big(g(t_n+1)\big) = \cos\big(g(t_n)\big)\dfrac{\sqrt{t_n}}{\sqrt{1+t_n}} - \sin\big(g(t_n)\big)\dfrac{1}{\sqrt{1+t_n}}$

et $\sin\big(g(t_n+1)\big) = \sin\big(g(t_n)\big)\dfrac{\sqrt{t_n}}{\sqrt{1+t_n}} + \cos\big(g(t_n)\big)\dfrac{1}{\sqrt{1+t_n}}$

d'où $x(t_n+1) = \sqrt{t_n}\cos\big(g(t_n)\big) - \sin\big(g(t_n)\big) = \Re e(z_{n+1})$ et, de même, $y(t_n+1) = \Im m(z_{n+1})$ *i.e.* $z_{n+1} = x(t_n+1)+iy(t_n+1)$, ce qui établit l'hérédité.

g) Si $n\in\mathbb{N}^\star$, $g(n) = \sum\limits_{k=0}^{n-1}\big[g(k+1)-g(k)\big] = \sum\limits_{k=1}^{n-1}\arctan\big(1/\sqrt{k}\big)$ car $g(1)=0$.

$\varphi : t\mapsto \arctan\big(1/\sqrt{t}\big)$ est continue sur $\mathbb{R}_+^\star$, décroissante et prolongeable par continuité en 0.

Si $k\geqslant 1$, $\displaystyle\int_k^{k+1}\varphi(t)\,dt \leqslant \varphi(k) \leqslant \int_{k-1}^{k}\varphi(t)\,dt$ d'où, en sommant,

$\displaystyle\int_1^{n+1}\varphi(t)\,dt \leqslant g(n) \leqslant \int_0^n \varphi(t)\,dt$ et, en intégrant par parties,

$\displaystyle\int_0^n \varphi(t)\,dt = n\varphi(n) + \frac{1}{2}\int_0^n \frac{dt}{\sqrt{t}(1+t)}$.

Or $n\varphi(n) \underset{n\to\infty}{\sim} \sqrt{n}$ et $t\mapsto \dfrac{1}{\sqrt{t}(1+t)}$ est intégrable sur $\mathbb{R}_+^\star$ car équivalente en 0 à $1/\sqrt{t}$ et en $+\infty$ à $t^{-3/2}$, donc $\displaystyle\int_0^n \varphi(t)\,dt \underset{n\to\infty}{=} \sqrt{n}+o\big(\sqrt{n}\big) \underset{n\to\infty}{\sim} \sqrt{n}$.

De même $\displaystyle\int_1^{n+1}\varphi(t)\,dt \underset{n\to\infty}{\sim} \sqrt{n}$ d'où, par encadrement, $g(n) \underset{n\to\infty}{\sim} \sqrt{n}$.

Exercice 16.

Soit $f : \mathbb{R}_+\times\mathbb{R}_+ \to \mathbb{R}$ *définie par* $f(x,t) = \arctan(x+t) - \arctan(t)$.

a) *Montrer que, pour tout réel* $x>0$, $\arctan(x)+\arctan(1/x) = \pi/2$.

b) *Montrer la convergence simple de la série de fonctions de terme général* $f_n : x\mapsto f(x,n)$. *On note* $R_n : x\mapsto \displaystyle\sum_{k=n+1}^{\infty} f(x,k)$.

c) *Soit* $x\in\mathbb{R}_+$. *Montrer l'intégrabilité de* $t\mapsto f(x,t)$ *sur* $\mathbb{R}_+$.

d) *On pose* $Q_n : x\in\mathbb{R}_+ \mapsto \displaystyle\int_n^{+\infty} f(x,t)\,dt$. *Soient* $x\in\mathbb{R}_+$ et $n\in\mathbb{N}$. *Montrer que* $Q_{n+1}(x)\leqslant R_n(x)\leqslant Q_n(x)$.

e) *Tracer le graphe* Q_n *pour* $n\in[\![100,200]\!]$. *En déduire une conjecture quant à la convergence uniforme sur* $\mathbb{R}_+$ *de la série* $\sum f_n$.

f) *Prouver la conjecture.*

●●●●●●

a) $\varphi : x\mapsto \arctan(x)-\arctan(1/x)$ est de classe $\mathcal{C}^1$ sur $\mathbb{R}_+^\star$ et, pour tout $x>0$, $\varphi'(x) = \dfrac{1}{1+x^2} - \dfrac{1}{x^2}\cdot\dfrac{1}{1+\frac{1}{x^2}} = 0$ donc φ est constante sur $\mathbb{R}_+^\star$.

Comme $\lim\limits_{0^+} \varphi = \pi/2$ cette constante est $\pi/2$.

b) Si $(x,t) \in \mathbb{R}_+^2$ alors $\tan\big(f(x,t)\big) = \dfrac{x}{1+t(x+t)}$ donc il existe k dans $\mathbb{Z}$ tel que $f(x,t) = \arctan\left(\dfrac{x}{1+t(x+t)}\right) + k\pi$.

Comme $f(x,t)$ et $\arctan\left(\dfrac{x}{1+t(x+t)}\right)$ sont dans $[0,\pi/2[$, nécessairement $k=0$. En clair $f(x,t) = \arctan\left(\dfrac{x}{1+t(x+t)}\right)$.

Par suite $\forall (n,x) \in \mathbb{N} \times \mathbb{R}_+$, $f(x,n) = \arctan\left(\dfrac{x}{1+n(x+n)}\right) \underset{n\to\infty}{\sim} \dfrac{x}{n^2}$ ce qui prouve la convergence de la série à termes positifs $\sum f(x,n)$.

c) $\forall x \geqslant 0$, $t \mapsto f(x,t)$ est continue sur $\mathbb{R}_+$ et ce qui précède montre que $f(x,t) \underset{t\to+\infty}{\sim} \dfrac{1}{t^2}$, donc $t \mapsto f(x,t)$ est intégrable sur $\mathbb{R}_+$.

d) La deuxième expression donnée de $f(x,t)$ montre que, pour tout $x \geqslant 0$, $t \mapsto f(x,t)$ est décroissante sur $\mathbb{R}_+$.

Si $k \geqslant 1$ il vient $\displaystyle\int_k^{k+1} f(x,t)\,dt \leqslant f(x,k) \leqslant \int_{k-1}^{k} f(x,t)\,dt$ et, comme $\sum f(x,k)$ est une série à termes positifs convergente, en sommant pour k décrivant $[\![N+1,+\infty[\![$ on obtient $Q_{n+1}(x) \leqslant R_n(x) \leqslant Q_n(x)$.

e)

```
import sympy as sym t=sym.Symbol('t')
def Q(n,x):
    return sym.integrate(sym.atan(x+t)-sym.atan(t),(t,n,sym.oo))
import matplotlib.pyplot as plt
import numpy as np
x=np.linspace(0,10,10)
y=list(range(201))
for n in range(100,201):
    y[n]=[Q(n,k) for k in x]
    plt.plot(x,y[n])
plt.show()
plt.grid()
plt.title("Courbes représentatives des fonctions Q_n")
```

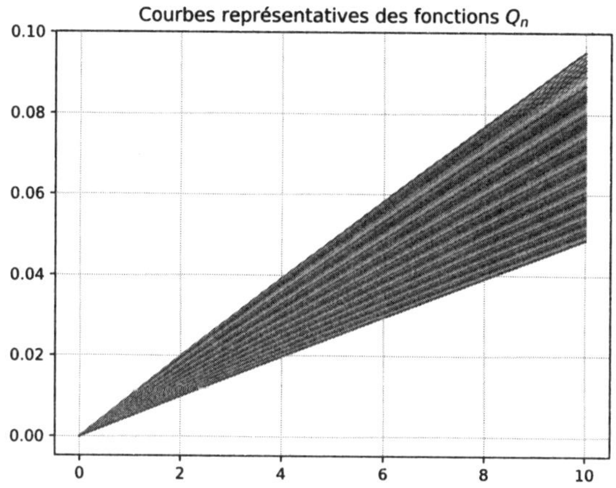

Il semble que la convergence ne soit pas uniforme sur $\mathbb{R}_+$ mais qu'elle le soit au voisinage de 0.

f) Si $\sum f_n$ convergeait uniformément sur $\mathbb{R}_+$ comme, pour tout $n \in \mathbb{N}$, $f_n(x) \xrightarrow[x\to+\infty]{} \dfrac{\pi}{2} - \arctan(n) = \arctan\left(\dfrac{1}{n}\right)$, le théorème de double limite montre que $\sum \arctan\left(\dfrac{1}{n}\right)$ converge. Comme $\arctan\left(\dfrac{1}{n}\right) \underset{n\to\infty}{\sim} \dfrac{1}{n}$ c'est absurde. Donc $\sum f_n$ ne converge pas uniformément sur $\mathbb{R}_+$.

En revanche si $a > 0$ et $x \in [0, a]$ alors, pour tout $n \in \mathbb{N}$, $0 \leqslant f_n(x) \leqslant f_n(a)$ car $x \mapsto f(x, n)$ est croissante. La convergence de $\sum f_n(a)$ montre que $\sum f_n$ converge normalement sur $[0, a]$.

Exercice 17.

Soient $f : x \mapsto \displaystyle\sum_{n=1}^{\infty} \frac{\sin(nx)}{n}$ et $\varphi : x \mapsto \displaystyle\sum_{n=0}^{\infty} \frac{\sin(2^n x)}{2^n}$.

a) *Déterminer le domaine de définition de φ. Montrer que φ est continue.*

b) *Déterminer* $\varphi(\pi/3)$ et $\varphi(\pi/6)$.

c) *Tracer le graphe de* $x \mapsto \sin(x) - \sin\big(2f(x)\big)$. *Conjecture ?*

d) *Montrer que φ est non dérivable en* 0.

e) *Montrer l'existence et calculer* $f(\pi/2)$.

f) *Déterminer les fonctions g continues telles que* $\sin\big(g(x)\big) = \sin(x)$.

●●●●●●

a) Pour tout $n \in \mathbb{N}$, $\varphi_n : x \mapsto 2^{-n}\sin(2^{-n}x)$ est continue sur $\mathbb{R}$ et $|\varphi_n| \leqslant 2^{-n}$. Par conséquent $\sum \varphi_n$ converge normalement sur $\mathbb{R}$, sa somme est définie et continue sur $\mathbb{R}$.

b) Si $\forall n\in\mathbb{N},\ u_n=\sin(2^n\pi/3)$ alors $\forall p\in\mathbb{N},\ u_0=u_{2p+1}=\dfrac{\sqrt{3}}{2}$ et $u_{2p}=-\dfrac{\sqrt{3}}{2}\cdot$

$$\varphi\Big(\frac{\pi}{3}\Big)=\frac{\sqrt{3}}{2}\left[1+\sum_{p=0}^{\infty}2^{-2p-1}-\sum_{p=1}^{\infty}2^{-2p}\right]=\frac{\sqrt{3}}{2}\left[1+\frac{1}{4}\sum_{p=0}^{\infty}4^{-p}\right]$$
$$=\frac{\sqrt{3}}{2}\left[1+\frac{1}{4}\frac{1}{1-\frac{1}{4}}\right]=\frac{2}{\sqrt{3}}\cdot$$

Si $\forall n\in\mathbb{N},\ u_n=\sin(2^n\pi/6)$ alors $v_0=\dfrac{1}{2}$, $v_1=\dfrac{\sqrt{3}}{2}$ et $\forall p\in\mathbb{N}^\star$, $v_{2p}=v_1,\ v_{2p+1}=-v_1$.

$$\varphi\Big(\frac{\pi}{6}\Big)=\frac{1}{2}+\frac{\sqrt{3}}{2}\left[1+\sum_{p=1}^{\infty}2^{-2p}-\sum_{p=1}^{\infty}2^{-2p-1}\right]=\frac{1}{2}+\frac{\sqrt{3}}{2}\left[1+\frac{1}{8}\cdot\frac{4}{3}\right]=\frac{1}{2}+\frac{7}{4\sqrt{3}}\cdot$$

c)

```
def f(x):
    s=0
    def u(n,x):
        return sin(n*x)/n
    n=1
    while abs(u(n,x)-u(n+1,x))>0.000001:
        n+=1
    return s
g = lambda x : sin(x)-sin(2*f(x))
import matplotlib.pyplot as plt
x=linspace(-1,1,1000)
y=[g(k) for k in x]
plt.plot(x,y)
plt.show()
plt.grid()
```

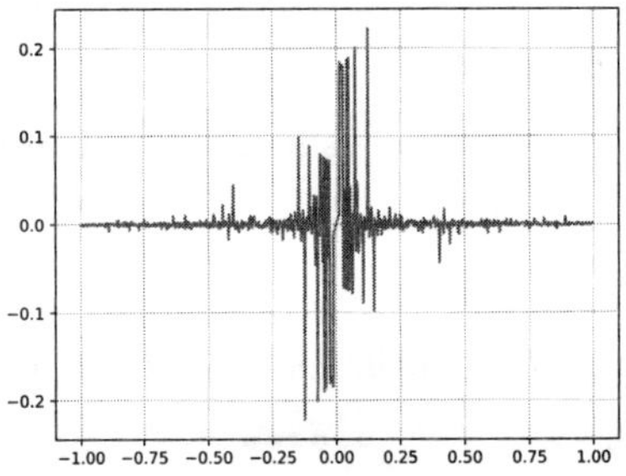

Il semble que la fonction dont on vient de tracer le graphe est nulle.

d) φ est paire et, si elle est dérivable en 0, nécessairement $\varphi'(0)=0$ donc $\displaystyle\lim_{x\to0^+}\frac{\varphi(x)}{x}=0$ d'où $\displaystyle\lim_{N\to\infty}2^N\varphi(2^{-N}\pi)=0$.

Or si $N\in\mathbb{N}$, $2^N\varphi(2^{-N}\pi) = 2^N\sum_{n=0}^{N-1}\frac{\sin(2^{n-N}\pi)}{2^n} + 2^N\sum_{n=N}^{\infty}\frac{\sin(2^{n-N}\pi)}{2^n}$ d'où $2^N\varphi(2^{-N}\pi) = \sum_{n=0}^{N-1}\frac{\sin(2^{n-N}\pi)}{2^{n-N}} = \sum_{k=1}^{N}\frac{\sin(2^{-k}\pi)}{2^{-k}} \geqslant 2\sin\left(\frac{\pi}{2}\right)) = 2$ car tous les termes de la somme sont positifs. C'est absurde et cela prouve que φ n'est pas dérivable en 0.

e) $\sin\left(\frac{n\pi}{2}\right) = \begin{cases} 0 & \text{si } n \text{ est pair} \\ 1 & \text{si } n\equiv 1\ [4] \\ -1 & \text{si } n\equiv 34\ [4]\end{cases}$ donc la série proposée est $\sum\frac{(-1)^n}{2n+1}$.

Si on pose $\forall n\in\mathbb{N},\ f_n : t\mapsto(-t^2)^n$ alors $\sum f_n$ est une série de fonctions continues qui converge simplement sur $[0,1[$ et dont la somme $t\mapsto\frac{1}{1+t^2}$ est continue sur cet intervalle. Si $t\in[0,1[$ le théorème spécial des séries alternées montre que f_0 domine les sommes partielles de la série sur $[0,1[$ donc le théorème de convergence dominée montre que $\sum\int_0^1 f_n(t)\,dt$ converge et $\sum_{n=0}^{\infty}\int_0^1 f_n(t)\,dt = \int_0^1\sum_{n=0}^{\infty}f_n(t)\,dt$ *i.e.* $\sum\frac{(-1)^n}{2n+1}$ converge et

$$\sum_{n=0}^{\infty}\frac{(-1)^n}{2n+1} = \int_0^1\frac{dt}{1+t^2} = \frac{\pi}{4} = \varphi\left(\frac{\pi}{2}\right).$$

f) $\sin\big(g(x)\big) = \sin(x)$ si, et seulement si, il existe k_x dans $\mathbb{Z}$ tel que soit $g(x) = x + 2k_x\pi$ soit $g(x) = \pi - x + 2k_x\pi$.
Une telle expression ne peut varier sur $]-\pi/2+\ell\pi, \pi/2+\ell\pi[$ si ℓ est un entier et, sur un tel intervalle, $x\mapsto k_x$ est continue à valeurs entières donc, d'après le théorème des valeurs intermédiaires, constante.
De plus $x + 2k\pi = \pi - x + 2\ell\pi \iff x = (\ell-k)\pi + \pi/2$, le changement ne peut avoir lieu qu'au bord d'un des intervalles précédents.
Exemple : $g(x) = x$ sur $[-\pi/2, \pi/2]$ puis ou bien $g(x) = x$ sur $[\pi/2, 3\pi/2]$ ou bien $g(x) = \pi - x$ sur $[\pi/2, 3\pi/2]$. Dans le deuxième cas on peut soit continuer avec $\pi - x$ sur $[3\pi/2, 5\pi/2]$ ou bifurquer sur $x - 2\pi$, etc.

Exercice 18.

Pour $n\in\mathbb{N}$, on définit $\theta_n : [-1,1]\to\mathbb{R},\ x\mapsto\prod_{k=0}^{n}(1-x^{2^k})$.

a) *Tracer θ_{10}.*

b) *Étudier la monotonie et la convergence de la suite (θ_n).*

c) *Montrer que la limite θ de la suite (θ_n) est continue sur $]-1,1[$ et vérifie la relation $\theta(x) = (1-x)\theta(x^2)$ pour tout $x\in]-1,1[$.*

d) *Montrer que θ ne s'annule pas sur $]-1,1[$.*

e) *Trouver toutes les fonctions* $f :]-1,1[\to \mathbb{R}$ *vérifiant* $f(x) = (1-x)f(x^2)$ *pour tout* $x \in]-1,1[$ *et continues en* 0.

f) *On admet que* θ *est développable en série entière sur* $]-1,1[$. *Déterminer les coefficients du développement.*

g) *Démontrer le résultat admis à la question précédente.*

●●●●●●

a)

```
def theta(n,x):
   if n==0:
      return 1-x
   else:
      return (1-x**2**n)*theta(n-1,x)
import matplotlib.pyplot as plt
import numpy as np
x=np.linspace(-1,1,100)
y=[theta(10,k) for k in x]
plt.plot(x,y)
plt.grid()
plt.show()
```

On obtient le tracé

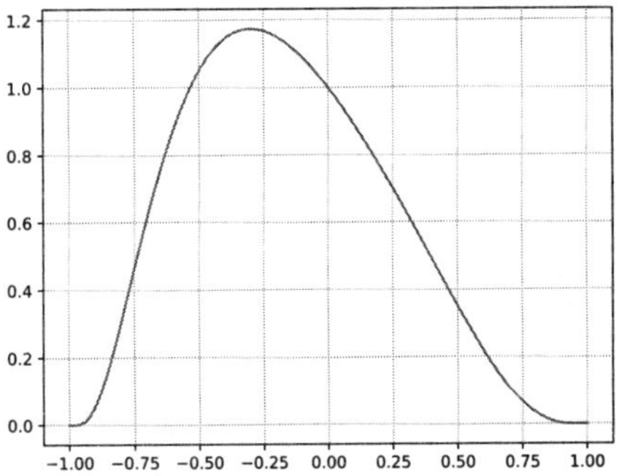

b) Fixons x dans $[\![-1,1]\!]$. Si $k \in \mathbb{N}$, $0 \leqslant 1 - x^{(2^k)} \leqslant 1$ donc, pour tout $n \in \mathbb{N}$, $0 \leqslant \theta_{n+1}(x) \leqslant \theta_n(x) \leqslant 1$.
Cela montre que $(\theta_n)_n$ converge simplement sur $[-1,1]$ et que sa limite simple, θ, est à valeurs dans $[\![0,1]\!]$.

c) Fixons a dans $]0,1[$ et supposons $|x| \leqslant a$.

$\theta_n(x) > 0$ et $\ln\left(\theta_n(x)\right) = \sum_{k=0}^{n} \ln\left(1 - x^{(2^k)}\right)$, somme partielle de rang n d'une série. $\forall k \in \mathbb{N}$, $\left|\ln\left(1 - x^{(2^k)}\right)\right| \leqslant \left|\ln\left(1 - a^{(2^k)}\right)\right| \underset{k\to\infty}{\sim} a^{(2^k)}$.

La série de terme général $f_k : x \mapsto \ln\left(1 - x^{(2^k)}\right)$ converge normalement sur $[-a,a]$ donc sa somme S est continue sur $]-1,1[$ car chacune des fonctions f_k l'est. Comme $\theta = e^S$ cela montre la continuité de θ sur $]-1,1[$.

$\forall n \in \mathbb{N},\ \forall x \in]-1,1[,\ (1-x)\theta_n(x^2) = (1-x^{(2^0)})\prod_{k=1}^{n+1}(1-x^{(2^k)}) = \theta_{n+1}(x)$
d'où, lorsque $n \to \infty$, $(1-x)\theta(x^2) = \theta(x)$.

d) $\theta = e^S$ donc θ est à valeurs strictement positives.

e) Soient f une solution et $g = \dfrac{f}{\theta}$ et cela a un sens car $\theta > 0$.
$\forall x \in]-1,1[,\ (1-x)g(x^2) = \dfrac{(1-x)f(x^2)}{(1-x)\theta(x^2)} = g(x^2)$
donc $\forall n \in \mathbb{N},\ g(x) = g\big(x^{(2^n)}\big) \xrightarrow[n\to\infty]{} g(0)$ car g est continue en 0 par quotient.
Comme $\forall n \in \mathbb{N},\ \theta_n(0) = 1$ on a $\theta(0) = 1$ d'où $g = g(0) \Rightarrow f = f(0)\theta$.

f) Si $\theta(x) = \sum_{n=0}^{\infty} a_n\, x^n$ sur $]-1,1[$ alors l'égalité $\theta(x) = (1-x)\theta(x^2)$ fournit $\sum_{n=0}^{\infty} a_n\, x^n = \sum_{p=0}^{\infty} a_p\, x^{2p} - \sum_{p=0}^{\infty} a_p\, x^{2p+1}$. Par unicité des coefficients d'une série entière on en déduit $\forall p \in \mathbb{N},\ a_{2p} = a_p$ et $a_{2p+1} = -a_p$.
Si la décomposition de n en base 2 contient p fois le chiffre 1 on a
$a_n = \begin{cases} 1 & \text{si } p \text{ est pair} \\ -1 & \text{sinon} \end{cases}$
par exemple $15 = 2^3 + 2^2 + 2^1 + 2^0$ donc $p = 4$ et $a_{15} = 1$.

g) $\sum a_n\, x^n$ admet 1 pour rayon de convergence car $\forall n \in \mathbb{N},\ |a_n| = 1$ et sa somme, notée f, vérifie $f(x) = (1-x)f(x^2)$ sur $]-1,1[$. D'après la question e) on a $f = f(0)\theta$ *i.e.* $\theta = f$ car $a_0 = 1$.
La fonction θ est donc développable en série entière sur $]-1,1[$.

Exercice 19.
Soit $f : x \mapsto 1/(2-e^x)$. On pose, pour tout $n \in \mathbb{N}$, $a_n = f^{(n)}(0)/n!$

a) *Montrer que pour tout $n \in \mathbb{N}\beta$, $a_n = \sum_{k=1}^{n} \dfrac{a_{n-k}}{k!}$.*
Indication : considérer $(2-e^x)f(x)$.

b) *Donner des valeurs approchées de $a_0, \dots, a_{10}$.*

c) *Tracer sur la même figure : les a_n, les $b_n = 1/\ln^n(2)$ et les $c_n = b_n/2$ pour $0 \leqslant n \leqslant 10$.*

d) *Que peut-on conjecturer sur le rayon de convergence de $\sum a_n\, x^n$? Démontrer la conjecture.*

e) *Tracer sur la même figure les courbes $y = f(x)$ et $y = \sum_{k=0}^{n} a_k\, x^k$ pour $x \in [-0.6; 0.6]$ et $0 \leqslant n \leqslant 6$. Que peut-on conjecturer ? Démontrer la conjecture.*

●●●●●●

a) Déjà $a_0 = f(0) = 1$.
Par produit des développements limités d'ordre n en 0 de $x \mapsto 2 - e^x$ et de f
on a $\left(1 - \sum_{k=1}^{n} \frac{x^k}{k!}\right)\left(\sum_{k=0}^{n} a_k\, x^k\right) = 1 + o(x^n)$
d'où $\left(\sum_{k=1}^{n} \frac{x^k}{k!}\right)\left(\sum_{k=0}^{n} a_k\, x^k\right) = \sum_{k=1}^{n} a_k\, x^k + o(x^n)$ et, par unicité du coefficient de x^n il vient $\sum_{k=1}^{n} \frac{a_{n-k}}{k!} = a_n$.

b)

```
from math import factorial
def a(n):
    if n==0:
        return 1
    else:
        s=0
        for k in range(1,n+1):
            s+=a(n-k)/factorial(k)
        return s
for i in range(11):
    a(i)
```

fournit
1, 1.0, 1.5, 2.1666666666666665, 3.1249999999999996, 4.508333333333334, 6.504166666666667, 9.383531746031748, 13.537574404761907, 19.530591380070547 et 28.176687334656087.

c)

```
import matplotlib.pyplot as plt from math import log
x=list(range(11))
ya=[a(n) for n in x]
yb=[1/log(2)**n for n in x]
yc=[k/2 for k in yb]
plt.plot(x,ya,'o')
plt.plot(x,yb,'*')
plt.plot(x,yc,'+')
plt.show()
plt.grid()
```

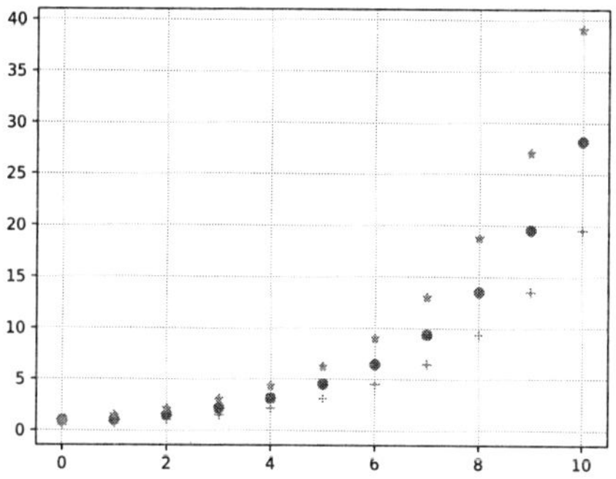

d) Il semble que, pour tout $n \in \mathbb{N}$, $c_n \leqslant a_n \leqslant b_n$ et donc le rayon de convergence R de $\sum a_n\, x^n$ est $\ln(2)$.

$a_0 = b_0 = 1$.

Supposons que pour un entier n fixé dans $\mathbb{N}^\star$ on a $0 \leqslant k < n \Rightarrow a_k \leqslant \ln^{-k}(2)$ alors $a_n \leqslant \displaystyle\sum_{k=1}^{n} \frac{\ln^{n-k}(2)}{k!} = \ln^n(2) \sum_{k=1}^{n} \frac{\ln^{-k}(2)}{k!} \leqslant \ln^n(2)\big[e^{\ln(2)} - 1\big] = \ln^n(2)$ donc $\forall n \in \mathbb{N}$, $0 \leqslant a_n \leqslant b_n$, ce qui prouve que $R \geqslant \ln(2)$.

Si $|x| < \ln(2)$ et si l'on pose $g(x) = \sum\limits_{n=0}^{\infty} a_n\, x^n$, par produit de Cauchy on a

$$(2 - e^x)g(x) = \left(1 - \sum_{n=1}^{\infty} \frac{x^n}{n!}\right)\left(\sum_{n=0}^{\infty} a_n\, x^n\right) = \sum_{n=0}^{\infty} c_n\, x^n$$ où $c_0 = a_0 = 1$ et, si $n \geqslant 1$, $c_n = a_n - \displaystyle\sum_{k=1}^{n} \frac{a_{n-k}}{k!} = 0$, d'où $(2 - e^x)g(x) = 1$ ou encore $g(x) = f(x)$.

Comme f a une discontinuité en $\ln(2)$ nécessairement $R \leqslant \ln(2)$ et, en définitive, $R = \ln(2)$.

e)

```
def f(x):
    return 1/(2-exp(x))
def g(n,x):
    somme=0
    for k in range(n+1):
    return somme
from numpy import linspace
X=linspace(-0.6,0.6,100)
Yf=[f(k) for k in X]
plt.plot(X,Yf)
L=["f"]
Y=list(range(7))
for n in range(7):
```

```
    Y[n]=[g(n,k) for k in X]
    plt.plot(X,Y[n])
    L+=["g_"+str(n)]
plt.legend(L)
plt.show()
plt.grid()
```

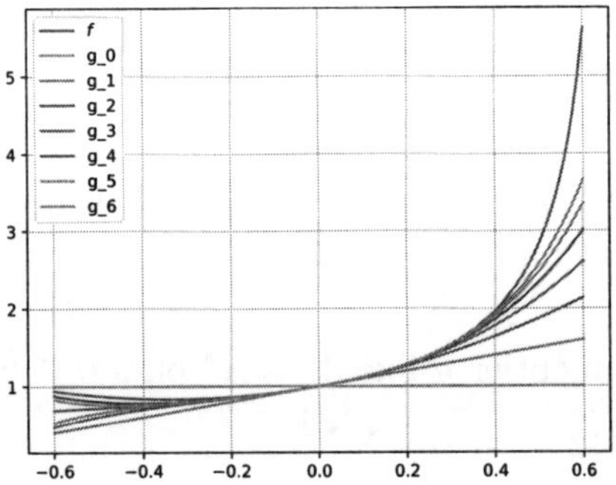

On a démontré dans la question précédente que, si $|x| < \ln(2)$ alors

$$f(x) = \sum_{n=0}^{\infty} a_n\, x^n.$$

Exercice 20.

Soient $a_0 = 1$ *et, pour* $n \in \mathbb{N}^\star$, $a_n + \displaystyle\sum_{k=0}^{n} \frac{a_{n-k}}{k!} = 0$.

a) *Trouver les 25 premiers termes* (a_n).

b) *Montrer que le rayon de convergence de* $\sum a_n\, x^n$ *est supérieur ou égal à 1.*

c) *Montrer que* $\displaystyle\sum_{n=0}^{\infty} a_n\, x^n = \frac{2}{e^x + 1}$.

●●●●●●

a)

```
def a(n):
    if n==0:
        return 1
    else:
        s=0
        for k in range(1,n+1):
            s+=a(n-k)/factorial(k)
    return -0.5*s
for i in range(25):
    a(i)
```

On obtient ainsi $1, -0.5, -0.0, 0.04, -3.5 10^{-18}, -0.004, 5.4 10^{-19}, 0.0004, -3.4 10^{-21}, -4.3 10^{-5}, 1.4 10^{-21}, 4.3 10^{-6}, -4.7 10^{-22}, -4.4 10^{-7}, 7.4 10^{-23}, 4.4 10^{-8}, -2.8 10^{-24}, -4.5 10^{-9}, 5.2 10^{-25}, 4.5 10^{-10}, -3.1 10^{-26}, -4.6 10^{-11}, 6.1 10^{-27}, 4.7 10^{-12}, -9.9 10^{-28}$.

b) Montrons par récurrence que, pour tout $n \in \mathbb{N}$, $|a_n| \leqslant 1$.
Déjà $a_0 = 1$. Supposons que pour un entier $n \geqslant 1$ on a $\forall k \in [\![0, n-1]\!]$, $|a_k| \leqslant 1$.
Comme $2a_n = -\sum_{k=1}^{n} \frac{a_{n-k}}{k!}$, par inégalité triangulaire, $|a_n| \leqslant \frac{1}{2}\sum_{k=1}^{n} \frac{|a_{n-k}|}{k!}$ d'où $|a_n| \leqslant \frac{1}{2}\sum_{k=1}^{n-1} \frac{1}{k!} \leqslant \frac{e-1}{2} \leqslant 1$ puis le résultat.

c) Si $|x| < 1$ par produit de Cauchy $x \mapsto (e^x+1)f(x)$ est développable en série entière où l'on a posé $f : x \mapsto \sum_{n=0}^{\infty} a_n x^n$.

On a $\left(2 + \sum_{n=1}^{\infty} \frac{x^n}{n!}\right)\left(\sum_{n=0}^{\infty} a_n x^n\right) = \sum_{n=0}^{\infty} c_n x^n$ avec $c_0 = 2$ et, si $n \geqslant 1$,

$$c_n = 2a_n + \sum_{k=1}^{n} \frac{a_{n-k}}{k!} = 0.$$

Donc $(e^x+1)f(x) = 2$ *i.e.* $f(x) = \frac{2}{e^x+1}$ sur $]-1, 1[$.

Exercice 21.

On pose $a_0 = b_0 = 0$ *et, si* $n \in \mathbb{N}^\star$, $a_n = \sum_{k=1}^{n} \frac{(k-1)!}{n!}$, $b_n = \sum_{0 \leqslant j < k \leqslant n} \frac{(-1)^j}{k(n-k)!j!}$.

Soit $f : x \mapsto \sum_{n=0}^{\infty} a_n x^n$.

a) *Déterminer le rayon de convergence* R *de* f.

b) *Trouver une équation différentielle d'ordre 1 vérifiée par* f*. En déduire une expression intégrale de* f.

c) *Écrire une fonction PYTHON renvoyant* a_n*. Afficher les* ia_i *pour* $i \in [\![0, 10]\!]$*. Conjecture ? Prouver cette conjecture.*

d) *Écrire une fonction PYTHON renvoyant* b_n*. Afficher les* (a_i, b_i) *pour* $i \in [\![0, 20]\!]$*. Conjecture ? Preuve ?*

●●●●●●

a) Donnons un équivalent de a_n (question classique) :

$$(n-1)! \leqslant \sum_{k=1}^{n}(k-1)! =(n-1)! + (n-2)! + \sum_{k=1}^{n-2} k!$$
$$\leqslant (n-1)! + (n-2)! + \sum_{k=1}^{n-2}(n-3)!$$
$$\leqslant (n-1)! + 2(n-2)!$$

par suite $\dfrac{1}{n} \leqslant a_n \leqslant \dfrac{1}{n} + \dfrac{1}{n(n-1)}$ d'où, par encadrement $a_n \underset{n\to\infty}{\sim} \dfrac{1}{n}$ et $R = 1$ en découle.

b) Si $n \geqslant 1$ alors $na_n = \displaystyle\sum_{k=1}^{n} \frac{(k-1)!}{(n-1)!} = 1 + a_{n-1}$.

Si $|x| < 1$ le théorème de dérivation des séries entières fournit $f'(x) = \sum_{n=1}^{\infty} na_n\, x^{n-1} = \sum_{n=1}^{\infty} x^{n-1} + \sum_{n=1}^{\infty} a_{n-1}\, x^{n-1}$ car les deux séries convergent, d'où $f'(x) - f(x) = \dfrac{1}{1-x}$.

On a $\dfrac{d}{dx}\left[e^{-x} f(x)\right] = \dfrac{e^{-x}}{1-x}$ et $f(0) = a_0 = 0$ d'où $f(x) = e^x \displaystyle\int_0^x \frac{e^{-t}}{1-t}\, dt$.

c)

```
from math import factorial
def a(n):
   if n==0:
      return 0
   else:
      s=0
      for k in range(1,n+1):
   return s/factorial(n)
def test(n):
   for i in range(n+1):
      print( i*a(i))
test(10)
```

On obtient ainsi 0, 1, 2, 2, 1.7, 1.4, 1.3, 1.2, 1.2, 1.1, 1.1.

Il semble que $(ia_i)_i$ converge vers 1 et cela a été établi dès le début de l'exercice.

d)

```
def b(n):
   s=0
   for j in range(n):
      for k in range(j+1,n+1):
         s=s+(-1)**j/(k*factorial(n-k)*factorial(j))
   return s
import matplotlib.pyplot as plt
```

```
x=range(21)
A=[a(i) for i in x]
B=[b(i) for i in x]
plt.plot(A,B,'o')
plt.grid()
plt.show()
plt.legend(["Nuage de points $(a_i,b_i)$"])
```

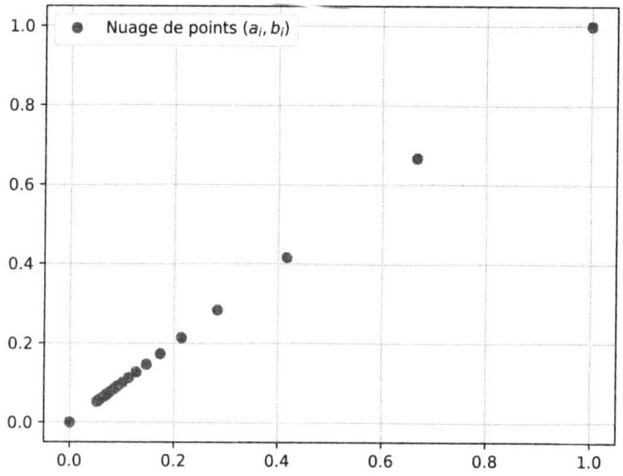

Il semble que $\forall i \in \mathbb{N},\ a_i = b_i$.
Prouvons le en utilisant l'expression intégrale de f et le produit de Cauchy.
On a déjà $a_0 = b_0 = 0$.
Si $|t| < 1$, $\dfrac{e^{-t}}{1-t} = \left(\displaystyle\sum_{n=0}^{\infty} \frac{(-1)^n t^n}{n!}\right)\left(\sum_{n=0}^{\infty} t^n\right) = \sum_{n=0}^{\infty} c_n\, t^n$ où, par produit de Cauchy, $\forall n \in \mathbb{N},\ c_n = \displaystyle\sum_{j=0}^{n} \frac{(-1)^j}{j!}$.
Si $|x| < 1$ le théorème d'intégration des séries entières fournit
$\displaystyle\int_0^x \frac{e^{-t}}{1-t}\,dt = \sum_{n=1}^{\infty} \frac{c_{n-1}}{n}\, x^n$ et enfin

$$f(x) = \left(\sum_{n=0}^{\infty} \frac{x^n}{n!}\right)\left(\sum_{n=1}^{\infty} \frac{c_{n-1}}{n}\, x^n\right) = \sum_{n=1}^{\infty} a_n\, x^n.$$

Par produit de Cauchy si $n \geqslant 1$, $a_n = \displaystyle\sum_{k=1}^{n} \frac{c_{k-1}}{k(n-k)!} = \sum_{k=1}^{n} \left(\sum_{j=0}^{k-1} \frac{(-1)^j}{k(n-k)!j!}\right)$

soit $a_n = \displaystyle\sum_{0 \leqslant j < k \leqslant n} \frac{(-1)^j}{k(n-k)!j!} = b_n$.

Exercice 22.
Soit $\psi :]-1,1[\to \mathbb{R}$ *définie par* $\forall x \in]-1,1[,\ \psi(x) = \exp\left(\frac{-x}{1-x}\right)$.

a) *Montrer que* $\forall x \in]-1,1[,\ \psi(x) = \sum_{k=0}^{\infty} (-1)^k \frac{x^k}{k!} (1-x)^{-k}$.

b) *Montrer que* $\forall x \in]-1,1[,\ (1-x)^{-q} = \sum_{p=0}^{\infty} \binom{q+p-1}{q-1} x^p$.

c) *Soit* (a_n) *la suite définie par* $a_0 = 1$ *et, pour* $n \geqslant 1$:
$a_n = \sum_{k=1}^{n} \binom{n-1}{k-1} \frac{(-1)^k}{k!}$. *En donner les 20 premiers termes avec PYTHON.*

d) *Montrer* $\forall x \in]-1,1[,\ \psi(x) = 1 + \sum_{i=0}^{\infty} \sum_{j=0}^{\infty} a_{i,j}(x)$

où $a_{i,j}(x) = \frac{(-1)^{i+1}}{(i+1)!} \binom{i+j}{i} x^{i+j+1}$.

e) *Montrer la convergence de* $\sum_i \sum_j |a_{i,j}(x)|$.

f) *En utilisant un théorème de Fubini sur les séries doubles, prouver que* $\forall x \in]-1,1[,\ \psi(x) = \sum_{n=0}^{\infty} a_n x^n$.

g) *Montrer que* ψ *vérifie un problème de Cauchy linéaire d'ordre 1.*

h) *En déduire une relation de récurrence sur les* a_n.

i) *Écrire un nouveau programme de calcul des* a_n.

●●●●●●

a) $\forall t \in \mathbb{R},\ e^t = \sum_{k=0}^{\infty} \frac{t^k}{k!}$.

Donc, si $|x| < 1$, $\psi(x) = \sum_{k=0}^{\infty} \frac{(-1)^k}{k!} \left(\frac{x}{1-x}\right)^k = \sum_{k=0}^{\infty} (-1)^k \frac{x^k}{k!} (1-x)^{-k}$.

b) Si $|x| < 1$, $(1-x)^{-q} = 1 + \sum_{p=1}^{\infty} \frac{(-q)(-q-1)\cdots(-q-p+1)}{p!} (-x)^p$ soit

$$(1-x)^{-q} = 1 + \sum_{p=1}^{\infty} \frac{(q+p-1)(q+p-2)\cdots(q)}{p!} (x)^p = \sum_{p=0}^{\infty} \binom{q+p-1}{q-1} x^p.$$

c)

```
from math import *
def a(n):    somme=0
   for k in range(1,n+1):
      somme=somme+factorial(n-1)/factorial(k-1)/
```

```
        factorial(n-k)*(-1)**k/factorial(k)
    return somme
for i in range(1,21):
    a(i)
```

On obtient les résultats −1.0, −0.5, −0.16666666666666666
0.041666666666666664 0.15833333333333333 0.20972222222222217
0.216468253968254 0.19446924603174595 0.15575121252204566
0.10920166446208107 0.06118824655282986 0.016078044415718674
−0.023328899270740038 − 0.055439929625507714 − 0.07957349395793945
−0.09571701937644693 − 0.1043308936059261 − 0.10619150994291213
−0.1022672450895345 − 0.09362204446701873

d) D'après les questions a et b si $|x| < 1$ on a

$$\begin{aligned}\psi(x) =& 1 + \sum_{k=1}^{\infty} \frac{(-1)^k}{k!}\, x^k \left(\sum_{j=0}^{\infty} \binom{k+j-1}{k-1} x^j \right)\\ =& 1 + \sum_{i=0}^{\infty} \left(\sum_{j=0}^{\infty} \frac{(-1)^{i+1}}{(i+1)!} \binom{i+j}{i} x^{i+j+1} \right)\end{aligned}$$

à l'aide du changement d'indice $i = k - 1$.

e) Si l'on reprend les calculs précédents avec $\exp\left(\dfrac{|x|}{1-|x|}\right)$ on obtient

$1 + \sum\limits_{i=0}^{\infty} \left(\sum\limits_{j=0}^{\infty} \left|a_{i,j}(x)\right| \right)$ d'où la convergence demandée si $|x| < 1$.

f) On admet la version ici utile du théorème de Fubini :

Si $\sum\limits_i \sum\limits_j \left|a_{i,j}(x)\right|$ converge alors $\sum\limits_i \sum\limits_j a_{i,j}(x)$ et $\sum\limits_p \left(\sum\limits_{i=0}^{p} a_{i,p-i}(x) \right)$ convergent et leurs sommes sont égales.

Ici si $|x| < 1$ cela donne $\psi(x) = 1 + \sum\limits_{p=0}^{\infty} \left(\sum\limits_{i=0}^{p} \dfrac{(-1)^{i+1}}{(i+1)!} \dbinom{p}{i} \right) x^{p+1}$ puis, à l'aide du changement d'indice $n = p+1$, $\psi(x) = 1 + \sum\limits_{n=1}^{\infty} \left(\sum\limits_{i=0}^{n-1} \dfrac{(-1)^{i+1}}{(i+1)!} \dbinom{n-1}{i} \right) x^n$

d'où $\psi(x) = 1 + \sum\limits_{n=1}^{\infty} \left(\sum\limits_{k=1}^{n} \dfrac{(-1)^k}{k!} \dbinom{n-1}{k-1} \right) x^n$ en posant $k = i+1$ dans la somme interne et enfin $\psi(x) = \sum\limits_{n=0}^{\infty} a_n\, x^n$.

g) $\psi(0) = 1$ et $|x| < 1 \Rightarrow \psi'(x) = \dfrac{(x-1)-x}{(1-x)^2}\, \psi(x)$, $(1-x)^2 \psi'(x) + \psi(x) = 0$.

ψ est donc solution sur $]-1, 1[$ du problème de Cauchy $\begin{cases} (1-x)^2 y' + y = 0 \\ y(0) = 1 \end{cases}$

h) Le théorème de dérivation des séries entières donne, sur $]-1,1[$,
$(1-2x+x^2)\sum\limits_{n=1}^{\infty} na_n\, x^{n-1} + \sum\limits_{n=0}^{\infty} a_n\, x^n = 0$, soit
$$\sum_{n=0}^{\infty}(n+1)a_{n+1}\, x^n - \sum_{n=1}^{\infty} 2na_n\, x^n + \sum_{n=2}^{\infty}(n-1)a_{n-1}\, x^n + \sum_{n=0}^{\infty} a_n\, x^n = 0.$$
Par unicité des coefficients d'une série entière on obtient :
$a_1+a_0=0$, $2a_2-a_1=0$ et $\forall n \geqslant 2$, $(n+1)a_{n+1}-(2n-1)a_n+(n-1)a_{n-1}=0$
avec, bien sûr, $a_0=\psi(0)=1$.

i)

```
def b(n):
   if n==0:
      return 1
   elif n==1:
      return -1
   else :
      return ((2*n-1)*b(n)-(n-1)*b(n-1))/(n+1)
```

Exercice 23.
Soit $\psi : x \mapsto \displaystyle\int_0^x \frac{\sin^3(t)}{t^2}\, dt$.

a) *Montrer que* ψ *est définie sur* $\mathbb{R}$.

b) *Afficher son graphe sur* $[0,+\infty[$.

c) *Montrer que* ψ *est développable en série entière. Montrer avec Python que cela semble en accord.*

d) *On note* $J=\psi(\pi)$. *Montrer que* J *est strictement positif. Avec Python, donner une valeur approchée de* J.

●●●●●●

a) $\varphi : t \mapsto \dfrac{\sin^3(t)}{t^2}$ est continue sur $\mathbb{R}^\star$ et prolongeable par continuité en 0 en posant $\varphi(0)=0$ car $\sin(t) \underset{t\to 0}{\sim} t$. Donc ψ est définie et de classe $\mathcal{C}^1$ sur $\mathbb{R}$.

b)

```
from numpy import *
import scipy.integrate as integr
u = lambda t:(sin(t))**3/t**2
def psi(x):
   if x==0:
      return 0
   else:
      return integr.quad(u,0,x)[0]
import matplotlib.pyplot as plt
x=linspace(0.01,10,1000)
```

```
y=[psi(k) for k in x]
plt.plot(x,y)
plt.show()
plt.grid()
plt.title("Courbe représentative de la fonction ψ sur [0;10]")
```

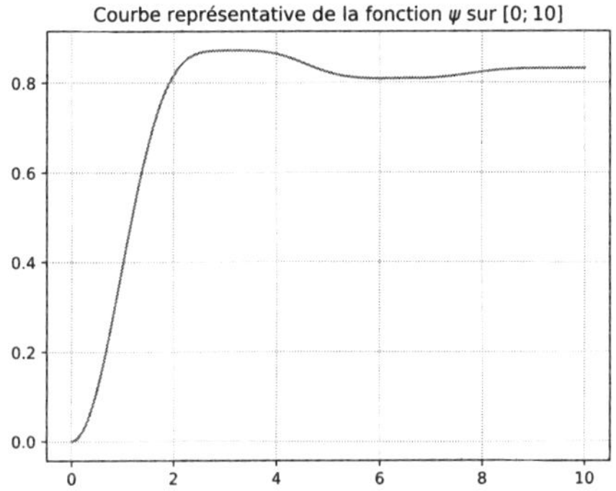

c) On pose $f(t) = \dfrac{\sin(t)}{t}$ si $t \in \mathbb{R}^\star$ et $f(0) = 1$.

Alors $\forall t \in \mathbb{R},\ f(t) = \displaystyle\sum_{n=0}^{\infty} \frac{(-1)^n t^{2n}}{(2n+1)!}$ *i.e.* f est développable en série entière sur $\mathbb{R}$. Comme $\varphi = \sin \times f^2$, par produit de Cauchy φ est développable en série entière sur $\mathbb{R}$ et, en tant que primitive de φ, la fonction ψ est développable en série entière sur $\mathbb{R}$.

Voici une première fonction qui évalue en $t = x$ la dérivée n-ième d'une fonction passée en paramètre :

```
from sympy import *
t=Symbol('t')
def dérivéenième(f,n,x):
   return(diff(f(t),t,n).subs(t,x))
```

Voici une deuxième fonction qui retourne la somme partielle à l'ordre n du développement en série entière de la fonction ψ :

```
def dse(n,x):
   somme=psi(0)
   for k in range(1,n+1):
      somme+=limit(dérivéenième(u,k-1,t),t,0)/factorial(k)*x**k
   return somme
```

Enfin, voici le code permettant d'obtenir la représentation donnée ci-après. Il s'agit de mettre en relief le fait que la courbe représentative de ψ est approchée par les sommes partielles du développement en série entière :

```
x=linspace(0.01,6,50)
y=[psi(k) for k in x]
plt.plot(x,y,'o')
```

```
L=["Fonction ψ"]
abs=linspace(0.01,6,10)
ord=list(range(30))
for i in range(2,30,4):
  ord[i]=[dse(i,k) for k in abs]
vplt.plot(abs,ord[i])
  L+=["A l'ordre"+str(i)]
plt.legend(L)
plt.axis([0,6,0,1])
plt.show()
plt.grid()
```

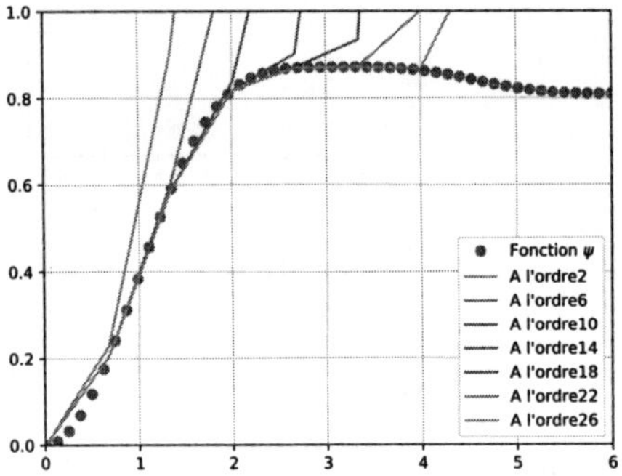

d) φ est continue et strictement positive sur $]0,\pi[$ donc $\psi(\pi)>0$. Enfin l'appel de `psi(pi)` fournit 0.8712449983119637

Exercice 24.

Pour $t>0$ et $n\in\mathbb{N}$, *on pose* $\varphi(t)=t\ln(t)$ et $f_n(t)=\dfrac{1}{\sum\limits_{k=0}^{n}\big(t\ln(t)\big)^k}$.

a) *Déterminer les variations de* φ *et un intervalle* I *tel que* φ *réalise une bijection de* I *sur* $\mathbb{R}_+$.

b) *On note toujours* $\varphi : I\to\mathbb{R}_+$ *cette restriction. Soit* $w:\mathbb{R}_+\to I$ *la bijection réciproque. Coder une fonction PYTHON qui retourne* $w(t)$ *et donner une valeur approchée de* $w(1)$.

c) *Soit* $n\in\mathbb{N}$. *Montrer que* $J_n=\displaystyle\int_{w(1)}^{+\infty}f_n(t)\,dt$ *converge si et seulement si* $n\geqslant 2$.

d) *Coder une fonction PYTHON qui retourne* J_n, *représenter* $(J_n)_{2\leqslant n\leqslant 40}$. *Qu'observe t-on ?*

e) *Démontrer l'observation précédente.*

●●●●●●

a) φ est de classe $\mathcal{C}^1$ sur $\mathbb{R}_+^\star$ et '$\varphi'(t) = \ln(et)$ donc φ réalise une bijection continue strictement croissante de $[1/e, +\infty[$ sur $[-1/e, +\infty[$ et aussi de $[1, +\infty[$ sur $\mathbb{R}_+$.

b) Approximation au millionième de $w(t)$

```
from numpy import *
phi = lambda t : t*log(t)
derivphi = lambda t : log(t)+1
def w(t):
   eps=0.000001
   while abs(phi(u)-t)>eps:
      u=u-(phi(u)-t)/derivphi(u)
   return u
w(1)
```

On obtient 1.7632228343842757

c) $\varphi \geqslant 1$ sur $[w(1), +\infty[$ donc $f_n = \dfrac{1}{\sum\limits_{k=0}^{n} \varphi^k}$ est définie et continue sur cet intervalle.

$f_0 = 1$ donc $\displaystyle\int_{w(1)}^{+\infty} f_0(t)\,dt$ diverge.

$f_1(t) \underset{t\to+\infty}{\sim} \dfrac{1}{\varphi}$ et une primitive de $\dfrac{1}{\varphi}$ est $\ln\circ\ln$ de limite $+\infty$ en $+\infty$, donc $\displaystyle\int_{w(1)}^{+\infty} f_1(t)\,dt$ diverge.

Si $n \geqslant 2$, $f_n(t) \underset{t\to+\infty}{\sim} \dfrac{1}{t^n \ln^n(t)} \underset{t\to+\infty}{=} o(t^{-2})$ donc f_n est intégrable sur $[w(1), +\infty[$.

d)

```
def f(n,t):
   s=0
   for k in range(n+1):
      s=s+(t*log(t))**k
   return 1/s
def J(n):
   a=w(1)
   b=2
   while f(n,b)>0.000001:
   somme=0
   m=int(2*ceil(b-a))
   for k in range(m):
      somme=somme+f(n,a+k*(b-a)/m)
```

```
  return (b-a)/m*somme
import matplotlib.pyplot as plt
x=list(range(2,41))
y=[J(k) for k in x]
plt.plot(x,y,'*')
plt.show()
plt.grid()
plt.title("Représentation graphique de $(J_n)_{2\leqslant n\leqslant 40}$")
```

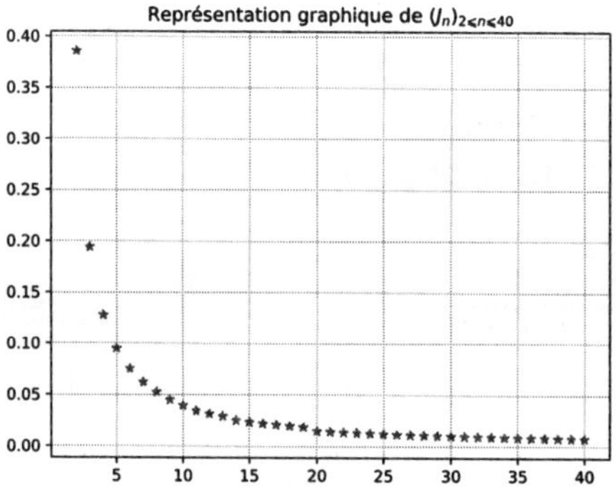

Il semble que $(J_n)_n$ converge vers 0.

e) $(f_n)_n$ est une suite de fonctions continues qui converge simplement vers la fonction nulle sur $[w(1), +\infty[$ car, sur cet intervalle, $\varphi \geqslant 1$. Elle est de plus dominée par la fonction f_2 intégrable sur ce même intervalle.
Le théorème de convergence dominée montre que $(J_n)_n$ converge vers 0.

Exercice 25.
On pose $f : x \mapsto \displaystyle\int_0^1 \ln(t)\ln(1-t^x)\,dt$.

a) *Déterminer le domaine de définition de f. Tracer le graphe de f.*

b) *Montrer qu'il existe une suite (P_n) de polynômes telle que*

$$f(x) = \sum_{n=1}^{\infty} \frac{1}{P_n(x)}.$$

c) *Étudier la monotonie de f. Déterminer les limites aux bornes.*

●●●●●●

a) Si $x \leqslant 0$ et $0 < t < 1$ alors $1 - t^x \leqslant 0$ et donc $\ln(1-t^x)$ n'a pas de sens.
Si $x > 0$ alors $\varphi : t \mapsto \ln(t)\ln(1-t^x)$ est définie et continue sur $]0,1[$ avec $\varphi(t) \underset{t\to 0}{\sim} -t^x \ln(t) \underset{t\to 0}{\longrightarrow} 0$ et $\varphi(t) \underset{t\to 1}{\sim} (t-1)\ln(1-t^x) \underset{t\to 1}{\longrightarrow} 0$, donc φ est intégrable sur $]0,1[$.
La fonction f est définie sur $\mathbb{R}_+^\star$.

```
from numpy import *
u = lambda t,x : log(t)*log(1-t**x)
def f(x):
   s=0
   for k in range(1000):
      s=s+u(0+(1-0)/2/1000+k/1000,x)
   return 1/1000*s
import matplotlib.pyplot as plt
x=linspace(0.01,8,1000)
y=[f(k) for k in x]
plt.plot(x,y)
plt.grid()
plt.show()
plt.title("Représentation graphique de la fonction f")
```

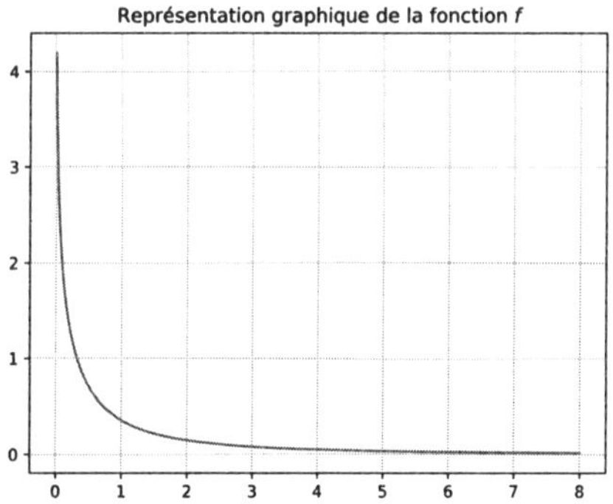

b) Soit x fixé dans $\mathbb{R}_+^\star$.

Si $n \geqslant 1$ on considère $f_n : t \mapsto -\dfrac{t^{nx}}{n}\ln(t)$.

$\sum f_n$ est une série de fonctions continues et positives sur $]0,1[$ qui converge simplement sur cet intervalle et dont la somme est $t \mapsto \ln(t)\ln(1-t^x)$.

Si $u : t \mapsto \dfrac{t^{nx+1}}{nx+1}$ et $v = \ln$ alors u et v sont de classe $\mathcal{C}^1$ sur $]0,1]$ avec $(uv)(1) = 0$ et $\lim\limits_{0}(uv) = 0$. De plus $uv' : t \mapsto \dfrac{t^{nx}}{nx+1}$ est intégrable sur $]0,1]$. En intégrant par parties,

$$\int_0^1 \left|f_n(t)\right| dt = \int_0^1 f_n(t)\,dt = -\int_0^1 (u'v)(t)\,dt = \int_0^1 (uv')(t)\,dt$$

$$= \frac{1}{n(nx+1)}\int_0^1 t^{nx}\,dt = \frac{1}{n(nx+1)^2}.$$

Comme $\sum \dfrac{1}{n(nx+1)^2}$ converge le théorème d'intégration terme à terme montre que $f(x)=\sum_{n=1}^{\infty}\int_0^1 f_n(t)\,dt=\sum_{n=1}^{\infty}\frac{1}{n(nx+1)^2}$.

c) $\forall t\in\,]0,1[\,,\ x\mapsto \ln(t)\ln(1-t^x)$ décroît donc f est décroissante sur $\mathbb{R}_+^\star$. Elle est de plus positive donc elle admet des limites L et ℓ en 0 et $+\infty$ avec $\ell\in\mathbb{R}_+$ et $L\in\mathbb{R}_+\cup\{+\infty\}$.

Si $x\geqslant 1$ et $n\in\mathbb{N}^\star$ alors $0\leqslant \frac{1}{n(nx+1)^2}\leqslant\frac{1}{n(n+1)^2}$ donc $\sum\frac{1}{n(nx+1)^2}$ converge normalement sur $[1,+\infty[$.

Comme pour tout $n\in\mathbb{N}^\star$, $\frac{1}{n(nx+1)^2}\xrightarrow[x\to+\infty]{}0$ le théorème de double limite montre que $\ell=0$.

Si $x>0$ et $N\in\mathbb{N}^\star$, $L\geqslant f(x)\geqslant\sum_{n=1}^{N}\frac{1}{n(nx+1)^2}$ et, en faisant tendre x vers 0, cela montre $L\geqslant\sum_{n=1}^{N}\frac{1}{n}$ pour tout $N\in\mathbb{N}^\star$.

Lorsque $N\to\infty$ on obtient $L=+\infty$.

Exercice 26.

Soit $n\in\mathbb{N}^\star$. On considère $A_n=[\![1,n]\!]$ et $P_n=\mathcal{P}(A_n)$ l'ensemble des parties de A_n. On appelle n-combinaison tout j-uplet $(p_1,\dots,p_j)$ (avec $1\leqslant j\leqslant n$), formé de parties non vides de A_n et formant une partition de A_n (c'est-à-dire $p_1\cup\ldots\cup p_j=A_n$ et les p_i sont deux à deux disjoints). On note a_n le nombre de n-combinaisons. On pose $a_0=0$. Par exemple, on a $a_1=1$. Pour $n=2$, les 2-combinaisons sont $(\{1\},\{2\})$, $(\{2\},\{1\})$ et $(\{1,2\})$ donc $a_2=3$.

a) i) *Quel est le nombre de n-combinaisons dont tous les éléments sont de cardinal 1?*

ii) *Déterminer a_3.*

b) i) *Soit B une partie de A_n de cardinal $k\in[\![1,n]\!]$. Quelle est la relation entre a_{n-k} et le nombre de n-combinaisons $(p_1,\dots,p_j)$ telles que $p_1=B$?*

ii) *En déduire une relation entre a_n et $(a_i)_{1\leqslant i\leqslant n-1}$.*

iii) *Écrire un programme qui, pour $n\in\mathbb{N}$, renvoie a_n. Déterminer alors a_n pour $n\in[\![1,10]\!]$.*

c) *On pose pour tout $n\in\mathbb{N}^\star$, $b_n=a_n/n!$ et $c_n=\big(\ln(2)\big)^{-n}$.*

i) *Montrer que $b_n=\frac{1}{n!}+\sum_{k=1}^{n-1}\frac{b_{n-k}}{k!}$.*

ii) *Tracer sur Python les points $\left(n,\frac{c_n}{2}\right)$, (n,b_n) et (n,c_n). Que dire de b_n ?*

iii) *Démontrer cette conjecture. On pourra utiliser le résultat*

$e^{\ln(2)} \leqslant 1 + \sum_{k=1}^{n-1} \frac{\ln^k(2)}{k!} + 2\,\frac{\ln^n(2)}{n!}$ *après l'avoir démontré.*

●●●●●●

a) i) Le nombre de n-combinaisons dont tous les éléments sont de cardinal 1 est le nombre de bijections de $[\![1, n]\!]$ sur lui-même, à savoir $n!$

ii) Il y a six 3-combinaisons dont tous les éléments sont de cardinal 1, en dehors desquelles deux combinaisons dont $\{1\}$ est élément, deux combinaisons dont $\{2\}$ est élément, deux combinaisons dont $\{3\}$ est élément et enfin $\big([\![1,3]\!]\big)$, soit au total $a_3 = 13$.

b) i) $(p_1, \ldots, p_j)$ est une n-combinaison et $p_1 = B$ revient à dire que $(p_2, \ldots, p_j)$ est une $n-k$-combinaison en remplaçant $[\![1, n]\!]$ par $[\![1, n]\!] \setminus B$. Il y a donc a_{n-k} telles combinaisons si $k < n$ et une seule si $k = n$ (attention à $a_0 = 0$ qui peut se discuter).

ii) Si $1 \leqslant k \leqslant n-1$ il y a $\binom{n}{k} a_{n-k}$ n-combinaisons dont le premier élément est de cardinal k d'après la question précédente et, si $k = n$, il y a une seule n-combinaison dont l'élément est $[\![1, n]\!]$.

Donc $a_n = 1 + \sum_{k=1}^{n-1} \binom{n}{k} a_{n-k}$.

iii) On a ici corrigé a_0 en posant $a_0 = 1$.

```
from math import *
def a(n):
    if n==0 or n==1:
        return 1
    else:
        s=0
        for k in range(1,n):
            s+=factorial(n)/factorial(k)/factorial(n-k)*a(n-k)
    return 1+s
for i in range(1,11):
    a(i)
```

On obtient la suite de valeurs de a_n :
1, 3, 13, 75, 541, 4683, 47293, 545835, 7087261, 102247563.

c) i) D'après b)ii) on a $b_n = \frac{1}{n!} + \sum_{k=1}^{n-1} \frac{n!}{k!(n-k)!}\,(n-k)!b_{n-k} = \frac{1}{n!} + \sum_{k=1}^{n-1} \frac{b_{n-k}}{k!}$.

ii) Programme Python et tracé

```
import matplotlib.pyplot as plt
x=list(range(11))
y1=[log(2)**(-k)/2 for k in x]
y2=[a(k)/factorial(k) for k in x]
```

```
y3=[log(2)**(-k) for k in x]
plt.plot(x,y1,'o')
plt.plot(x,y2,'*')
plt.plot(x,y3,'+')
plt.show()
plt.grid()
```

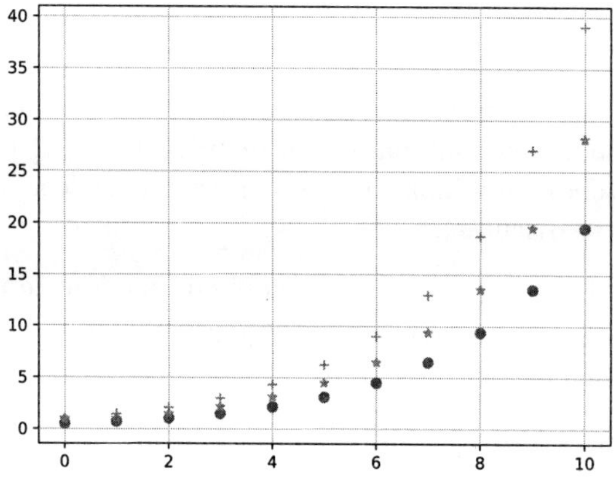

Il semble que, pour tout $n \in \mathbb{N}^\star$, on ait $\dfrac{1}{2} \leqslant b_n \ln^n(2) \leqslant 1$.

iii) Si l'on pose, pour tout $n \in \mathbb{N}^\star$, $d_n = b_n \ln^n(2)$ alors $d_1 = \ln(2)$ est élément de $[1/2, 1]$.

Supposons, pour un entier $n \geqslant 1$ fixé que $\forall k \in [\![1, n-1]\!]$, $\dfrac{1}{2} \leqslant d_k \leqslant 1$.

$$d_n = \frac{\ln^n(2)}{n!} + \sum_{k=1}^{n-1} b_{n-k} \ln^{n-k}(2) \times \frac{\ln^k(2)}{k!} \leqslant \frac{\ln^n(2)}{n!} + \sum_{k=1}^{n-1} \frac{\ln^k(2)}{k!}$$

d'où $d_n \leqslant \displaystyle\sum_{k=1}^{\infty} \frac{\ln^k(2)}{k!} = e^{\ln(2)} - 1 = 1$.

Pour la minoration on va utiliser l'indication de l'énoncé.

exp est de classe $\mathcal{C}^\infty$ sur $\mathbb{R}$ et $\forall k \in \mathbb{N}$, $\exp^{(k)} = \exp$ donc, d'après le formule de Taylor avec reste intégral

$$e^{\ln(2)} = \sum_{k=0}^{n-1} \frac{\ln^k(2)}{k!} + \frac{\ln^n(2)}{(n-1)!} \int_0^1 (1-t)^{n-1} e^{t\ln(2)}\, dt$$

or $0 \leqslant \displaystyle\int_0^1 (1-u)^{n-1} e^{t\ln(2)}\, dt \leqslant 2 \int_0^1 (1-t)^{n-1} dt = \frac{2}{n}$

donc $e^{\ln(2)} \leqslant 1 + \displaystyle\sum_{k=1}^{n-1} \frac{\ln^k(2)}{k!} + 2\,\frac{\ln^n(2)}{n!}$.

On a $d_n = \dfrac{\ln^n(2)}{n!} + \displaystyle\sum_{k=1}^{n-1} b_{n-k} \ln^{n-k}(2) \times \dfrac{\ln^k(2)}{k!} \geqslant \dfrac{\ln^n(2)}{n!} + \dfrac{1}{2}\displaystyle\sum_{k=1}^{n-1} \dfrac{\ln^k(2)}{k!}$ soit

$d_n \geqslant \dfrac{1}{2}\left[\displaystyle\sum_{k=1}^{n-1} \dfrac{\ln^k(2)}{k!} + 2\,\dfrac{\ln^n(2)}{n!}\right] \geqslant \dfrac{e^{\ln(2)}-1}{2} = \dfrac{1}{2}$ et la fin de la récurrence.

Complément : comme le rayon de convergence de $\sum \ln^{-n}(2)x^n$ est $\ln(2)$ c'est aussi celui de $\sum b_n\, x^n$. En posant $b_0 = 1$ et $f(x) = \sum\limits_{n=0}^{\infty} b_n\, x^n$, si $|x| < \ln(2)$, par produit de Cauchy $(e^x - 1)f(x) = \left(\displaystyle\sum_{n=1}^{\infty} \dfrac{x^n}{n!}\right)\left(\displaystyle\sum_{n=0}^{\infty} b_n\, x^n\right) = \displaystyle\sum_{n=1}^{\infty} c_n\, x^n$ où

$\forall n \in \mathbb{N}^\star,\ c_n = \displaystyle\sum_{k=1}^{n} \dfrac{b_{n-k}}{k!} = b_n$

d'où $(e^x - 1)f(x) = f(x) - 1$ soit $f(x) = \displaystyle\sum_{n=0}^{\infty} b_n\, x^n = \dfrac{1}{2-e^x}\cdot$

Exercice 27.

Soit $(U_n)_{n\geqslant 1}$ une suite de variables aléatoires indépendantes suivant une loi uniforme sur $[\![1, N]\!]$. On pose $S_n = U_1 + \cdots + U_n$.

a) *Calculer $m = E(U_1)$ et la série génératrice G_{U_1} de U_1.*

b) *En déduire une expression de G_{S_n}.*

c) *On donne le programme PYTHON :*

```
P=[0]+[1]*4
P=Polynomial(P)**6
sum(list(P)[0:10])
```

La deuxième instruction crée le polynôme $(X+X^2+X^3+X^4)^6$ et la troisième fait la somme des 10 premiers coefficients de ce polynôme.
Tester ce programme.

d) *On pose $u_n = \mathbb{P}(S_n \leqslant nm)$. Écrire un programme PYTHON qui calcule les u_n pour $1 \leqslant n \leqslant 100$ et les représente (on prendra $N = 11$ pour l'application numérique) conjecture ?*

e) *On pose $v_n = \mathbb{P}(S_n > nm)$* et *$w_n = \mathbb{P}(S_n = nm)$. En considérant la suite de variables aléatoires $(N+1-U_n)_{n\geqslant 1}$, montrer que, pour $n \geqslant 1$, $u_n = v_n + w_n$.*

f) *Écrire un programme PYTHON qui représente (w_n). Conjecture ?*

g) *En admettant la conjecture de la question précédente, démontrer celle de la question d).*

h) *On pose $S_{n,k} = \mathrm{Card}\Big(\{(i_1,\ldots,i_n)\in(\mathbb{N}^\star)^n \mid i_1+\cdots+i_n = k\}\Big)\cdot$ Montrer, par une approche combinatoire, que $S_{n,k} = \dbinom{k-1}{n-1}\cdot$*

●●●●●●

a) $\mathbb{E}(U_1) = \dfrac{N+1}{2}$ et $G_{U_1}(X) = \sum_{k=1}^{N} X^k \mathbb{P}(U_1 = k) = \dfrac{1}{N}\sum_{k=1}^{n} X^k$.

b) $\forall k \in [\![1, n]\!]$, $G_{U_k} = G_{U_1}$ et les U_k sont indépendantes donc

$$G_{S_n} = \prod_{k=1}^{n} G_{U_k} = (G_{U_1})^n = N^{-n}\left(\sum_{k=1}^{N} X^k\right)^n.$$

Remarque : le coefficient a_k de X^k dans $N^n G_{S_n}$ est le cardinal de l'ensemble $\mathcal{A}_k = \{(i_1, \ldots, i_n) \in (\mathbb{N}^\star)^n \mid i_1 + \cdots + i_n = k\}$ et donc $\sum_{i=1}^{k} a_i$ est le cardinal de $\mathcal{S}_k = \{(i_1, \ldots, i_n) \in (\mathbb{N}^\star)^n \mid i_1 + \cdots + i_n \leqslant k\}$.

$$\begin{aligned}\mathbb{P}(S_n = k) &= \sum_{(i_1,\ldots,i_n)\in\mathcal{A}_k} \mathbb{P}(U_1 = i_1, \ldots, U_n = i_n)\\ &= \sum_{(i_1,\ldots,i_n)\in\mathcal{A}_k} \mathbb{P}^n(U_1 = i_1) = N^{-n}\operatorname{Card}(\mathcal{A}_k)\end{aligned}$$

et aussi $\mathbb{P}(S_n \leqslant k) = N^{-n}\operatorname{Card}(\mathcal{S}_k)$.
C'est l'objet de plusieurs des questions suivantes.

c)

```
from numpy.polynomial import Polynomial
P=[0]+[1]*4
P=Polynomial(P)**6
sum(list(P)[0:10])
P
```

On obtient
Polynomial([0., 0., 0., 0., 0., 0., 1., 6., 21., 56., 120., 216., 336., 456., 546., 580., 546., 456., 336., 216., 120., 56., 21., 6., 1.], domain= [−1., 1.], window= [−1., 1.])

d)

```
def denombre(k,n,N):
   if n==1:
      if k in range(1,N+1):
         return 1
      else :
         return 0
   else:
      s=0
      for i in range(1,N+1):
         s=s+denombre(k-i,n-1,N)
   return s
from numpy import *
def u(n,N):
   s=0
   for k in range(n,int(floor(n*(N+1)/2))+1):
      s=s+denombre(k,n,N)
```

```
   return s/(N**n)
import matplotlib.pyplot as plt
x=list(range(1,9))
y=[u(j,11) for j in x]
plt.plot(x,y,'*')
plt.grid()
plt.show()
plt.title("Représentation graphique de la suite $(u_n)$")
```

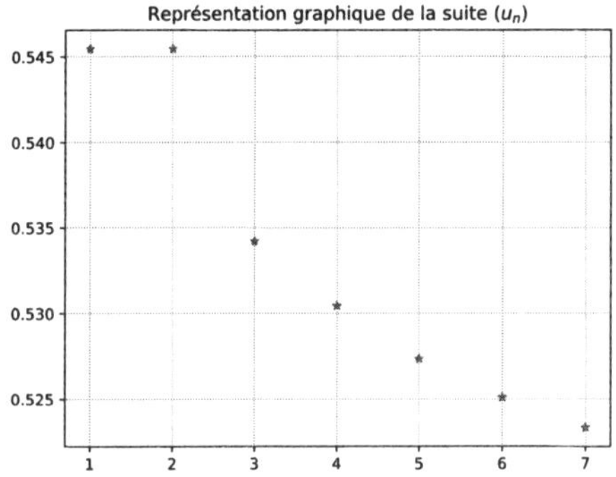

Il semble que $(u_n)_n$ converge vers 1/2.

e) $\forall n \in \mathbb{N}^\star$, $N+1-U_n$ suit encore une loi uniforme sur $[\![1, N]\!]$; on note V_n cette variable et alors $S_n = n(N+1) - \sum\limits_{k=1}^{n} V_k = 2nm - \sum\limits_{k=1}^{n} V_k$. D'autre part S_n et $T_n = \sum\limits_{k=1}^{n} V_k$ suivent la même loi car les V_k sont également indépendantes.

$v_n + w_n = \mathbb{P}(S_n \geqslant nm) = \mathbb{P}(2nm - T_n \geqslant nm) = \mathbb{P}(T_n \leqslant nm) = u_n$.

f)

```
def w(n,N):
   m=(N+1)/2
   if n*m
      return 0
   else:
      return denombre(int(n*m),n,N)/(N**n)
x=list(range(1,8))
y=[v(j,11) for j in x]
plt.plot(x,y,'*')
plt.grid()
plt.show()
plt.title("Représentation graphique de la suite $(w_n)$")
```

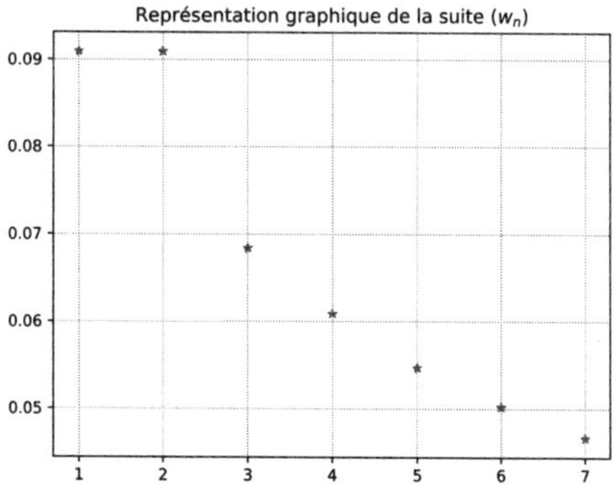

Il semble que $(w_n)_n$ converge vers 0.

g) Comme $(S_n \leqslant nm)$ et $(S_n > nm)$ sont complémentaires on a $u_n + v_n = 1$ *i.e.* $2u_n = 1 + w_n$ d'après la question e, et, comme $(w_n)_n$ converge vers 0 cela montre que $(u_n)_n$ converge vers $1/2$.

h) $\forall k \in \mathbb{N}^\star,\ S_{1,k} = 1 = \binom{k-1}{0}$ est immédiat.

Supposons que, pour n fixé dans $\mathbb{N}^\star$, $\forall k \geqslant n-1,\ S_{n-1,k} = \binom{k-1}{n-2}$.

$\big\{(i_1, \dots, i_n) \in (\mathbb{N}^\star)^n \mid i_1 + \cdots + i_n = k\big\}$ est réunion disjointe des ensembles $\big\{(i_1, \dots, i_n) \in (\mathbb{N}^\star)^n \mid i_1 + \cdots + i_{n-1} = k - p$ et $i_n = p\big\}$ lorsque p décrit $[\![1, k-n+1]\!]$ d'où $S_{n,k} = \displaystyle\sum_{p=1}^{k-n+1} \binom{k-p-1}{n-2} = \sum_{\ell=n-2}^{k-2} \binom{\ell}{n-2}$ à l'aide du changement d'indice $\ell = k - p - 1$.

Le complément de cours relatif aux probabilités montre $S_{n,k} = \binom{k-1}{n-1}$.

le théorème de récurrence montre que

$$\forall n \in \mathbb{N}^\star,\ \forall k \geqslant n,\ S_{n,k} = \mathrm{Card}(\mathcal{A}_k) = \binom{k-1}{n-1}.$$

Remarque : cela montre que $w_n = N^{-n}\binom{nm-1}{n-1}$.

À titre d'entraînement on peut en déduire que $w_n \xrightarrow[n \to \infty]{} 0$ avec la formule de Stirling bien sûr et en se limitant au cas où N est impair. Au fait pourquoi se limiter à ce cas ?

Aubin
IMPRIMEUR

Achevé d'imprimer en mars 2019
N° d'impression 1902.0228
Dépôt légal, avril 2019
Imprimé en France